DIANXING ZHANLÜE XINXING CHANYE
ZHUANLI QINGBAO FENXI

典型战略新兴产业专利情报分析

《典型战略新兴产业专利情报分析》编写组 编著

江苏大学出版社
JIANGSU UNIVERSITY PRESS
镇 江

图书在版编目(CIP)数据

典型战略新兴产业专利情报分析 /《典型战略新兴产业专利情报分析》编写组编著. — 镇江 ：江苏大学出版社，2022.9
ISBN 978-7-5684-1860-7

Ⅰ. ①典… Ⅱ. ①典… Ⅲ. ①新兴产业—专利—情报分析 Ⅳ. ①G306

中国版本图书馆 CIP 数据核字(2022)第 160438 号

典型战略新兴产业专利情报分析

编　　著/《典型战略新兴产业专利情报分析》编写组
责任编辑/徐　婷
出版发行/江苏大学出版社
地　　址/江苏省镇江市京口区学府路 301 号(邮编：212013)
电　　话/0511-84446464(传真)
网　　址/http://press.ujs.edu.cn
排　　版/镇江市江东印刷有限责任公司
印　　刷/江苏凤凰数码印务有限公司
开　　本/787 mm×1 092 mm　1/16
印　　张/19
字　　数/423 千字
版　　次/2022 年 9 月第 1 版
印　　次/2022 年 9 月第 1 次印刷
书　　号/ISBN 978-7-5684-1860-7
定　　价/88.00 元

如有印装质量问题请与本社营销部联系(电话:0511-84440882)

编写组成员

周建佳　司乔瑞　黄　强

宋　磊　李雷雷　孔　栋

高世芝　杨燕婷　蒋　超

前言

战略性新兴产业是指建立在重大前沿科技突破的基础上，代表未来科技和产业发展的方向，体现当今世界知识经济、循环经济、低碳经济发展潮流，尚处于成长初期、未来发展潜力巨大，对经济社会具有全局带动和重大引领作用的产业。一方面，战略性新兴产业的发展符合低碳、环保等要求，会对整个社会的可持续发展产生长期的促进作用；另一方面，战略性新兴产业能够促进社会进步，提高人们的生活水平。与此同时，战略性新兴产业在发展过程中体现出学科交叉的特性。以传统的机械领域为例，典型的新能源产业技术和典型的医疗器械，分别是机械领域与电学领域，以及机械领域与医药化学领域的学科交叉。利用海洋能源的潮汐发电技术和震荡水柱式波浪能发电技术是低碳环保的新能源产业技术的典型代表，体外诊断仪是人们日益关注的医疗健康领域的典型代表。因此，基于机械领域学科交叉的典型战略新兴产业成为本书研究的目标。

随着知识经济时代的到来，人类社会的变革远比以往任何时期都更加深刻，意义更加深远，全球经济一体化的进程不断加强，技术创新的规模和进程以前所未有的速度发展。与此同时，科技产业化不断加快，技术及产品的生命周期大大缩短，市场竞争愈演愈烈。企业要在竞争如此激烈的市场环境中得以生存，并在竞争中求得不断发展，就必须不断进行技术创新。为了应对各种变化和不确定因素带来的风险，人们需要对经济活动、科技活动及其影响做出分析评估，制定相应的发展战略和政策，确定面向未来的发展方向。专利技术是生产力中最活跃、最先进、最实用的部分。专利制度的核心是保护发明创造、鼓励技术创新，其重要作用之一是在法律的保护下，加快专利技术的推广和应用，促进社会进步和经济发展。从世界范围来看，运用专利战略保护自己的知识产权、增强竞争优势已经成为市场竞争中最有效的手段。而作为制定、运用专利战略的基础和前提，专利信息分析无疑是十分重要的，并且是不可缺少的。

在习近平新时代中国特色社会主义思想的指引下，按照十九大报告提出的创新文化，强化知识产权创造、保护、运用的要求，开展战略新兴产业专利分析，旨在加快推动产业技术创新，促进产业转型升级。技术是市场竞争中占主导地位的竞争因素，在追踪前沿技术最新成果时可以通过多种方法来研究，其中分析专利可以很好地追踪前沿技术。专利分析针对的正是竞争性技术情报源。随着世界技术竞争日益激烈，各国企业纷纷开展专利战略研究，而其核心正是专利分析。因此，针对当前基于机械领域学科交叉的典型战略新兴产业，开展专利分析，可将孤立的信息按照不同的聚集度，由普通的信息转化为有价值的专利竞争情报。根据这些情报，从专利这一特殊的视角，判断国家或企业在相关产业和技术领域的重点技术及技术发展方向、主要竞争对手的技术组合和技术投资动向，为企业乃至国家制定与总体发展战略相匹配的专利战略。

本书第 1 章和第 2 章由周建佳、司乔瑞、黄强、宋磊、李雷雷负责编写，第 3 章由孔栋、高世芝、杨燕婷、蒋超负责编写。李雷雷、石琳、孙倩等在部分数据处理方面给予了大力支持，在此对他们表示衷心的感谢。由于专利文献数据采集范围和专利分析工具的限制，以及编写人员的水平有限，书中难免存在不足之处，因此，其中的数据、结论和建议仅供读者借鉴研究。

编写组

2022 年 1 月

目　录

第 1 章　潮汐发电专利技术

1.1　潮汐发电技术概述

1.1.1　概述

2021 年 3 月 15 日，习近平总书记在主持召开中央财经委员会第九次会议时发表重要讲话强调，实现碳达峰、碳中和是一场广泛而深刻的经济社会系统性变革，要把碳达峰、碳中和纳入生态文明建设整体布局，拿出抓铁有痕的劲头，如期实现 2030 年前碳达峰、2060 年前碳中和的目标。“十四五”是碳达峰的关键期和窗口期，大力发展清洁能源、可再生能源成为必然趋势。众所周知，海洋中蕴藏着丰富的可再生能源，如波浪能、潮汐能、海流能（潮流能）、海水温差能和海水盐差能等。潮汐能发电和风力发电都是利用流体动能进行发电，两者不仅工作原理相似，而且发电机组也存在一定的相似性。潮汐能发电利用的是海水因潮汐变化而产生的动能进行发电，潮汐与风的产生原理不同，因此它们在转化模式上存在着本质的区别。与风速相比，潮汐的流速变化不仅具有随机性，还具有一定的与潮汐涨落有关的规律性。

根据机组结构及原理的不同，潮汐发电技术可以分为多种：① 按其能量形式的不同可以分为两种：一是利用潮汐的动能发电，即利用潮汐引起的海水流动所产生的动能来推动叶轮旋转，再通过增速系统带动发电机转动发电；二是利用潮汐的势能发电，即在海湾或河口修筑拦潮大坝，形成水库，大量蓄积海水，并在坝中或坝旁建造水力发电厂房，利用坝内外的水位落差进行发电。② 按其开发方式的不同可分为单库单向式、单库双向式、双库单向式和发电结合抽水蓄能式四种。

根据叶轮轴线在水流中的空间布置，水下涡轮发电机组可以分为垂直轴式发电装置和水平轴式发电装置两种。垂直轴式潮流能发电装置的叶轮轴线与水流方向是相互垂直的，水平轴式潮流能发电装置的透平叶轮轴线与水流方向是相互平行的，但无论哪种结构形式，其工作原理都是相似的。无论采用何种形式的潮汐发电技术都需要面临潮汐能捕获、能量传动技术和功率控制技术的问题，对于采用叶片式的潮汐发电装置部分还设计了适应双向潮流的叶片调节机构。

1.1.2　研究内容、方法及目的

本章的研究内容为潮汐能发电技术，主要研究与潮汐能发电技术相关的国内外专利

文献。

针对上述研究内容，具体的研究方法及目的包括：根据潮汐发电装置的结构，在全面检索、定量统计的基础上进行定性分析，帮助相关人员了解相关行业技术发展的动态、现有技术所处的成长阶段、竞争最热的技术领域及技术发展脉络。明确国内外的专利申请趋势、竞争区域分布、技术主题分布、技术发展路线等，寻找研发空白点；梳理国内外重要申请人，掌握主要竞争对手的专利申请趋势，明晰已有专利壁垒。

1.1.3 专利信息检索

1. 检索工具及文献库的选取

检索工具为国家知识产权局专利检索系统（S 系统），数据检索主要选用 S 系统的中国专利文摘数据库（CNABS）和外文数据库（VEN）。

2. 数据的检索

基于准确的关键词及国际专利分类（IPC）、联合专利分类（CPC）的分类号进行检索。具体检索策略如下：使用准确的 CPC 分类号进行快速精准检索；使用准确的 IPC 分类号进行检索；使用上位的 IPC 分类号与准确的关键词进行检索；通过主要申请人进行补充检索，确保数据检索的全面性。

3. 专利文献的查全与查准

全面而准确的检索结果是后续专利分析的基础，检索结果的评估对于调整检索策略、获得符合预期要求的检索结果起着至关重要的作用。查全率和查准率是评估检索结果优劣的指标。其中，查全率用来评估检索结果的全面性，即评价检索结果涵盖检索主题下的所有专利文献的程度；查准率用来衡量检索结果的准确性，即评价检索结果是否与检索主题密切相关。本书已对前述检索结果分别进行了查全和查准评估，采用的评估方法如下：

（1）查全率评估：对本领域的主要申请人进行评估，一般为该技术领域申请量排名前十位的申请人或行业内普遍认可的主要申请人。利用申请人作为检索入口进行检索，然后进行人工阅读、清理和标引，将阅读、清理和标引后的数据作为母样本。在检索结果数据库中，以申请人为入口检索其申请文献量，形成子样本。查全率=子样本/母样本×100%。

（2）查准率评估：按照年代、技术分支抽取一定比例的数据样本（母样本），通过人工阅读评估确定其与技术主题的相关性。与技术主题高度相关的专利文献成为子样本。查准率=子样本/母样本×100%。

根据上述方法对专利信息检索结果的查全率和查准率进行验证，查全率和查准率均在 90%以上，满足要求。

1.1.4 检索数据处理

1. 数据标引

数据标引是对相关数据进行的进一步加工整理，赋予每一项专利申请属性标签，以便于统计分析研究。所述“属性”既可以是技术分解表中的子分支类别，也可以是自定义的需要研究的项目类别。为每一项专利申请进行数据标引后，可以方便快捷地统计相应类别的专利申请数量或进行其他方面的项目分析。因此，数据标引在专利分析工作中具有重要的地位，是实施统计分析的基础。

2. 标引的内容

通过逐篇阅读专利文献进行人工标引，针对每一项专利申请，标引的项目涉及申请号、申请日、发明名称、摘要、公开号、公开日、优先权、优先权日、申请人、发明人、同族号、最早优先权日、技术来源国家、目标国家、申请人地市、专利有效性、一级技术分支、二级技术分支等。

1.1.5　相关事项约定及术语解释

1. 数据完整性约定

关于数据库部分数据收录不完整的说明：发明专利申请通常自申请日起满 18 个月才能公开（要求提前公开的除外）；PCT（实用新型）专利申请可能自申请日起 30 个月甚至更长时间之后才能进入国家审查阶段，导致与之相对应的国家公布时间更晚；实用新型专利申请在获得授权后才能公布，其公布日的滞后程度取决于审查周期的长短；除此之外，还存在检索数据库中数据的更新速度问题。

2. 对专利“项”数和“件”数的约定

关于专利申请量统计中的“项”和“件”的说明：

项：同一项发明可能在多个国家或地区提出专利申请，DWPI（Derwent World Patents Index）数据库将这些相关的多件申请作为一条记录收录。在统计专利申请数量时，将数据库中以一族（这里的“族”指的是同族专利中的“族”）数据的形式出现的一系列专利文献作为“1 项”。一般情况下，专利申请的项数对应于技术的数目。

件：在进行专利申请数量统计时，若为了分析申请人在不同国家、地区或组织所提出的专利申请的分布情况，则将同族专利申请分开统计，所得到的结果对应于申请的件数。1 项专利申请可能对应 1 件或多件专利申请。

3. 主要申请人名称的约定

本书对部分主要申请人的表述进行约定：由于中文翻译的原因，同一申请人在不同的中国专利申请中的表述统一；将一些公司的子公司专利申请进行合并统计。

4. 相关术语解释

（1）同族专利：同一项发明在多个国家申请专利而产生的一组内容相同或基本相同的专利文献出版物，称为一个专利族或同族专利。从技术角度来看，属于同一专利族的多件专利申请可视为同一项技术。本书针对技术和专利技术首次申请国分析时对同族专利进行了合并统计，针对专利在国家或地区的公开情况进行分析时对各件专利进行了单独统计。

（2）专利所属国家或地区：本书中专利所属的国家或地区是以专利申请的首次申请优先权国别来确定的，没有优先权的专利申请以该项申请的最早申请国别确定。

（3）专利法律状态：包括失效、有效和待审三种状态，分别对应于自由公知、专利壁垒和潜在专利壁垒三种风险类型。“失效”专利是指到检索截止日为止，专利权已终止的专利申请；“有效”专利是指到检索截止日为止，专利权处于有效状态的专利申请；“待审”专利是指到检索截止日为止，还未进入实质审查程序，或者正处于实质审查程序，或者处于复审等未结案状态的专利申请。

1.1.6　重要专利的定义和筛选标准

根据重要专利的影响因素，本书对重要专利的定义和筛选标准包括以下几个方面：

（1）近五年的专利申请。为了解潮汐发电的最新研发动态，重点关注近五年相关领域的专利申请。

（2）主要申请人的专利。在重要专利选取过程中，尤其关注申请量排名靠前的申请人的专利申请。

（3）技术分类。重点关注能量转换部件的专利申请。

（4）同族数量。关注同族数量较多，尤其是在多个国家或地区获得授权的专利申请。

1.2　潮汐发电专利状况分析

从产业现状来看，潮汐发电技术目前主要处于研发和试验阶段，同时具有向商业化转变的趋势，尚未形成产业化或技术垄断的规模。本章从专利技术的角度对潮汐发电技术进行整体分析，根据潮汐发电相关专利全球申请量趋势、全球主要申请人以及国内申请相关状况全面分析专利态势，明确潮汐发电的发展阶段。

1.2.1　全球专利技术分布

本书在对潮汐发电相关专利的申请年份进行统计后，绘制了如图 1.2.1 所示的申请量趋势图。由图可以看出，近二十年来全球潮汐发电相关专利的申请量总体呈现波动上升的趋势。

2000—2004 年，全球专利申请量出现了第一个增长期。研究人员纷纷把目光转向海洋能源，不断投入大量资金，开展潮汐能开发利用研究。这个时间段为潮汐发电技术的理论和实验研究阶段。

2004—2009 年，全球专利申请量出现了第二个增长期。在经过理论和实验研究后，这个时间段主要进行的是潮汐能发电装置的海况实验和应用示范研究。这个阶段的全球专利申请量明显多于前一个阶段。

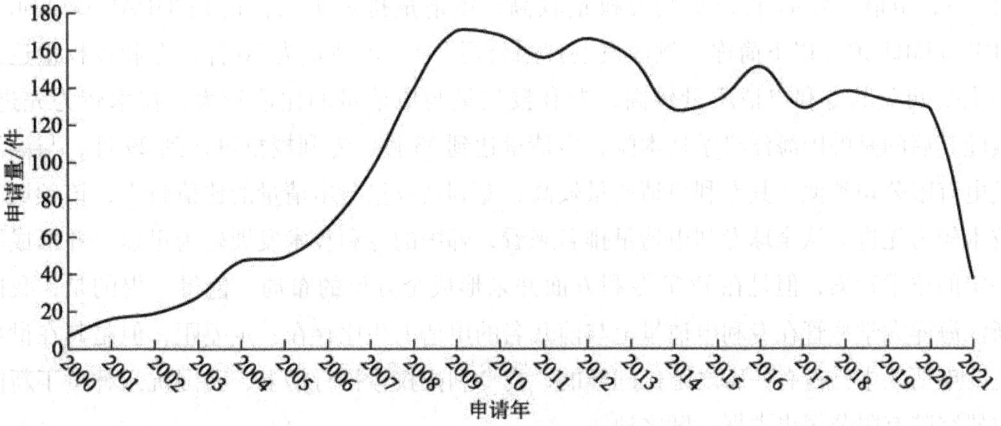

图 1.2.1　全球潮汐发电相关专利申请量趋势

2009—2020 年，全球专利申请量处于稳定的状态，主要是由于潮汐发电技术在实验阶段、小型试用阶段虽然取得了一定的成绩，但是其在产业应用方面遇到了一些瓶颈，无法实现大规模商业化，导致研发热情降低，转而研发其他形式的发电装置，因而全球专利申请量开始波动并有所下降。

2021 年全球专利申请量较少，主要是由于专利从申请到公开有一定的时间差，无法从数据库中统计到未公开的数据，但这并不表示申请量快速下降。

1.2.2　技术发展交叉情况

结合潮汐发电的各技术主题的主分类号涉及领域和副分类号涉及领域，潮汐发电与风力发电的技术交叉最多，这是因为海洋能源中能利用潮汐发电的环境一般风能也比较充沛，所以具有技术融合的先天条件；潮汐发电与水利工程的技术交叉的专利数量较多，这是由于在应用潮汐发电技术时，水利工程类的建筑带来的结构支撑及能量转换前后的导流也起到重要的作用，这与能量转化效率息息相关，因此该技术交叉的专利申请占比较高。

1.2.3　全球专利竞争区域分析

在潮汐发电技术领域，韩国的专利申请量位居榜首；排名第二位的是英国。除此之外，按照申请量占比依次为美国、中国、法国、德国、日本等国家。其中，占比较高的国家主要是由于具有丰富的波浪能资源以及各种新能源政策的支持，激发了研发人员对波浪能开发的热情。

1.2.4　全球主要申请人分析

图 1.2.2 显示了全球潮汐发电专利申请量排名前十位的主要申请人，图 1.2.3 显示了全球潮汐发电专利主要专利权人授权量排名情况。结合两幅图来看，申请量排名第一位的是韩国的 PARK SEONG SOO（朴承秀），申请量为 45 件，但其专利授权量并不高；申请量排名第二位的是 VOITH PATENT GMBH（以下简称“福伊特专利有限公

司”），申请量为 41 件，专利授权量较高；申请量排名第三位的是 TIDAL GENERATION LIMITED（以下简称“潮汐发电有限公司”），申请量为 36 件，专利授权量达到 34 件，可见其专利申请质量较高，专利授权量与申请量的比值较大，技术较为先进；紧随其后的是韩国海洋科学技术院，申请量达到 33 件，专利授权量达到 29 件，与潮汐发电有限公司类似，其专利申请质量较高，专利授权量与申请量的比值较大，该领域的技术较为先进。从全球专利申请量排名来看，韩国的专利技术发展较为迅速，并形成了一定的技术积累，但是在 PCT 专利方面并未形成全方位的布局。值得一提的是，我国浙江海洋大学尽管在专利申请量上与前几名的申请人相比存在一定差距，但是其在世界主要申请人中已占有一席之地；同样的，在专利授权量排行榜上，我国杭州林黄丁新能源研究院有限公司也占据一席之地。

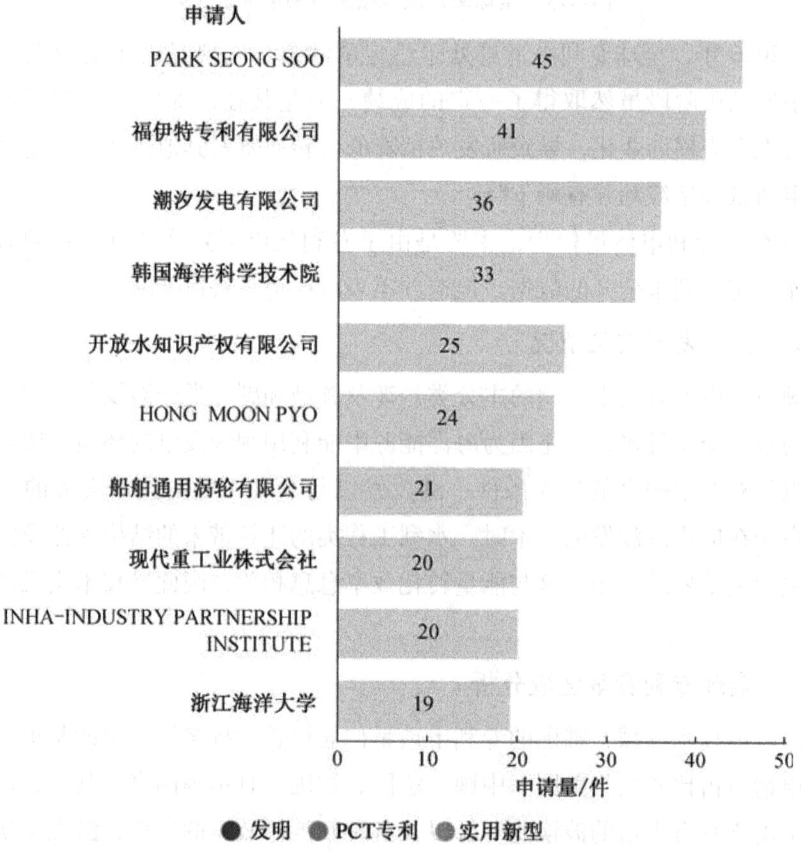

图 1.2.2　全球潮汐发电专利申请量排名前十位的主要申请人

图 1.2.4 显示了全球潮汐发电专利申请量排名前十位的主要申请人的申请量占比。由图可以看出，潮汐发电技术的全球技术集中度不高，排名第一位的 PARK SEONG SOO 的申请量占比只有 1.69%，排名前十位的申请人的累计申请量占比不超过 11%，说明潮汐发电技术尚未形成技术垄断。

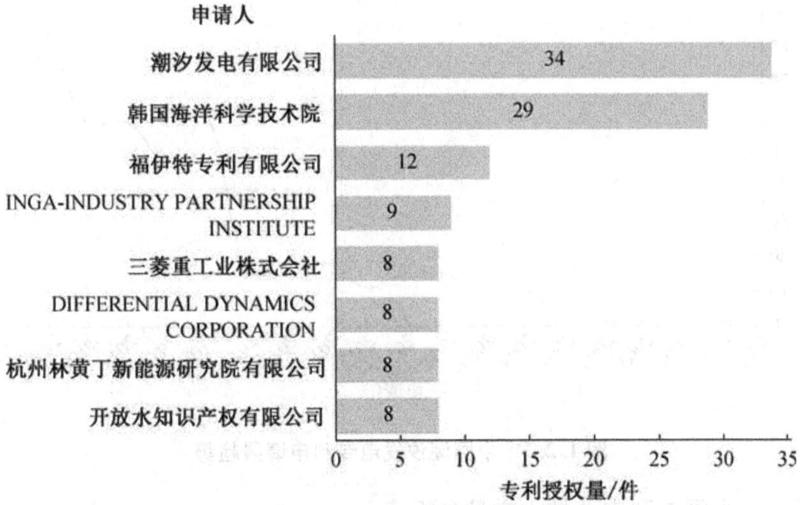

图 1. 2. 3　全球潮汐发电专利主要专利权人授权量排名

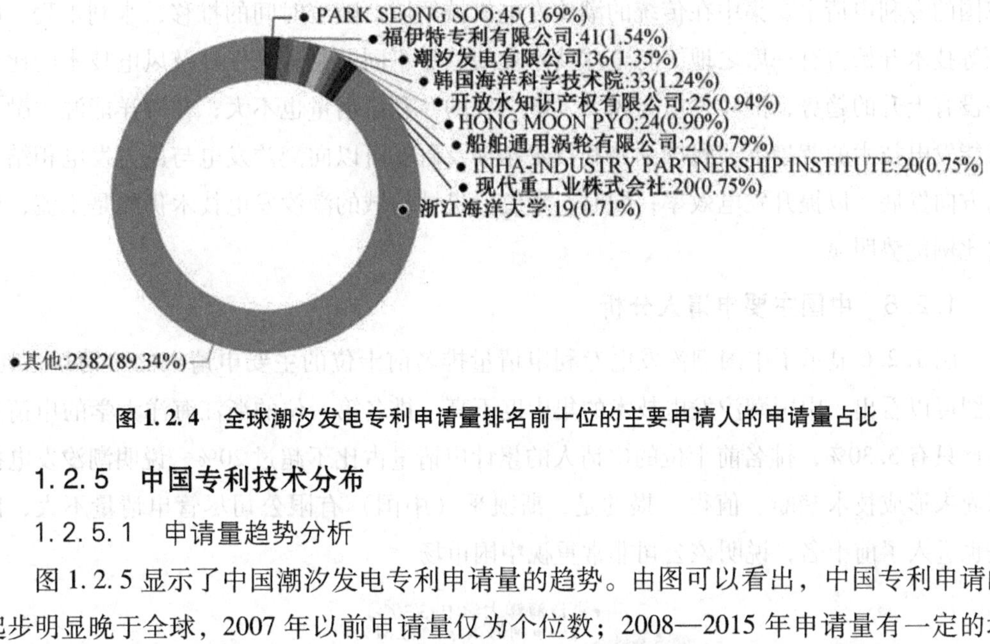

图 1. 2. 4　全球潮汐发电专利申请量排名前十位的主要申请人的申请量占比

1. 2. 5　中国专利技术分布

1. 2. 5. 1　申请量趋势分析

图 1. 2. 5 显示了中国潮汐发电专利申请量的趋势。由图可以看出，中国专利申请的起步明显晚于全球，2007 年以前申请量仅为个位数；2008—2015 年申请量有一定的增长，但是幅度不大；而自 2016 年起，申请量呈波动上升趋势；2020 年申请量最高，达 84 件。

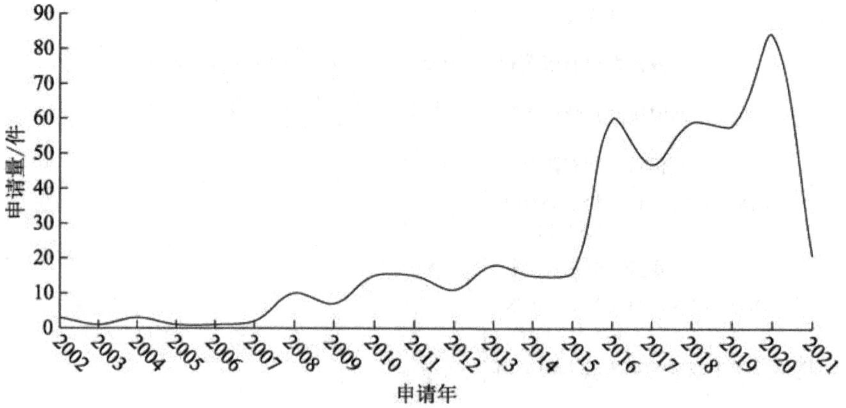

图 1. 2. 5　中国潮汐发电专利申请量趋势

1. 2. 5. 2　中国专利申请技术交叉分析

结合中国专利潮汐发电的各技术主题涉及的分类号领域及其提出年份，21 世纪初，我国的专利申请主要集中在传统的潮汐发电机械领域，随着时间的推移，水利工程、电控等技术开始占有一席之地。与全球技术发展趋势不同的是，其中涉及风电技术的比例并没有上升的趋势，潮汐发电与风力发电交叉的专利申请量也不大；在海洋能源中融合风能发电技术的背景下，我国的专利技术布局及研发可以向潮汐发电与风力发电相结合的方向发展，以提升发电效率；同时，传统的机械领域的潮汐发电技术仍然是主流，所占比例优势明显。

1. 2. 6　中国主要申请人分析

图 1. 2. 6 显示了中国潮汐发电专利申请量排名前十位的主要申请人的申请量占比。由图可以看出，中国潮汐发电技术的集中度不高，排名第一位的浙江海洋大学的申请量占比只有 3. 30%，排名前十位的申请人的累计申请量占比不超过 20%，说明潮汐发电技术尚未形成技术垄断。值得一提的是，斯凯孚（中国）有限公司尽管申请量不大，但是也进入了前十名，说明该公司非常重视中国市场。

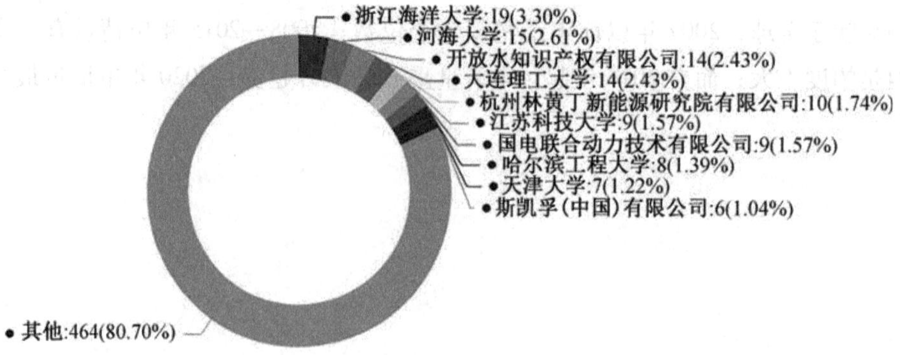

图 1. 2. 6　中国潮汐发电专利申请量排名前十位的主要申请人的申请量占比

依据申请量的情况，我国第一申请人类型的占比如图 1.2.7 所示。由图可以看出，工矿企业与大专院校作为第一申请人的专利占申请量的大部分。其中，工矿企业作为第一申请人的专利占申请量的 44.35%，大专院校作为第一申请人的专利占申请量的 25.91%。此外，个人作为第一申请人的专利占申请量的 23.65%。

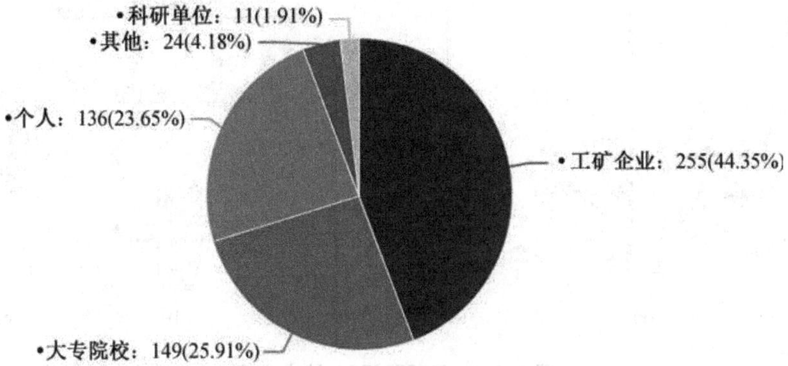

图 1.2.7　中国第一申请人类型的占比

1.3　主要技术分支专利分析

在潮汐发电专利技术中，利用制动部件的相对运动发电、利用压缩空气的潮汐发电、利用大坝进行潮汐发电、利用水平流动的潮汐发电是主要的技术方向。对技术发展脉络进行梳理，对重点专利进行技术分析，找出各个时期具有代表性的专利技术，有助于业内人士了解潮汐发电技术的四个主要分支，掌握该技术领域的技术走向和研发热点，从中预测其未来的发展方向，为国内的创新主体提供一定的指导和帮助，助力早日实现潮汐发电技术跨越式发展。

1.3.1　利用制动部件的相对运动发电的专利分析

为了把握利用制动部件的相对运动发电的专利技术发展状况，本节按专利申请的时间顺序重点对利用制动部件的相对运动发电的专利技术的发展脉络进行分析，以期为潮汐发电领域的创新主体提供参考。

1885 年，专利 US332875A 提出一种浮子式潮汐发电装置，技术方案如图 1.3.1 所示。该装置利用浮动部件的上下浮动带动缆绳运行，从而拉动齿轮转动，再通过齿轮齿条传动进行能量输出，将无序的潮汐能转换为有序的直线运动，进而实现后续的发电。

1990 年，专利 GB2241990A 提出一种潮汐发电装置，技术方案如图 1.3.2 所示。该装置包括一个或多个浮子，它们通过在潮汐水域中移动索具或其他选择性控制的约束装置进行固定。例如，通过支撑在门架和海床锚固件之间的连续环形导向滑轮中运行的缆索，控制潮水中或水下的升降运动，这种运动通过缆索的运行进行能量转换以产生电力或其他动力输出。浮子的垂直移动可通过制动装置来调节（可以将浮子注满水，以帮助其向下移动)。作为代替运行滑车的一种方案，浮子可以连接到枢纽臂或在框架内被引导，通过齿条和小齿轮装置提供驱动和制动。该技术方案更加关注从潮汐中获取能量。

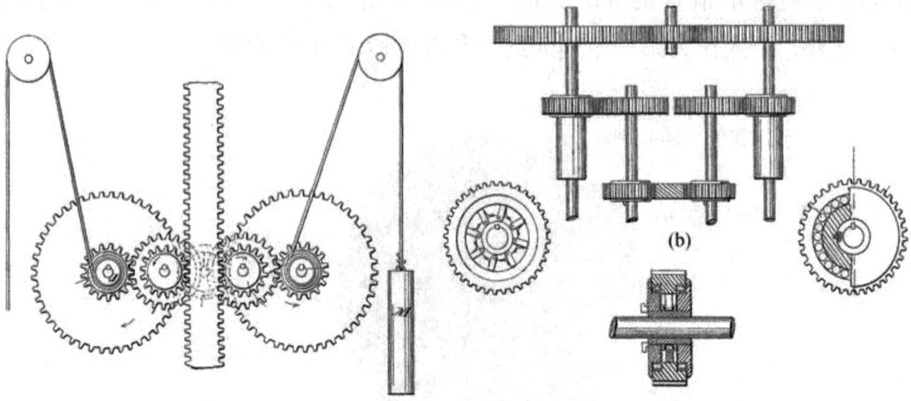

图 1.3.1　US332875A 技术方案

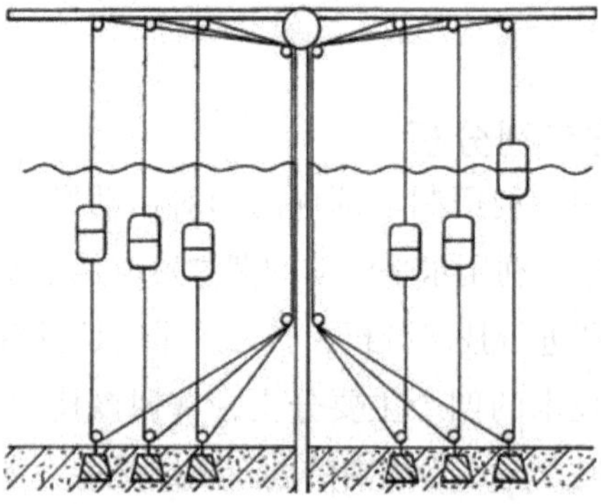

图 1.3.2　GB2241990A 技术方案

2008 年，专利 US2009212562A1 提出一种潮汐发电装置，技术方案如图 1.3.3 所示。该装置包括系在第一缆线上的浮标，缆线连接在发电线轴上，以便浮标所在水域的水位升高期间，当浮标抽出缆线时，发电线轴接合缆线进行旋转运动。在水位下降期间，用于发电卷轴的复卷机连接缆线，齿轮驱动器将发电线轴和发电机与齿轮减速器互连，以提高发电机转速。

2009 年，专利 WO2011043512A1 提出一种潮汐发电模块，技术方案如图 1.3.4 所示。由于使用了压缩空气或海水重力，即使在涨潮和退潮时海平面的水位没有变化，垂直运动装置也能实现因潮汐而产生垂直运动，因此可以实现连续发电。当海水未储存在海水压载舱中时，下部结构与船舶一起保持浮动状态；当海水流入海水压载舱中时，下部结构移动到海水的底表面，并且下部结构由锚固定，在发电的同时，下部结构保持储存海水的状态。该技术方案可显著减少在海底设置发电设施的建设费用，并可避免对海底生态系统的破坏。

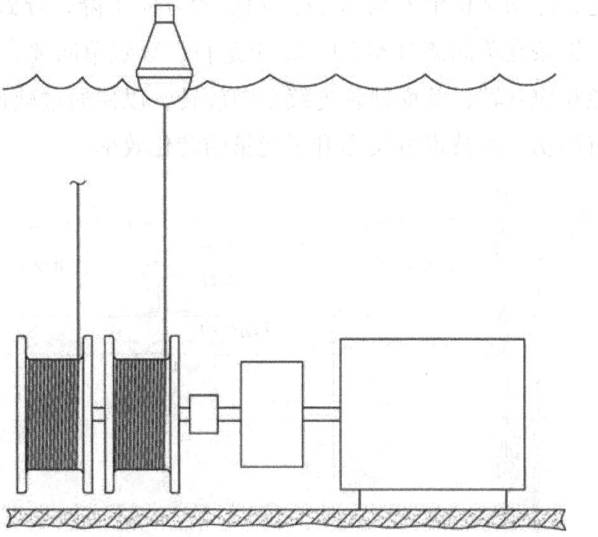

图 1.3.3　US2009212562A1 技术方案

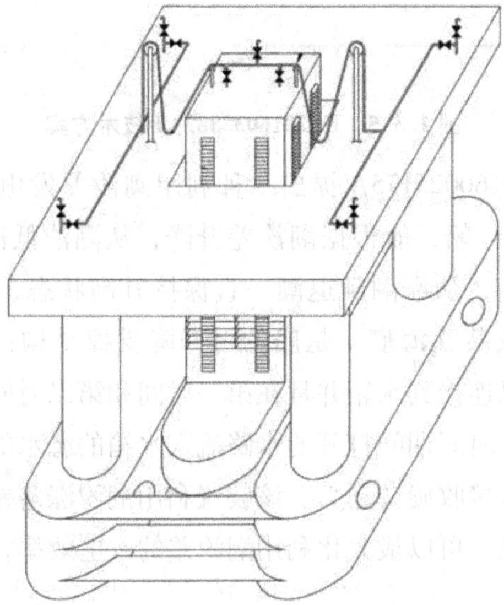

图 1.3.4　WO2011043512A1 技术方案

2012 年，专利 US2016032887A1 提出一种利用潮汐发电的装置，技术方案如图 1.3.5 所示。重物安装在链条的第一端上，传动装置安装在齿轮箱的上方或齿轮箱中，齿轮箱安装在浮动结构上，锚安装在链条的第二端上，以便搁置在海床上。当诸如海洋的流体物质膨胀或以其他方式将浮动结构向 A 方向提升，重物向 B 方向提升，链条在单向离合器 20、22 上运行，由于单向离合器 20 是顺时针超越离合器，单向离合器 22 是逆时针超越离合器，因此，当链条平移时，单向离合器相应旋转，使得球卡在棘轮和外环之间，从而导致轴从动旋转，同时单向离合器 22 的外环空转或超限。当齿轮刚性地安装到轴上时，轴旋转引起齿轮相应旋转。

随着海水消退，浮动结构沿着与 A 方向相反的方向下降，导致重物沿着与 B 方向相反的方向平移，链条在单向离合器 20、22 上运行，导致单向离合器 22 的离合器机构接合，使轴和齿轮相应旋转，从而使轴连续单向旋转，以便通过减速齿轮和发电单元的操作从轴中提取有用功。该技术方案提升了能量的转化效率。

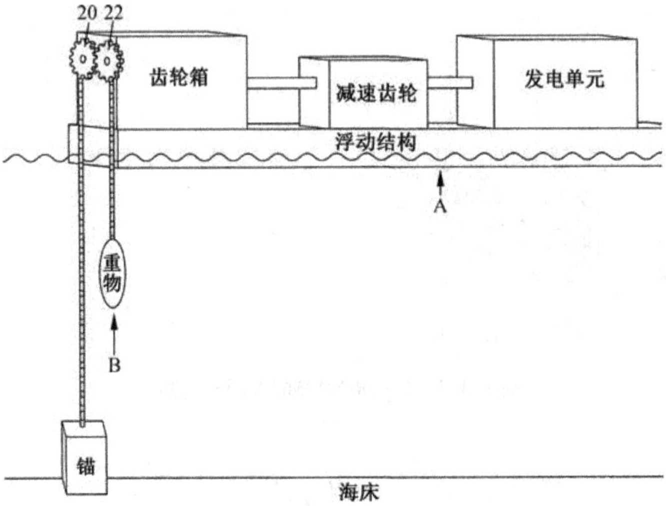

图 1.3.5　US2016032887A1 技术方案

2014 年，专利 KR20160025175A 提出一种利用潮汐差发电的装置，技术方案如图 1.3.6 所示。该装置包括：船，船根据潮汐差升降，从潮汐低潮到高潮保持降低状态，在经过第一次潮汐后升高，从涨潮到退潮一直保持升高状态，在经过第二次潮汐后降低；船支架，通常固定安装在海底，是船的可升降支撑结构；水箱，设置在船内；水路，形成在船的底部，以连接到水箱并且在第一时间和第二时间期间选择性地打开；水压发电单元，通过在第一时间期间打开的水路流入水箱的海水的水压和在第二时间期间从水箱泄漏的海水的水压接收旋转动力。该装置利用潮汐涨落差异的海水势能，在高潮和低潮时都能够进行发电，可以最大化利用潮汐差的发电效率，且成本低、易安装、不受位置的限制。

2014 年，专利 CN104405573A 提出一种利用潮汐发电的装置，技术方案如图 1.3.7 所示。该装置安装在海岸上，活塞杆头迎着海浪冲击方向设置，齿条式活塞杆及活塞套筒在海浪的冲击下，在涵管内往复移动，齿条式活塞杆的齿条部分与齿轮箱内的一组传动齿轮啮合，传动齿轮的传动原理来源于自动手表摆砣上弦原理，能使齿条活塞杆的往复移动输出为单向转动，齿轮箱固定在支撑座上，齿轮箱的输出轴经万向联轴器、飞轮与发电机轴连接，输出电能。密封条、密封活塞套筒与涵管的配合面能防止海水的侵入与腐蚀，镶嵌在活塞套筒外径表面的一组钢珠起导向和减少摩擦的作用，飞轮可以使发电机的运转更连续、平稳。该技术方案将海浪的冲击力转化为电力，在实现加固海堤的同时还达到了利用海浪发电的目的。

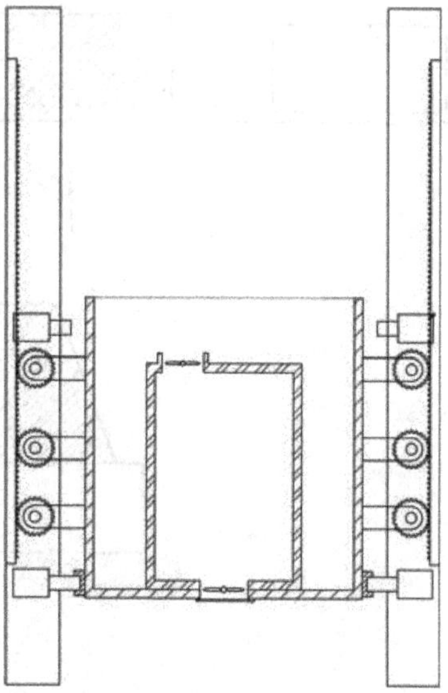

图 1.3.6　KR20160025175A 技术方案

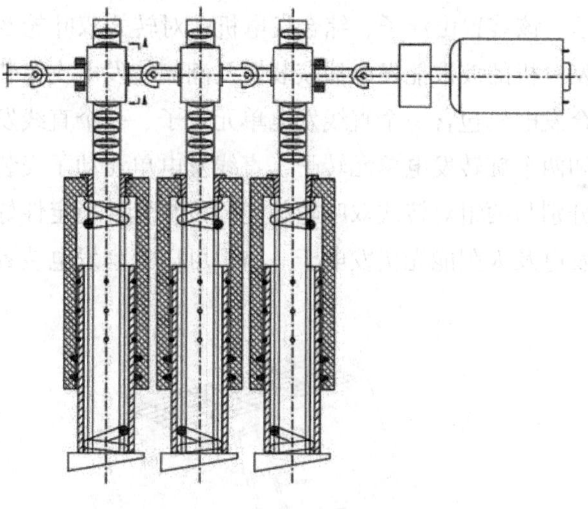

图 1.3.7　CN104405573A 技术方案

2014 年，专利 US2017241399A1 提出一种潮汐波动力装置，技术方案如图 1.3.8 所示。该装置包括：锚定在海底的气缸，气缸具有进水口和出水口，活塞位于气缸中，用于限定泵送室；位于高处的储存罐，用于储存从泵送室输送的海水；锚固在海底的对接单元，将对接单元连接到浮子，使得当浮子达到最佳高度时，锁定对接单元以保持浮子处于升高的位置，打开对接单元将浮子从升高位置释放，从而导致活塞向下推动，将海水从气缸的泵送室输送到储存罐。该装置允许潮汐波作为一种可再生能源的来源，通过产生势能达到发电、蓄溉或其他目的。

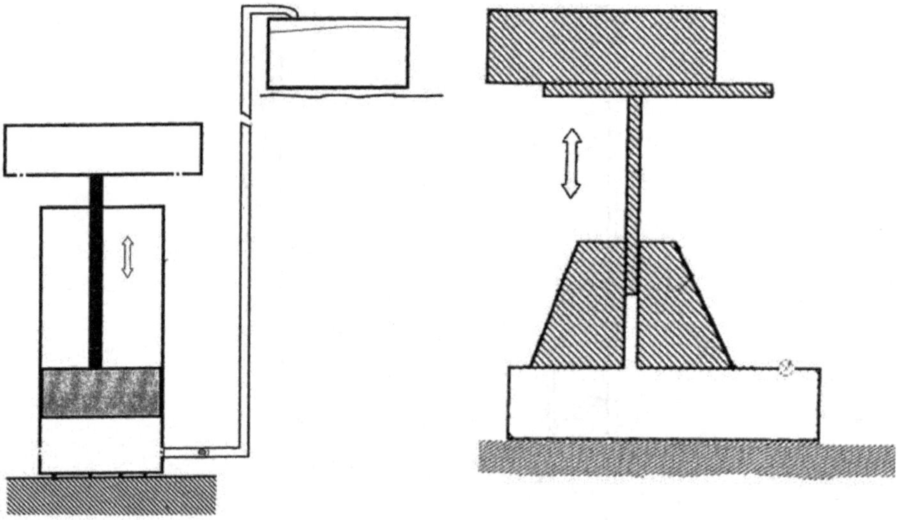

图 1.3.8　US2017241399A1 技术方案

2015 年，专利 CN105508128A 提出一种一体化海洋可再生能源综合发电装置，技术方案如图 1.3.9 所示。该装置由浮子、综合发电机、对转式双叶轮及太阳能光伏电池板组成。浮子是综合发电机的波浪能发电捕获装置及潮流能发电支撑装置，表面装有太阳能光伏电池板。综合发电机包含一个直线发电单元定子、一个直线发电单元动子、两个旋转发电单元定子和两个旋转发电单元转子，直线发电单元动子安装在浮子内部，两个旋转发电单元转子分别与两组对转式双叶轮相连。该装置的稳定性好，移动方便，集波浪能发电、潮汐能发电及太阳能光伏发电于一体，可以提高发电装置的功率密度，增大系统输出功率。

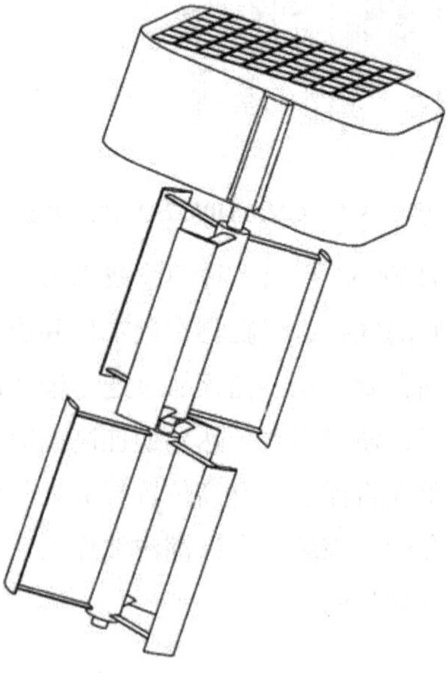

图 1.3.9　CN105508128A 技术方案

2016 年，专利 CN105697221A 提出一种水母型潮汐涌浪发电装置，技术方案如图 1.3.10 所示。该装置包括浮体、外套筒、内套筒、发电组件和蓄电池。浮体浮于海面上，通过刚性连接件与外套筒连接。外套筒为顶部密封、底部敞口的套筒，且外套筒套置于内套筒上端，外套筒上设置有用于平衡外套筒与内套筒形成的密封腔室内部、外部大气压的通气管。内套筒的下端固定在海床上。发电组件设置于外套筒与内套筒形成的密封腔室内部，包括发电机、传动齿轮箱和齿条；发电机输入轴与传动齿轮箱动力输出轴之间设置有飞轮，且发电机输入轴和传动齿轮箱均与内套筒固定；齿条顶部与外套筒顶部铰接固定，底部固定有复位弹簧，且复位弹簧的另一端固定于内套筒内壁底部；传动齿轮箱的动力输入齿轮与齿条配合传动，发电组件数量大于等于一个。蓄电池设置于外套筒与内套筒形成的密封腔室内部，且输入电路与发电组件输出电路连接，输出电路与外界连接。

发电组件以外套筒与内套筒的相对运动作为发电动力，外套筒与内套筒的相对运动形成的内部气压变化通过设置在外套筒上的通气管与外界气压平衡，且发电组件可设置多个，所发电量最终都汇集到蓄电池内，再由蓄电池输出到外界电网。该装置实现了潮汐能源收集利用装置的小型化。

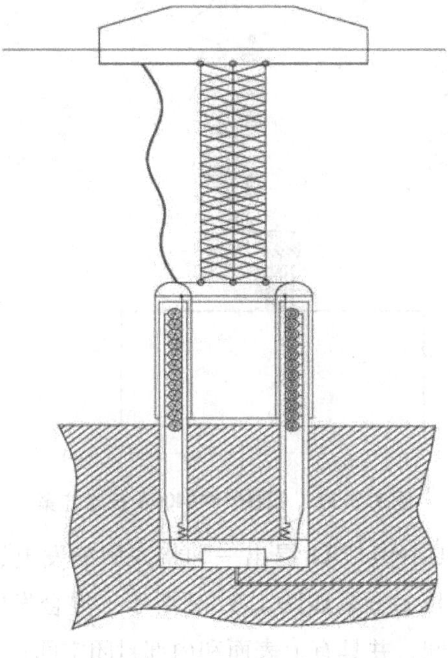

图 1.3.10　CN105697221A 技术方案

2016 年，专利 CN105840406A 提出一种基于潮汐能的自调节发电装置，技术方案如图 1.3.11 所示。该装置包括基座、浮体和若干根摆动杆。基座的上侧面垂直固连有导向管，导向管上套设有滑块，摆动杆的下端均铰接在滑块上，摆动杆的上端均铰接在浮体上，摆动杆的上沿长度方向铰接有若干涡轮发电机，浮体的上侧面设置有蓄电池舱，蓄电池舱内的蓄电池与涡轮发电机连接，浮体中设置有压载舱和发电舱，发电舱中设有发电机二，发电机二的输入轴竖直设置，浮体的下侧面上转动连接有转轴二，转轴二竖直设置，其上端位于发电舱内并且端部和发电机二的输入轴固连，下端位于浮体的下方并且端部固连有叶轮二，浮体的压载舱还连接有用于调节压载舱中水量的调节件。

该装置能够根据潮汐能的影响自动改变自身的位置，能够高效地将海洋流的动能转化为电能；具有较好的自保护能力，不会因为海面下降导致部分涡轮发电机露出海面而无法工作，能够有效避免海面上的恶劣天气损坏，安全性较高；有利于提高工作率，防止滑块和限位块及基座直接接触，避免导线缠绕到导向管上；方便更换蓄电池。该技术方案更加关注装置的自适应性和自保护能力。

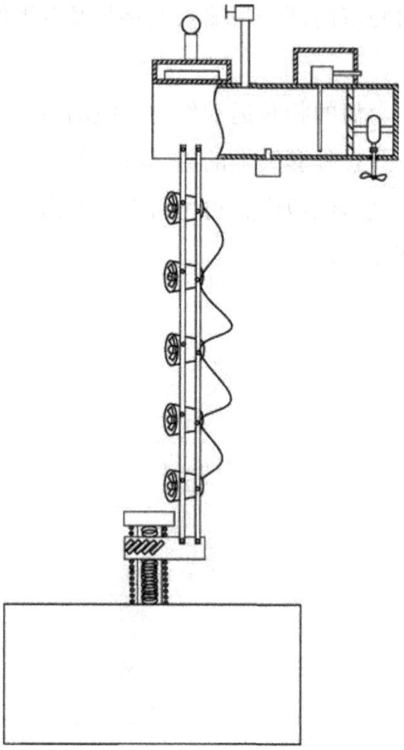

图 1.3.11 CN105840406A 技术方案

2017 年，专利 WO2018169117A1 提出一种将太阳能发电、潮汐发电、风能发电有机结合的混合发电设备，技术方案如图 1.3.12 所示。混合发电设备包括：罐，固定地布置在海标和低水标的中间，并具有上表面和内部封闭空间；导管，从前表面的下侧延伸到封闭空间，前表面在高潮时的潮汐浪涌方向上；弯曲管，设置在罐的上表面，并与封闭空间连通；水涡轮发电机，安装在导管内；风车发电机，安装在弯曲管内；太阳能电池板，倾斜地布置在罐的上表面，以面向太阳照射的方向。混合发电设备不仅可以利用太阳能光伏发电，还可以利用由潮汐现象引起的潮汐差同时进行潮汐发电和风力发电，极大地提升了发电效率。

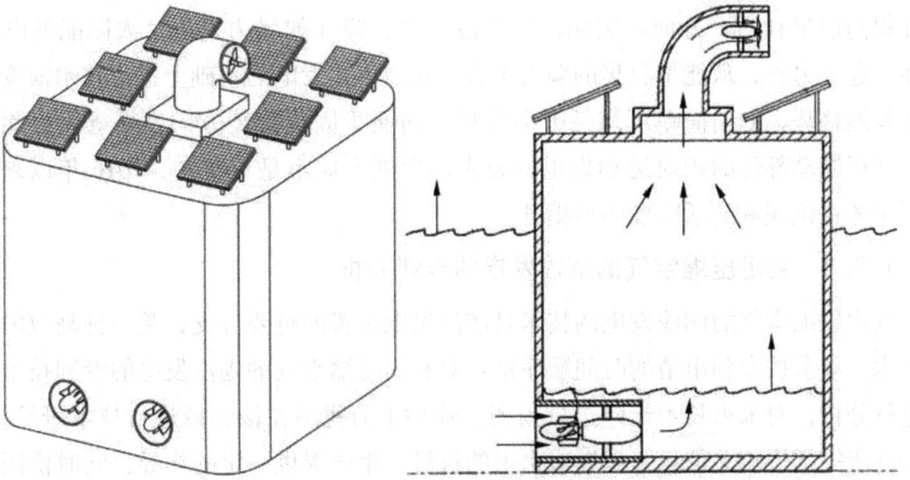

图 1. 3. 12　WO2018169117A1 技术方案

2020 年，专利 IN202017007758A 提出一种流体流动能量采集器，技术方案如图 1. 3. 13 所示。该装置包括曲轴和至少一个叶片，叶片在枢轴的相应侧上枢转到帆部和曲柄部分。当曲柄部分布置成面向流体流动时，帆部和曲柄部分围绕枢轴摆动，曲柄部分通过曲柄连接到曲轴，使得叶片将旋转力施加到曲轴。能量采集器还包括翅片装置，翅片装置包括翅片，翅片布置在叶片的帆部并且引导帆部，帆部面向流体流动或沿着流体流动的方向。能量采集器还包括翅片制动器，翅片制动器构造成控制翅片相对于帆部的定向，使得在帆部的摆动期间，当另一个帆部的表面平行于流体流动时，帆部的表面或翅片的表面阻碍流体流动。该装置以这种方式抵消了叶片振荡的失速，从而促使曲轴在流体流动中连续旋转。

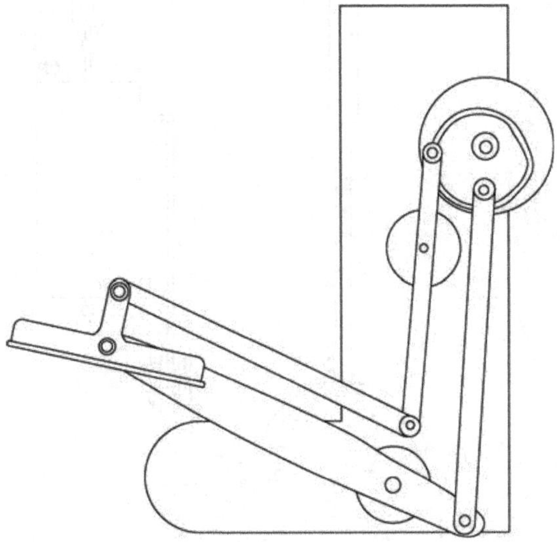

图 1. 3. 13　IN202017007758A 技术方案

总体来说，利用制动部件的相对运动发电的技术的种类繁多，未来的研究将主要集中在提高能量利用率方面。例如，与其他发电装置（如风力发电、太阳能发电等）融合在一起。另外，从能量收集的源头来看，在漂浮式发电的基础上进行技术演变呈现多样化发展趋势，如向简单可靠性方向发展、向便于固定安装方向发展等。由此可以看到，利用制动部件的相对运动发电的技术的发展方向不是单一的，2016 年以来我国的创新主体在该领域的活跃度明显提升。

1.3.2 利用压缩空气的潮汐发电的专利分析

利用压缩空气的潮汐发电的技术是潮汐发电装置的重要分支，是一种高效的潮汐发电技术。本节按专利申请的时间顺序重点对利用压缩空气的潮汐发电的专利技术发展脉络进行分析，对未来技术走向进行预测，致力于为我国在该领域进行技术研发的企业、科研院所等提供相关信息，以期对未来的科研、生产提供一定的指导，同时供国内创新主体参考。

2002 年，专利 US2002162326A1 提出一种利用潮汐或波浪作用在高压下压缩空气并发电的系统，技术方案如图 1.3.14 所示。该系统包括：容纳在进气口的腔室中的活塞，腔室通过阀连接到储气罐；在套筒引导件中的动力传递轴，其具有设置在海浪上的浮子，该浮子向轴提供运动；杠杆臂，一端与动力传递轴接触，另一端与活塞连接。随着动力传递轴被浮子带动向上移动，一端的杠杆臂也随之移动，从而导致另一端的活塞压缩腔室内的空气。若采用双活塞，则空气在沿着动力传递轴向上和向下移动时被压缩。

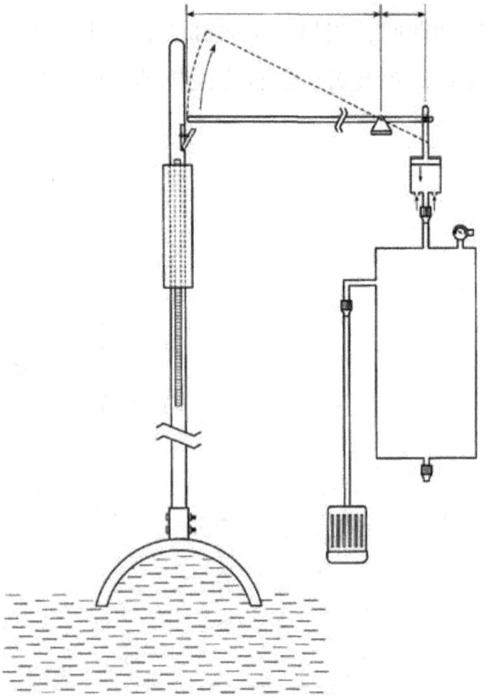

图 1.3.14　US2002162326A1 技术方案

2007 年，专利 US2008197632A1 提出一种鼓风机潮汐发电装置，技术方案如图 1.3.15 所示。该装置包括机架、鼓风机机构和发电机构。鼓风机机构包括泵送装置、浮标和空气导管，其中泵送装置包括可移动的、连接在一起的气缸和固定筒。发电机构包括恒压和压力调节装置以及具有气动涡轮的发电机。潮汐使浮标上下移动以驱动泵送装置，用于循环地抽吸和泵送空气，空气保存在恒压和压力调节装置中，以提供恒定压力，稳定地向涡轮机供应气流，从而驱动发电机发电。

传统的鼓风机型潮汐发电装置虽然能有效地简化结构、降低成本、方便发电，但其缺点是固定压力的气流供应不稳定。这是由于由鼓风机机构压缩并充入罐内的空气在罐内连续地积聚，随着罐内空气的充入，罐内的压力随之增加；反之，当空气开始从罐中排出时，罐内的压力会减小。因此，罐内一般不可能保持恒定的压力。所以说，恒定压力气流的稳定供应通常是不可能的。相比于传统的鼓风机型潮汐发电装置，该技术方案更加关注恒定的压力及发电的稳定性。

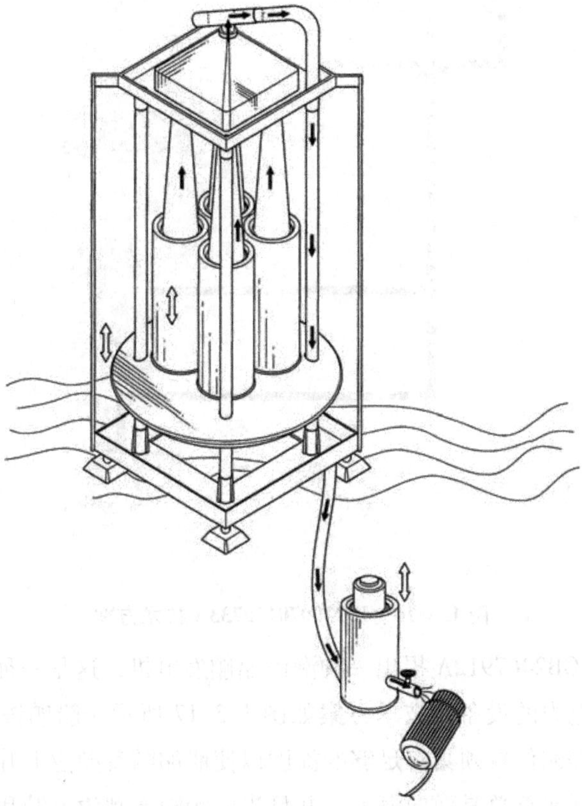

图 1.3.15　US2008197632A1 技术方案

2007 年，专利 KR20070115733A 提出一种利用风力、潮汐、洋流和波浪能的发电系统，技术方案如图 1.3.16 所示。该系统包括：利用风力供应海水的海水压缩机；利用潮汐、洋流和波浪能供应海水的海水压缩机；利用波浪能供应空气的空气压缩机；通过由海水压缩机和空气压缩机供应的高压海水发电的水轮发电机。水轮发电机包括压缩水箱，来自海水压缩机和空气压缩机的海水及来自空气压缩机的压缩空气被供应到压缩水箱，当压缩空气挤压海水的上部时，高压海水被供应到水轮发电机。通过利用风力的海水压缩机，利用潮汐、洋流及波浪能的海水压缩机，借助空气压缩机对储存于加压水箱内的海水的上部进行加压，即使在低水位条件下也可以将高压的海水供给到水轮发电机，实现平稳发电。该发电系统还包括电力转换器、氢氧发生装置、氢储存罐、氧储存罐、燃料电池、变电及水轮发电机。在水轮发电机中产生的电力通过电力转换器及氢氧发生装置分别储存于氢储存罐及氧储存罐中，所储存的氢及氧蓄积于燃料电池，可通过变电及送电盘以及电力发送线供电。该技术方案能够高效地综合利用风力、潮汐、洋流和波浪能，解决单一发电模式下工作效率不高的问题，具有较高的实用性。

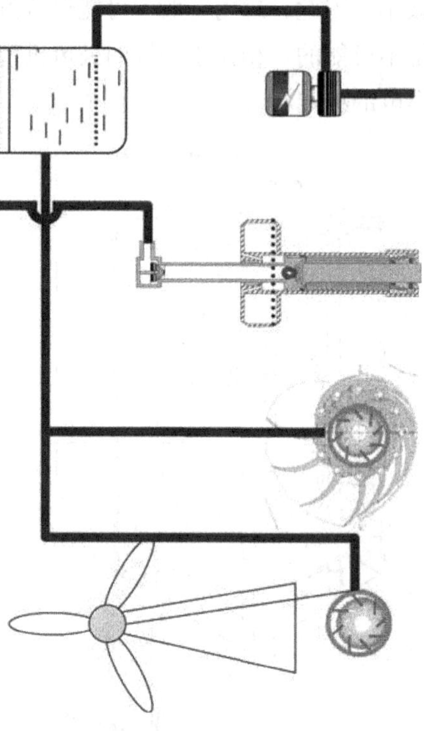

图 1. 3. 16　KR20070115733A 技术方案

2009 年，专利 GB2467912A 提出一种潮汐船舶发电机，这是一种回收冗余船舶以提供连续可再生自由电力的设备，技术方案如图 1. 3. 17 所示。船舶锚定在靠近海岸的两个海床立柱之间，停靠位置须具有足够的深度以使船舶随着潮汐上升和下降。立柱与海岸呈一条直线，使得船首总是面向海上，并且当船舶随着潮汐上升和下降时，附接到船首和船尾的系链形成闭环，通过连接到发电机的一系列齿轮将使船舶沿竖直方向运动的力转换成径向力。

冗余船位于海床立柱之间，并通过系链附接，将来自潮汐的上升和下降的力传递给安装在支撑柱上的发电机。系链由链轮张紧，并经由齿轮系驱动发电机，以提供适合于发电机的速度。船尾张紧链轮可在高潮和低潮前 2 小时锁定，并在 1 小时后释放，使得船尾发电机在滞水期间继续运行。此外，也可以在船体下方放置一个柔性袋（如垫料袋），以便在船舶下落时产生压缩空气。该技术方案通过利用废旧船只来降低潮汐发电的成本。

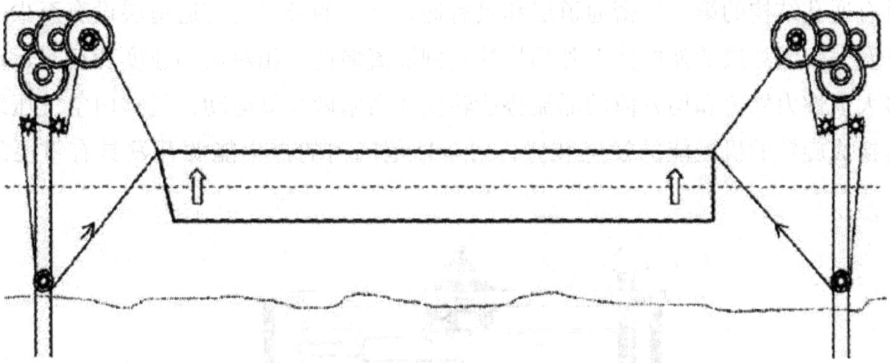

图 1. 3. 17　GB2467912A 技术方案

2009 年 6 月，专利 GB2459205A 提出一种利用长管道来加速水流和气流的潮汐发电装置，技术方案如图 1. 3. 18 所示。该装置具有一条长管道，长管道由一系列平行于潮汐线和海岸线布置的管道组成，并在其端部通过 180°弯头连接。管道从低潮位置延伸到高潮位置，以便水随着潮汐的变化充满或排空管道，产生的气流为多叶片风力涡轮机提供动力，水流驱动涡轮机。管道经由扩散器连接到空气涡轮机，扩散器可吸入额外的空气。与在低潮和高潮位置之间直线运行的类似管道相比，长管道中增加的管道长度增大了空气和水的速度。随着潮汐从低水位线上升，填充长管道所需的空气将具有与当水进入长管道时置换的空气相同的体积。

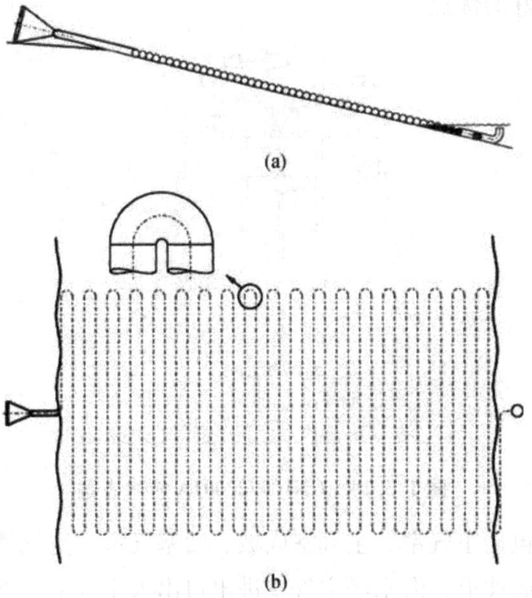

图 1. 3. 18　GB2459205A 技术方案

2016年，专利CN105857534A提出一种潮汐发电机，技术方案如图1.3.19所示。该装置设有至少一个载荷漂浮式的平台，该平台具有对应通孔结构的基面，基面夹层间设置具有通孔结构的第一气密通道层、具有通孔结构的第二气密通道层及至少一个气缸，具有通孔结构的第一气密通道层和具有通孔结构的第二气密通道层设有至少一个通孔。开发密闭漂浮层的弹性体上阵列拉柱受到涌流惯性，相对运动速度和相对运动位移获得最大惯性力峰值和均方值的涌流势能转换成活塞做往复运动，气缸内空气压缩的压力能转换成旋转的机械能的发电装置，对全球范围内的再生能源开发具有重要的积极意义。

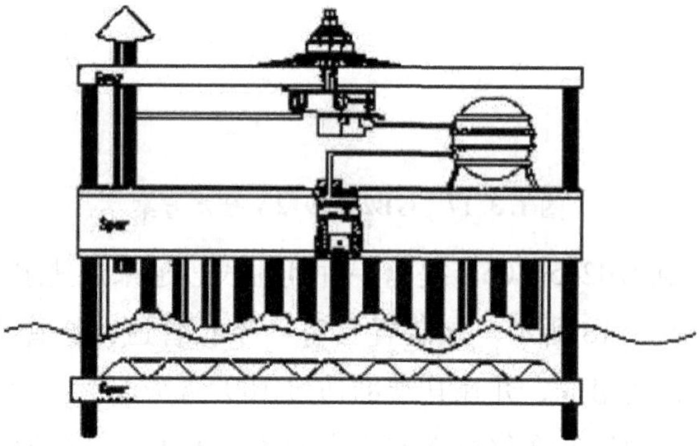

图1.3.19　CN105857534A技术方案

2019年，专利CN109723601A提出一种潮汐能发电装置，技术方案如图1.3.20所示。该装置不仅能有效地利用波浪在主气室起伏形成振荡水柱产生的空气动能，而且可以利用海水的潮汐变化实现主气室中气体压强变化达到发电的目的。同时，该装置具有结构简单、可靠性较好的优点。

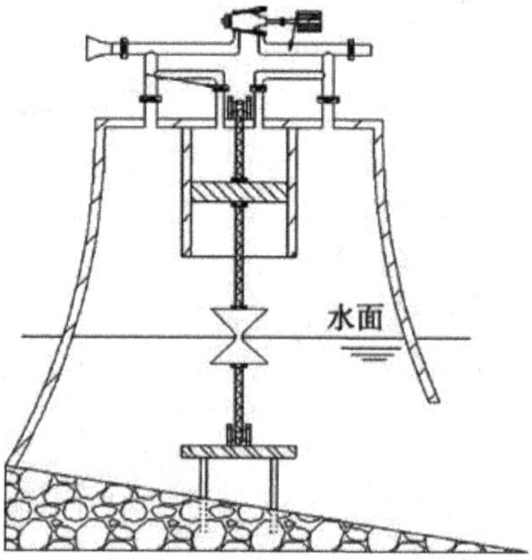

图1.3.20　CN109723601A技术方案

潮汐能发电装置包括主气室、主气室底坡、活塞气室、空气透平和发电机。主气室固接在海底的主气室底坡上，海水经主气室进出口出入主气室；立柱位于主气室内；支撑平台固定在立柱上；主气室的顶平台上方固定安装有第一滑轮和第二滑轮，支撑平台固定安装有第三滑轮和第四滑轮，四个滑轮上下对称安装在同一竖直平面内；主气室内还固定安装有垂直的活塞气室，活塞气室内安装有垂直运动的活塞，钢索为闭合环形，活塞和浮子通过钢索连接，钢索依次缠绕在四个滑轮上；主气室与活塞气室分别通过输风管道与空气透平连接，空气透平与发电机连接；输风管道与大气连通，每个输风管道上均有单向阀。该装置将振荡水柱和振荡浮子相结合，通过输风管道结构和单向阀门控制，形成更强劲的单向风流，同时主气室的渐缩型结构使装置的整体效率得到提升。

2020 年，专利 US10844832B1 提出一种水流能量发生器，技术方案如图 1.3.21 所示。该装置包括在水流中旋转的筒体和固定在筒体两侧的一对空气压缩机。当筒体旋转时，空气压缩机启动并将空气压缩到气缸中，可通过柔性压缩空气软管输送压缩空气。柔性压缩空气软管可经由多个尼龙扎带或不锈钢带固定到框架上部构件和系绳上。柔性压缩空气软管可沿着系绳布置并通过固定装置固定。当筒体不旋转时，由空气压缩机产生的空气可以储存在空气压力罐中以供将来使用。空气压力可通过空气压力计测量，然后将所得的空气压力用管道输送到空气输送站和空气驱动电机。空气输送站可配备一根软管，用于输送压缩空气，然后使用空气驱动电机的旋转机械动力输出来驱动发电机。发电机的电力输出可被传送到电力输送站，电力输送站可提供 AC 和 DC 电力以供使用。该技术方案更加注重发电效率的提升。

图 1.3.21　US10844832B1 技术方案

总之，利用压缩空气进行发电的技术，其工作原理都是将时间和空间不稳定的潮汐能源转换为可控制的压缩空气进而推动涡轮机进行发电。在技术发展的过程中，出现了便于安装的小型化设备，也出现了利用风力、潮汐、洋流和波浪能的发电系统，在高压下将海水供应到水轮发电机，以提升发电效率；同时还出现了利用废弃船只作基础结构的潮汐发电设备，后期该类潮汐发电设备的发展主要以提升发电效率为主。

1.3.3 利用大坝进行潮汐发电的专利分析

利用大坝进行潮汐发电是一种传统的潮汐发电技术，主要通过构建大坝形成水位差，利用水位差采用水轮机进行发电，其优点是发电稳定，缺点是工程造价高。本节按专利申请的时间顺序重点对利用大坝进行潮汐发电的专利技术的发展脉络进行分析，以期为该领域的创新主体主体提供参考。

1918 年，专利 GB127154A 提出一种利用潮汐能发电的装置，技术方案如图 1.3.22 所示。该装置具有轴流式涡轮机 d，将涡轮机 d 的叶片设置为 45°，设置在相对倾斜的导向叶片 f、g 之间，并通过通道 c、e 与海洋和封闭的盆地连通。涡轮机可以操作水泵，将水升高到贮存器以供应涡轮发电机站。在涨潮期间，水将沿箭头所示的方向流动并通过通道 c，并通过导向叶片 f，撞击在水平旋转的涡轮机 d 的叶片的上边缘上，然后通过导向叶片 g 和通道 e 溢出，进入水池 b 中。在退潮期间，水将沿与箭头所示相反的方向流动，即从水池 b 流入通道 e 并通过导向叶片 g，撞击在涡轮机 d 的叶片的下边缘上，然后通过导向叶片 f 和通道 c 溢出到海中。

流入河口的水将通过一组导向叶片以沿一个方向旋转的方式输送到涡轮机叶轮，并且在其从河口退回时，水将通过第二组导向叶片以反方向旋转的方式输送到涡轮机叶轮。水能有效地推动叶轮沿顺时针和逆时针方向交替旋转，叶片被设置成 45°的角度。通过闸门，涨潮和退潮都可以推迟水通过轮子的通道，直到通过改变潮汐的水位达到最有利的水位差进行发电工作。

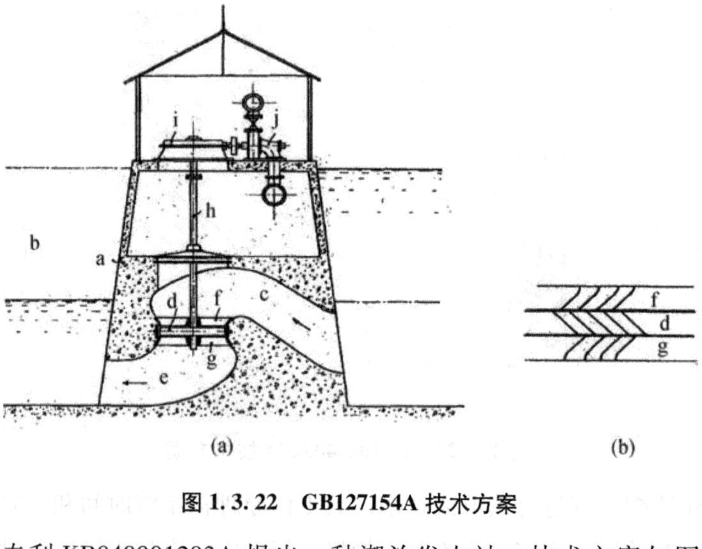

图 1.3.22 GB127154A 技术方案

1982 年，专利 KR840001293A 提出一种潮汐发电站，技术方案如图 1.3.23 所示。在该潮汐发电站中，涡轮机设置在海和储水器之间的主通道中。连接通道布置在包含涡轮机的主通道上方。阀门位于涡轮机的贮存器侧的连接通道处，以控制和引导水流。

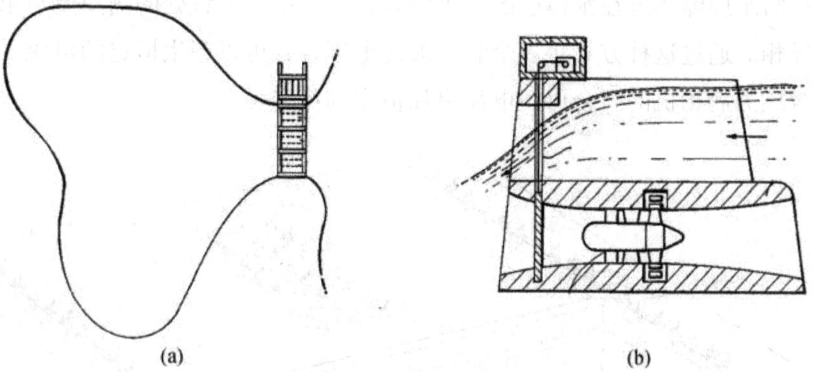

图 1.3.23　KR840001293A 技术方案

2009 年，专利 GB2460340A 提出一种低水头拦潮系统，技术方案如图 1.3.24 所示。该系统通过潮汐拦阻结构捕获潮汐流的能量，以便产生显著小于总潮差的水头。这减小了潮汐拦阻结构和涡轮机中的应力，并且增加了涡轮机在每个潮汐周期中可以运行的时间长度。这种涡轮机通常是单向的，因此允许水通过闸门流入保持池并通过涡轮机流出。该结构包括混凝土沉箱，混凝土沉箱是挡土墙结构的一部分或者直接位于挡土墙结构上，混凝土沉箱内包含涡轮机。由浮动部分支撑的柔性膜或刚性可移动元件将防止水在水位变化时流过沉箱，从而保持大致恒定的水头差。这种结构可用于在非常低水平的瀑布或大型河流上建造低水头水电设施。该技术方案通过利用涨潮、落潮的能量，降低了土木建造成本。

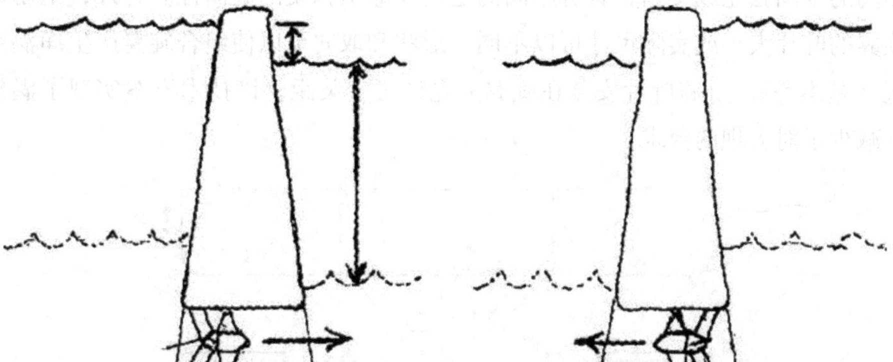

图 1.3.24　GB2460340A 技术方案

2009 年，专利 EP2309118A1 提出一种利用液压能产生电能的装置，技术方案如图 1.3.25 所示。该装置包括挡水板（如水坝或墙壁）和多个风力涡轮机。挡水板位于经受潮汐流的水体中，并设有位于水面下方的开口，在开口中至少设置一个涡轮机，以便将潮汐流的势能转化成电能。该装置可以位于水体中的任何位置，防水屏障和阻水侧壁位于距离海岸至少 10 km 处；可以设置多个装置的组件，其中装置之间通过联合电力电缆电耦接；防水屏障布置在水体中的一个位置，使得第一装置处的潮汐流与第二装置处的潮汐流异相。通过这种方式将多个装置彼此电耦合，可以产生恒定的电流。水坝中的涡轮机结合风力涡轮机的组合可使电流更加恒定和稳定。

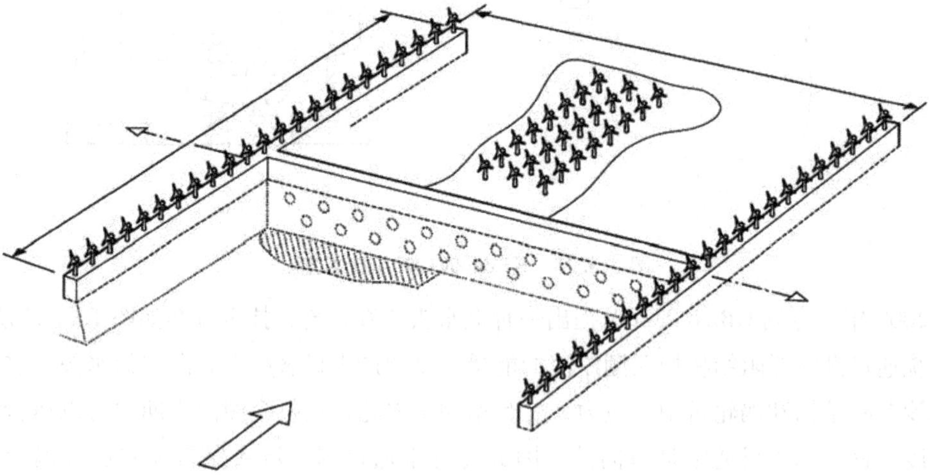

图 1.3.25　EP2309118A1 技术方案

2010 年，专利 GB2477532A 提出一种双向水轮机，技术方案如图 1.3.26 所示。该装置包括上游转子和反向旋转的下游转子。上游转子和下游转子的叶片具有基本相同的外形。上游旋翼和下游旋翼的叶片具有基本相同的弯度（该弯度通常是非零的），具有基本相同的空间弦比或交错，具有不同的定向及显示相反的旋向性。另外，上游旋翼和下游旋翼的叶片大小或实际尺寸可以不同，形状和取向可以使组合旋翼产生净涡流或出口涡流（基本为零）。将叶片安装在旋翼上允许可变桨距。该技术方案实现了涡轮机的集成，减少了对大坝的要求。

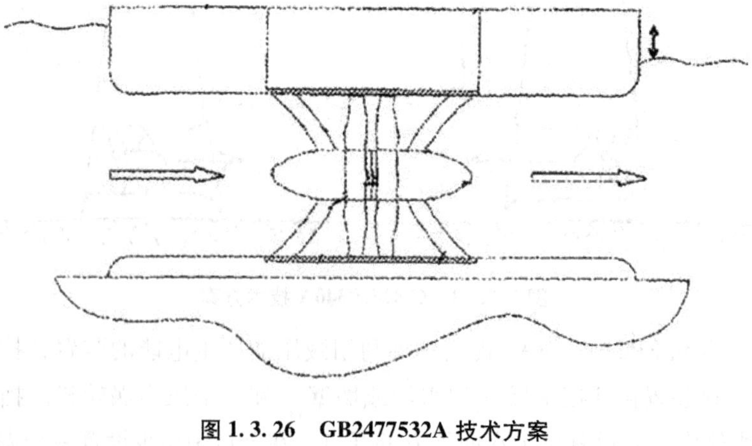

图 1.3.26　GB2477532A 技术方案

2016 年，专利 US2016215752A1 提出一种用于控制水力发电设备的涡轮机，技术方案如图 1.3.27 所示。水力发电设备包括至少一个蓄水池，涡轮机包括具有多个叶片的轮毂。当水流填充蓄水池时或当蓄水池被清空时，涡轮机会以两种不同的操作模式（直接发电模式和间接发电模式）运行。围绕其纵向轴线旋转的每个叶片的方向在这两种操作模式之间根据预定的模式改变，在对应于叶片的离散角位置的若干预定值中选择预定的旋转角度。每当涡轮机的操作模式改变时，叶片都会按预定角度旋转。叶片可以按照具有固定值的多个旋转角度旋转，这些固定值限定了叶片的离散角位置，这些位置是针对各种运行模式根据潮汐发电厂工作的水力条件确定的。该技术方案通过对发电设备的控制可以提升使用大坝进行潮汐发电的工作效率。

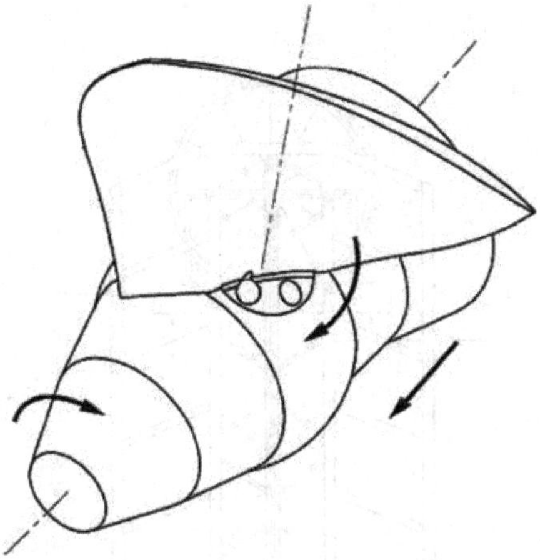

图 1. 3. 27　US2016215752A1 技术方案

2017 年，专利 US2019169812A1 提出一种能够在潮汐中提取能量的系统，技术方案如图 1. 3. 28 所示。该系统位于固体陆地块与海洋交界处的一段海岸线上。入口设置在最低潮位表面下方的海床上，隧道从入口延伸到陆地块中，可沿隧道设置多个阀门以控制流量，操作阀门既可以执行维护工作，也可以控制能量产生的时间。隧道从接合处向内地延伸穿过陆地块，沿着隧道定位的是一组水轮机，它通过隧道内的海水的移动来发电。水轮机位于低于最低潮汐的高度处，使得它们在操作期间浸没在海水中；水轮机连接到水面附近的建筑物，建筑物既可以建造在地下，也可以建造在地面上方。隧道从水轮机处升至一定水平面，使得隧道的底部不低于最低的潮汐高度。

通道设置在隧道的天花板中，用于在潮汐上升和下降时吸入和排出空气，从而填充和排空隧道的水平部分。动力输出系统设置在通道中，使得通过通道的空气运动产生的能量转化为有用功，如转化为电能。动力输出系统通常设置在远高于最高涨潮线的位置，从而不会被海水污染。

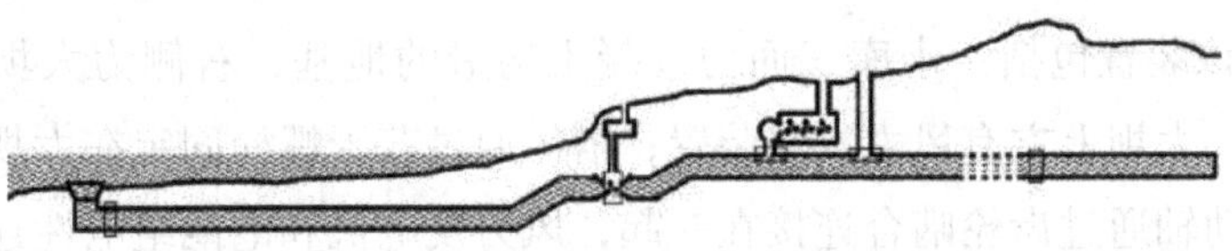

图 1. 3. 28　US2019169812A1 技术方案

2018 年，专利 US2021277864A1 提出一种能量产生系统，技术方案如图 1. 3. 29 所示。该系统包括位于河口的大坝，该大坝限定了水的容纳区域。大坝包括多个坝元件，每个坝元件包括多个采用串联铰接方式连接的坝面板，当潮水上升和下降时，坝面板可通过一对对应的主浮力箱或副浮力箱将大坝面板从腔室中的非操作折叠状态转换为操作状态。每对主浮力箱与对应的拦阻元件限定了一个水道，水轮位于该水道内。水轮安装在相应的驱动轴上，这些驱动轴串联并且可旋转地承载在支撑框架上，支撑框架支撑在主浮力箱上。发电机支撑在承载框架上，承载框架在大坝两端的次级浮力箱上，并由相邻的驱动轴驱动。

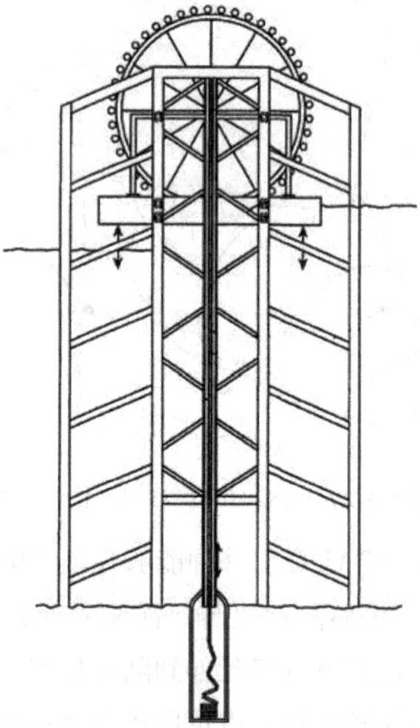

图 1. 3. 29　US2021277864A1 技术方案

能量产生系统具有可变高度，可连续操作以在海潮的上升、下降和转向的所有阶段中连续产生能量。此外，由于坝元件具有可变高度并且随水位变化而变化，由能量产生系统产生的能量对于海潮的所有状态保持基本恒定。能量产生系统位于河口中，河口可以位于相对遮蔽的位置，进而保护能量产生系统免受海上暴风雨的影响。当水坝设置有允许控制水坝的相应相对侧上的水位之间的水位差的闸门装置时，通过将水位差限制在预定的安全水位差范围内，可避免由于过大的水位差而产生的破坏水坝完整性的危险。

2018 年，专利 CN109058046A 提出一种新型风力潮汐组合发电装置，技术方案如图 1. 3. 30 所示。该装置包括：水库三面为混凝土构造的地基，右侧为大坝，内部中空有潮汐发电装置，大坝上方有风力发电装置；塔体通过若干螺栓固定在大坝上方，风力发电机和第三传动轴通过齿轮啮合连接在一起，风力发电机和电池组电性连接；流水通道均匀布置在大坝底部，大坝的两侧分别建有泥沙阻隔带，流水通道内部两侧分布有防护网，在流水通道内固定安装叶轮支柱，叶轮旋转部内固定连接三片叶轮，将风力发电装置和潮汐发电装置有效地结合，可以充分地利用近海地区丰富的风力资源，大大降低基建的投入成本；风力发电有效地改善了潮汐发电的周期性供电问题，可以持续地提供电能。

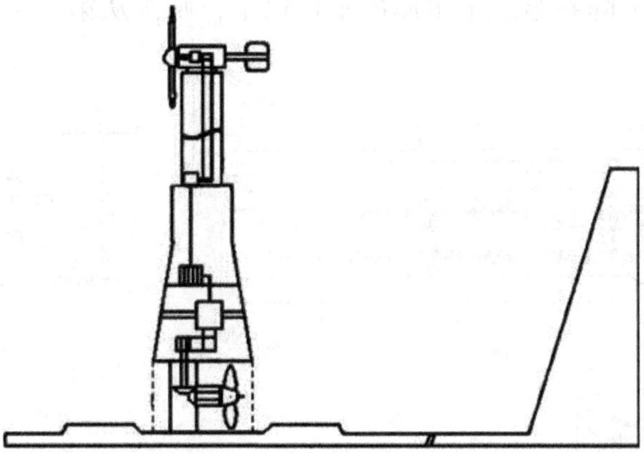

图1.3.30　CN109058046A 技术方案

1.3.4　利用水平流动的潮汐发电的专利分析

利用水平流动的潮汐发电主要是利用潮汐中的动能进行发电。该技术分支是潮汐发电技术领域中技术文献最多、发展最快、应用最为广泛的，分为用于能量转化的潮汐发电水轮的设计和潮汐发电装置的布设两个技术方向。本节按专利申请的时间顺序重点对这两个技术方向的专利技术的发展脉络进行分析，以期为该方向的创新主体提供参考。

1.3.4.1　潮汐发电水轮的设计

1973年，专利US3887817A提出一种发电装置，技术方案如图1.3.31所示。该装置包括一个连续细长的柔性环构件，该柔性环构件具有相对的环端部，并且适于悬浮在流动的流体中。环构件围绕可旋转构件被引导，可旋转构件依次驱动连接到发电装置。多个柔性且可折叠的容器或帆以间隔关系和端对端关系沿环构件安装。当容器浸入流动的流体中，容器的开口端相对于流面向上游时，容器将膨胀并被流体填充，而当容器的开口端相对于流面向下游时，容器将塌缩并排空流体。因此，每当环构件和容器浸没在流动的流体中时，容器将连续地驱动环构件并因此驱动可旋转构件。

1979年，专利US4288985A提出一种利用潮汐涨落产生能量的装置，技术方案如图1.3.32所示。该装置使用虹吸原理促使水在自然水库（如海洋）之间流动，水库因潮汐流的影响而发生水位变化。人造水库经过适当修改后可用于与天然水库之间相互流动，两个水库通过气密管道连接，该气密管道填充有水，并且由于虹吸原理，当两个水库中的水位寻求平衡状态时，水将通过该气密管道被抽吸。气密管道内附有一个能量转换器，如涡轮机或水流速度能量转换器，以便水从一个水库流入另一个水库。能量的最终转换通过与能量转换器连通但位于管道系统外部的发电机来完成。人造水库的深度超过了天然水库的最高潮汐水位的高度。管道开口位于每个水库中不断下沉的水位处，确保一旦管道系统充满水，虹吸效应将导致水随着潮汐水位的变化从一个水库流入另一个水库。当潮汐到来时，若第一个水库的水位上升并超过第二个水库的水位，则当这两个水库中的水位寻求平衡状态时，水从第一个水库流入第二个水库；当潮汐移出时，若第一个水库中的水位下降到第二个水库的水位以下，则水从第二个水库回流到第一个水库。

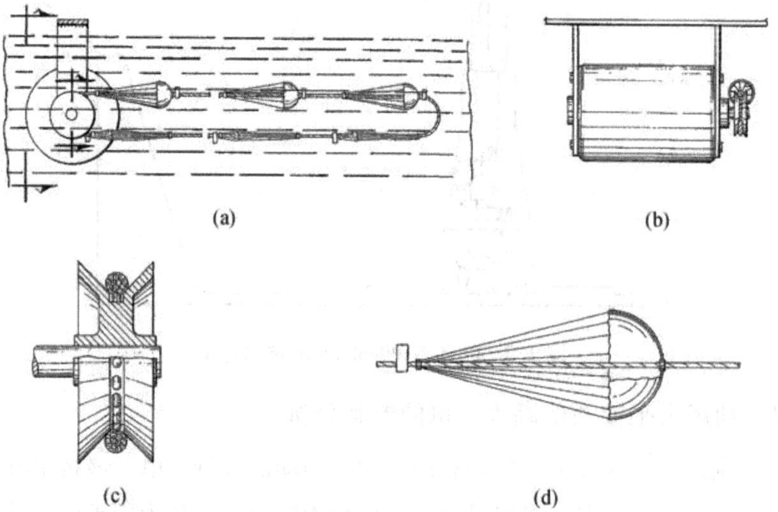

图 1.3.31　US3887817A 技术方案

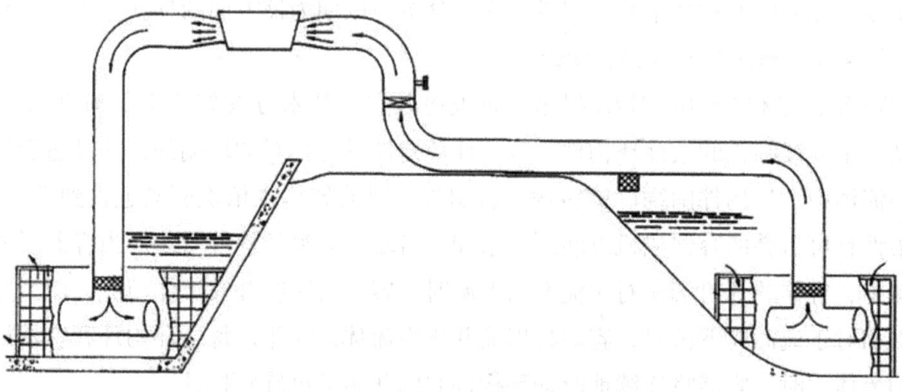

图 1.3.32　US4288985A 技术方案

2000 年，专利 US6406251B1 提出一种用于潮汐调节的双向水轮机组件，技术方案如图 1.3.33 所示。水轮机由一个圆柱形护罩承载，水轮机叶片通过潮汐流的旋转驱动轴的旋转，从而将动能转化为电能。稳定翼片沿着护罩的长度从护罩径向向外延伸。稳定翼片的各个角部承载枢转点，该枢转点用于在相邻稳定翼片的相邻枢转点之间连接枢转偏转器。枢转偏转器定位在围绕护罩每个端部的周边的枢转点之间，并且被偏置，使得在第一方向上的潮流流动将护罩第一端部处的枢转偏转器推动到非偏转位置，同时将护罩的第二端部处的枢转偏转器推动到偏转位置，并且对于在相反方向上的潮流也一样。

双向水轮机组件通过浮子支撑件与双向水轮机组件之间延伸的至少一个浮子支撑缆线来支撑。浮子支撑线缆的精确定位和数量随着水轮机组件的具体设计和部署条件的变化而变化。其中，水轮机组件是大致细长的构件，除了水轮机组件和浮子支撑件之间的可靠支撑连接之外，浮子支撑线缆还必须为水轮机组件提供稳定的支撑。

水轮机组件的横向位置由第一锚和第二锚维持。第一锚经由第一锚缆索附接到水轮机组件，第二锚通过第二锚缆索连接到水轮机组件。一条或多条电力或支撑缆线可以沿着锚固缆线在水涡轮机组件与外部源或接收器之间互连。第一锚、第二锚与第一锚定缆索、第二锚定缆索中必须存在足够的松弛度，以允许水轮机组件在存在不同潮汐水平时相对于海底的有限范围内竖直运动。在进入的潮汐流或潮汐流起伏中，水轮机组件可以在水流的方向上在一定程度上被推动。第一锚和第二锚应当被定位成使得该流动的顺应性移动相对较小。

水轮机组件通过多个第一端撑杆和第二端撑杆将水力涡轮机装置在水力涡轮机罩的空隙内。水轮机的相对侧的第一端部支柱的配置水轮机组件是相同的，第二端部支柱牢固地互连每个相应的稳定器翅片到轴向居中的轮毂盖。支柱与相应的稳定器翅片之间存在一对一的关系，使得第二端部支柱的支柱端部与第二护罩端部附近的稳定器翅片互连。第二端部支柱和稳定器翅片的互连在远离水轮机护罩的点处定位多个第二枢转点。枢转偏转器连接在水轮机组件的相应的第一端和第二端上的连续的枢转点之间。在提及水轮机组件的第一端时，第一端枢转偏转器绕水轮机组件的整个周边在连续的第一枢转点之间互连。第二端枢转偏转器绕水轮机组件的整个周边可枢转地连接在连续的第二枢转点之间。

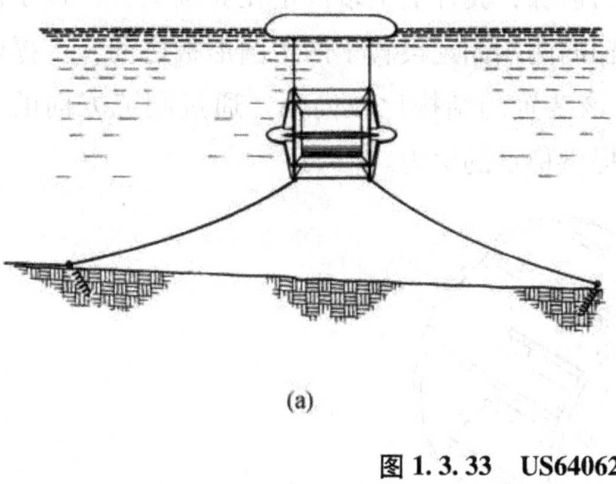
(a)

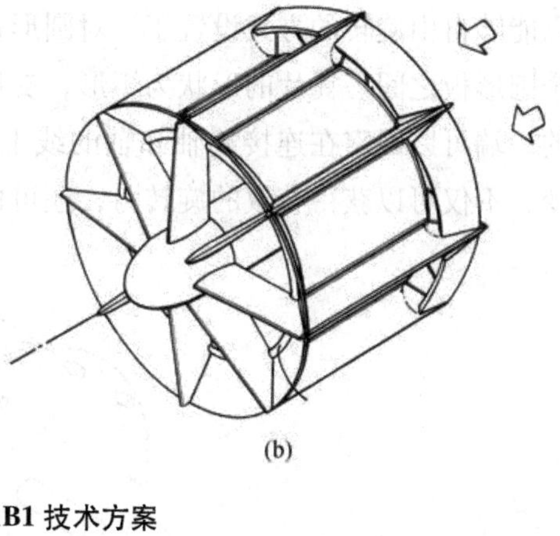
(b)

图 1.3.33　US6406251B1 技术方案

2004 年，专利 KR1020060017099A 提出一种固定式潮流发电装置，技术方案如图 1.3.34 所示。该装置包括潮流发电支架、发电机、障碍物防御支架、螺旋桨支撑杆、螺旋桨和障碍物防御杆。固定潮流发电设备的主体在被施加潮汐力时相对于潮流的方向倾斜 35°~50°，并且通过转动将潮流的动能转化成电能。螺旋桨通过接收动力而旋转，产生的旋转力被施加到螺旋桨支撑杆，使发电机与螺旋桨支撑杆一起旋转产生电能。障碍物防护杆倾斜并与障碍物接触，通过减轻冲击来保护螺旋桨和螺旋桨支撑杆。该技术方案在保护由漂浮在水中的浮游物引起的撞击发电机本体方面具有优异的效果，能最大限度地利用垂直轴潮汐流发电机和水平轴发电机。

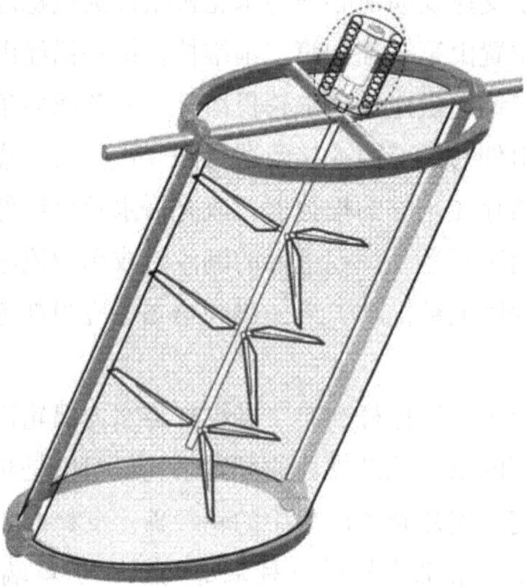

图 1.3.34　KR200395997Y1 技术方案

2005 年，专利 KR200384704Y1 提出一种水车，技术方案如图 1.3.35 所示。该装置包括圆形板和翼轴。翼轴在圆形板的左右，固定设置于轴与轴的间隔空间中。圆形板的主要结构为翼片和支撑轴，在圆形板的中心设置有轴。在圆形板的边缘部，多个翼轴以能够旋转的方式保持等间距的状态设置。8 个翼轴按规定间隔设置，翼轴的左右两端部以能够自由旋转的方式设置于一对圆形板的边缘，翼片的上端固定在翼轴上，并位于两个圆形板之间。翼片的形状为矩形，支撑轴的两端固定设置于两个圆形板之间，支撑轴的一端可以固定在连接翼轴和轴的线上。该装置的结构比较简单，通过潮流方向的改变，不仅可以获得有效的旋转力，还可以提供稳定的电力。

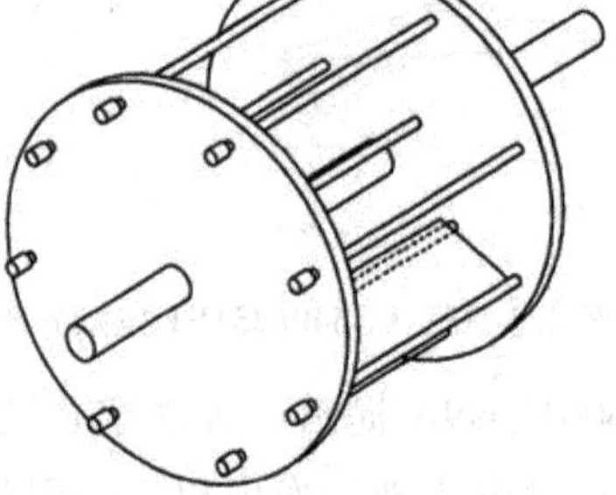

图 1.3.35　KR200384704Y1 技术方案

2005 年，专利 KR200395997Y1 提出一种潮流发电用水车，技术方案如图 1.3.36 所示。该装置包括轮毂和多个叶片，轮毂与向发电机传递旋转力的旋转轴相连接，多个叶片以能够旋转的方式设置于轮毂的四周，潮流发电用水车通常借助水流强制旋转，从而使旋转轴旋转。若产生水流，则海水向水车侧流动，海水沿着引导件倾斜，不与浮力体相碰撞，仅向多个叶片侧流动。通过水流的作用，多个叶片的自由端部旋转，配置于正中央左侧的叶片维持挡止的状态，右侧的叶片维持开放的状态，水车本体沿逆时针方向旋转。由于浮力体的浮力作用，水车可通过低速的水流进行旋转。水车旋转，产生基于旋转力的浮力，从而使水车呈上升的趋势，但在采用重量体的情况下，因重量体的重力作用，水车无法上升，而是以维持当前位置的状态进行旋转。随着水车的旋转，叶片的角度因水流方向的变化而发生变化，从而可使水车持续旋转，其旋转力通过旋转轴传递到发电机进行发电。由于水车可以借助浮力体漂浮，使水车处于没有自重的状态，即使在低速的水流中也可进行自启动（无须额外的驱动力）。因此，该装置可降低制造成本和维护费用，并可简化设备。

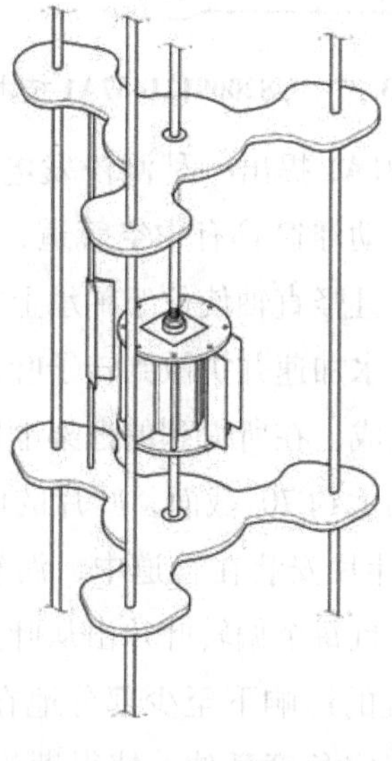

图 1.3.36　KR200395997Y1 技术方案

2006 年，专利 US2009121487A1 提出一种用于潮汐类发电站的电液发电装置，技术方案如图 1.3.37 所示。该装置包括外部主体、液压转子、连接装置、液压转子的支持装置。外部主体呈圆柱形；液压转子包括通过至少一个螺旋叶片连接的轮毂和轮缘，螺旋叶片围绕轮毂的纵向轴线可旋转地安装；连接装置可旋转地连接到液压转子上，它包括转子和定子的发电机，转子在液压转子的轮缘的周边处延伸，定子包括在外部主体中；液压转子的支撑装置包括上游轴承和上游止动件以及下游轴承和下游止动件，上游轴承和上游止动件安装在上游支撑件中，上游支撑件通过多个成型的上游立柱刚性地连接到外部主体，下游轴承和下游止动件安装在下游支撑件中，下游支撑件通过多个成型的下游立柱刚性地连接到外部主体，以便构成翅片，液压转子和上游立柱被成型和布置成螺旋桨涡轮机。

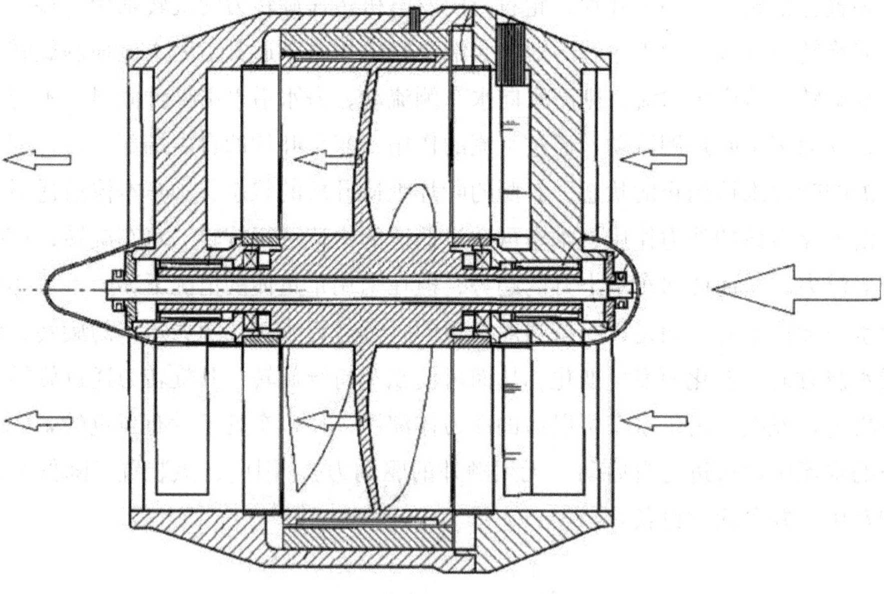

图 1.3.37　US2009121487A1 技术方案

2007 年，专利 US2009322091A1 提出一种潮汐发电装置，技术方案如图 1.3.38 所示。该设备由浮动浮筒组成。浮动浮筒具有中空管道，涡轮机安装在管道中的竖直轴，竖直轴在其上端由轴承支撑，并且竖直轴使位于轴承上方的交流发电机转动。管道被配置为伯努利或文丘里水槽，以使水加速并扩散到转子叶片上。涡轮机的框架由通过径向辐条连接到竖直轴的三个钢带组成，在所得到的框架上以 22.5°的间隔安装两排（共 16 个）叶片。每个叶片是圆形管的大约 70°截面，叶片的内端在盘上是径向的，并且外端与切线约呈 30°，4 个垂直偏转叶片安装在管道中，涡轮机的每一侧上有两个叶片。偏转叶片在管道的高度上延伸，并且每个偏转叶片由从叶片的中心偏移的竖直轴承载，使得叶片可以在通过管道的潮汐流的影响下至少部分地在活动位置和非活动位置之间枢转。在活动位置，偏转叶片以一定角度延伸，使得潮汐水流与转子周边的切线呈 16°，冲击涡轮机的转子。在非活动位置，偏转叶片通常与离开涡轮机的水流对准，以减少阻力。偏转叶片由钢或玻璃纤维增强塑料材料制成，并且小的竖直杆从叶片的边缘向上突出穿过浮筒甲板，叶片通过交叉连接件彼此连接，交叉连接件分别将前缘处的杆和后缘处的杆连接在一起。

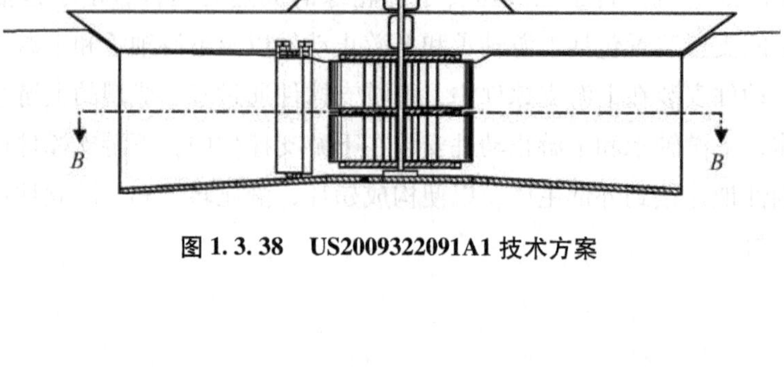

图 1.3.38　US2009322091A1 技术方案

2008 年，专利 KR20100033290A 提出一种潮汐发电装置，技术方案如图 1.3.39 所示。本装置利用浮力产生的升力和重力产生的下滑力发电，具有环保、不受安装位置等条件制约、可通过比较简单的结构进行发电等优点。潮汐发电装置包括：齿轮，沿着齿轮轴方向具有垂直中心轴，悬挂并漂浮在海平面上，其上安装有多个齿轮齿，齿轮齿在旋转方向上具有倾斜面，在旋转相反方向填充有水和少量空气的浮子所处的方向上具有垂直面；旋转主体，与齿轮连接；一对旋转轴，其从旋转主体延伸，以齿轮的垂直中心轴为基准，向两侧延伸，还包括安装于另一端并使齿轮向旋转方向旋转的旋转部；浮子，其结合于旋转轴的一端，通过涨潮和退潮而升降；发电机，通过齿轮的旋转来带动。

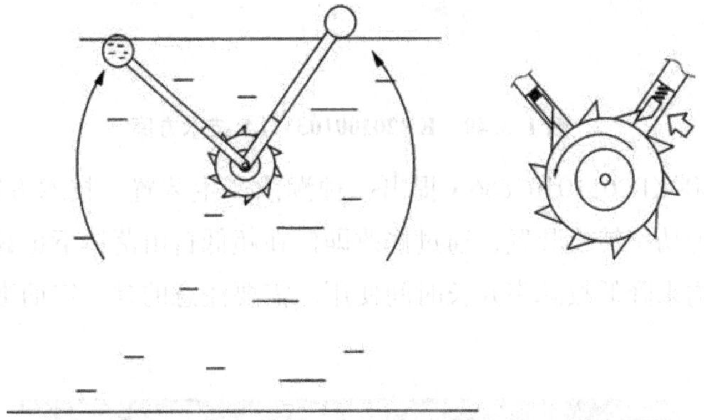

图 1.3.39　KR20100033290A 技术方案

2009 年，专利 KR20100103121A 提出一种潮流发电装置，技术方案如图 1.3.40 所示。该装置能够利用潮流的流动进行发电，并且使用单向离合器，在反复涨潮和退潮的过程中能连续不断地进行发电。由于该装置能够简单地设在驳船或浮力体上等，因此能够容易地移动设置场所或进行修理。

在叶轮上呈放射状均等排列设置有多个叶片。叶轮以一半浸在水中的状态设在浮体上，以使潮流流动所产生的力作用于一部分叶片。叶轮也可以在两侧端部设置加强环和环支架，以使叶片即使在因波浪而瞬间施加强大的力的情况下，也能保持一定的间隔而不破损。环支架呈放射状排列设置，其一侧端部一体地连接固定于加强环，另一侧端部一体地连接固定于叶轮的轴。叶轮的叶片由软质、拉伸力强且含有对盐分具有耐腐蚀性的纤维的软质氨基甲酸乙酯树脂或硅树脂等特殊材质制成，因而即使叶轮向任意方向（顺时针方向或逆时针方向）旋转，也能够最大限度地捕集海水，叶轮的叶片以向潮流的方向弯曲成凹陷的形态的方式设置，以最大限度地吸收因潮流的流动而产生的海水，从而使动力的产生最大化。在叶轮的各个叶片的长度方向的两侧末端部分固定设置有沿着宽度方向（叶片的宽度方向）配置的固定部件。

无论是向陆地侧的流动作用于叶轮，还是向大海侧的流动作用于叶轮，潮流的流动始终向发电机的轴传递相同方向（如顺时针方向）的旋转力，从而使发电机连续产生电力。

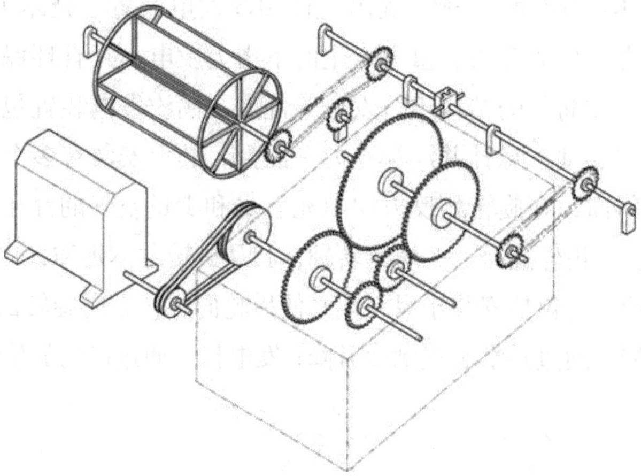

图 1.3.40　KR20100103121A 技术方案

2010 年，专利 KR20110107886A 提出一种潮汐产生装置，技术方案如图 1.3.41 所示。该装置是一种功率转换装置，通过修改即使在超低自由落体下也具有高转换效率的机翼折叠像差结构来降低故障率并长时间使用。需要注意的是，定期维修或更换是不可避免的。

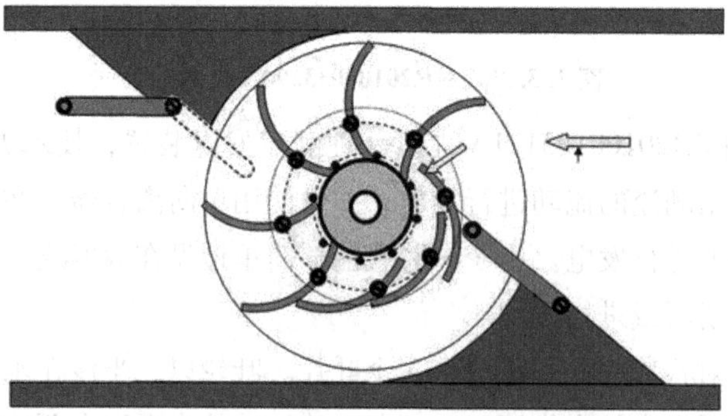

图 1.3.41　KR20110107886A 技术方案

利用圆板和结合有隔板的鼓将石英翼折叠结构增强至主轴，组装了多个具有管状铰链的圆弧形叶片，该管状铰链以叶片宽度的 1/10 至 1/5 与滚筒平行地安装。通过铰链轴，叶片与滚筒呈 90°，固定爪固定在滚筒上，以使其内端被卡住且不再弯曲，通过导板的像差以 S 型或 X 型连接，并用液压对其进行挤压，使 3～6 个叶片可以串联折叠，并在相对的另一端安装一个滚子，该折叠叶片阻塞了扩大的空间，由水车结构和隔板组成，用于固定驱动部件的轴承。多个垂直加强铰链固定在机翼中部的滚筒上，因此机翼的铰链不会因强烈撞击而损坏。根据像差的安装高度，可以定制或按照一定的标准翼，分多个阶段进行组装，并且将固定驱动单元的上、下驱动单元支架组合在一起形成水轮车架的正方形。通过将其从海底插入水面到由 H 型钢组成的中间列中，或沿像差结构的中心线垂直安装，分多个阶段进行组装，功率通过像差之间的接头连接。

抽水时，利用折叠水车与发电机之间的动力连接装置切断发电功率，同时使附着在折叠水车圆板上的大齿轮加速，水通过连接到发电厂结构顶部的泵送通道被输送到蓄水池以进行泵送发电并存储，然后在停止发电时按顺序泵送发电以满足电力需求或调整压降。该装置由于垂直安装，即使潮汐方向改变，转换效率也不会降低，因此适用于双流发电。由于旋转时势能几乎不会减少，在静止状态下，超低自由落体的转换效率非常高，并且由于转速与通过次数成正比，因此可以通过控制下降来优化发电量本身，机翼折叠像差和螺旋机翼像差的兼容性都可以保持。

2015 年，专利 US2017096981A1 提出一种流体动能转换系统，是一种提高了能量转换效率的斜流式涡轮机，技术方案如图 1.3.42 所示。该系统具有涡轮装置，涡轮装置包括显示旋转轴线的转子，涡轮装置设置成在旋转轴线相对于进入的水体倾斜取向的情况下操作，转子包括叶片，叶片设置成与进入的水体相互作用，使得旋转能传递给转子。叶片包括第一凸表面、第二凹表面和自由的远侧边缘，第一表面和第二表面在该自由的远侧边缘处相交。当在与旋转轴线正交的平面中观察时，第二表面的曲率使得当从与旋转轴线和远侧边缘相交的直线测量时，第二表面的最大深度至少是旋转轴线和远侧边缘之间的距离的 35%。涡轮装置围绕枢转轴线可枢转地安装在支撑装置中，使得角度可以相对于进入的水体调节。枢转轴线正交于旋转轴线，在用于从潮汐流提取能量的系统中是有利的，因为它允许涡轮装置在正交于枢转轴线的平面中旋转，以调节进入的水体的速度和方向的变化。

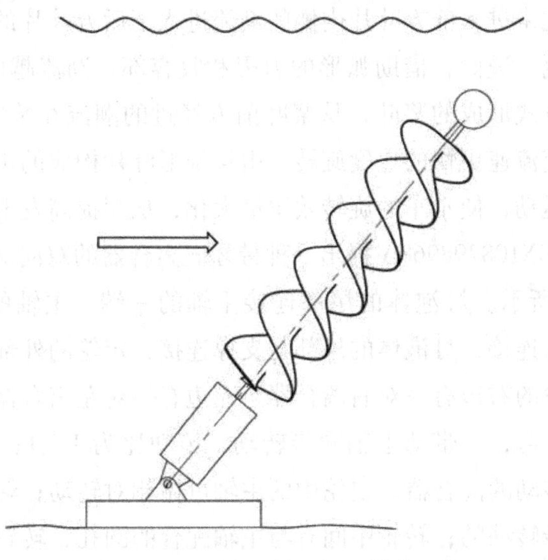

图 1.3.42　US2017096981A1 技术方案

2016 年，专利 KR101723061B1 提出一种潮汐发生器，技术方案如图 1.3.43 所示。该装置包括具有浮力的旋转轴以及叶片，潮汐流的低速流动通过包括螺旋叶片的水轮机转换成快速旋转运动，以使水轮机的旋转效率最大化，从而提高发电效率。

发电机通过桩或锚固定于海中，桩或锚通过金属线与发电机相连接。借助浮标，使漂浮在水中的发电机通过绳索与海底的桩或锚连接，从而使发电机、与发电机连接的水车相对于水面进行水平旋转。水车由具有浮力的中空型旋转轴和叶片构成，叶片沿着旋转轴的外周面以具有规定间隔的螺距的方式呈螺旋状分布。通过边缘和收容部进入叶片内侧的潮流沿着螺旋形的叶片的内侧从前方向后方移动，从而使水车旋转。进入叶片前方的潮流不是脱离叶片，而是向叶片的后方移动，持续地或追加地向叶片的前方流入的潮流持续地进入叶片的内部，从而使在叶片内部流动的潮流的流速累积并加快。

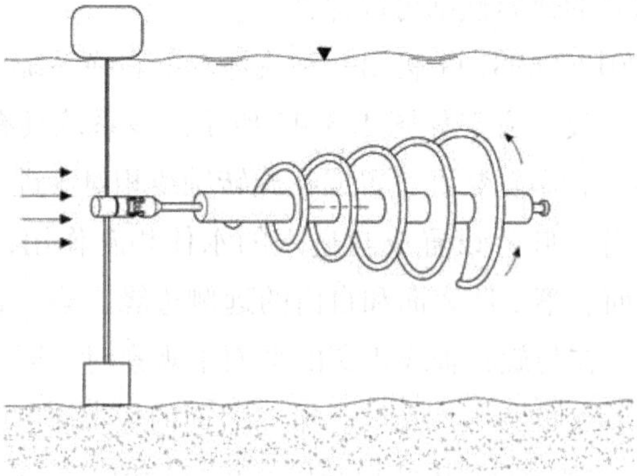

图 1.3.43　KR101723061B1 技术方案

由此，潮流经过呈弧形的叶片，流速增大，压力减小。相反，潮流经过收容部，流速减小，压力增大，从而使水车以小的流速进行旋转。螺旋形叶片的直径沿着旋转轴的长度方向增加，因此未进入前方叶片内侧的潮流进入了后方叶片的内部。水车在流速低的潮流中也能够发电。进而，借助弧形的刀刃和收容部，潮流越向桨叶的后方越汇合，借助以直径变大的方式形成的桨叶，从桨叶前方经过的潮流在桨叶的后方汇合在一起，从而使水车以比潮流流速更快的速度旋转。由螺旋形叶片构成的水车将潮流的低速流动转换为快速的旋转运动，使水车的旋转效率最大化，从而提高发电效率。

2017 年，专利 CN108798968A 提出一种带牙嵌离合器的双向灯泡贯流式水轮机，技术方案如图 1.3.44 所示。灯泡体的尾部连接主轴的一端，主轴的另一端连接轴承座，轴承座的外部与支撑连接，灯泡体的外部与支撑连接，定轮的外部与支撑连接，支撑与外壳连接；两个转轮的右边有一对右离合器，左边有一对左离合器，两边靠外的一半离合器与主轴连接在一起，可带动主轴同步转动，传动比为 1∶1；中间有定轮，定轮的两边各有一半不能转动的离合器，定轮中的主轴可做相对转动；转轮的两端面都有一半离合器是与转轮同步转动的；转轮中间有与主轴配合的圆孔，转轮能绕主轴转动，能沿主轴的轴线滑动。转轮的外圆绕轴线均布有螺旋叶片，其中一个转轮上布置的是右螺旋叶片，另一个转轮上布置的是左螺旋叶片；螺旋叶片均布在转轮的圆周，螺旋叶片的数量大于 1 个，螺旋叶片以转轮的轴线为中心圆周均布。

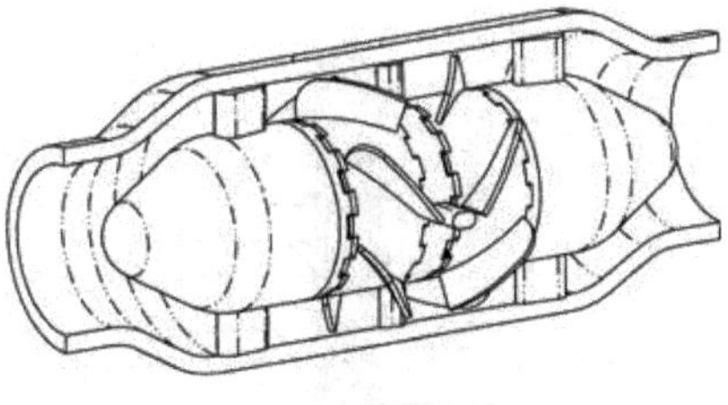

图 1. 3. 44　CN108798968A 技术方案

该装置工作方法的特征：第一种流水方向的工作方法中，当外壳内的水从左边向右边流动时，作用在螺旋叶片的轴向分力推动两个转轮沿主轴向右边滑动，使得左边的转轮与定轮右边的离合器啮合，右边的转轮与右边的一对离合器啮合。这时左边的转轮上靠左边的离合器与灯泡体右边的一对离合器是分离的，右边的转轮上靠左边的离合器与定轮上靠右边的一对离合器是分离的。同时，流水在螺旋叶片上的切向分力推动转轮旋转，而左边的转轮因与定轮啮合而被限定只能停止转动，右边的转轮与右边的离合器啮合能够旋转；旋转的转轮通过离合器带动主轴转动，主轴带动灯泡体内的发电机运转。此时，左边的转轮起到不能转动的导轮作用，右边的转轮起驱动主轴的作用。第二种流水方向的工作方法中，当外壳内的水从右边向左边流动时，作用在螺旋叶片上的轴向分力推动两个转轮沿主轴向左边滑动，由于定轮、转轮、离合器都是对称结构，所以第二种流水方向的工作方法同第一种流水方向的工作方法相同，只是水的换向使导轮与转轮自动地转换了，变成右边的转轮与定轮连接，起到不能转动的导轮作用，左边的转轮起到驱动主轴的作用。

1. 3. 4. 2　潮汐发电装置的布设

1966 年，专利 FR1515078A 提出一种潮汐涡轮机，技术方案如图 1. 3. 45 所示。该装置可以自然地用于存在流动和回流的地方（无论是在海岸线还是在其他地方）。它实现了自动反转，当叶片在电流下工作时，叶片具有大的表面积；当叶片在其回转运动中具有逆流时，叶片的表面积最小，从而确保装置的最高效率。

基座在海床上滑行，具有适当的质量和支撑表面，辅助机械或液压支撑装置，以使其保持竖直。定心装置具有两个轴承座，壳体由支座支撑，支座是锥形的，支撑整个装置。壳体设置有导向尾部，导向尾部的端部可以设置或不设置稳定翅片，稳定翅片可以机械地或通过制动器控制。导向尾部将壳体定位在流动方向上（流动和回流），原则上流动方向每六个小时改变一次。每次在壳体上的流动方向改变时，连接部通过布置在壳体上的滚珠轴承或滚针轴承的锟式环支撑。连接部在顶部处通过推力滚珠轴承设置在壳体上。连接部支撑叶片，在它们的圆周运动中，根据电流的方向，在它们的最大表面区域中接收电流的压力，两组叶片同时使电流上升并移动。因此，它们在整体运动中对水流具有最小的表面积。

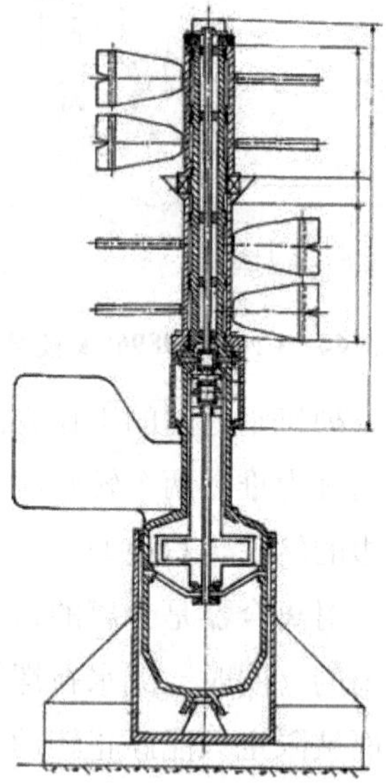

图 1.3.45　FR1515078A 技术方案

1979 年，专利 GB2039624A 提出一种潮汐水发电设备，技术方案如图 1.3.46 所示。该设备既高效又可适应不同的潮汐和当地条件。漂浮或浸没的船具有允许水在潮汐流动期间流过进水口和出水口。涡轮机由通过容器的水流驱动，继而驱动发电机。船可以通过缆索和浮标锚定在任何河口或潮汐流区域，安装在甲板上的风车可以发电。多个发电容器可以排成一行或一列，并且每个发电容器可以连接到一个或多个配电部分。

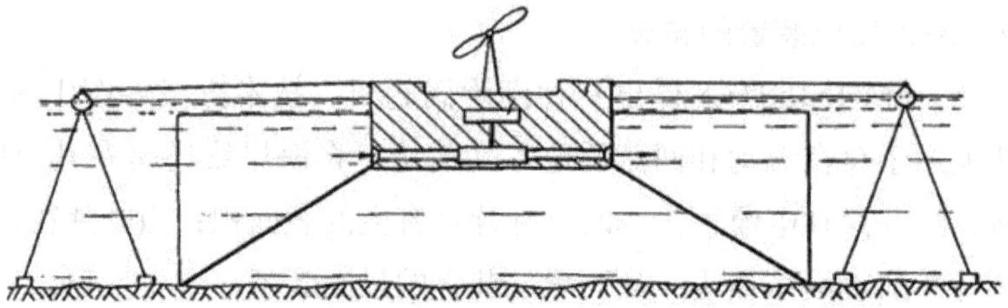

图 1.3.46　GB2039624A 技术方案

2003 年，专利 KR200329785Y1 提出一种漂浮式水力发电装置，技术方案如图 1.3.47 所示。该装置能够一体地或个别地设置于现有结构中，在水资源得到有效再利用而降低发电成本的同时，由于材料费及施工费低廉而能够大幅降低建造水力发电设施所需的费用，不仅能够保存环境，而且能够经济有效地获得能量。

该装置中，驳船由无涂装钢板制成，可借助浮力漂浮。驳船的两侧设置的多个轮式底盘通过流水驱动旋转，从而将流水的能量转换为机械能。轮式底盘在普通的旋转体的圆周呈放射状形成多个翼，翼在适当的位置形成孔，在孔设置盖，盖与孔的形状相对应，并以可开闭的方式铰链结合。在各翼的适当位置设置的孔和盖，可使从水面下旋转到水面上的翼和水面上存在的摩擦力最小化。并且，可开闭地铰链结合于翼的孔和盖以翼为中心可向左右两侧开闭，但也可以只向一侧开闭。以与基于流量及流速的叶片相对应的大小形成孔和盖，在滑轮中心侧的适当位置与齿轮相连接，齿轮与发电机相连接。齿轮由驱动齿轮和动力传递齿轮构成，驱动齿轮被由水的流速引起的轮式底盘的旋转驱动，动力传递齿轮与驱动齿轮啮合而将轮式底盘的机械能传递给发电机。

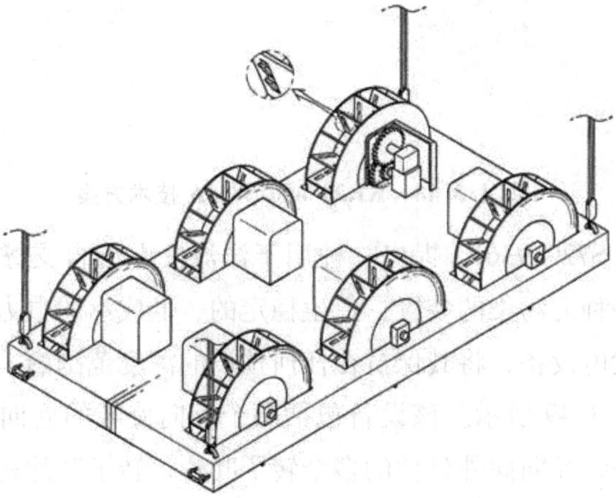

图 1.3.47　KR200329785Y1 技术方案

2004 年，专利 KR20060015898A 提出一种水力发电装置，技术方案如图 1.3.48 所示。该装置中，长形浮子的前后侧分别安装有支撑架，并且浮子被支撑架等间距隔开。浮子由被构造成具有中空或大浮力的物体制成，从而可以在水中漂浮，并且浮子的前部呈抛物线形状，朝向水的尖端变窄。在使用电力线牵引发电船时，后支撑架通过发动机旋转。水轮的叶片在流体的作用下旋转，并且旋转鼓可以通过叶片旋转运动产生的力而旋转。安装在旋转鼓的旋转轴上的滑轮与发电机的滑轮和皮带连接，以传递旋转鼓的旋转力到发电机进行发电。发电机配备有变速器，变速器用于适当地加快旋转鼓的旋转速度以获得产生电流所需的旋转速度。发电机产生的电流被配置为通过安装在支撑框架上的变压器增加电压。锚固件固定到绳索上，缠绕在发电船的支撑架的卷轴上。棘爪仅在一个方向上旋转，可以防止反向旋转。当安装在棘轮上的手柄沿一个方向旋转时，用销固定的棘爪旋转而不会被形成在棘轮上的齿轮卡住。通过缠绕来升高锚固件，并且当与棘轮的齿轮接触的棘爪向上旋转以脱离齿轮时，锚固件通过自身的重量下降到水中，并且棘轮反向旋转，使锚固件固定在河底。在通过电力线的牵引将发电船运送至大流量的河流之后，使锚固件下降以锚固发电船，然后进行旋转。当滚筒的叶片受到水的阻力而旋转时，引起滚筒旋转，并且水轮的旋转力通过变速器传递至发电机以产生电力，并将电力传输到需要电力的区域。

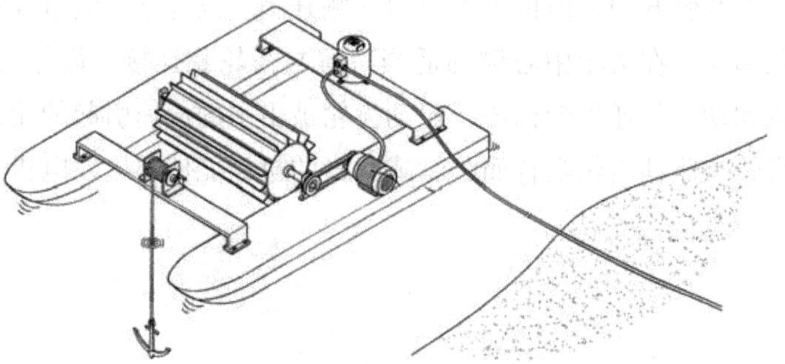

图 1.3.48　KR20060015898A 技术方案

2006 年，专利 US7291936B1 提出一种用于洋流发电的自支撑式潜水发电设备，其中一个目的是提供一种无污染的装置，产生稳定的、低成本的电力；另一个目的是提供一种系绳式可潜水发电设备，将其保持在任何预设的深度范围内，而不需要锚定。该设备的技术方案如图 1.3.49 所示。该设备包括两个反向旋转的后向涡轮机，涡轮机具有从两个单独的水平轴线径向向外延伸的多个转子叶片，转子叶片将动能从两个并排的反向旋转涡轮机转子通过单独的齿轮箱传送到单独的发电机，发电机容纳在两个水密机舱中，机舱定位的距离应足够大，从而为涡轮机转子提供间隙。两个发电机及其齿轮箱用作压载，并且位于流线型浮力箱的下方，流线型浮力箱在它们之间前后延伸。杠杆系统和压力控制系统的组合可调节流体动力的提升力以保持恒定的深度。

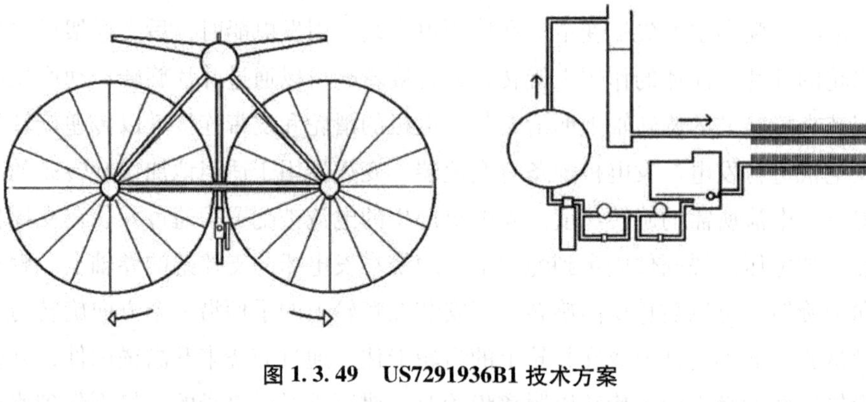

图 1.3.49　US7291936B1 技术方案

2006 年，专利 US2009121487A1 提出一种能量转换系统，技术方案如图 1.3.50 所示。能量转换系统包括：支撑结构，直立在经受波浪运动和潮汐流发生的水中；第一装置，安装在支撑件上，用于从潮汐流中获得可用功率；第二装置，用于从波浪运动的发生中获得可用功率；功率传递装置，用于将这种可用功率传递到其他位置。

该系统还包括两个涡轮机和相关联的转子，涡轮机由安装到支撑套筒装置的任一侧的支撑臂承载，支撑套筒装置是中空单桩结构的可轴向移位的长度路径，中空单桩结构从支撑基座直立，支撑基座嵌入在承窝中，承窝具有由波浪线表示的表面。因此，涡轮机及其相关联的转子的安装使得涡轮机转子在操作上垂直于水流的流动方向。由于大多数潮汐流是双向的（涨潮和洪水潮汐），转子可以通过调整桨距来控制来自任一方向的潮汐流，提供用于使旋翼能够围绕水平轴线或竖直轴线偏航的设施。涡轮机转子可以通过适当的套筒提升装置使单桩基础支撑结构的纵向支撑套筒装置移位而上升，直到它们位于海面上方。涡轮机和相关联的动力传动系统将升高到水面上方，以便于维护或更换。

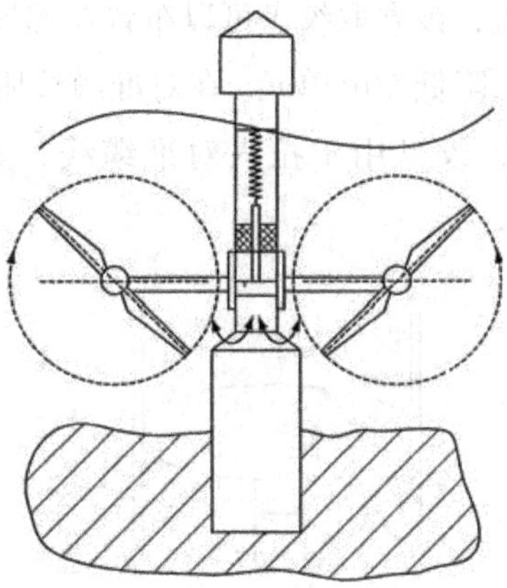

图 1.3.50　US2009121487A1 技术方案

2008 年，专利 US2010074750A1 提出一种利用水流产生能量的装置，技术方案如图 1.3.51 所示。该装置包括第一元件、第二元件和连接到第一元件的多个涡轮机模块。第二元件大致垂直地安装在第一元件上，第一元件适于浸没在水中，当处于生产状态时，第二元件的上部凸出水面以上。本专利还涉及一种用于浮动设备的锚定装置，包括系泊缆绳 24a 和 24b。系泊缆绳 24a 和 24b 的一端连接到设备，另一端连接到浮筒，其中系泊缆绳 24a 和 24b 在设备和各自的浮筒之间水平地延伸。

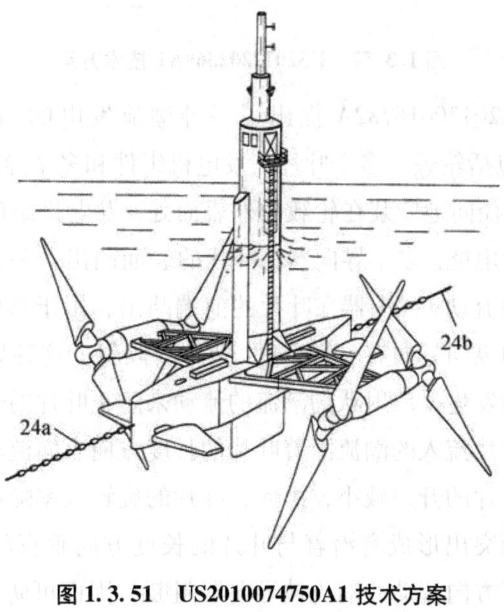

图 1.3.51　US2010074750A1 技术方案

2010 年，专利 US2012202369A1 提出一种利用水流产生电力的水下发电机，技术方案如图 1.3.52 所示。该技术方案主要用于部署发电设备。部署期间，基座组件首先通过缆线下降到海床。对准缆线在部署期间延伸穿过下引导件和上引导件。挂架直立地安装，其中下连接器部分附接到挂架的顶部。部署缆线在凸角处附接到发电单元，并且对准缆线的已经延伸穿过下引导件和上引导件的端部附接到上连接器部分的附接点。对准缆线的另一端附接到卷取绞盘，该卷取绞盘可以布置在部署驳船或另一平台上或基座或海床上，通过放出部署缆线来降低发电单元。在对准缆线附接到附接点并且延伸穿过上引导件和下引导件的情况下，绞盘用于拉入对准缆线，其将发电单元朝向基座组件引导。

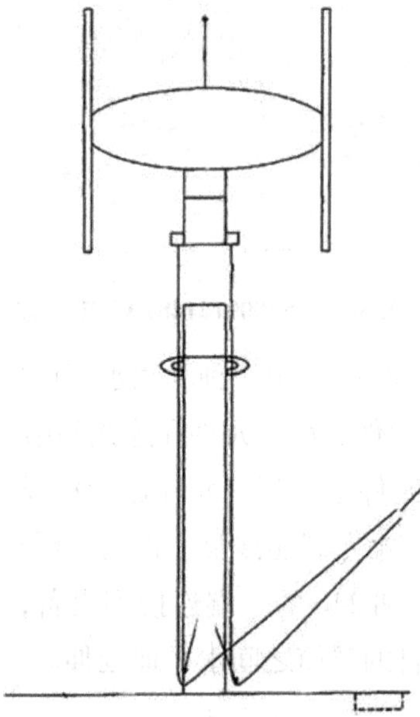

图 1.3.52　US2012202369A1 技术方案

2011 年，专利 KR20130016782A 提出了一种潮流发电的涡轮机，技术方案如图 1.3.53 所示。涡轮机包括轮毂、多个叶片、发电机组件和多个导向器。轮毂可旋转地安装在海面下，多个叶片径向地安装在轮毂的外表面处，发电机组件与轮毂连接，并且接收轮毂的旋转力而产生电能。多个导向器在叶片的表面凸出，并且阻挡沿叶片的纵向表面发生的径向潮汐流的流动。导向器在叶片的前端凸出，用于与轮毂和叶片连接。导向器的突出相对于叶片的纵向方向有一定角度（θ）的倾斜。这种导向器起到通过阻断沿着叶片的长度方向表面发生呈放射状的潮流的流动来防止叶片的升力减小的作用。

若向低速旋转的叶片流入的潮流沿着叶片的长度方向表面流动，则在叶片的表面发生流动剥离现象，使叶片的升力减小，由此，叶片的旋转效率降低，导致整体发电效率下降。若在叶片的表面突出形成有沿着与叶片的长度方向垂直的方向延伸的多个导向器，则沿着叶片的长度方向流动的潮流被导向器阻断，因而可防止叶片的升力减小。沿着叶片的长度方向表面流动的潮流，在向叶片的后端部侧移动的过程中，因被导向器堵塞而无法继续流动，只能以乱流的方式迁移并消失，从而防止叶片的升力减小。

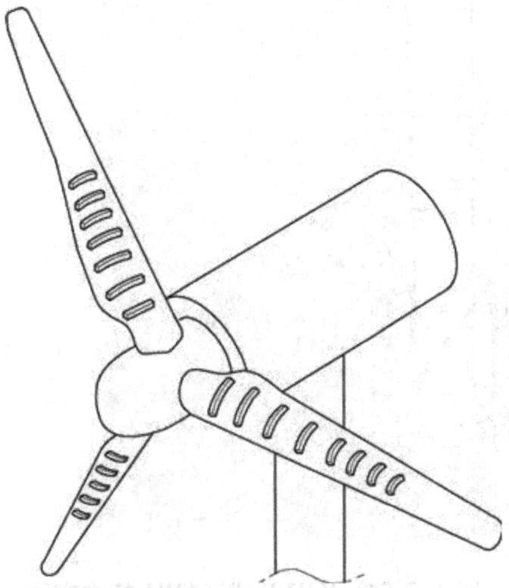

图 1.3.53　KR20130016782A 技术方案

2012 年，专利 KR101185642B1 提出一种潮流发电装置，技术方案如图 1.3.54 所示。该装置通过潮流的流动使水车旋转，并通过水车的旋转力使发电机运转，从而产生电能。将水车的水车叶分割成相互对称且大小和面积相同的左右叶，并通过铰链轴结合，向与潮流的流动相同的方向展开旋转，并向相反方向折叠，使潮流的阻力最小化，从而使效率最大化。多个水轮机安装在上旋转轴和下旋转轴中，并且根据潮流的流动而旋转。传递单元将上旋转轴和下旋转轴的旋转力传递到发电机。上旋转轴和下旋转轴的穿孔部分由竖直圆柱形主体的防水材料进行防水处理。垂直的圆柱形物体漂浮在海上。第一连接体安装在垂直圆柱体上。发电机的旋转轴通过来自上旋转轴和下旋转轴的旋转力而旋转。方向舵根据潮流的流动改变竖直圆柱形主体的方向。

该装置包括：多个水车，水车设置于上、下端旋转轴，随着潮流的流动而旋转；上、下端旋转轴，其随着多个水车的旋转而旋转；传递单元，其将上、下端旋转轴的旋转力传递给发电机旋转轴；垂直圆筒体，其内部设置有传递单元，上、下端旋转轴的贯通部位通过防水单元进行防水处理，从而通过内部空气漂浮在海水中；第一连接体，其设置于垂直圆筒体的上端，连接多个垂直圆筒体；发电机旋转轴，其通过传递单元接收上、下端旋转轴的旋转力而旋转；发电机，通过设置于发电机旋转轴来进行发电；方向舵，沿着潮流流动的方向改变垂直圆筒体的方向。

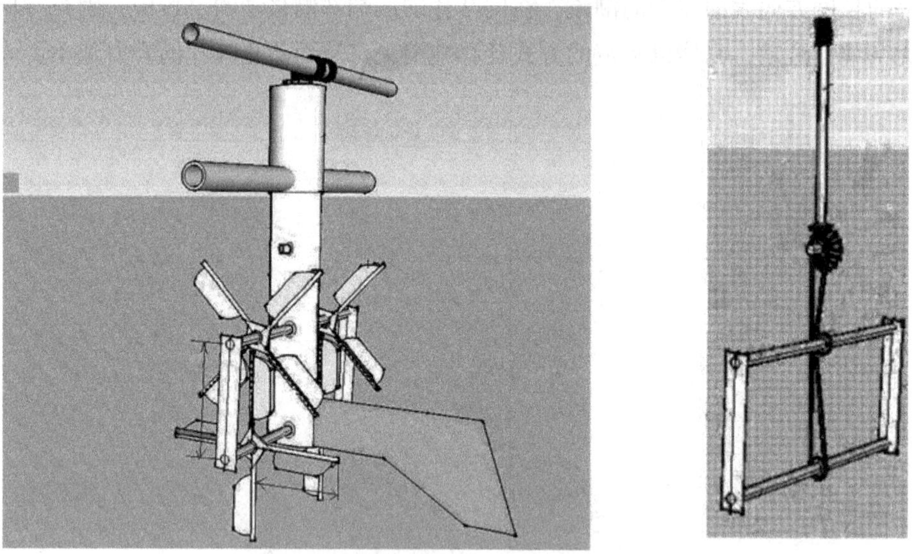

图 1.3.54　KR101185642B1 技术方案

2013 年，专利 KR101488870B1 提出一种往复升降式潮汐发电机的往复装置，技术方案如图 1.3.55 所示。该装置包括：连接单元，用于转换流体流动能量产生电力的潮汐发电机，以第一铰链轴 H1 为基准旋转；第一翼，设置在流体内，以通过流体的流动能量往复运动，以第一铰链轴 H1 为基准可旋转地连接到连接单元；第二翼，设置在流体内，以通过流体的流动能量往复运动，以第二铰链轴 H2 为基准可旋转地连接到第一翼；互锁单元，互锁第一铰链轴 H1 和第二铰链轴 H2 的旋转；第三翼，在升力增大的方向上以第三铰链轴 H3 为基准旋转。该往复式装置被构造成使得往复式装置的形状根据往复式装置的移动方向变形为升力增大的形状，而无须使用额外的动力，因此能够提高往复升降式潮汐发电机的效率，并且当用于往复升降式推进器时，也能够增大推进力，有利于发电效率的提升。

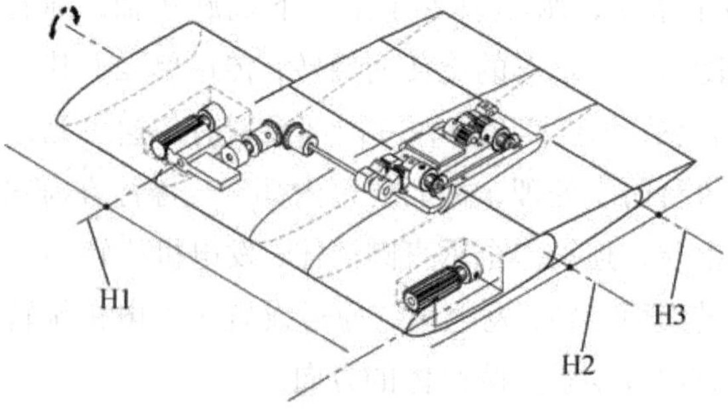

图 1.3.55　KR101488870B1 技术方案

2019 年，专利 US2021040932A1 提出一种叶片变桨系统，技术方案如图 1.3.56 所示。变桨驱动组件连接到叶片变桨系统，并且构造成在一定角度范围内顺时针或逆时针旋转以调节叶片变桨角度。该系统包括桨距锁定销和孔系统，该桨距锁定系统包括接口板和耦合到接口板的至少一个叶片浆距锁定组件。每个锁定组件包括具有平行于销中心轴线的锁定销，其中锁定孔的中心轴线结合该组的相应一个锁定孔以锁定叶片浆距角。

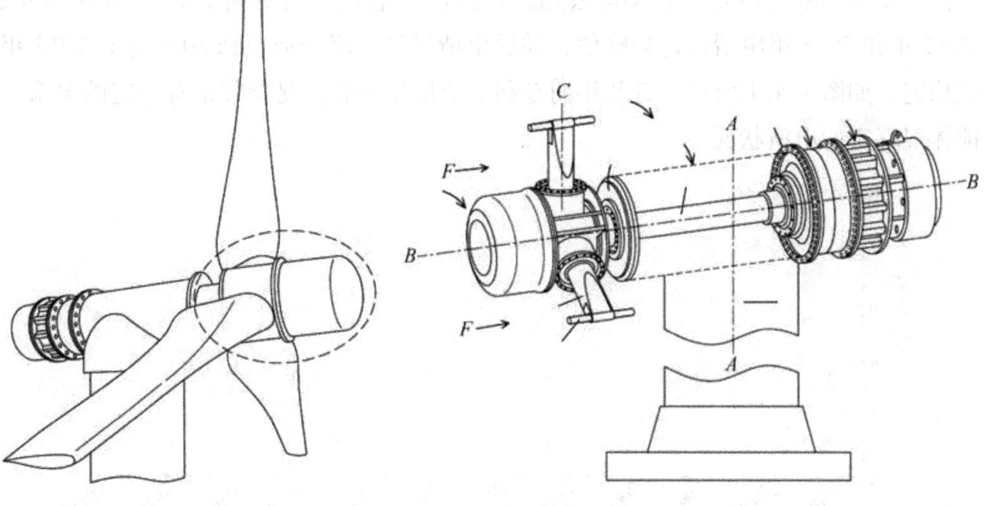

(a)　　(b)

图 1.3.56　US2021040932A1 技术方案

涡轮机包括连接到转子、轴和发电机的转子叶片。轴延伸穿过连接转子的机舱，使得转子的旋转力传递至变速箱，机舱经由偏航驱动机构安装在塔架的上端，以塔架为基准绕大致垂直延伸的偏航轴线 *AA* 旋转。机舱包括第一端和第二端，转子可旋转地安装在机舱的第一端处，以绕旋转轴线 *BB* 旋转，变速箱和发电机安装在第二端处。转子被设计成由于诸如水或空气之类的流体施加的力流过叶片表面并经过其叶片而绕着旋转轴线 *BB* 旋转。因此，该流体在叶片上施加的力使叶片旋转。当叶片旋转时，使轴旋转，并通过转子旋转带动发电机运转以实现发电。

综上所述，尽管各个技术分支都呈现了多样化发展的趋势，但是各个分支主要研究的重点都集中在解决潮汐能捕获、能量传动技术和功率控制技术的问题。对于采用叶片式的潮汐发电装置部分还发展了适应双向潮流的叶片调节机构，技术发展的方向也呈现了明显的多样化趋势。

1.4　潮汐发电技术重点申请人专利技术分析

本节主要对业内关注的重点申请人的基本情况、专利布局情况、储备专利的法律状态、技术研发的特点以及技术研发的方向进行梳理。在综合考虑申请量、获得授权的专利的数量、同族专利的数量、被引证的数量等因素的基础上，选取潮汐发电有限公司、韩国海洋科学技术院和福伊特专利有限公司三个申请人作为研究对象，希望通过技术分析找出专利布局和研发方向的特色，为国内创新主体在技术跟踪、制订研发方向上提供借鉴和参考。

1.4.1 潮汐发电有限公司相关专利技术

1.4.1.1 专利布局情况

潮汐发电有限公司是一家英国公司，在潮汐发电领域的专利申请从2005年开始，在2012年和2013年申请量达到峰值，随后申请量呈下降趋势，到2016年和2017年申请量稳定，如图1.4.1所示。近几年的专利申请量为0的情况与收录有一定的关系，并不能体现真实的申请状况。

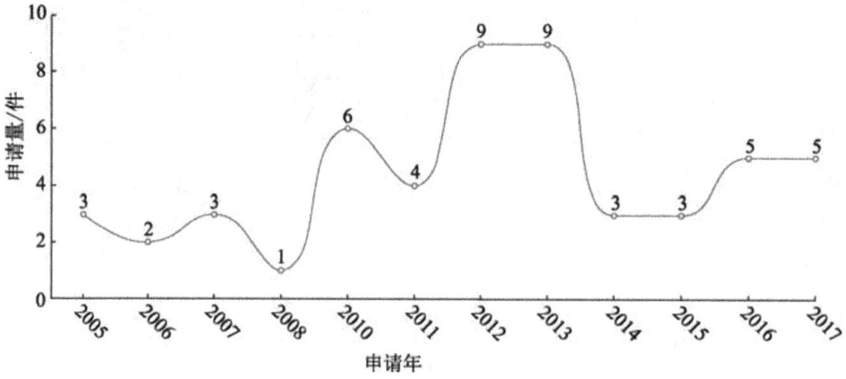

图1.4.1 潮汐发电有限公司相关专利全球申请量趋势

从专利的有效量来看，有效专利的占比较高（图1.4.2），这表明潮汐发电有限公司在该技术领域的专利授权比例较高，具有较高的技术研发水平。

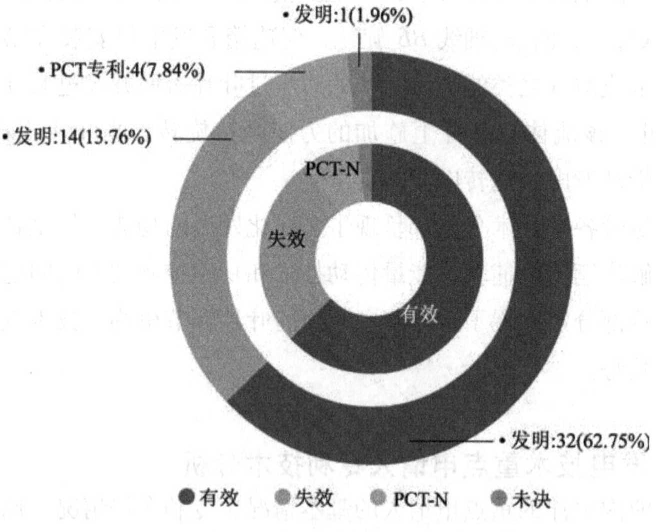

图1.4.2 潮汐发电有限公司相关专利法律状态

从专利布局来看，英国本国是该公司最大的专利布局地点，其次在世界知识产权局、欧洲专利局、加拿大、美国、韩国、澳大利亚均有10件以上的专利布局，此外在日本、智利和中国有5~10件的专利布局，如图1.4.3所示。从专利布局的地点来看，潮汐发电有限公司注重在世界知识产权局、欧洲专利局进行专利布局，上述专利局所在国家均有广阔的海岸线，具有潮汐发电的巨大应用前景，因此可以认为潮汐发电有限公司对在多个国家进行大量的专利布局持积极态度。

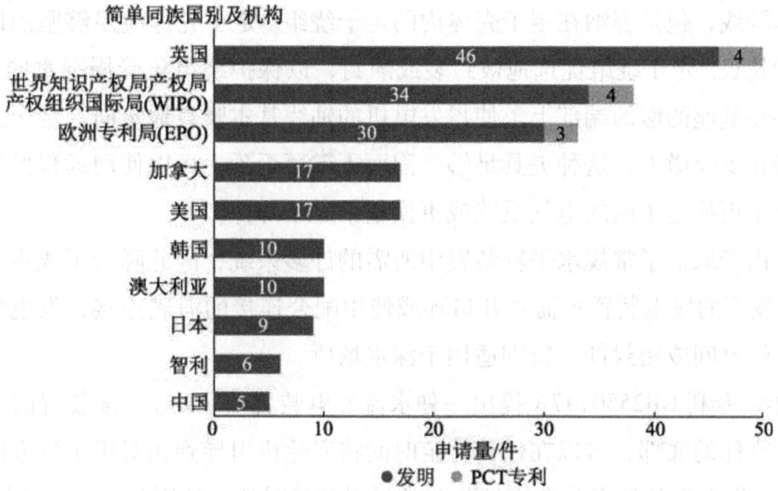

图 1.4.3 潮汐发电有限公司相关专利的全球布局

从中国市场的角度分析，潮汐发电有限公司并未在美国、加拿大等具有巨大应用前景的国家进行大规模的专利布局，在中国的专利布局相对谨慎。

1.4.1.2 典型专利情况

2012年，专利GB2500643A提出一种利用水流（如潮汐流）能量进行水下发电的装置，技术方案如图1.4.4所示。该装置的设备需要固定到水体（如海、河口或河流）底部，并采用旋转发电机来发电。发电机由涡轮机驱动，该涡轮机具有转子和放置在水流中的多个转子叶片。水下涡轮机安装在水平旋转轴线上，可以在任何特定时间将涡轮机引导到相对于水流方向最有效的角度。

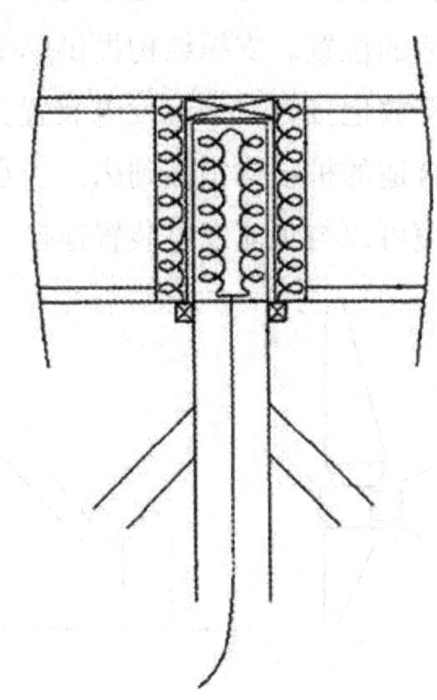

图 1.4.4 GB2500643A 技术方案

水下发电装置包括发电设备和基座。发电设备包括具有定子和转子的发电机，以及具有涡轮主体和涡轮叶片的涡轮。地基包括至少一个支撑墩和周围的支撑结构。定子限定发电机的轴线，包括容纳在定子壳体内的定子绕组。定子壳体应足够坚固以作用于涡轮的旋转的轮毂。定子绕组优选地被封装或灌封，以保护绕组免受周围水的影响。定子竖直地安装在基座的墩的端部上，使得发电机的轴线基本竖直地定向。定子经由夹具可释放地安装在支撑墩上，这种夹具足够坚固而不需要干预，可以使用远程操作车辆移除夹具，以便于更换定子内的电气系统或更换整个定子部件。

该装置由于取消了常规水平轴装置中所需的许多系统，因此降低了成本，并提高了可靠性。本发明的发电装置不需要开口环或使用配合连接的海底连接，发电装置中也不需要任何干燥空间或密封件，特别适用于深水场所。

2016 年，专利 GB2550147A 提出一种水流发电装置（PGA）。该装置的涡轮机设备需要固定到水体的底部，可以在任何特定时间将涡轮机引导到相对于水流方向的最有效的取向。水下发电设备的安装和维护是非常昂贵和耗时的，特别是在深海环境中。因此，简化水下发电装置的构造和部署可有效降低成本，并降低需要在使用中干预的频率。

水流发电装置包括装置主体、可旋转涡轮机和接合部分。水流发电装置被设计成位于水下，如在潮汐的水体中。装置主体限定发电设备位于其中的内部空间，发电设备包括发电机、齿轮箱和控制设备，发电设备由延伸到装置主体中的驱动轴驱动，并且驱动轴由可旋转涡轮机驱动旋转。当水流流过水流发电装置时，使可旋转涡轮机相对于装置主体和包含在其中的设备旋转，该旋转使驱动轴旋转，从而带动发电机运转并产生电力。

图 1. 4. 5b 是用于支撑水流发电装置的支撑结构。支撑结构呈三脚架的形式，位于水体的床上。支撑结构包括三个支撑脚，相应的支撑腿从三个支撑脚延伸。水流发电装置支撑件通过支撑腿支撑在合适的位置。支撑结构提供单个居中安装的水流发电装置支撑件。水流发电装置安装成可释放地接合在水流发电装置支撑件上。支撑结构通过支撑脚固定到床，支撑脚可以使用合适的桩结构销接到床。当水流发电装置安装在水流发电装置支撑件上时，电力输出电缆可以与水流发电装置连接。

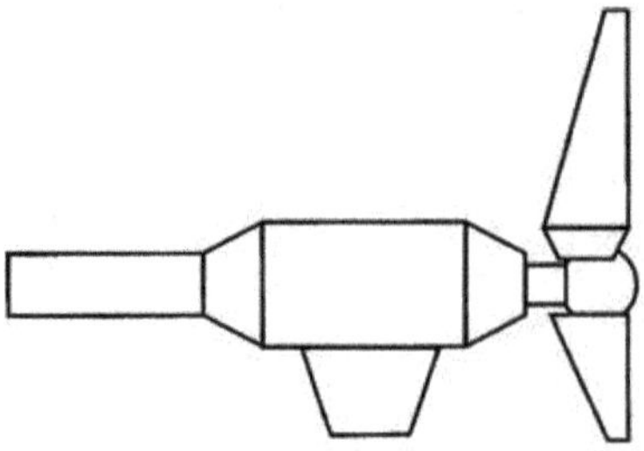

(a)

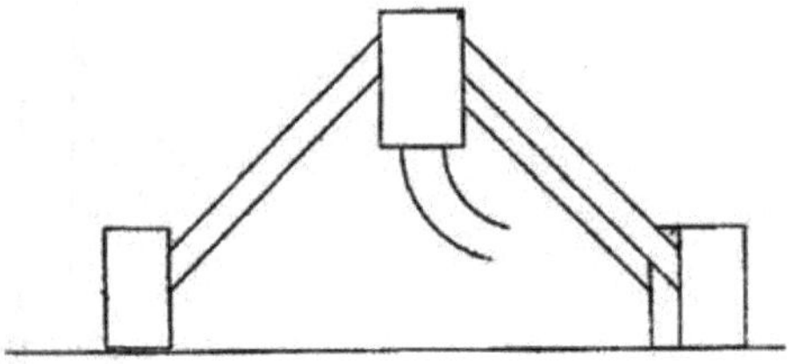

(b)

图 1. 4. 5　GB2550147A 技术方案

通过上述典型专利可以看出，潮汐发电有限公司的专利申请聚焦于提升潮汐发电装置的工作效率，并在发电装置的来流适应、潮汐发电装置的布设方面研究较多。其中，该公司早期更加聚焦于发电装置的来流适应，近期主要关注潮汐发电装置的布设。

1.4.2　韩国海洋科学技术院相关专利技术

1.4.2.1　专利布局情况

韩国海洋科学技术院是一家韩国的研究院，近年来，随着韩国政府不断加强对海洋能源的重视，韩国的创新主体对潮汐能源的研究热度不减，并涌现了较多的申请量较大的创新主体，在专利布局方面已位于世界前列。韩国海洋科学技术院在潮汐发电领域的专利申请从 2011 年开始，年度申请量较为平稳，除 2017 年外都平稳保持在 3~5 件，如图 1.4.6 所示。这说明韩国海洋科学技术院尽管专利申请的开始年份并不早，但是研发一直在持续进行中。近几年的专利申请量为 0 的情况与收录有一定的关系，并不能体现其真实的申请状况。

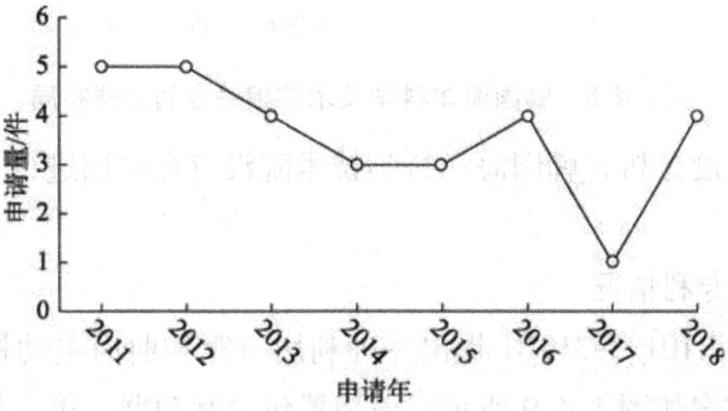

图 1.4.6　韩国海洋科学技术院相关专利全球申请量趋势

从专利的有效量来看，有效专利的占比较高，如图 1.4.7 所示。这表明韩国海洋科学技术院在该技术领域的专利授权比例较高，具有较高的技术研发水平，并具有显著的成果。

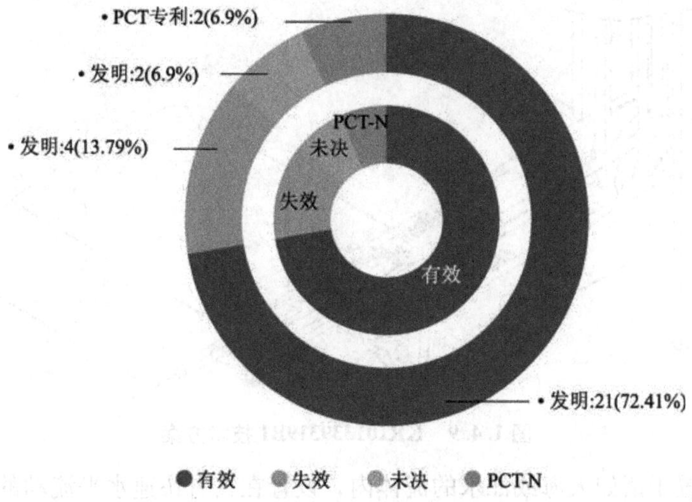

图 1.4.7　韩国海洋科学技术院相关专利状态

从专利布局来看，韩国本国是最大的专利布局地点，其次是在美国有较多的专利布局，此外在世界知识产权局、欧洲专利局均有专利布局，如图 1.4.8 所示。从专利布局的地点来看，韩国海洋科学技术院注重在世界知识产权局、欧洲专利局进行专利布局，在潮汐发电技术尚未大规模应用或者潮汐发电技术的成熟度还不够高的情况下，可以看出韩国海洋科学技术院在多个国家进行专利布局是较为谨慎的。

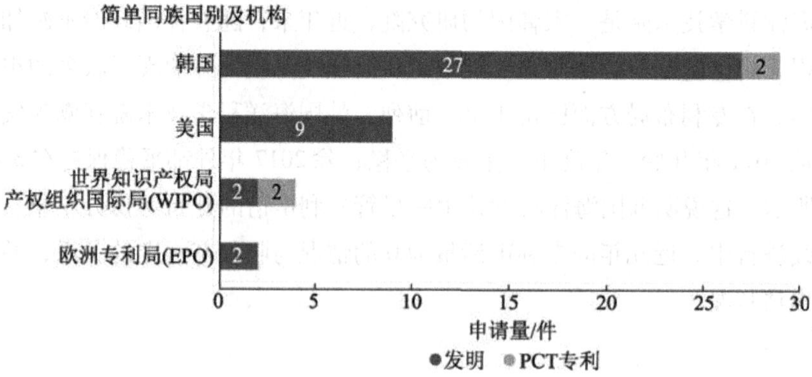

图 1.4.8 韩国海洋科学技术院相关专利全球布局

从中国市场的角度分析，韩国海洋科学技术院没有在中国进行专利布局，在中国的专利布局相对谨慎。

1.4.2.2 典型专利情况

2012 年，专利 KR101339319B1 提出一种利用节距和曲面主动控制的反复升降式潮流发电装置，技术方案如图 1.4.9 所示。该装置包含制动器、第一旋转部件、第二旋转部件、第三旋转部件、第一旋转力传递部件、第二旋转力传递部件、与第一轴连接的步进电机、安装于第二轴的第一双向旋转齿轮和最终齿轮、安装于第三轴的第一惰轮和传递齿轮、臂部件。

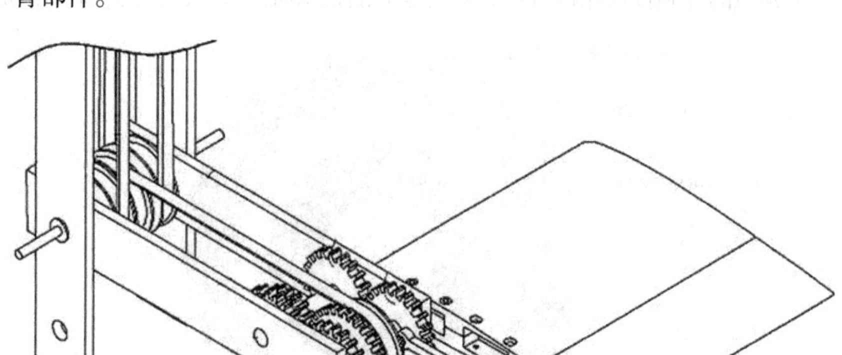

图 1.4.9 KR101339319B1 技术方案

制动器配置于诸如大海或江水的流体内，设置在具有快速水平流动的区域。制动器大致呈翼状，从侧面观察时为流线型，制动器的前端部比后端部更厚。沿潮流的流动方向，前端部相对于后端部配置在上游。制动器配置成使潮流从前端部侧流向后端部侧，以便增大升力，增大发电机的扭矩，从而提升发电效率。

2012 年，专利 KR20140046210A 提出一种潮汐流发电机机舱，技术方案如图 1.4.10 所示。该机舱在其外周缘有多个凸出端，以分散及放射从内部产生的热，并加强构成机舱的主体的刚性，通过增大多个凸出端中的最上凸出端及最下凸出端的尺寸，在散热及刚性加强功能的基础上赋予流动控制功能，从而提高发电效率。

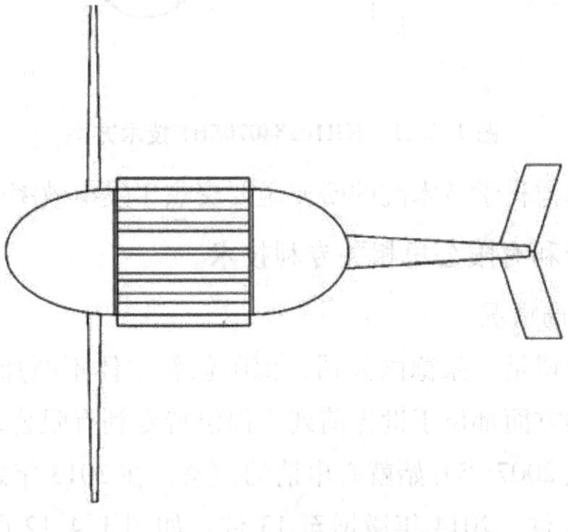

图 1.4.10　KR20140046210A 技术方案

该装置包括主体和多个凸出端，主体的内部装有发电装置，多个凸出端从主体的外周向主体的长度方向凸出。机舱的前端设有转子及叶片，起到壳体的作用，以使转子与内部的发电装置相连接，机舱有多个凸出端，从而将主体内部的发电装置产生的热量向外部释放，起到散热的作用，防止过热导致的设备故障。此外，加强本体的刚性，可使本体的厚度变小。

2016 年，专利 KR101840705B1 提出一种多垂直轴潮汐发电机，技术方案如图 1.4.11 所示。该发电装置具有强化潮流的流速或控制偏航的功能，是一种集潮流发电和风力发电于一体，从而实现有效发电的复合发电系统。多垂直轴潮汐发电机包括相对于潮汐的流动方向垂直安装的移动单元，以沿着潮汐流移动，并将移动产生的动能传递到发电机以产生电力。移动单元包括中心轴、旋转叶片（至少一个）、发电机、控制器。中心轴以垂直于底表面的状态安装以便于旋转；旋转叶片在中心轴的纵向方向上按预定距离间隔设置并且沿着潮汐的流动方向旋转；发电机包括连接杆，连接杆连接中心轴和旋转叶片，并且发电机连接到移动单元以将通过移动单元的移动产生的动能转化成电能；控制器连接到发电机以控制发电机的操作并管理通过发电机转换的电能。

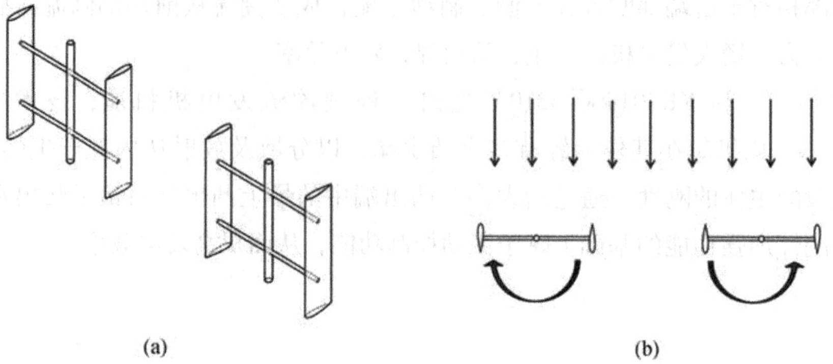

图 1.4.11　KR101840705B1 技术方案

综上所述，韩国海洋科学技术院的研究主要聚焦于发电效率的提高。

1.4.3　福伊特专利有限公司相关专利技术

1.4.3.1　专利布局情况

福伊特专利有限公司是一家德国公司，德国创新主体不断加强对海洋能源的重视，在研发时间和专利布局方面都位于世界前列。福伊特专利有限公司在潮汐发电领域的专利申请时间比较早，从 2007 年开始就有申请的记录，在 2013 年之前的年度申请量较为平稳，基本保持在 3~6 件，2014 年激增至 13 件，如图 1.4.12 所示。这说明福伊特专利有限公司近年来增加了对潮汐发电技术的研发力度，专利产出也出现激增的情况。2016 年出现专利申请量下降甚至为 0 的情况与收录有一定的关系，并不能体现真实的申请状况。

从专利的有效量来看，有效专利的占比较低，如图 1.4.13 所示。这表明福伊特专利有限公司虽然早期就开始了专利布局，但是可能由于技术成熟度不高、使用或研制成本大等原因，有效专利的比例并不高。

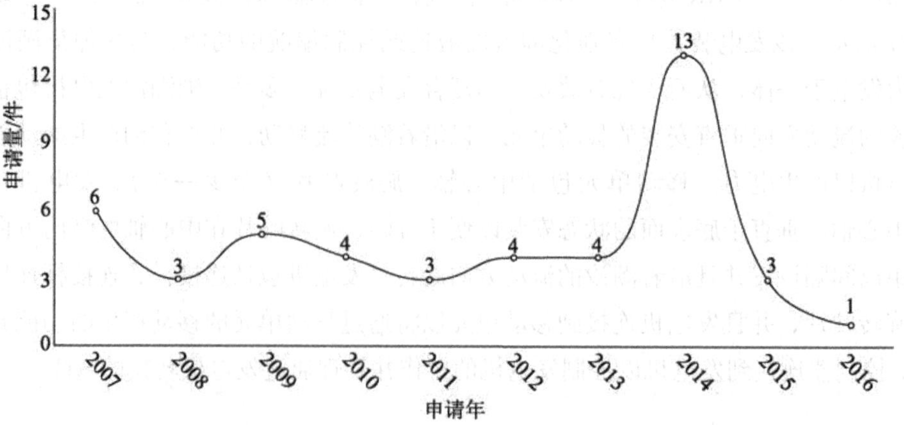

图 1.4.12　福伊特专利有限公司相关专利全球申请量趋势

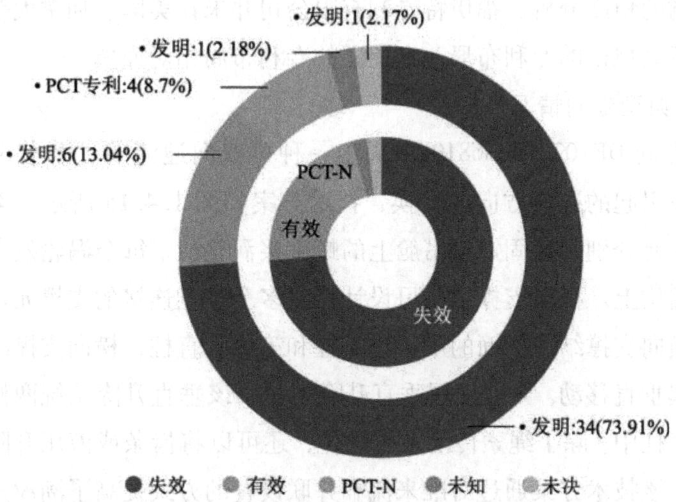

图 1. 4. 13　福伊特专利有限公司相关专利状态

从专利布局来看，福伊特有限公司与潮汐发电有限公司的专利布局有相似之处：均在多个国家进行专利布局，其中本国是最大的专利布局地点，其次在世界知识产权局、欧洲专利局、韩国、美国、加拿大、日本均有 10 件以上的专利布局，此外在中国、澳大利亚、奥地利有 3~5 件的专利布局，如图 1. 4. 14 所示。从专利布局的地点来看，福伊特专利有限公司注重在世界知识产权局、欧洲专利局进行专利布局，上述专利局所在国家均有广阔的海岸线，具有潮汐发电的巨大应用前景，因此可以认为福伊特有限公司对在多个国家进行大量的专利布局持积极的态度。

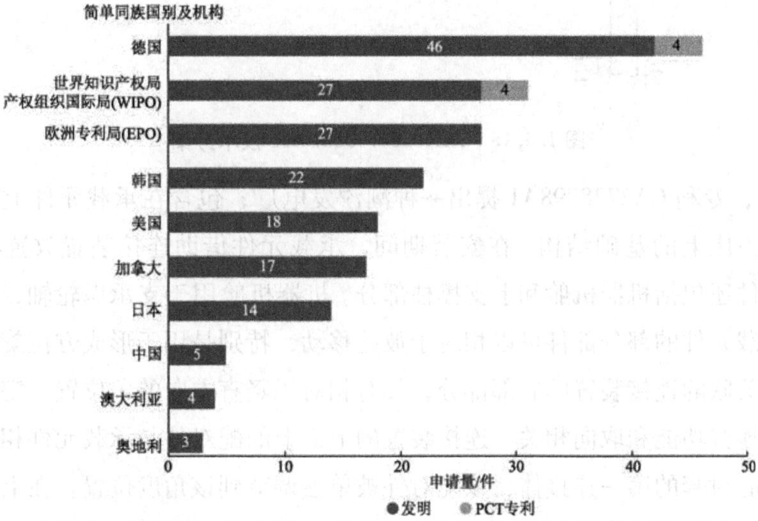

图 1. 4. 14　福伊特专利有限公司相关专利全球布局

从中国市场的角度分析，福伊特专利有限公司并未在美国、加拿大等具有巨大应用前景的国家进行大规模的专利布局，在中国的专利布局相对谨慎。

1.4.3.2 典型专利情况

2007年，专利DE102007036810A1提出一种可双向迎流的、潜水式的能量产生设备，用于由潮汐引起的迎流方向的变换，技术方案如图1.4.15所示。第一、第二和第三涡轮发电机单元分别包括固定在吊舱上的螺旋桨涡轮机。每个涡轮发电机单元固定在一个横向支承结构上。横向支撑结构可设计为由多个相互连接的支撑元件构成，支撑结构包括安装在横向支撑结构侧面的第一垂直柱和第二垂直柱，横向支撑结构可以与涡轮发电机单元一起垂直移动。为此使用垂直升降系统，该垂直升降系统两侧构造在第一垂直柱和第二垂直柱中。除了绳索传动系统之外，还可以将齿条或液压升降系统用于实现垂直升降系统。该技术方案通过对准来流和并联设置的方式提高了潮汐发电效率。

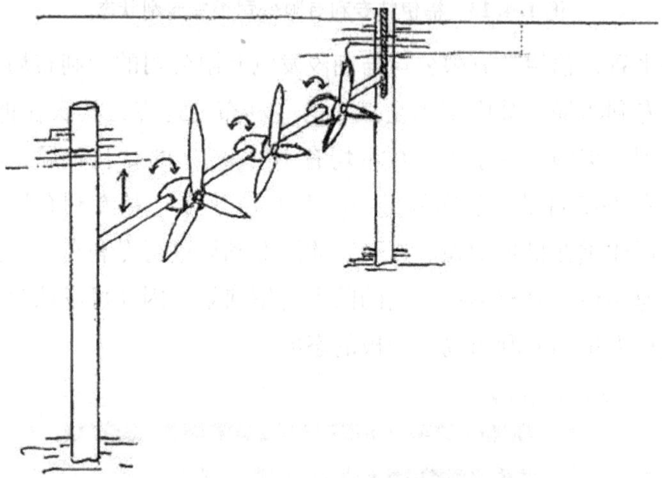

图1.4.15 DE102007036810A1技术方案

2010年，专利CA2778898A1提出一种潮汐发电厂，包含在承载元件上旋转的涡轮机和下放在海床上的基础结构。在安装期间，承载元件借助连接装置放置在基础结构上。承载元件还包括机器机舱和上支撑柱部分。机器机舱用于支承涡轮轴，并用于容纳发电机。承载元件的部分部件可以相对于彼此移动，特别是用于形成方位旋转接头。与基础结构相关联的连接装置的底部部分，具有相对于竖直方向的角位置，定心销在底部上的取向与连接功能和取向相关。连接装置的上部上的配对件与承载元件相关联，并且包括具有定心衬套的第一连接体，该配对件被单独调节到该角度位置。在上部上的第一连接体和底部上的第二连接体之间通过互锁连接。两个接收器附加地存在于第一连接体上至定心衬套的侧面。当形成连接时，即在连接装置的安装状态下，底部的第二连接体上的固定元件接合在底部的第二连接体中，这些固定元件用作防旋转元件，它们也被单独调节到固定元件的预定位置。

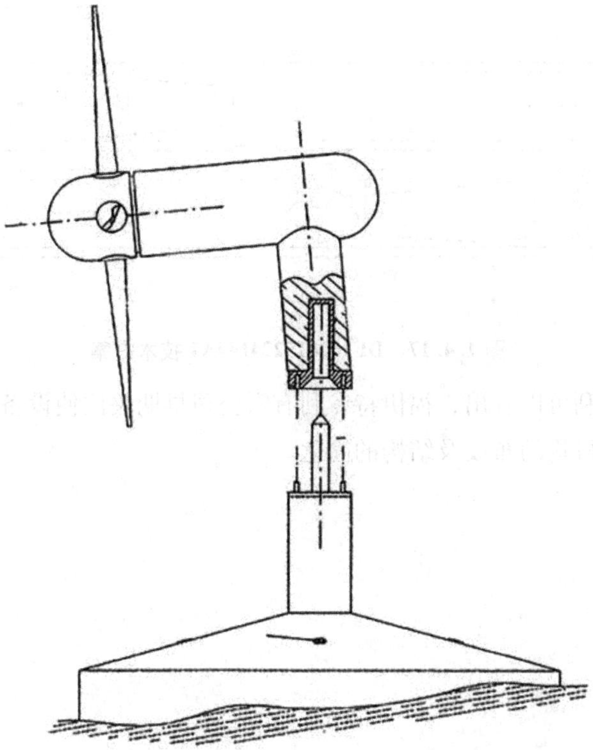

图 1.4.16　CA2778898A1 技术方案

2015 年，专利 DE102015224144A1 提出一种具有可单向迎流的机器的双向潮汐发电厂。与现有技术相比，双向潮汐发电厂的构造更简单，成本更低，而且它还解决了发电厂的机器因藻类、贝壳等引起的海洋生物而需要定期清洁的问题。

潮汐发电厂具有两个水道 21 和 22，图 1.4.17 中的箭头表示两个水道设置的流动方向。在每条水路中，根据所设置的流动方向布置有抽吸管 23 和 24。因此，水只能流过水路 22，水路 21 对于穿流是截止的。若在潮汐发电厂中改变流动方向，则执行以下步骤：中断水流（如通过降低板或另外的关闭机构，该关闭机构通常能阻止水流通过发电厂）；沿竖直方向（即向上）从水路 22 中移除单元；借助于容纳部和导向部使单元枢转并导入水路中；借助于板封闭水路 22（如果水路 22 还没有进行封闭）；借助于板打开水路 21。若在另一方向变换流动方向，则执行以下步骤：中断水流（如通过降低板或另外的封闭机构，封闭机构通常能够阻止水流通过发电厂）；沿竖直方向（即向上）从水路 21 中移除单元；借助于容纳部和导向部使单元枢转并导入水路 22 中；借助于板封闭水路 21（如果水路 21 还没有进行封闭）；借助于板打开水路 22。

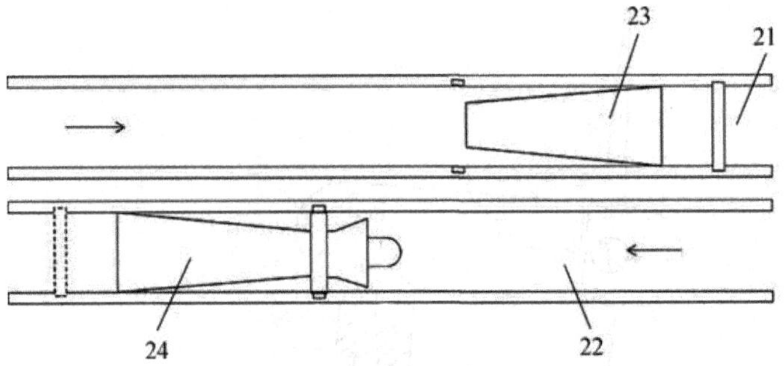

图 1.4.17　DE102015224144A1 技术方案

由上述典型专利可以看出，福伊特专利有限公司早期关注使设备适应来流方向，近期更加关注发电机机构的布设及结构的简化。

第 2 章　振荡水柱式波浪能发电专利技术分析

2.1　振荡水柱式波浪能发电技术概述

2.1.1　概述

在众多海洋可再生能源中，波浪能具有储量庞大、易利用、能流密度较大、分布广泛等优势，成为海洋能研究与开发的焦点。

波浪能发电装置的工作原理：首先由捕能机构捕获波浪中的能量，其次通过传动系统将捕获的能量进行传递、存储、变换等处理，最后以电能形式输出，如图 2.1.1 所示。

波浪能从获取到利用一般包含三级能量转换过程：一级转换是利用捕能机构将波浪能转换为可供装置利用的其他能量形式（空气动能或水体势能）或装置持有的机械能；二级转换是通过能量转换传递系统将捕获的波浪能转换为发电机所需的能量；三级转换主要是通过发电机及电力变换设备输出用户所需的电能。

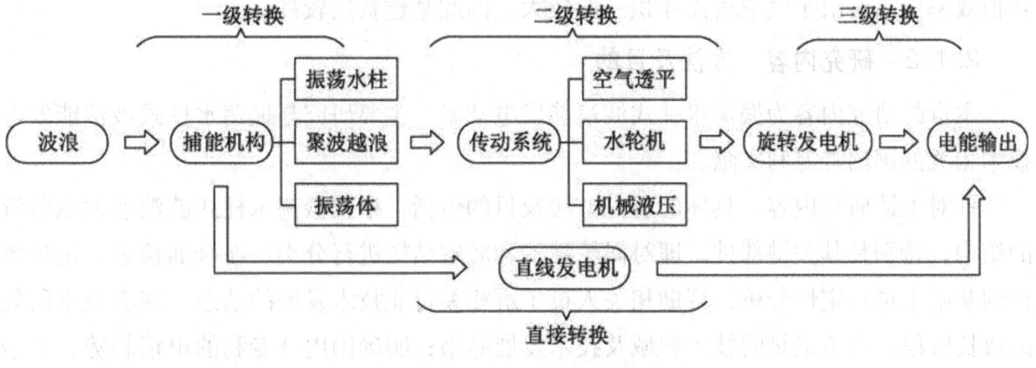

图 2.1.1　波浪能发电装置工作原理示意

振荡水柱式波浪能发电（OWC）也称空气透平式波浪能发电，是最早出现的波浪能发电装置，也是目前应用最广泛的波浪能发电技术。振荡水柱式波浪能发电装置以空气作为能量转换介质，以腔室作为一级能量转换装置。发电装置的气室由一个空箱构成，气室淹没于水面以下的部分有一个开口，在气室的上部有气流通道（空气出入口）。波浪向着空箱移动，当波峰接近空箱前壁时，水进入空箱，推动箱内水位上升

（图2.1.2a），上升的水位使箱内的气压增大，气室内的空气通过出入孔排出，由于气孔狭小，气体高速喷出。当波的谷接近空箱的前壁时，水从空箱中抽出，箱内水位下降（图2.1.2b），下降的水位使箱内气压降低，外面的空气通过出入孔高速进入气室，往复进出的气体使空气透平发生转动，从而驱动发动机发电。

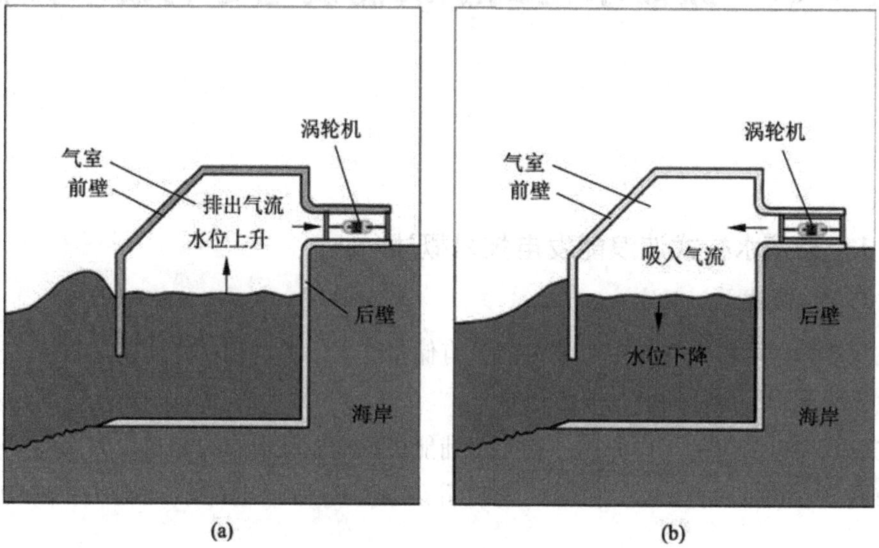

图2.1.2 振荡水柱式波浪能发电工作原理示意

振荡水柱式波浪能发电装置的优点：能量转换系统的结构较简单，对地形的依赖性较小；无水下活动部件，减弱了波浪的破坏性，避免了海水腐蚀及发电机组密闭性问题，维护方便，可靠性高。其缺点在于：以气体为能量转换介质，能量密度较低，因而转换效率不高；由于气室所需体积一般较大，因此基建费用较高。

2.1.2 研究内容、方法及目的

本章的研究内容为振荡水柱式波浪能发电技术，主要研究与振荡水柱式波浪能发电技术相关的国内外专利文献。

针对上述研究内容，具体的研究方法及目的包括：根据振荡水柱式波浪能发电装置的结构，特别是其关键部件，即对涡轮结构和腔室结构进行分类，在全面检索、定量统计的基础上进行定性分析，帮助相关人员了解相关行业技术发展的动态、现有技术所处的成长阶段、竞争最热的技术领域及技术发展脉络；明确国内外专利的申请趋势、竞争区域分布、技术主题分布、技术发展路线等，寻找研发空白点；梳理国内外重要申请人，掌握主要竞争对手的专利申请趋势，明晰已有专利壁垒。

2.1.3 专利信息检索

1. 检索工具及文献库的选取

检索工具为国家知识产权局专利检索系统（S系统），数据检索主要选用S系统的中国专利文摘数据库（CNABS）和外文数据库（VEN）。

2. 数据的检索

基于准确的关键词及 IPC、CPC 分类号进行检索。具体检索策略：使用准确的 CPC 分类号进行快速精准检索；使用准确的 IPC 分类号进行检索；使用上位的 IPC 分类号与准确的关键词共同进行检索；通过主要申请人进行补充检索，确保数据检索的全面性。

3. 专利文献的查全与查准

全面而准确的检索结果是后续专利分析的基础，检索结果的评估对于调整检索策略、获得符合预期要求的检索结果起着至关重要的作用。查全率和查准率是评估检索结果优劣的指标。其中，查全率用来评估检索结果的全面性，即评价检索结果涵盖检索主题下所有专利文献的程度；查准率用来衡量检索结果的准确性，即评价检索结果是否与检索主题密切相关。本书已对前述检索结果分别进行了查全和查准评估，采用的评估方法如下：

（1）查全率评估：对本领域的主要申请人进行评估，一般为该技术领域申请量排名前十位的申请人或行业内普遍认可的主要申请人。将申请人作为检索入口进行检索，然后进行人工阅读、清理和标引，将阅读、清理和标引后的数据作为母样本。在检索结果数据库中，以申请人为入口检索其申请文献量，形成子样本。查全率=子样本/母样本×100%。

（2）查准率评估：按照年代、技术分支抽取一定比例的数据样本（母样本），通过人工阅读评估确定其与技术主题的相关性。与技术主题高度相关的专利文献成为子样本。查准率=子样本/母样本×100%。

本书采用上述方法对专利信息检索结果的查全率和查准率进行了验证，查全率和查准率均在 90%以上，满足要求。

2.1.4　检索数据处理

1. 数据标引

数据标引是对相关数据进行的进一步加工整理，赋予每一项专利申请属性标签，以便于统计分析研究。所述“属性”既可以是技术分解表中的子分支类别，也可以是自定义的需要研究的项目类别。为每一项专利申请进行数据标引后，可以方便快捷地统计相应类别的专利申请数量或进行其他项目分析。因此，数据标引在专利分析工作中具有重要的地位，是实施统计分析的基础。

2. 标引的内容

通过逐篇阅读专利文献进行人工标引，针对每一项专利申请，标引的项目涉及申请号、申请日、发明名称、摘要、公开号、公开日、优先权、优先权日、申请人、发明人、同族号、最早优先权日、技术来源国家、目标国家、申请人地市、专利有效性、一级技术分支、二级技术分支等。

2.1.5 相关事项约定及术语解释

1. 数据完整性约定

关于数据库部分数据收录不完整的说明：发明专利申请通常自申请日起满 18 个月才能公开（要求提前公开的除外）；PCT 专利申请可能自申请日起 30 个月甚至更长时间之后才能进入国家审查阶段，导致与之相对应的国家公布时间更晚；实用新型专利申请在获得授权后才能公布，其公布日的滞后程度取决于审查周期的长短；除此之外，还存在检索数据库中数据的更新速度问题。

2. 对专利“项”数和“件”数的约定

关于专利申请量统计中的“项”和“件”的说明：

项：同一项发明可能在多个国家或地区提出专利申请，DWPI 数据库将这些相关的多件申请作为一条记录收录。在统计专利申请数量时，将数据库中以一族（这里的“族”指的是同族专利中的“族”）数据的形式出现的一系列专利文献作为“1 项”。一般情况下，专利申请的项数对应于技术的数目。

件：在进行专利申请数量统计时，如为了分析申请人在不同国家、地区或组织所提出的专利申请的分布情况，将同族专利申请分开统计，所得到的结果对应于申请的件数。1 项专利申请可能对应 1 件或多件专利申请，SIPOABS 数据库对于一项发明在多个国家或地区提出的多件专利申请作为多条记录收录。

3. 主要申请人名称的约定

本书对部分主要申请人的表述进行约定：由于中文翻译的原因，同一申请人在不同的中国专利申请中的表述应统一；将一些公司的子公司专利申请进行合并统计。

4. 相关术语解释

（1）同族专利：同一项发明在多个国家申请专利而产生的一组内容相同或基本相同的专利文献出版物，称为一个专利族或同族专利。从技术角度来看，属于同一专利族的多件专利申请可视为同一项技术。本书针对技术和专利技术首次申请国进行分析时对同族专利进行了合并统计，针对专利在国家或地区的公开情况进行分析时对各件专利进行了单独统计。

（2）专利所属国家或地区：本书中专利所属的国家或地区是以专利申请的首次申请优先权国别来确定的，没有优先权的专利申请以该项申请的最早申请国别确定。

（3）专利法律状态：包括失效、有效和待审三种状态，分别对应于自由公知、准专利壁垒和潜在专利壁垒三种风险类型。“失效”专利是指到检索截止日为止，专利权已终止的专利申请；“有效”专利是指到检索截止日为止，专利权处于有效状态的专利申请；“待审”专利是指到检索截止日为止，还未进入实质审查程序，或者正处于实质审查程序，或者处于复审等未结案状态的专利申请。

2.1.6 重要专利的定义和筛选标准

根据重要专利的影响因素，本书中对于重要专利的定义和筛选标准包括以下几个方面：

（1）近五年的专利申请。为了解振荡水柱式波浪能发电的最新研发动态，重点关注近五年相关领域的专利申请。

（2）主要申请人的专利。在重要专利选取过程中，尤其关注申请量排名靠前的申请人的专利申请。

（3）技术分类。重点关注涡轮结构和腔室结构领域的专利申请。

（4）同族数量。关注同族数量较多，尤其是在多个国家或地区获得授权的专利申请。

2.2　振荡水柱式波浪能发电专利状况分析

2.2.1　全球专利技术分布

2.2.1.1　申请量趋势分析

在对振荡水柱式波浪能发电相关专利申请的申请年份进行统计后，绘制了如图 2.2.1 所示的申请量趋势图。由图可以看出，全球振荡水柱式波浪能发电相关专利申请量总体呈现波动上升的趋势。

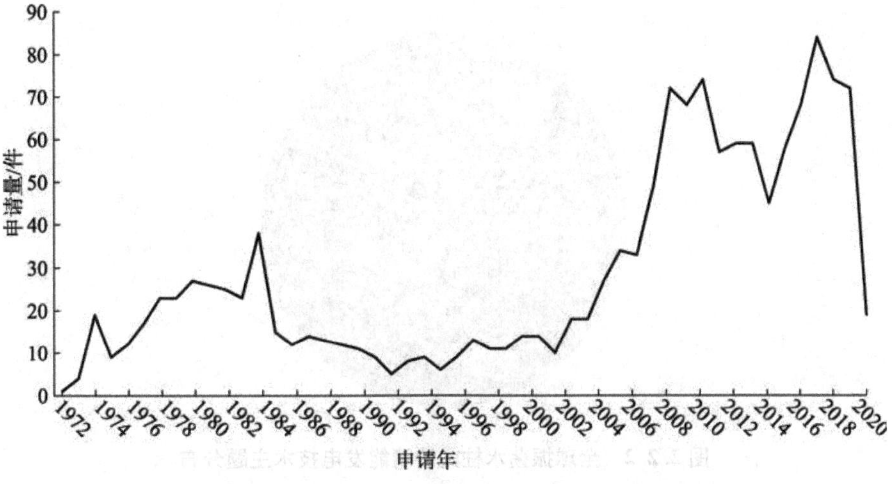

图 2.2.1　全球振荡水柱式波浪能发电相关专利申请量趋势

1972—1984 年，全球专利申请量出现了第一个快速增长期。这源于 20 世纪 70 年代的世界石油危机，世界沿海国家纷纷把目光转向海洋能源，不断投入大量资金，开展波浪能的开发、利用研究。该时间段为振荡水柱式波浪能发电技术的理论和实验研究阶段。

1985—2003 年，全球专利申请量呈波动下滑趋势。在经过理论和实验研究后，该时间段主要进行振荡水柱式波浪能发电装置的海况实验和应用示范研究，为理论应用的转化期，与之对应的专利申请量较少，出现波动下滑趋势。

2004—2007 年，全球专利申请量出现了第二个快速增长期。这源于陆地矿物燃料日趋枯竭、环境污染日趋严重，环保、可持续发展等观念使世界上一些主要的沿海国家再一次把目光转向海洋能源，对振荡水柱式波浪能发电技术的研究日趋深入，出现了新的技术创新，带来了新一轮的专利申请高峰。

2008 年，全球专利申请量突然下降，这主要是受金融危机的影响，各国专利申请量都有所下降。

2009—2014 年，全球专利申请量处于波动下降的状态，这主要是由于振荡水柱式波浪能发电技术在实验阶段、小型试用阶段虽然取得了一定的成绩，但是其在产业应用方面遇到了一些瓶颈，无法实现大规模商业化，导致研发人员的研发热情降低，转而研发其他形式的波浪发电装置，所以全球专利申请量开始波动并有所下降。

2015 年以后，全球专利申请量呈现快速上升态势，这主要受各国新能源政策的影响，即主张减少二氧化碳排放，大力发展新能源技术。

2.2.1.2 技术构成分析

在对全球的振荡水柱式波浪能发电相关原创技术所属技术领域进行分类统计后，绘制了如图 2.2.2 所示的技术主题分布图。由图可以看出，腔室结构的占比较大（占 73%），涡轮结构只占 16%，其他占 11%。

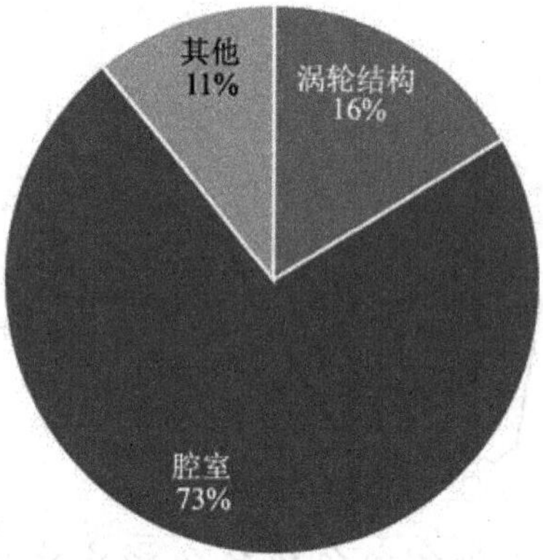

图 2.2.2 全球振荡水柱式波浪能发电技术主题分布

2.2.2 技术发展路线趋势分析

由图 2.2.3 可以看出，涡轮结构和腔室结构是发展连续性较好的两项技术，主要因为二者是振荡水柱式波浪能发电装置中的关键部件，是提高发电效率的重点。总体来看，腔室结构技术的延续性较好，每年均有相关专利申请，其发展黄金期为 1978—1984 年和 2008—2020 年。而涡轮结构的发展黄金期为 1981—1984 年和 2009—2014 年，其余年份的相关申请量不是很多，主要原因在于：第一阶段，为了提高发电效率，进行产业化应用，研发人员重点对作为提高发电效率关键技术的涡轮结构进行了研发；第二阶段，出现了新的能量转换形式，如压电膜。

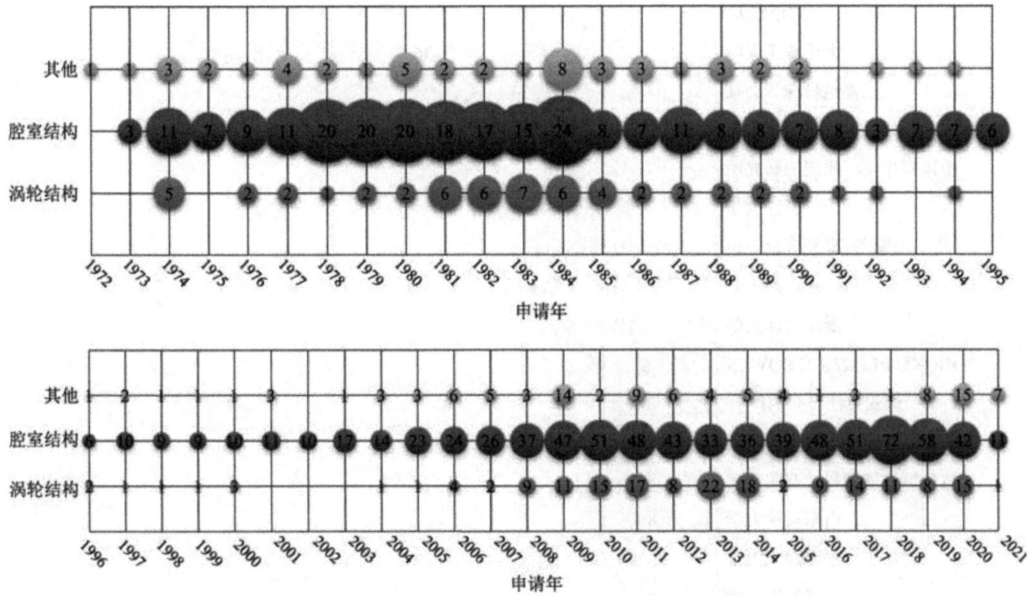

图 2. 2. 3　全球振荡水柱式波浪能发电技术发展路线趋势

2. 2. 3　全球专利竞争区域分析

对最早提出振荡水柱式波浪能发电相关原创技术的国家进行统计，在振荡水柱式波浪能发电技术领域，中国的专利申请量位居榜首，排名第二位的是日本。除此以外，按照申请量占比从大到小依次为美国、英国、韩国、德国、法国、西班牙、澳大利亚等国家。其中占比较高的国家，主要是由于具有丰富的波浪能资源及各种新能源政策支持，激发了研发人员对波浪能开发的热情。

2. 2. 4　全球主要申请人分析

图 2. 2. 4 显示了全球振荡水柱式波浪能发电专利申请量排名前十五位的主要申请人。由图可见，排名第一位的是大连理工大学，申请量为 36 件；排名第二位的是三菱电机株式会社，申请量为 24 件；排名第三位的是哈尔滨工程大学，申请量为 21 件；紧随其后的是中国科学院广州能源研究所和浙江大学。排名前五位的申请人中有四个是来自中国的高校和科研院所。日本的三菱电机株式会社是早期参与海洋波浪能研究的老牌企业，自 1975 年起便开始申请振荡水柱式波浪能发电装置专利，可见日本在振荡水柱式波浪能发电装置领域处于领先地位。中国排名前几位的申请人均是科研院校，而国外的大部分是企业，这说明中国与国外在波浪能产业应用中的差距较大。

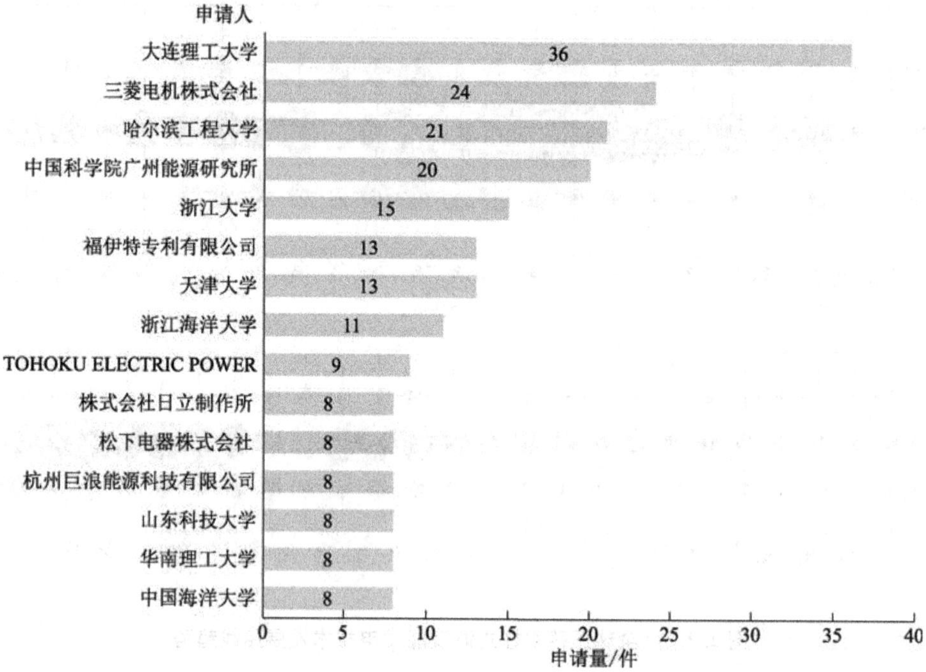

图 2.2.4　全球振荡水柱式波浪能发电专利主要申请人排名

2.2.5　中国专利技术分布

2.2.5.1　申请量趋势分析

在对中国的振荡水柱式波浪能发电专利申请的申请年份进行统计后，绘制了如图 2.2.5 所示的申请量趋势图。由图可以看出，中国专利申请起步晚，1985—2005 年为缓慢发展期，专利申请量均为 3 件以下；自 2006 年起，专利申请量呈先波动后迅速上升的趋势。

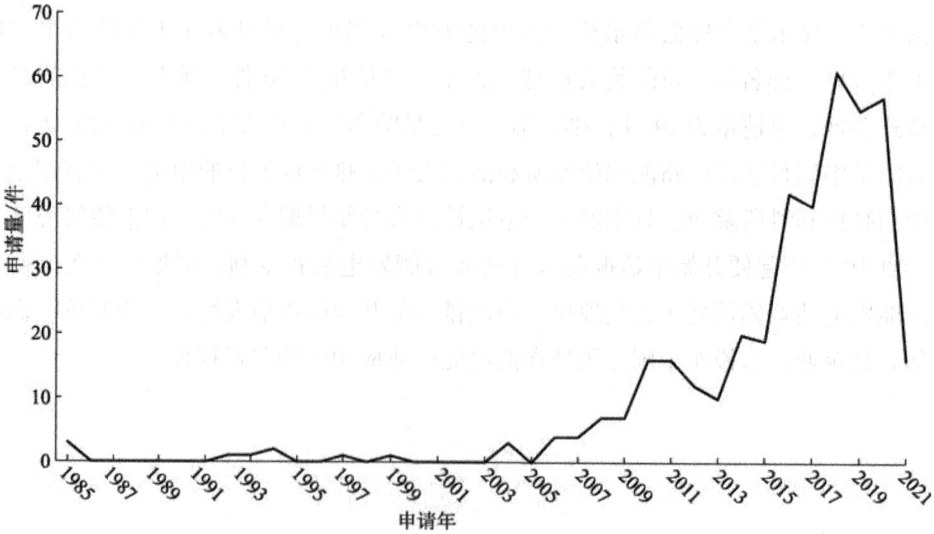

图 2.2.5　中国振荡水柱式波浪能发电专利申请量趋势

2.2.5.2　中国专利申请的省（市）域竞争分析

在对中国的振荡水柱式波浪能发电技术专利申请的省（市）域进行统计后，绘制了如图 2.2.6 所示的中国专利申请省（市）域分布图。由图可以看出，广东以 15%的专利申请量占比位于榜首，浙江以 13%的专利申请量占比紧随其后，辽宁以 10%的专利申请量占比排名第三位，占比在 5%～10%的省域包括江苏、山东、北京、黑龙江、上海；占比在 5%以下的省（市）域包括为天津、福建、河北、安徽、湖北等。总体来看，位于沿海地区的省（市）域的专利申请量靠前，主要是因为其具有丰富的海洋资源；另外，有相关专业的高校或科研院所的省（市）域专利申请量也较多。

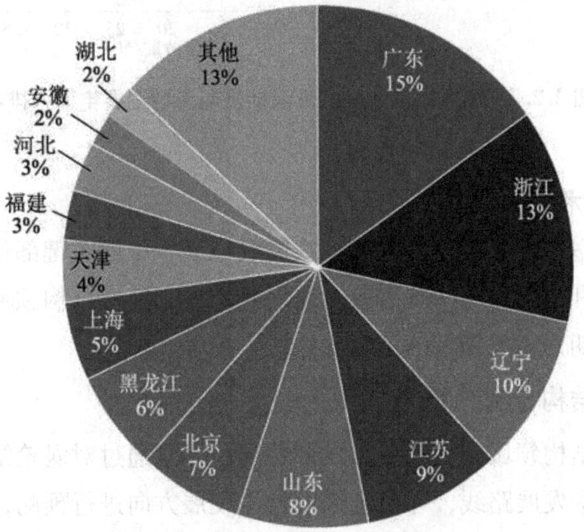

图 2.2.6　中国振荡水柱式波浪能发电专利申请省（市）域分布

2.2.6　中国主要申请人分析

在对中国的振荡水柱式波浪能发电技术的申请人进行统计后，绘制了如图 2.2.7 所示的中国主要申请人排名图。由图可以看出，在申请量排名前十位的申请人中，有 9 个是高校或科研院所。其中，大连理工大学位列第一，哈尔滨工程大学和中国科学院广州能源研究所的申请量分别位列第二、第三。紧随其后的分别是浙江大学、天津大学、浙江海洋大学、山东科技大学、华南理工大学和中国海洋大学，并且山东科技大学、华南理工大学和中国海洋大学的专利申请量相同。另外，申请量排名前十位的申请人中只有一家企业，即杭州巨浪能源科技有限公司。通过以上分析可以看出，国内主要申请人以高校和科研院所为主，且处在研发阶段，实际投入应用的产品还不是很多。

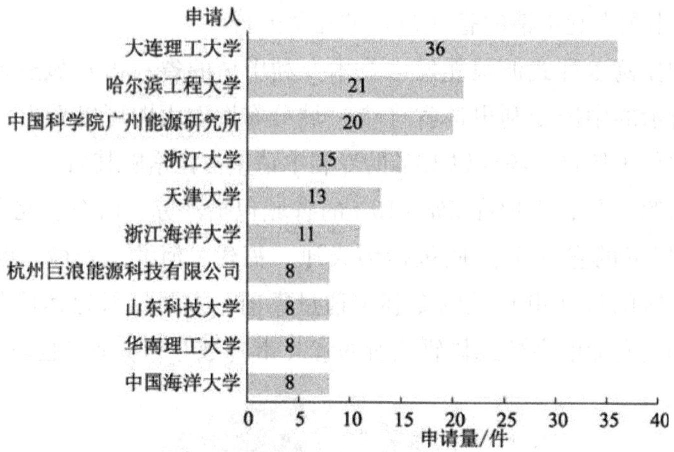

图 2.2.7　中国振荡水柱式波浪能发电专利主要申请人排名

2.3　主要技术分支专利分析

涡轮结构和腔室结构是振荡水柱式波浪能发电装置中的关键部件，也是研发的重点和热点。本节按专利申请的时间顺序重点对涡轮结构和腔室结构领域的专利技术的发展脉络进行分析，以期为相关领域的创新主体提供参考。

2.3.1　涡轮结构专利分析

为了把握涡轮结构领域的专利技术发展状况，本节通过对涡轮结构相关专利进行梳理，形成其专利技术发展路线，并对未来的技术发展方向进行预测，以期为振荡水柱式波浪能发电领域的创新主体提供参考。

2.3.1.1　涡轮结构相关技术简介

涡轮是振荡水柱式波浪能发电装置中的核心部件。本节主要研究双向涡轮，即腔室内水柱振荡气流成为往复的双向气流。涡轮能在双向气流的作用下保持同一方向旋转，以提高效率。威尔斯涡轮是最基本的双向涡轮结构形式，如图 2.3.1 所示。

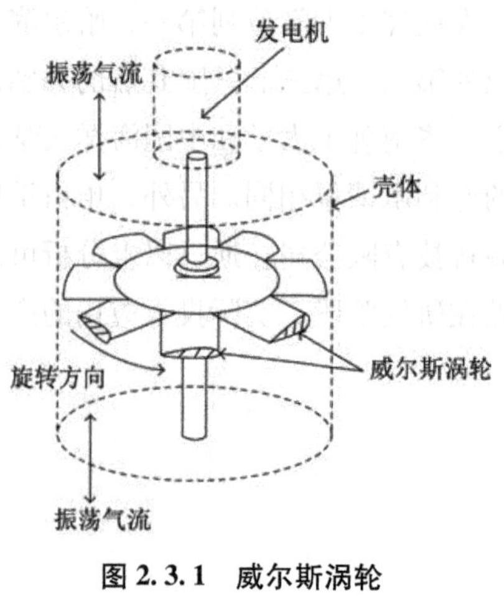

图 2.3.1　威尔斯涡轮

2.3.1.2 专利技术发展路线

振荡水柱式波浪能发电装置的技术特点是产生往复运动非稳态气流。其需要解决的技术问题是：如何使得涡轮可在因波动而形成的周期变换方向的空气流作用下做单方向旋转，以提高涡轮固有的运转效率。这也是涡轮结构研究的主要方向。

全球涡轮结构专利技术的发展路线（图 2.3.2）涉及威尔斯涡轮、冲击式涡轮、变桨叶片涡轮、双转子涡轮和径流式涡轮五条路线，它们形成一个统一的整体，共同影响涡轮结构设计，达到简化结构、提高效率的目的。对这五条发展路线进行研究，有助于了解振荡水柱式波浪能发电装置的涡轮结构技术的发展历史和现状，明确涡轮结构技术未来的发展方向。

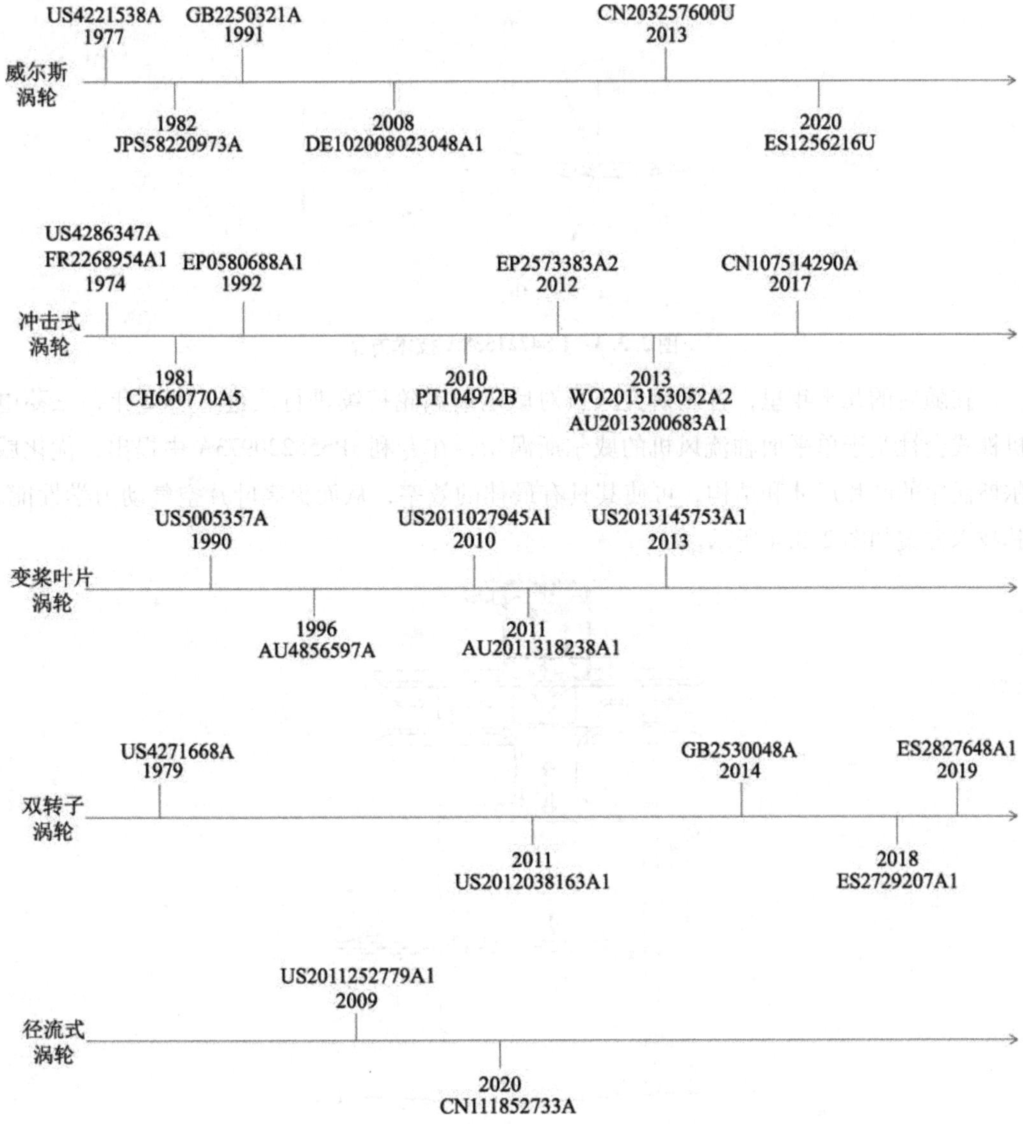

图 2.3.2 全球涡轮结构专利技术的发展路线

1. 威尔斯涡轮

1977年，贝尔法斯特女王大学的威尔斯教授在专利US4221538A中首次提出威尔斯涡轮，技术方案如图2.3.3所示。威尔斯涡轮具有单平面轴流风机的对称翼结构，带有径向延伸的具有翼型剖面形状的叶片，翼型基本与翼弦线对称，叶片固定在翼弦线上，叶片的零升力平面垂直于转子的轴线。其结构简单，造价低。

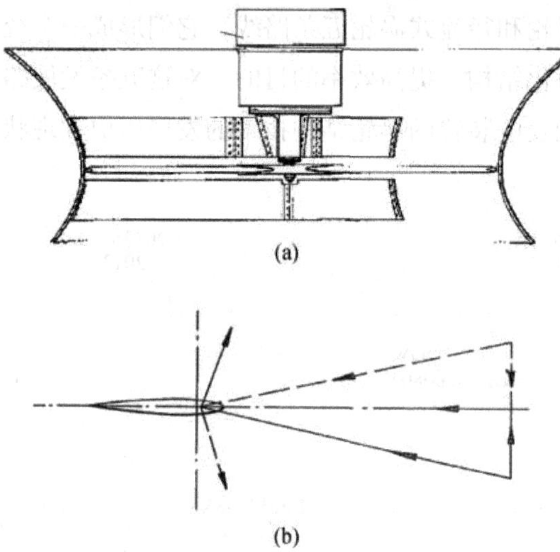

图2.3.3 US4221538A技术方案

在随后的几十年里，各国研究人员对威尔斯涡轮持续进行改进。1982年，三菱电机株式会社基于单平面轴流风机的威尔斯涡轮，在专利JPS58220973A中提出，优化威尔斯涡轮的叶片尺寸和结构，可使其具有最佳的效率，从而提高叶片空气动力学性能。其技术方案如图2.3.4所示。

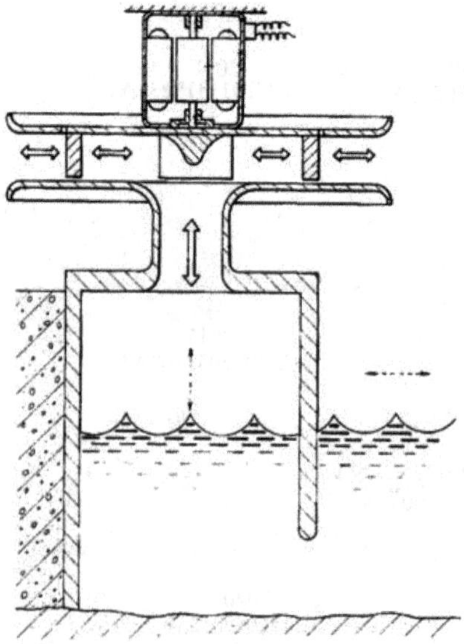

图2.3.4 JPS58220973A技术方案

初期的威尔斯涡轮常出现失速问题，并经常导致波浪能发电装置停机。出现失速问题的原因在于，初期的威尔斯涡轮是根据预测的空气流的强度来设计的，但在各个不同海洋区域进入腔室的波的尺寸是无法控制的，因此，当较大尺寸的波进入腔室中时，其动量会使流过涡轮机叶片的空气流增强；同时，在叶片设计上，叶片的转速不能相应地增大以平衡增强的空气流，如果空气流对叶片的冲角增大到超过失速角度，那么涡轮机就会失速。

为了解决失速问题，1991 年专利 GB2250321A 提出一种涡轮机装置，技术方案如图 2. 3. 5 所示。该装置包括在同一轴上的两个涡轮机，每个涡轮机包括一个轮毂部分、多个直的从轮毂部分在径向平面内延伸的翼型段叶片以及圆周环。圆周环固定在与轮毂部分同心的叶片的外端，质量好，可用作飞轮，并且具有比轮毂部分和叶片更大的转动惯量。圆周环将两个单平面威尔斯涡轮串联安装形成双平面涡轮机，以解决失速问题。

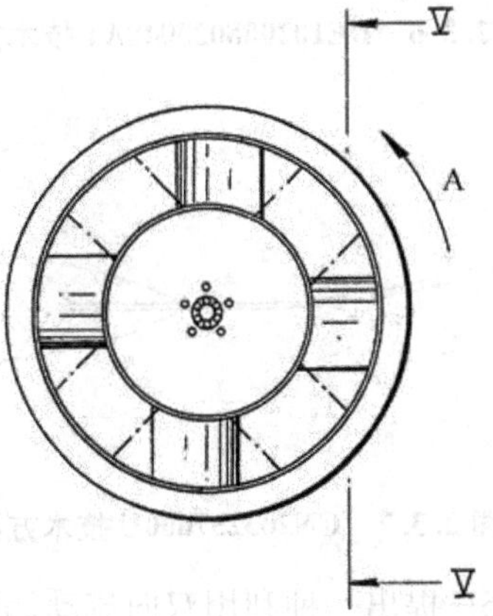

图 2. 3. 5　GB2250321A 技术方案

尽管双平面威尔斯涡轮可以解决失速问题，但其代价是总效率降低，表现为第一组叶片经常处于失速或停车的状态而未发挥作用，而第二组叶片以较低的速度和效率运转。其原因在于第一组叶片的失速，以及空气流被第一组叶片阻断，使总的空气流的流速降低并变得平缓。

2008 年，福伊特专利有限公司在专利 DE102008023048A1 中提出，设置调节流速、压力的装置，在改善效率的同时可避免涡轮叶片的损坏。其技术方案如图 2. 3. 6 所示。

2013 年，威尔斯涡轮得到了进一步发展，中国水利水电科学研究院在专利 CN203257600U 中提出，将叶片设置为一部分刚性、一部分柔性的结构。该结构质量小，在弱波浪气流下也能正常旋转，从而保证发电机连续发电。其技术方案如图 2. 3. 7 所示。

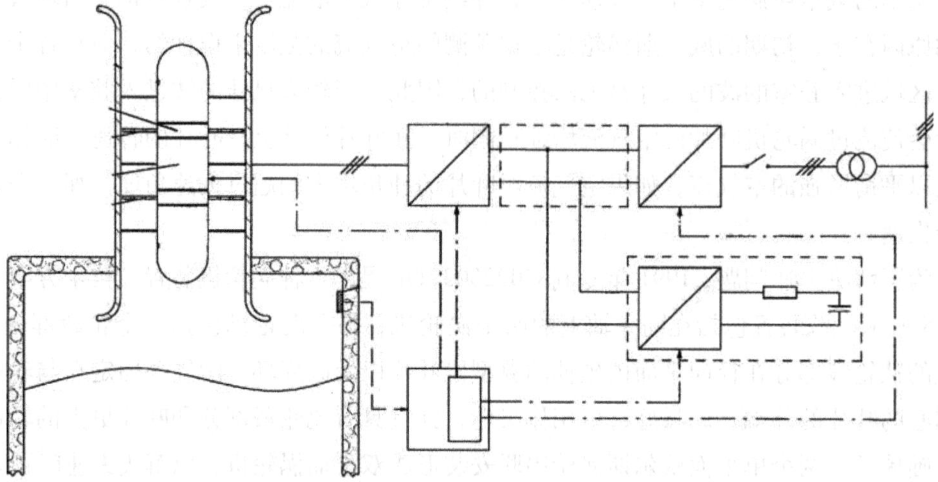

图 2.3.6　DE102008023048A1 技术方案

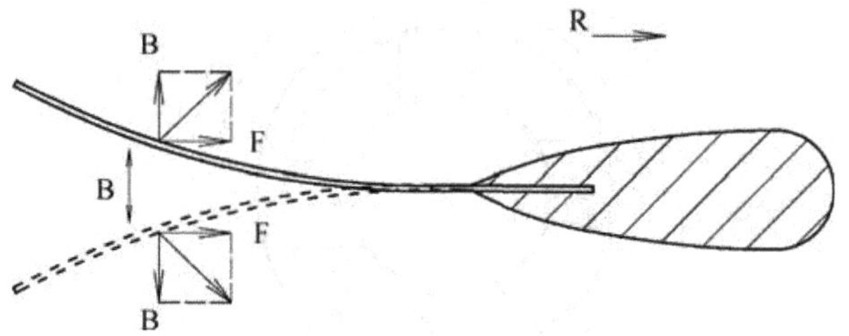

图 2.3.7　CN203257600U 技术方案

2020 年，专利 ES1256216U 提出一种利用双向流动涡轮机捕获海浪能量的液压气动系统，技术方案如图 2.3.8 所示。该系统使用涡轮机通过管道驱动式吸入水或空气来利用能量，包括一个或多个双向流动的水动力涡轮机，涡轮机的叶片对称且可倾斜，其对称平面垂直于涡轮机的轴线，当接收水流或空气流动时，叶片围绕垂直于涡轮机轴线的轴自动地且偏心地弯曲或旋转，不管空气流或水流的方向如何，涡轮始终朝单一方向旋转。

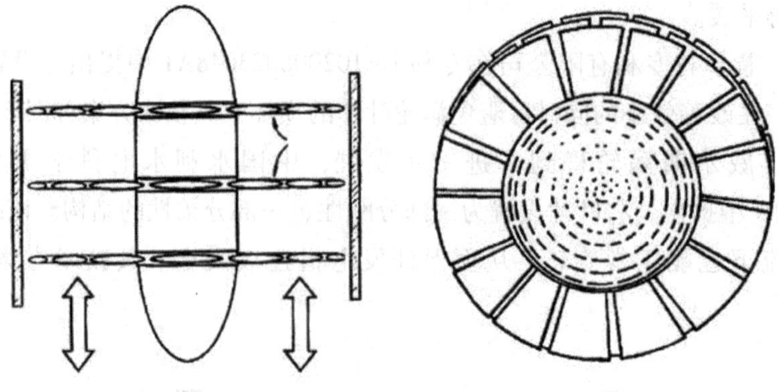

图 2.3.8　ES1256216U 技术方案

总体来说，威尔斯涡轮结构是比较成熟的涡轮结构，未来的主要研究方向是进一步优化材料和结构，提高威尔斯涡轮的效率、启动特性，降低噪声。

2. 冲击式涡轮

冲击式涡轮可分为单阀式冲击式涡轮和无阀式冲击式涡轮。按照导向叶片的不同，单阀式冲击式涡轮可分为单阀式固定导叶冲击式涡轮和单阀式自调节导叶冲击式涡轮。单阀式冲击式涡轮由于单向栅格阀门的作用只能利用一个方向的气动能量，整体转换效率不高，并且阀门在高频往复气流的作用下频繁碰撞、容易损坏，而无阀式冲击式涡轮不需要阀门结构，其涡轮结构简单。本节主要针对无阀式冲击式涡轮的专利技术的发展路线进行分析。

1974 年，专利 FR2268954A1 提出一种浮标中的气动涡轮机，技术方案如图 2. 3. 9 所示。涡轮机具有转子，该转子具有对称截面的叶片，以便能够响应通过涡轮机的任一轴向上的空气流动。两个涡轮机定子设置在转子叶片的相应轴向侧，以使在任一轴向上通过涡轮的空气沿相同的圆周方向作用于转子叶片。在浮标倾斜期间，管道上端的水位上升和下降，而管道下端通向大海，从而产生气流。

同年，为了直接利用双向气流的作用，专利 US4286347A 提出在冲击式涡轮两端装配导叶组，导叶组的一端起导流作用，另一端起流阻作用。其技术方案如图 2. 3. 10 所示。

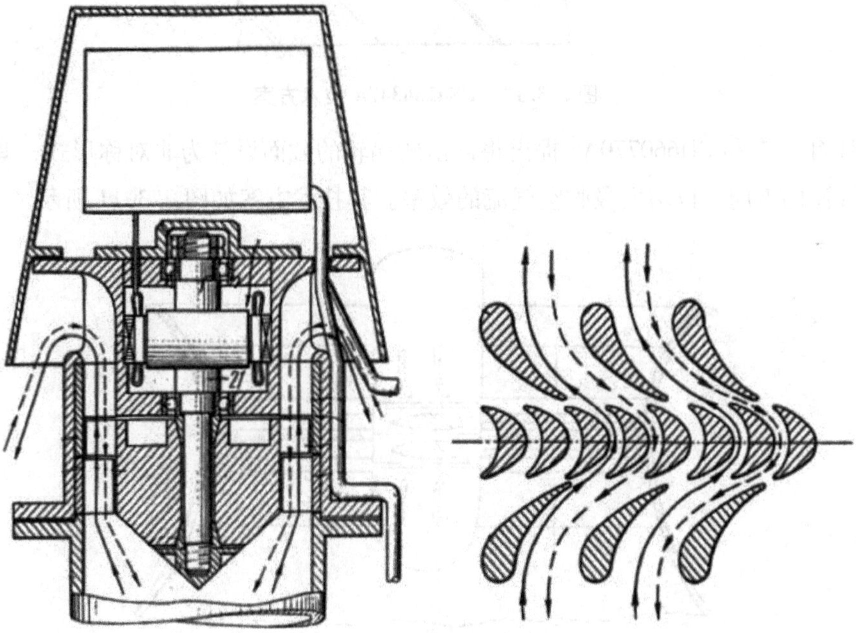

图 2. 3. 9　FR2268954A1 技术方案

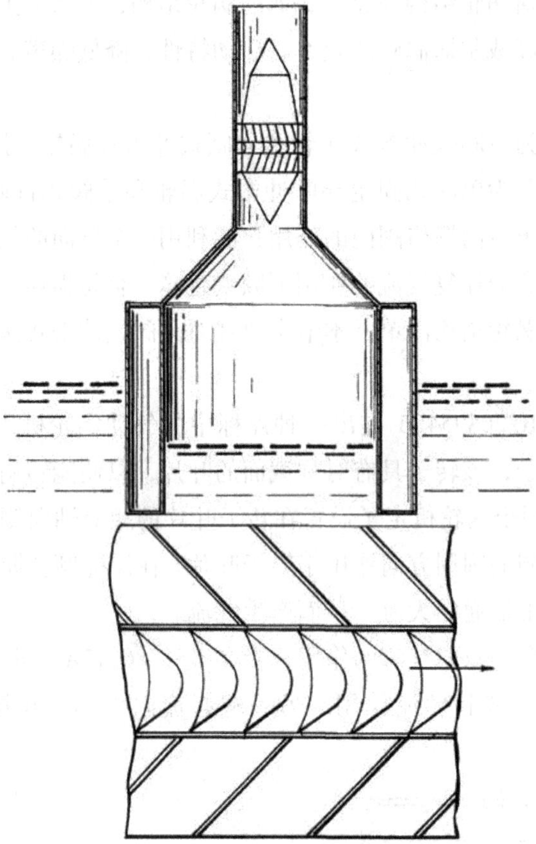

图 2.3.10　US4286347A 技术方案

1981 年，专利 CH660770A5 提出将冲击式涡轮的截面设计为非对称形式，其截面垂直于空气流的方向，以增大吸收空气流的效率。其技术方案如图 2.3.11 所示。

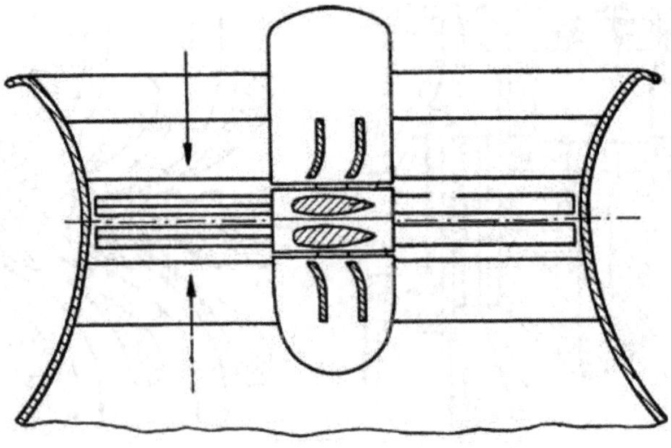

图 2.3.11　CH660770A5 技术方案

1992 年，专利 EP0580688A1 提出一种波浪发电装置，技术方案如图 2.3.12 所示。该装置包括一个位于壳体中的“Darius 转子”，壳体至少有一个开口以引导振动的空气流以轴对称的方式进入或离开转子，其中转子包括许多悬链状的叶片，从而使离心负荷通过叶片的拉伸力来平衡。“Darius 转子”间隔设置在罩内结构中，是定常的弦长和为零的倾角翼型的叶片，并且相对转动轴的轴向呈一条直线。因此，当径向的流体进入和流出罩子结构时可引起该结构相对于转动轴转动。每个叶片的暴露长度以基本不变的圆周速度产生合成转动。这种结构的优点在于，与单个平面转子相比，对于给定的直径、尖端速度和叶片间距比（密实度），它可提供 4 倍的动力。

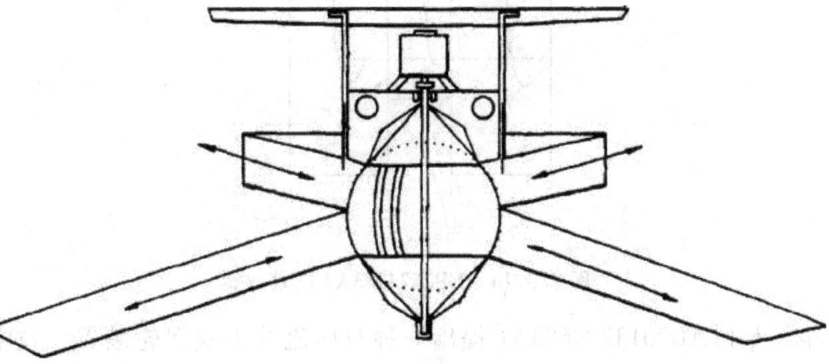

图 2.3.12　EP0580688A1 技术方案

2010 年，专利 PT104972B 提出一种能够从双向交替流动中提取能量的涡轮机，技术方案如图 2.3.13 所示。涡轮机具有叶片转子，叶片转子外围有两个开口，每个开口中的流体交替地进入或离开转子，向外的流体是径向离心的，向内的流体是径向向心的。涡轮机包括两组用于交替地引导双向反转流进出转子的导向叶片，以及设置在转子和导向叶片之间并径向延伸超过导向叶片的两个管道。定子采用两种布置方式，通过创建与转子正常旋转方向相同的流体速度的周向涡流分量来促使接近流向转子的偏转。在其中一种布置方式中，双导叶组靠近转子周边，并沿流动方向轴向移动，使得其将向内的流体引导到转子中并且不与向外的流体相交；而在另一种布置方式中，两组导叶轴向固定并且径向偏离转子。

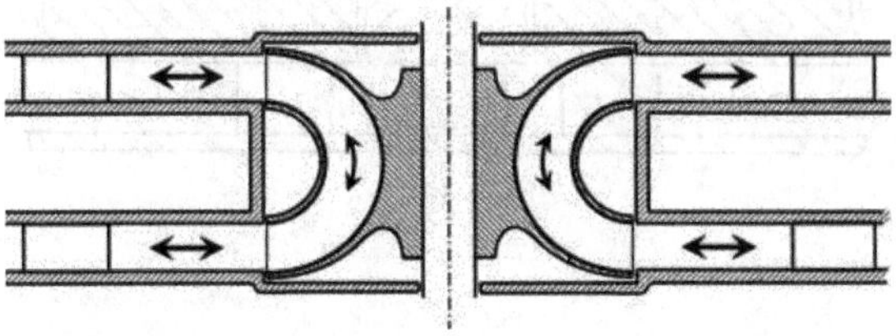

图 2.3.13　PT104972B 技术方案

2012 年，专利 EP2573383A2 提出一种用于波浪发电厂中分子反向双向气流的冲击式空气涡轮机装置，技术方案如图 2.3.14 所示。该装置包括轴流式涡轮机转子，两个蜗壳分别安装在涡轮机转子的两侧，用于引导反向气流进出涡轮机转子。每个蜗壳相对于涡轮机轴在径向外开口和径向内开口之间周向延伸。径向外开口被定向为沿切向方向输出或输入气流，径向内开口轴向定向以将涡旋气流冲击到涡轮机转子上或从涡轮机转子接收涡旋气流。

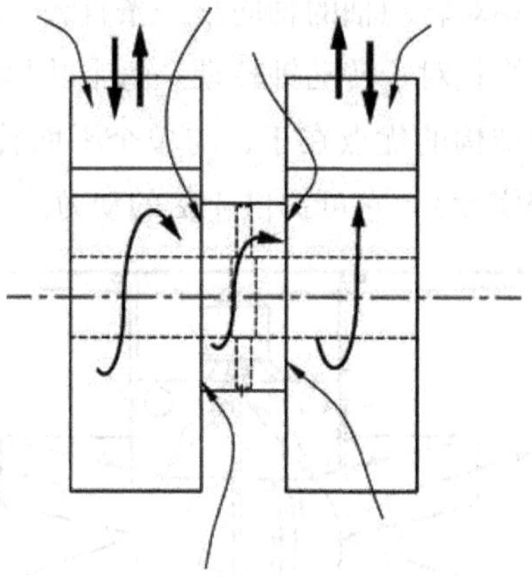

图 2.3.14　EP2573383A2 技术方案

2013 年，专利 AU2013200683A1 提出一种双向流冲击式涡轮装置，技术方案如图 2.3.15 所示。该涡轮装置具有一条轴线转子可旋转地安装以围绕该轴线旋转，并具有围绕转子周向布置的多个转子叶片。第一组导向叶片围绕轴线周向布置，用于经由第一管道限定的第一流道，将双向反向流引导到转子叶片或将其从转子叶片引导出；第二组导向叶片与第一组导向叶片轴向间隔开并绕轴线周向布置，用于经由第二管道限定的第二流道将双向反向流引导到转子叶片或将其从转子叶片引导出。其中，第一组和第二组导向叶片被布置在一个比转子叶片更大的半径处，第一组和第二组导向叶片从转子叶片的径向偏移。

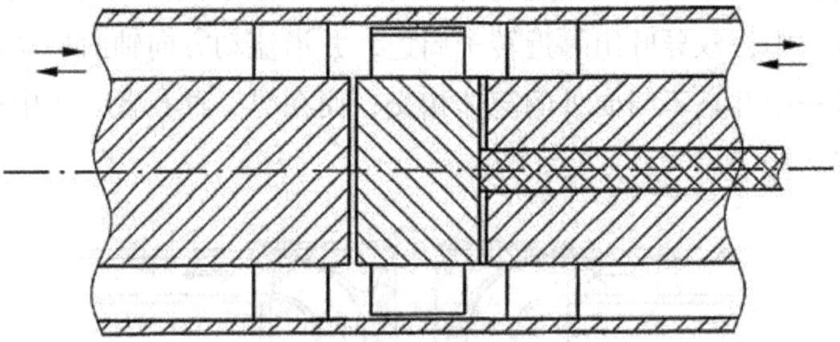

(a)

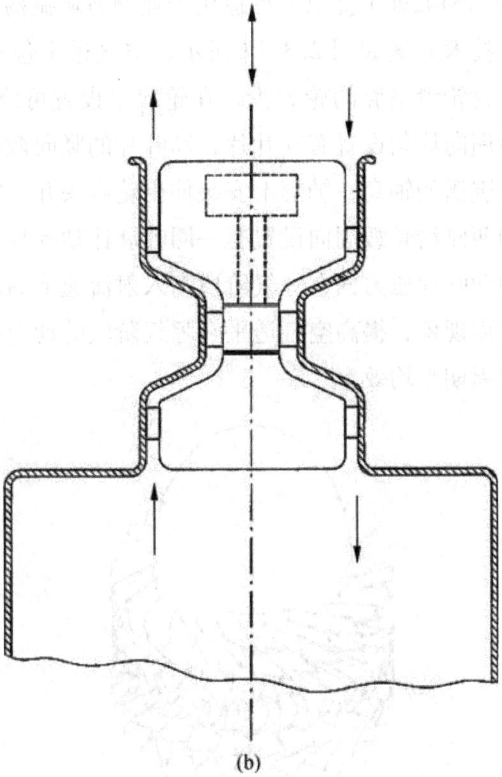

图 2.3.15　AU2013200683A1 技术方案

2013 年，专利 WO2013153052A2 提出一种双向可调导叶冲击式涡轮的自整流涡轮系统，技术方案如图 2.3.16 所示。该系统包括具有脉冲涡轮叶片的涡轮，在转子的轴向侧设有一组第一导叶，在涡轮的另一侧设有一组第二导叶。该装置通过对导流叶片进行变桨来提高涡轮的转换效率，具有转换效率高、曲线平缓、频带较宽、维修成本低和启动性能佳的特点。在规则波条件下，双向可调导叶冲击式涡轮的最高转换效率可达 53.3%，但由于一天要受到几万次往复式气流的作用，导流叶片的运动频率过高，涡轮结构设计复杂，对材料性能的要求较高。

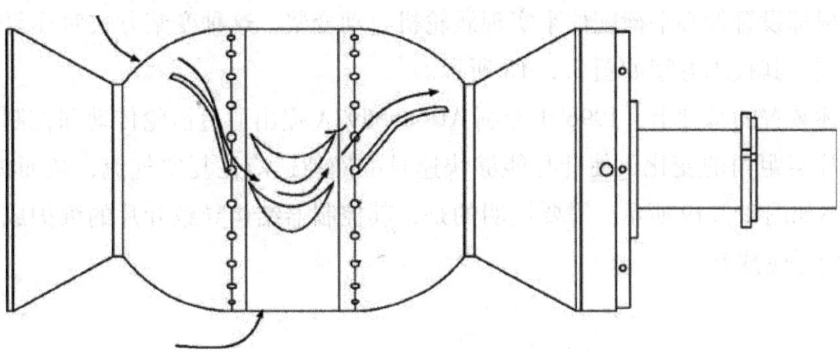

图 2.3.16　WO2013153052A2 技术方案

2017 年，专利 CN107514290A 提出一种适用于亚洲海域振荡水柱式波浪能发电装置的非对称式空气透平，技术方案如图 2. 3. 17 所示。空气透平包括空心的轮毂，在轮毂的两侧分别安装用于密封轮毂空腔的轮毂头，在轮毂上设置可绕轮毂旋转的动叶片轮，在动叶片轮的外壁上沿周向均匀设置有动叶片，动叶片的竖向截面形状为新月形，在动叶片轮的轮盘上设置带键槽的轴套，轴套上安装伸出轮毂头并可随动叶片轮同步旋转的透平轴，在动叶片轮的两侧沿轮毂周向设置有一圈叶展比动叶片大的导流叶片。本专利提出的空气透平可增大动叶片压力面在呼气阶段高入射流速下的迎流面积，延缓气流在动叶片吸力面的流速分离现象，提高空气透平在呼气阶段的动力利用效率，进而提高空气透平在实际海况中的周期平均效率。

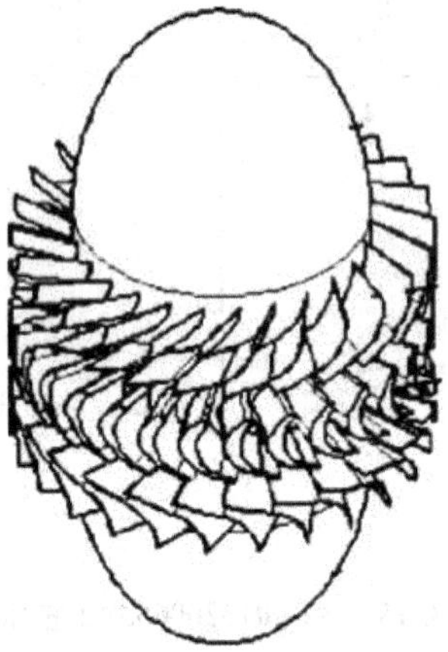

图 2. 3. 17　CN107514290A 技术方案

由此可见，未来对于无阀式冲击式涡轮的研究，主要集中于提高其转化效率，并致力于解决双端导流叶片流阻大的问题。

3. 变桨叶片涡轮

在变桨叶片研究方面，主要针对变桨方式进行了改进，并简化了结构，以节省机械维修成本，提高总体空气流的利用效率。

1990 年，专利 US5005357A 提出一种能自动适应空气流方向的变桨叶片，该叶片通过在叶片根部设置偏心平衡配件来实现涡轮机自动变桨，这种变桨方式对往复空气流的适应性较差。其技术方案如图 2. 3. 18 所示。

在上述装置的基础上，1996 年专利 AU4856597A 提出通过齿轮传动和控制器联合精细控制叶片桨距角的变化，使叶片能够快速且准确地适应往复空气流，从而提高效率。其技术方案如图 2. 3. 19 所示。需要说明的是，其控制器结构导致叶片的维护成本高且对外界环境的适应性差。

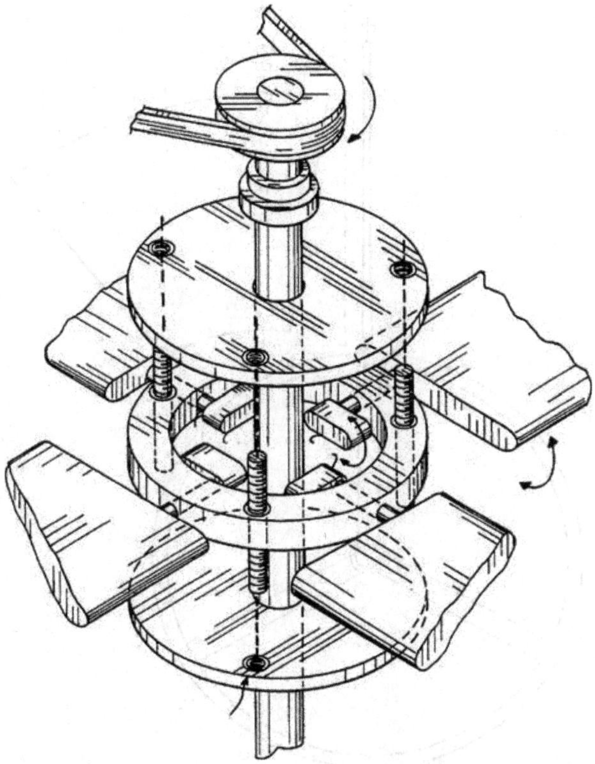

图 2.3.18　US5005357A 技术方案

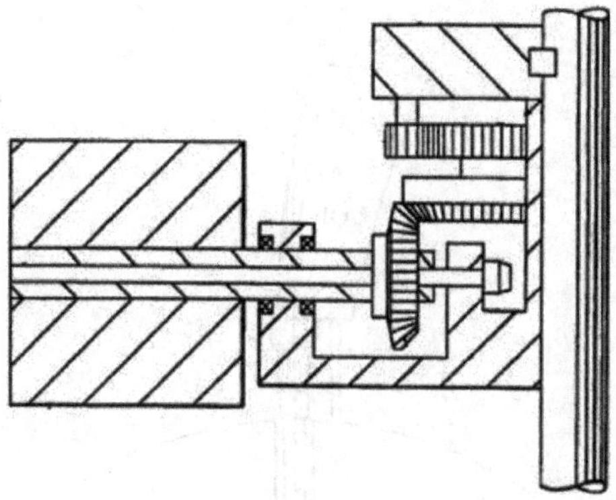

图 2.3.19　AU4856597A 技术方案

2010 年，专利 US2011027945A1 提出一种涡轮机，技术方案如图 2.3.20 所示。当管道内的气流改变方向时，涡轮机将自动调节叶片的桨距角。叶片的作用就像旗杆上的旗帜，它的方向总是随着气流方向的改变而改变。

2011 年，专利 AU2011318238A1 提出利用更加精密的机械结构的反动式机械弹簧进行变桨，技术方案如图 2.3.21 所示。但这些结构都无法避免复杂的机械维修，也不能快速准确地适应往复空气流。

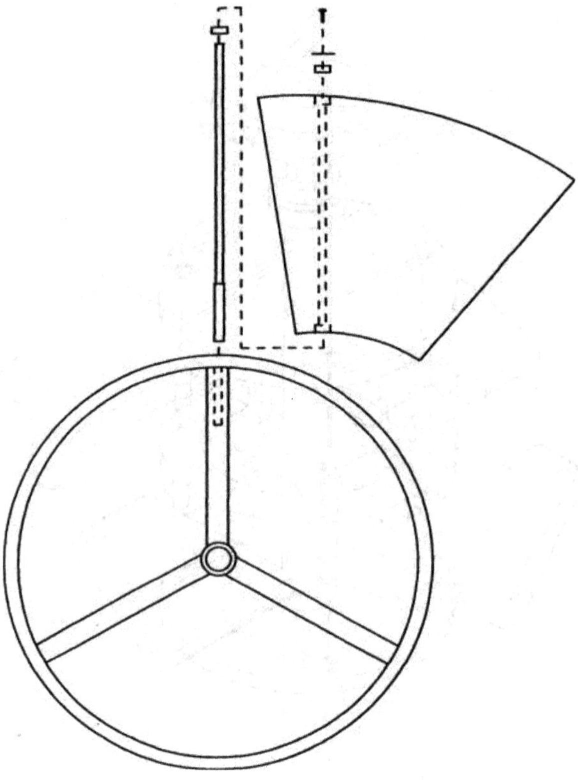

图 2.3.20　US2011027945A1 技术方案

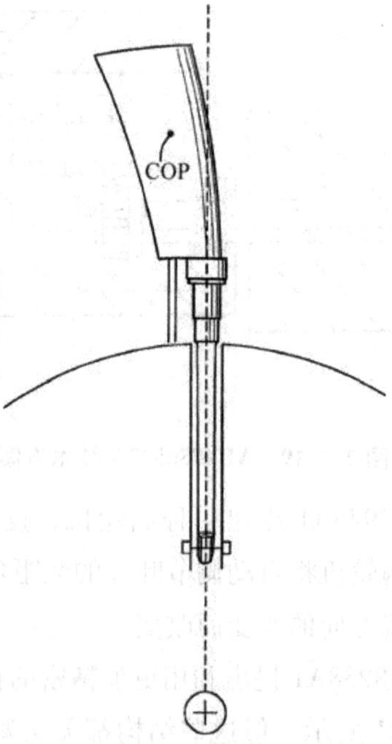

图 2.3.21　AU2011318238A1 技术方案

2013 年，专利 US2013145753A1 提出一种自铰接刀片组件，技术方案如图 2. 3. 22 所示。自铰接刀片组件包括一对面板和一个轴。叶片固定在轴上，轴与转子的其他部件可旋转地啮合，例如轮毂和外支撑环均与转子的旋转轴有关。面板通过相应的连杆以及枢轴臂构件与气缸进行机械连接，以便面板直接响应施加在其上的工作流体的净压力而移动时，通过连杆以及枢轴臂构件转动轴和叶片，即其利用关节机构来变桨，其关节机构维护方便且具有良好的适应性，能极大地提升叶片变桨的反应速度和效率。

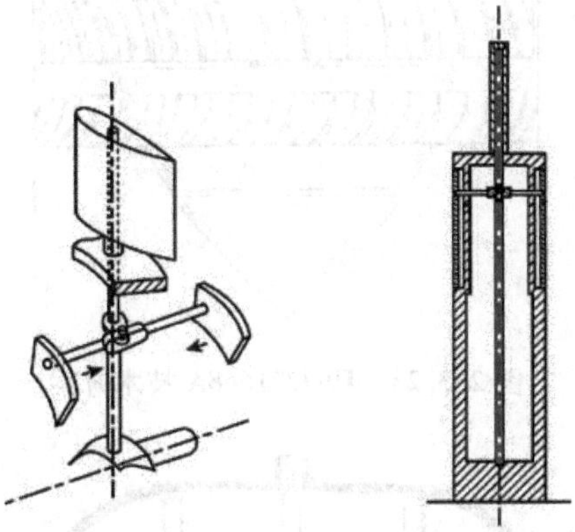

图 2. 3. 22　US2013145753A1 技术方案

由此可见，未来对于变桨叶片的研究会集中在变桨结构的简单化、降低维修成本和变桨控制等方面。

4. 双转子涡轮

1979 年，专利 US4271668A 提出一种从波浪能中转换能量的反向旋转涡轮机，技术方案如图 2. 3. 23 所示。该装置包括第一和第二排固定安装的导叶，一对与输出轴连接并位于第一和第二排固定安装的导叶之间的反向旋转轮，每个转轮都有多个弓形涡轮叶片，这些叶片通过压力室内的空气移动而旋转，并且在反向涡轮上方的压力室中有一个孔，用于气流进出反向旋转涡轮机。该技术方案提出用两组对称的涡轮组来利用往复的空气流，对称涡轮组中间采用锥齿轮传动机构。由于该技术方案采用两组对称的涡轮组，当空气带动一组涡轮旋转做功时，另一组涡轮也跟着做旋转运动而产生斥气损失，导致整个机组的损失较大，其透平出口漏气损失也较大，进而导致转换效率降低。

针对上述装置转换效率不高的问题，2011 年专利 US2012038163A1 提出一种双转子涡轮机，技术方案如图 2. 3. 24 所示。每个涡轮转子组由一组相同的非对称翼型叶片的径向阵列组成；两个转子组镜像组装，并通过楔块式飞轮离合器锁定在同一个轴上。特殊设计的导叶使气流几乎只能单向流动，从而减少斥气损失。涡轮机具有一级喷嘴叶栅和一级动叶栅，其中喷嘴叶栅和动叶栅的空气进口均大于出口，其机械效率较高，由于低参数的空气具有可压缩性，渐缩式流道将空气的压力能转化为动能，从而提高了气动效率。

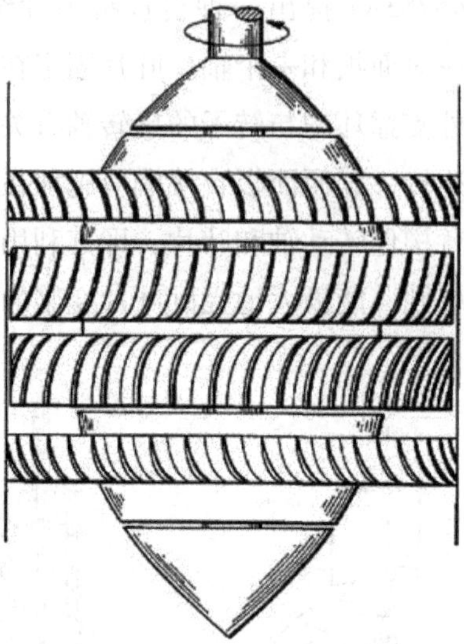

图 2.3.23　US4271668A 技术方案

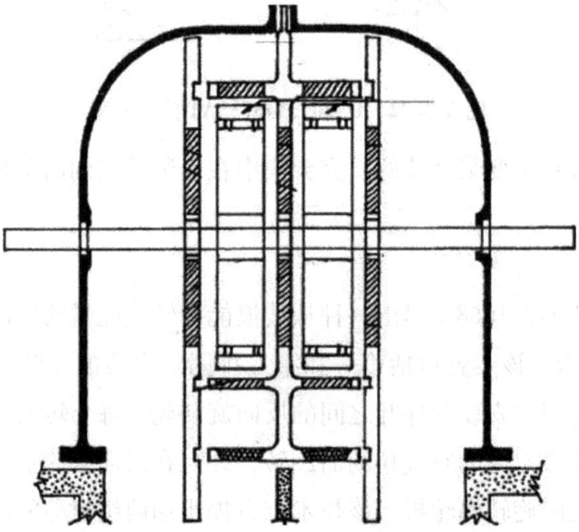

图 2.3.24　US2012038163A1 技术方案

2014 年，专利 GB2530048A 提出一种自整流涡轮机，技术方案如图 2.3.25 所示。该装置具有一对安装在导管内的转子，用于围绕公共旋转轴反向旋转。每个转子具有多个大致径向延伸的翼型结构的固定叶片，叶片交错排列，使得它们的弦线与旋转轴线呈锐角，并沿其径向长度扭转。叶片可弯曲，转子的前缘和后缘在横截面上都呈椭圆形。该装置进一步提高了涡轮机的机械效率。

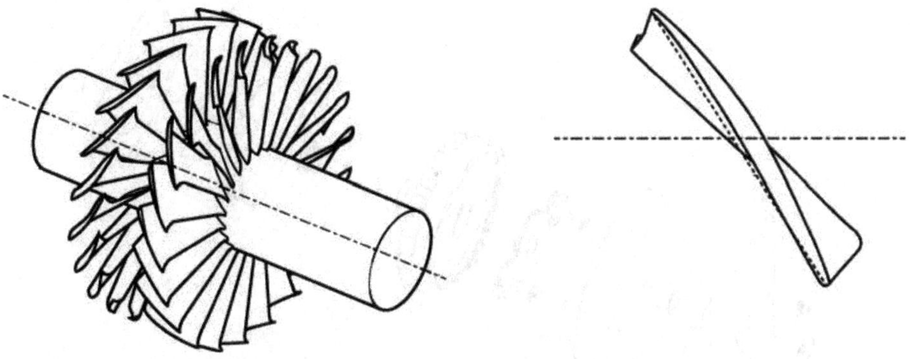

图 2.3.25　GB2530048A 技术方案

2018 年，专利 ES2729207A1 提出一种双向流动的涡轮机，技术方案如图 2.3.26 所示。该装置包括：固定在涡轮机上的两个叶片冠，每个冠部的叶片都是镜面定向的，前缘分别面向流动的两个方向之一；轴，其包含涡轮的外导管、使流动偏转的芯或鼻，轴由内壁隔开的两个平行通道构成。值得注意的是，每个通道都包含一个叶片冠，其中一个叶片用于产生动力，另一个叶片用于空气动力流动引导。

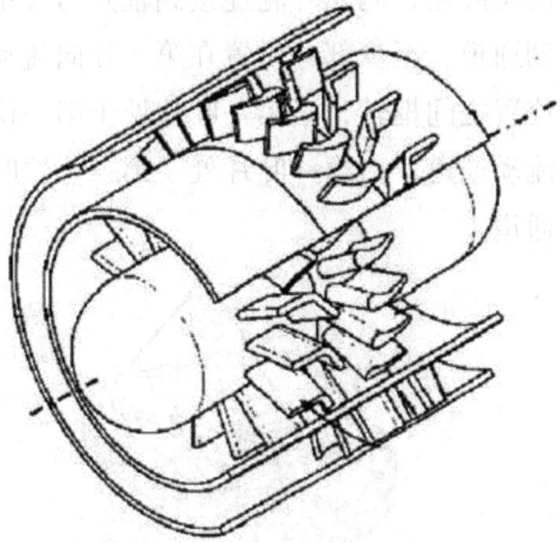

图 2.3.26　ES2729207A1 技术方案

2019 年，专利 ES2827648A1 提出一种具有从双向流中提取逆流阻挡和发电系统的径向涡轮机，技术方案如图 2.3.27 所示。该装置包括反向旋转的内转子和外转子，配备有叶片并围绕单个轴布置。该涡轮机除了在相对于轴的离心方向上的流动作用下产生能量，并阻止向心方向上的流动，还将能量从转子传递到轴的传输装置和转换流动路径的导管。

双转子涡轮的正反转子结构能同时利用往复气流，其主要的改进方向是提高效率，减小斥气和漏气损失，预期发展方向为涡轮材料、形状和结构的进一步优化。

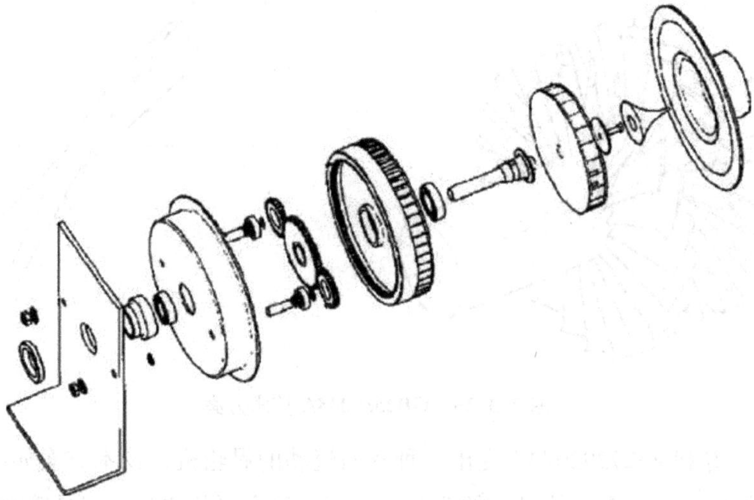

图 2.3.27　ES2827648A1 技术方案

5. 径流式涡轮

2009 年，专利 US2011252779A1 提出一种能量转换系统，技术方案如图 2.3.28 所示。该系统包括：波室和涡轮叶轮，涡轮叶轮连接到轴并与波室流体连通；与波室和涡轮流体耦合的第一径向流动通道；至少部分设置在第一径向流动通道中的第一叶片，每个第一叶片在第一和第二位置之间枢转，当第一叶片处于第一位置时允许动力流体沿第一径向方向流过第一径向流动通道，当第一叶片处于第二位置时防止动力流体沿第二径向方向流过第一径向流动通道。

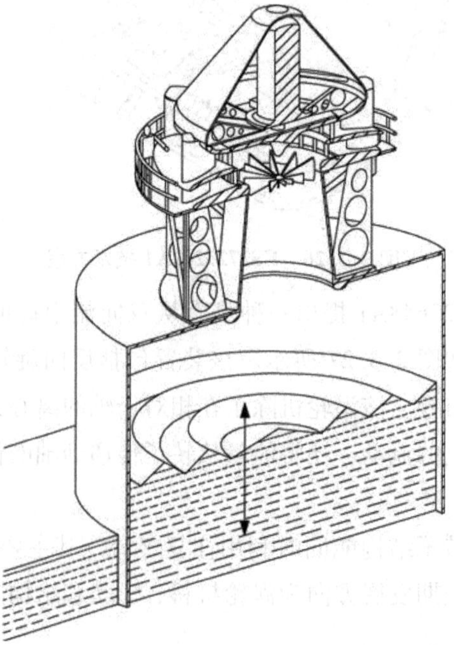

图 2.3.28　US2011252779A1 技术方案

2020 年，专利 CN111852733A 提出一种用于振荡水柱式波浪能发电装置的径流式空气透平，技术方案如图 2.3.29 所示。径流式空气透平包括相对而设的固定段和旋转段，旋转段与固定段之间不接触，但旋转段可绕固定段转动，固定段包括进气圆筒和导流叶片盘，进气圆筒的一端可以与振荡水柱式波浪能发电装置的气室出口固定连接，另一端则安装在导流叶片盘上，在导流叶片盘与进气圆筒的连接处开设与进气圆筒直径相同的圆孔，在导流叶片盘上临近圆孔的位置安装一圈内侧导流叶片组。径流式空气透平的内部结构简单，运行稳定可靠；通过径向装置动叶片组与内、外侧导流叶片组，可有效减小轴向推力，降低透平的故障率。

图 2.3.29　CN111852733A 技术方案

2.3.2　腔室结构专利分析

腔室结构是振荡水柱式波浪能发电装置的主要组成部分，是直接用于第一级吸收波能的结构。本节按专利申请的时间顺序重点对腔室结构领域的专利技术的发展脉络进行分析，对未来技术走向进行预测，为致力于该领域技术研发的国内企业、科研院所等提供相关信息，以期对未来的科研、生产提供一定的指导，同时给出重点专利以供国内创新主体参考。

2.3.2.1　腔室结构相关技术简介

腔室结构的研究早期集中在整流压缩的空气流，使其沿着单一方向推动单向涡轮旋转发电；通过控制吸、排气阀的开启和关闭来防止空气出入口在水柱下降时海水倒流。目前，为了提高海洋深处的波浪能的利用效率，漂浮式振荡水柱式波浪能发电装置成为研究的热点，其研发侧重于多个腔室阵列结构、腔室与漂浮式海洋工程结合的结构；同时，为了节省安装及维护成本，固定式振荡水柱式波浪能发电装置也在稳步发展。

2.3.2.2　专利技术发展路线

全球腔室结构专利技术发展路线（图 2.3.30）涉及靠岸安装形式、整流处理方式、多腔布置方式三个方向。腔室结构研究主要集中在腔室与漂浮式海洋工程结合的结构、效率和安全性等方面。

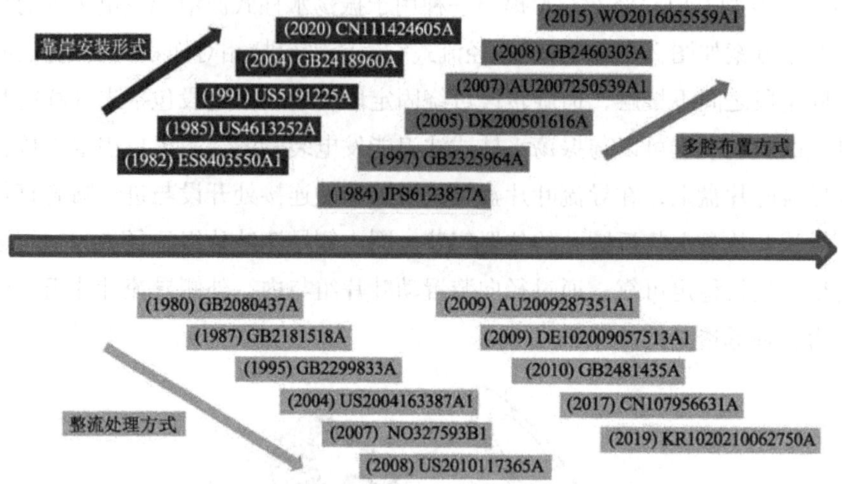

图 2.3.30　全球腔室结构专利技术发展路线

1921 年，专利 GB158901A 提出对振荡水柱整流后的空气质量进行处理，此后腔室的“整流处理方式”一直在不断地发展和改进。

1982 年，专利 ES8403550A1 提出与沉箱防波堤相结合的发电结构，此后“靠岸安装形式”因其便于安装维护的优点而一直受到研究者的青睐。

为了适应波浪的起伏运动，提高波浪能的利用率，1923 年，专利 GB232964A 提出改变腔室的结构以适应整体多腔布置。在此基础上，1984 年，专利 JPS6123877A 提出一种水调节导管结构及多腔结构。此后，腔室的“多腔布置方式”一直在发展并逐渐趋向大型化。

进入 21 世纪后，振荡水柱式波浪能发电装置主要漂浮在海面上，以对海港和海岸进行保护，刚性的腔室需要抵抗波浪产生的压力，对此需要更加稳定的海洋工程予以支撑，经压缩的气体在腔室阵列中的循环造成振荡水柱式波浪能发电装置的气动惯性，这不利于提高其效率。同时，这些腔室还会产生水头损失，也不利于提高装置的总体效率。此外，这种腔室结构相当多地暴露于海洋中，因此腔室必须具有非常大的尺寸，即增大腔室壁的厚度等，以抵抗海水的侵蚀，使其更耐用。同时，水表面处的涌浪或衍射运动使得水表面处的波浪周期性振动，所有腔室将同时处于超压和真空的环境中。假设振荡水柱式波浪能发电装置为浮动式，在涌浪突然出现时，波浪能发电装置升高而其腔室中的水平面不会改变，造成效率的降低。对于所有腔室而言，气体不在两个收集器之间流动，因此对漂浮式振荡水柱式波浪能发电装置的总效率提出了更高的要求。

通常，振荡水柱式波浪能发电装置要求其固有周期小于波浪周期，在波浪高度较高的水域中，振荡水柱式波浪能发电装置发电往往不稳定，效率不高。为了提高效率，传统的做法是增大腔室的尺寸。

2009 年，为了增大腔室的尺寸，专利 DE102009022126A1 提出腔室在竖直方向上分段连接的构思（技术方案见图 2. 3. 31），随后对阵列腔室的海洋工程进行了进一步改进。

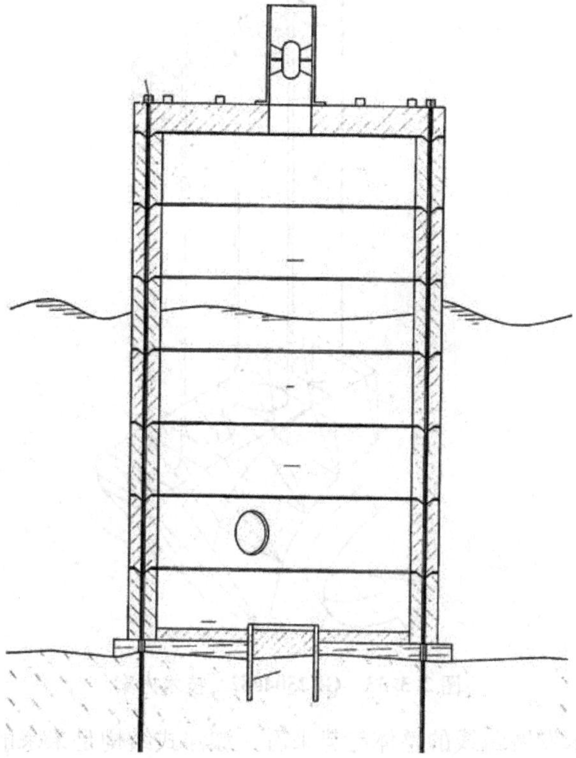

图 2. 3. 31　DE102009022126A1 技术方案

2010 年，专利 US2010237623A1 提出气动稳定发电装置，技术方案如图 2. 3. 32 所示。该装置包括多个下开口的浮力单元和设置在浮力单元之间的无水腔室，当能量储存系统不使用或不需要能量时，发电装置是漂浮式的。

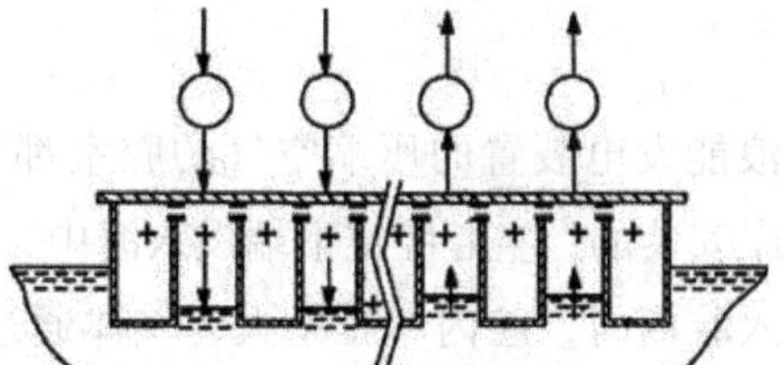

图 2. 3. 32　US2010237623A1 技术方案

2012 年，专利 GB2504682A 提出改进阵列式腔室的发电设备，技术方案如图 2. 3. 33 所示。该设备具有多个柱，其经由端口与海浪流体连通。端口沿着波的传播方向串联布置，并且具有逐渐增大的深度，这使得当在端口处接收到海浪时，海浪以向下定向的方式传播。柱被设置成细长轴线并沿第一方向对齐，并且端口具有相对于第一方向的端口角，该端口角随着端口深度的增大而增大，以降低腐蚀，具有适应异常回波的结构。

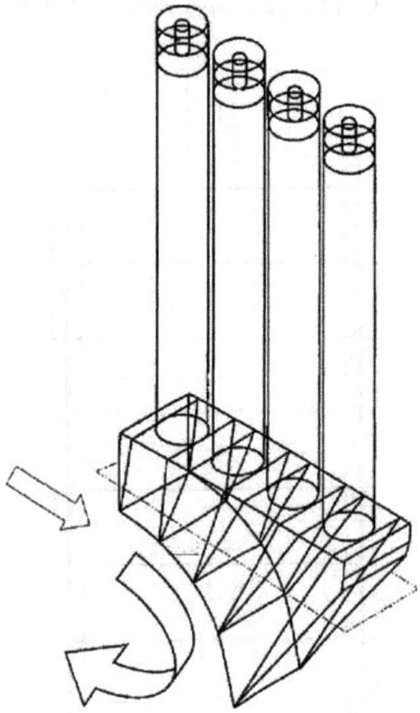

图 2.3.33　GB2504682A 技术方案

从腔室结构技术发展路线的整体趋势来看，漂浮式结构是未来的一个发展方向。漂浮式的振荡水柱式波浪能发电装置可收集的波浪能更多，未来对于振荡水柱式波浪能发电装置腔室的研究主要集中在腔室与漂浮式结构开发、阵列式腔室尺寸及结构优化方面，振荡水柱式波浪能发电装置将向大功率、大型化方向发展。

下面对腔室结构中的整流处理方式、靠岸安装形式、多腔布置方式三个方向进一步展开阐述。

1. 整流处理方式

早期的振荡水柱式波浪能发电装置的压缩空气的腔室都是具有独立功能的单腔模式，一般这种腔室都是靠岸安装的，空心腔室下端没入海中，上端开有气流通道，形成一个气室。当海浪波峰进入腔内时，腔内气压增大，气体通过上端气流通道向外排出；当海浪波谷进入腔内时，腔内气压减小，外面的空气通过气流通道进入腔内。然而，这种当水流进入或流出腔室时，对应地在腔室中的水位上升或下降，会导致空气被向外或向内推动。根据所用涡轮机的类型，若选择的涡轮机沿着同一个方向旋转，与空气流动的方向无关，则腔室的结构较为简单；或者，被向外或向内推动的空气只沿着一个方向旋转，在这种情况下，腔室结构上设置有阀和相应导管构成的系统，以便转换沿着两个方向通过腔室出口的气流，以沿着单一的一致的方向流过涡轮机。

1980 年，专利 GB2080437A 提出一种振荡液柱波浪能转换器，技术方案如图 2.3.34 所示。该装置利用 U 形管结构或者旋绕结构来减小外部尺寸，第一 U 形管具有第一管和第二管。第一管包含第一液体介质柱，并与一个水体相连，第一液柱的固有频率大于波浪波动的频率。与第一管相连接的第二管中含有第二液柱，其固有频率接近波浪波动的频率，第二液柱与第一液柱协同作用，还可以设置第二 U 形管，其内部水柱的波动频率与波浪的波动频率几乎相同。第二管与第一管协同作用，从而使波浪在装置内达到共振，能更好地利用波浪能，甚至在涌浪或者风暴潮等形成的大周期条件下也能适用。

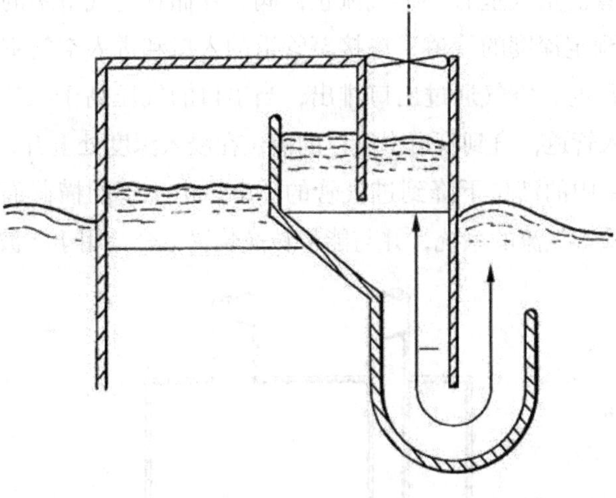

图 2.3.34　GB2080437A 技术方案

为了适应波浪的起伏运动，提高波浪能的利用率，1984 年，专利 JPS6123877A 提出一种空气循环式波浪发电机组，技术方案如图 2.3.35 所示。该装置具有安装在 3 个腔室内的 3 个正压止回阀和 3 个负压止回阀。3 个腔室连接在正压空气通道和负压空气通道之间。正压空气通道和负压空气通道通过涡轮机连接，涡轮连接可转动的电动发电机。由于一个腔室中的水位上升而产生的正压和另一个腔室中的水位下降而产生的负压使得内部空气循环，因此，该装置通过 3 个腔室中水位变化产生的相位差，可稳定且连续地形成气流，从而稳定输出电力并允许高效放电。

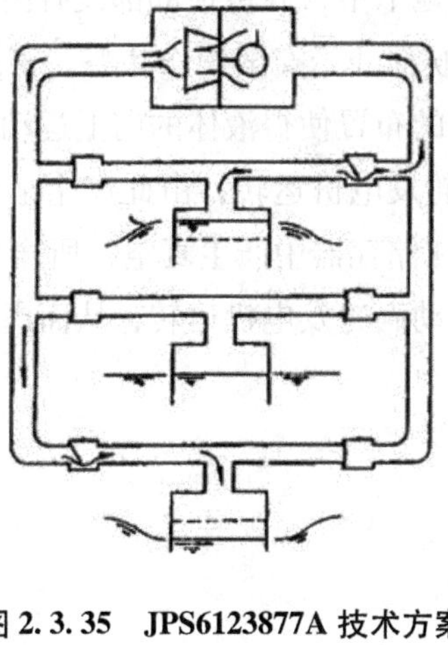

图 2.3.35　JPS6123877A 技术方案

专利 GB2181518A、GB2299833B、US2004163387A1 都是利用单向阀和相应导管构成的腔室来整流压缩空气的气流，使其成为单一方向的流动。

1987 年，专利 GB2181518A 提出一种气流止回阀及其复合系统，对传统的单向阀进行了改进，技术方案如图 2. 3. 36 所示。传统的单向阀为瓣阀或片阀，质轻易腐蚀，开启、关闭效率低。而该专利的单向阀有一个装有液体的腔室，腔室上部有出口，出口有置于液体内的进气管。空气室有一个气流止回阀、存储在空气室中的液体、延伸到空气室中并浸入液体中预定深度的管道、连接至管道的入口和进入空气室的出口。当入口的气压高于出口的气压时，空气通过出口排出；当出口的气压高于入口的气压时，空气迫使气室中的液体进入管道，直到管道中液体的液位在浸入深度处上升，检查从出口到入口的气流，直到空气室中的液位下降到进气管的下端，由于管的横截面面积比气室的小得多，因此被应用于检查气流的系统，并与能量转换装置结合，用于将波浪能转换为电能。

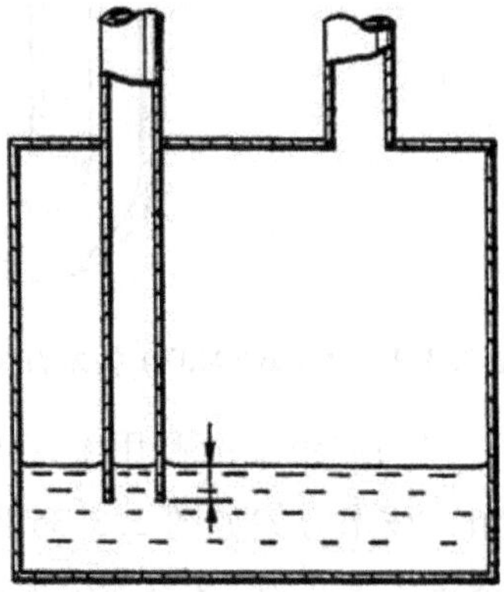

图 2. 3. 36 GB2181518A 技术方案

1995 年，专利 GB2299833B 提出利用真空接收器连接单向阀以适应波浪频率，技术方案如图 2. 3. 37 所示。该装置包括一个环形容器，容器内部通过气密横向隔板划分为一系列垂直腔室，该隔板沿环的内周长等距分布。每个腔室都含有液体和空气，内墙和隔板在环的底部以外定义一个地下室，腔室顶部都设有出口阀 V1 和进气阀 V2，储存器内的安全阀 V3 确保在任何时候都处于安全操作状态。密封空气室围绕腔室，腔室可被连接以形成封闭电路。该装置的布置使得液体的向上运动对上方的空气加压，以通过出口阀 V1 和空气接收器驱动涡轮发电机运转，由此产生电能。当液位下降时，打开进气阀 V2 以允许空气进入腔室，在储存器中产生真空，所产生的真空通过涡轮发电机以可控的速度被抽取，这也可以驱动涡轮发电机运转，从而产生电能。

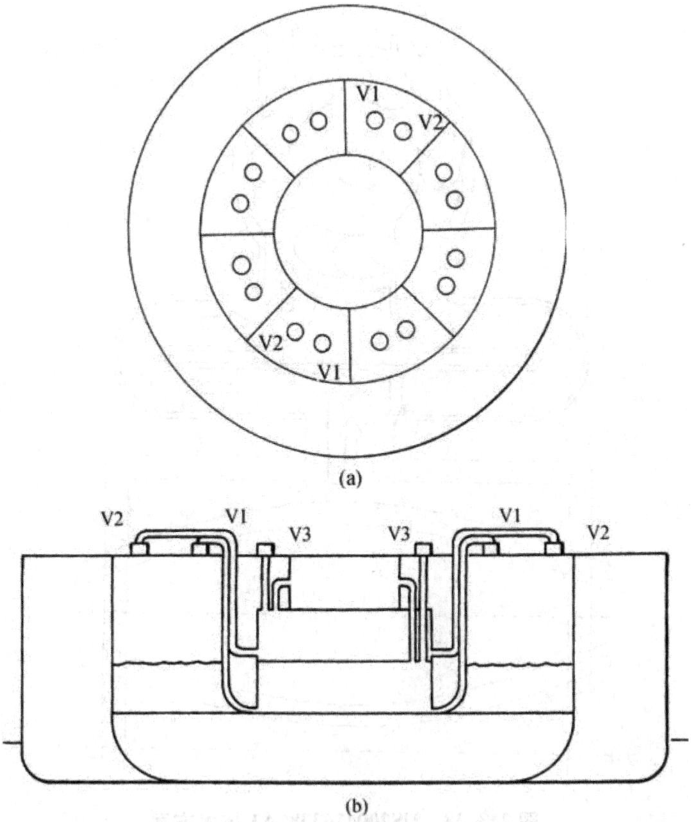

图 2. 3. 37　GB2299833B 技术方案

2004 年，专利 US2004163387A1 提出一种液压气动波浪发电机，能将波浪垂直表面的位移转化为可用电能或机械能，技术方案如图 2. 3. 38 所示。一个底部敞开的固定筒悬挂在海底的固定位置上，除了“T”形管开口进入气缸室之外，气缸顶部是紧密封闭的。“T”形管的一个臂上装有进气单向阀，另一个臂上装有出气阀。进气管与“T”形管的进气臂相连，进气管向空气开放，并穿过装有飞轮的空气涡轮机，空气涡轮机连接到“T”形管的进气臂。该涡轮机与“T”形管的出口臂连接，出口空气管连接到同一个涡轮机。在腔室内，水面上方的空气被上升的波浪推动通过出口阀进入出口管，出口管驱动与其相连的涡轮机叶片旋转。当波面下降时，在腔室中产生的负压关闭出口阀，打开进气阀，并通过涡轮机叶片和进气管从大气中吸入空气，最终填充腔室以备下一个波浪循环。

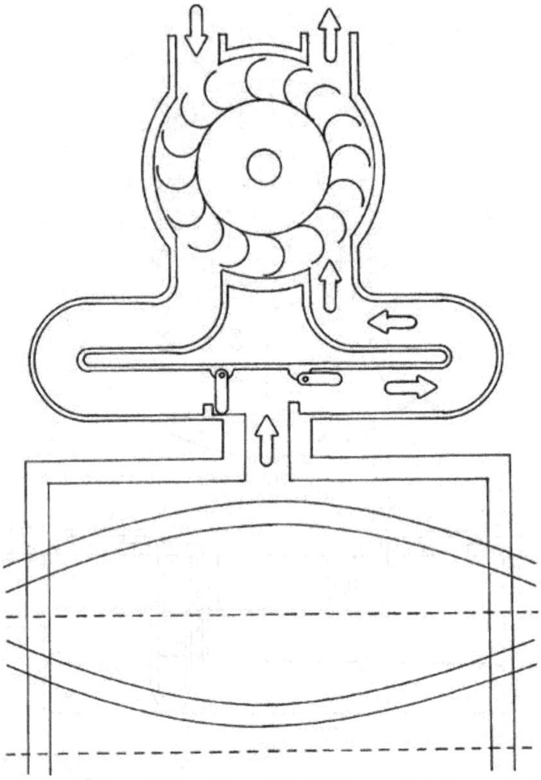

图 2.3.38　US2004163387A1 技术方案

2007 年，专利 NO327593B1 提出一种振荡水柱发电站，技术方案如图 2.3.39 所示。该发电站的空气柱与海洋环境的一般表面平面呈一定的倾斜角度，与垂直振荡气柱相比，以倾斜角度设置的空气柱显著提高了发电效率。

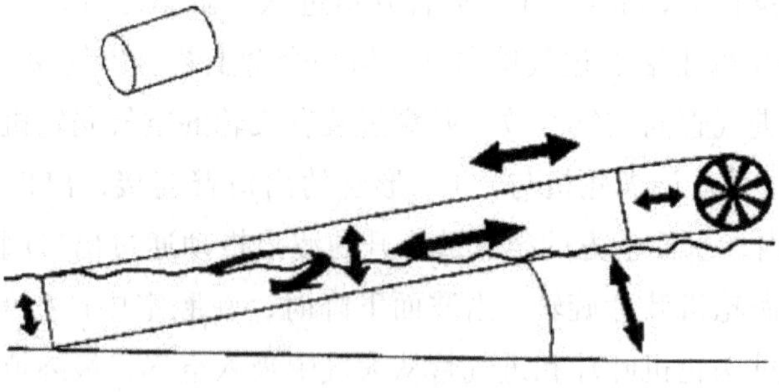

图 2.3.39　NO327593B1 技术方案

2008 年，专利 US2010117365A 提出一种由全向涡轮机（或双风力涡轮机）组成的波浪涡轮机，与两个水箱和两个水箱之间的连接管一起使用，技术方案如图 2.3.40 所示。该全向涡轮机位于垂直轴位置的连接管的中间。将两个水箱放置在距离每个水箱中心一半波长的位置，当其中一个水箱的水位升高时，另一个水箱的水位就会下降。

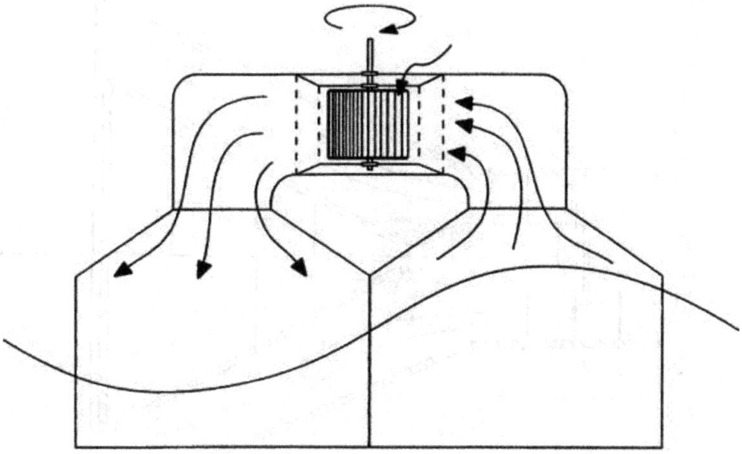

图 2. 3. 40　US2010117365A 技术方案

2009 年，专利 AU2009287351A1 提出一种改进的海浪能量提取系统，技术方案如图 2. 3. 41 所示。该系统包括至少一个用于接收振荡水柱的管道，该管道包括第一段、横向于第一段布置的第二段以及位于第一段和第二段之间的流量控制段。流量控制段用于抑制在管道中流动的振荡水柱的湍流，涡轮机与管道第二段的流体连通，涡轮机被管道内的振荡水柱的振荡所产生的流体流驱动，涡轮机使发电机运转，由此产生电能。

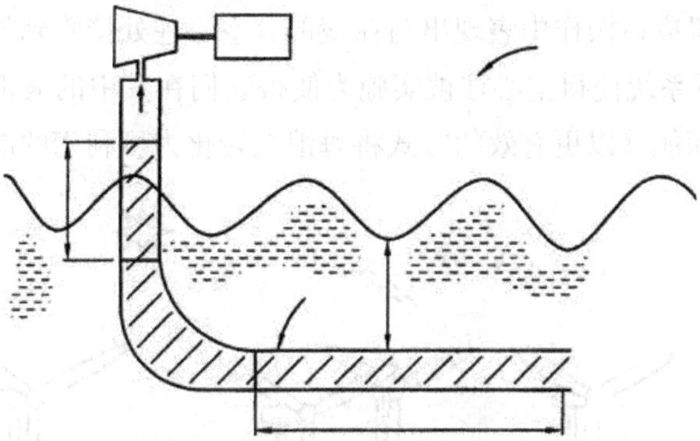

图 2. 3. 41　AU2009287351A1 技术方案

2009 年，专利 DE102009057513A1 提出一种竖井动力装置，技术方案如图 2. 3. 42 所示。该装置包括：流动通道，在波室和外部环境之间提供气动连接；布置在流动通道中的具有相似旋转方向的双向轴向通流空气涡轮机；扩散器，在轴向方向上设置有一个芯管，该芯管垂直于轴向的最大径向延伸，在第一轴向区段中连续减小，并且在第二轴向区段中持续增大。

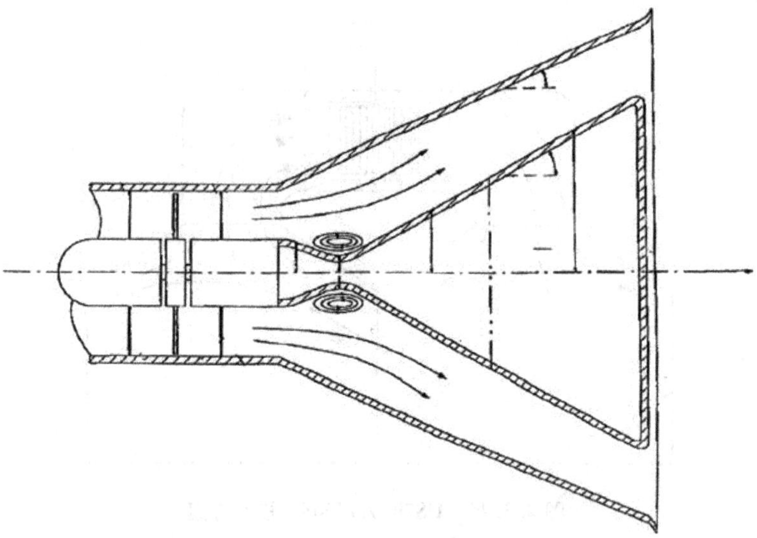

图 2.3.42　DE102009057513A1 技术方案

2010 年，专利 GB2481435A 提出一种利用海浪发电的振荡水柱式波浪能系统，技术方案如图 2.3.43 所示。该系统包括支撑空心柱阵列的平台，空心柱的下端与海浪连通，空心柱的上端与涡轮机进行空气连通，使得在下端发生的波浪运动可操作以引起空气流动在立柱内的运动，用于推动涡轮机产生动力输出，空心柱以非垂直方向布置，并且至少一部分空心柱布置成在操作中表现出与在该部分空心柱处接收到的海浪频率基本匹配的波动固有频率。本系统使得空心柱被实施为使得它们在其中的波浪运动的固有频率是可主动调谐的，从而能够以更有效的方式将海浪能转化为可利用的能量。

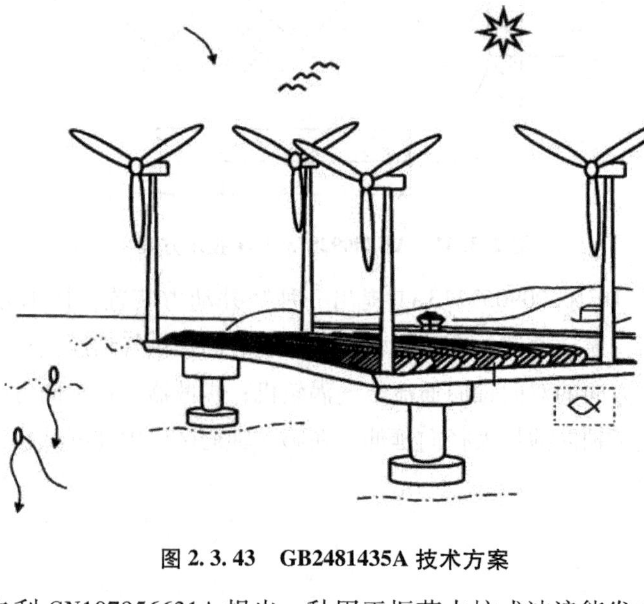

图 2.3.43　GB2481435A 技术方案

2017 年，专利 CN107956631A 提出一种用于振荡水柱式波浪能发电装置的单向流动气流通道系统，技术方案如图 2.3.44 所示。该系统包括 4 个液封室、单向通气管道、管网。每个液封室均设置有两个通气管道，分别为上管道和下管道，上管道为液封室液面上气体舱室的出口管道，下管道是指一端管口插入液封室液面下的管道。该系统可以采用多级冲击式或反力式高效涡轮进行能量的提取与转换实现发电，通过单向通气管道系统将气流整流为单向，避免了使用威尔斯涡轮和对称布局的带有双向导流叶片冲击式涡轮所带来的对气体动能提取效率低的问题，提高了发电能效。

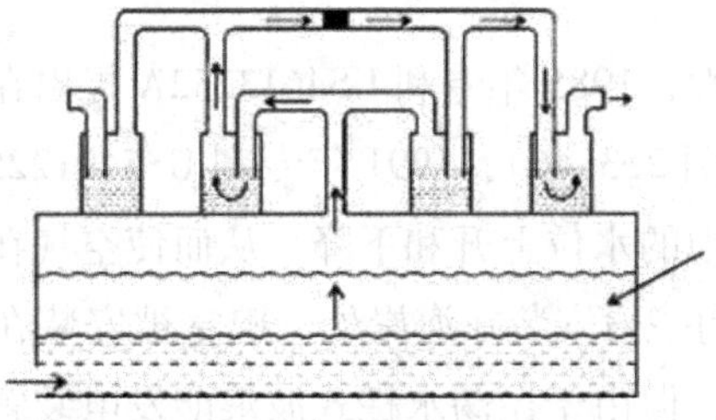

图 2. 3. 44　CN107956631A 技术方案

2019 年，专利 KR1020210062750A 提出一种振动数模波浪能发电系统，技术方案如图 2. 3. 45 所示。该系统包括：振动输注室，其是由海上产生的波浪而形成的海水流入和流出的空间；流体移动道，设在振动输注室中，可使流入振动输注室内侧的流动的流体与外侧联通；发电涡轮机，设在流体移动炉内部，以便通过流动到流体移动炉中的流体旋转产生电力；流量控制风管，由布置在发电涡轮机一侧的第一风管和布置在振动输注室一侧的第二风管组成；控制阀，位于流体流动通道内，可控制移动到发电涡轮机的流体流量；多个叶片，以内部支撑体为中心，呈放射状分别布置在油路上，并在外部支撑体和内部支撑体之间旋转支撑，在设定的角度内旋转工作，用于选择性地开关油路。

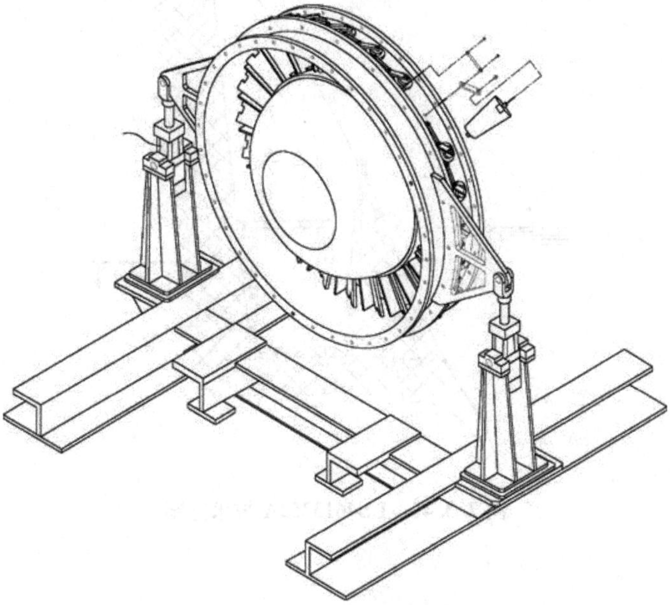

图 2. 3. 45　KR1020210062750A 技术方案

由此可见，未来对腔室的“整流处理方式”的研究将主要集中在各种整流结构的开发和变形方面。

2. 靠岸安装形式

由于在海岸线旁安装和维护振荡水柱式波浪能发电装置的腔室较为便利，且近海设置防波堤的区域波浪一般都较大，振荡水柱式波浪能发电装置与沉箱防波堤相结合的形式受到研究人员的青睐。

为了增强装置的安全性，1985 年专利 US4613252A 提出在障壁坝后面安装腔室，并向大海开放（技术方案见图 2.3.46）；1991 年专利 US5191225A 提出在海岸沟渠上安装腔室，使得波浪引起腔室中的水位上升和下降，从而使空气在管道中来回流动（技术方案见图 2.3.47）。此类结构一般安装在海岸处，腔室被安装在海边的峡谷结构中，陆地维修成本、安装成本较低，但由于振荡水柱式波浪能发电装置的加入，防波堤结构的稳定性受到了一定的影响。

2004 年，专利 GB2418960A 提出一种用于吸收波能的装置，技术方案如图 2.3.48 所示。该装置包括至少一个空心块和至少一个管状构件。空心块具有波接收表面和相对的平行表面，支承在斜坡上。管状构件设置于空心块中，水进入管状构件的运动迫使水上方的空气进入腔室，利用空气驱动空气涡轮实现发电。本专利提出将沉箱防波堤上的多个腔室设置为柔性，并对其尺寸进行优化，以提高其稳定性和适应性，从而对防波提起到一定程度的保护。

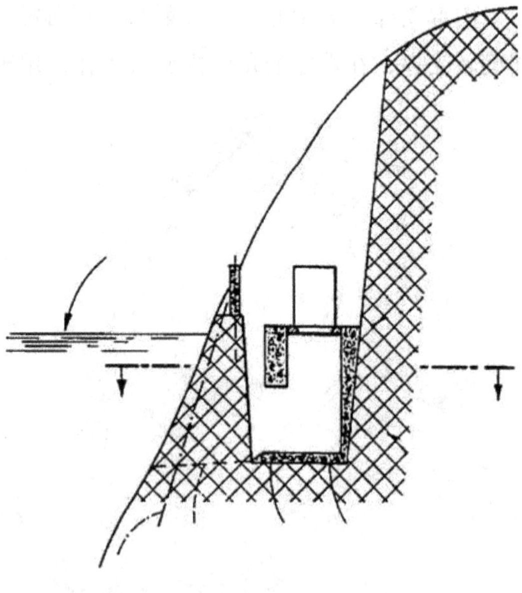

图 2.3.46　US4613252A 技术方案

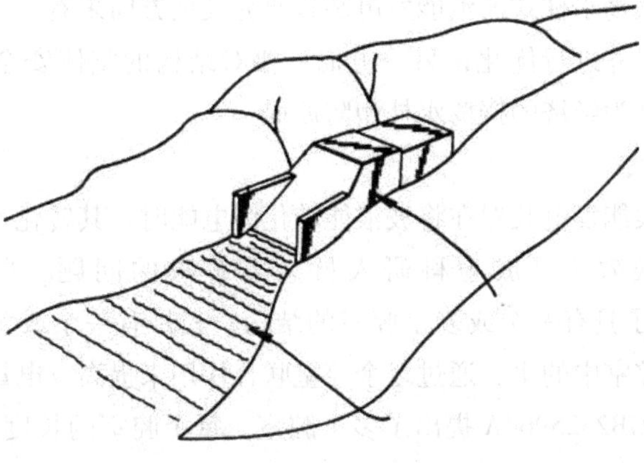

图 2.3.47　US5191225A 技术方案

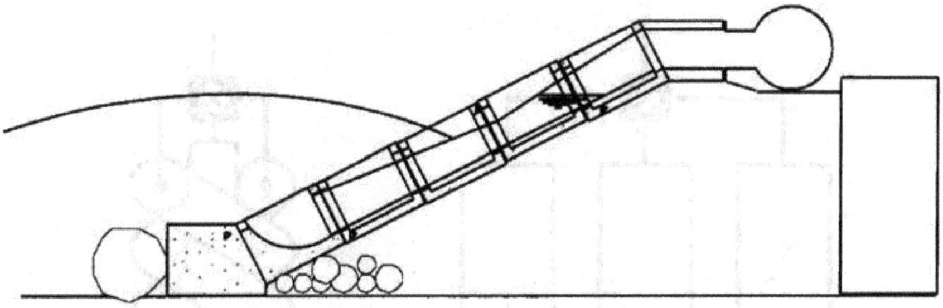

图 2.3.48　GB2418960A 技术方案

2020 年，专利 CN111424605A 提出一种利用波浪双向发电的防波堤，包括固定堤和活动堤，技术方案如图 2.3.49 所示。固定堤包括固定在海岸基床上的固定堤体，活动堤固定在固定堤体的表面；活动堤的迎水侧有气室结构，气室结构包括与活动堤固接的混凝土上盖板和混凝土下盖板，混凝土上盖板设有分浪阶梯，混凝土下盖板设有泄水通道；在两盖板的后面设有输气管，输气管内设有冲压式空气涡轮发电机组；输气管底部设有与冲压式空气涡轮发电机组连接的储电箱。本发明兼发电和防浪于一体，既解决了波浪过高或波浪冲击力大的问题，又有效地把闲置的波浪能进行转化利用。该防波堤结构稳定、成本较低，具有较高的研究价值和应用前景。

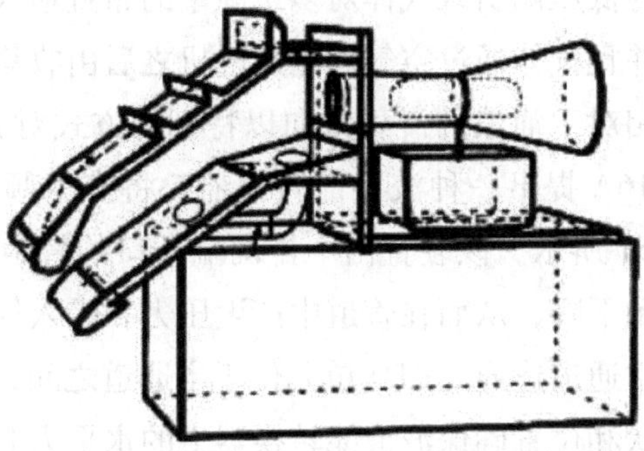

图 2.3.49　CN111424605A 技术方案

从靠岸安装的振荡水柱式波浪能发电装置研究发展方向来看，一方面，要提高发电效率，对装置结构尺寸进行优化；另一方面，要对结构的整体安全性、适应性进行分析，研究相应海域最为经济的振荡水柱型防波堤。

3. 多腔布置方式

振荡水柱式波浪能发电装置在将波浪能转化为电能时，其转化效率较低。因此，如何提高装置的转换效率，成为科研人员急需解决的问题。早在 1984 年，专利 JP6123877A 就提到了具有一个或多个腔室的结构，其具有一个或多个水调节导管，用于调节进入各对应腔室中的水，通过多个腔室联合作用来提高发电量。

1997 年，专利 GB2325964A 提出了多个腔室，每个腔室的长度不同，尺寸可调整，其形状为直线或螺旋状，在一定程度上解决了波浪具有随机的高度、周期和方向的问题，多个腔室使得发电效率提高，发电功率变大。技术方案如图 2. 3. 50 所示。

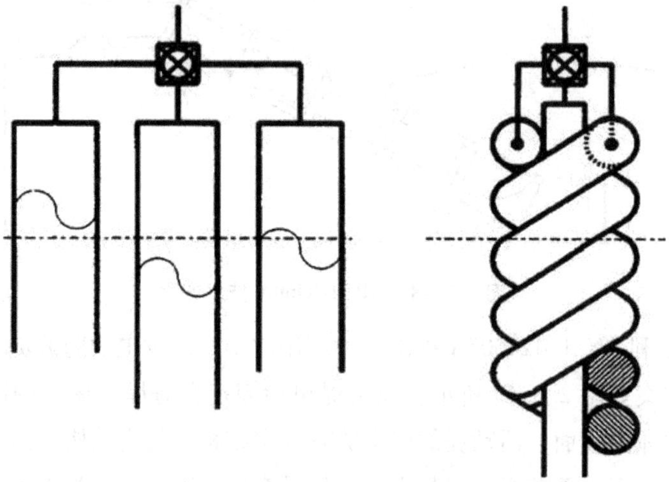

图 2. 3. 50　GB2325964A 技术方案

随后，振荡水柱式波浪能发电装置为了适应并网发电需求，通常设置一系列关联的腔室，腔室布置成行并且每个柱连接至空气涡轮发电机，每个腔室在其上方部分中设有第一止回阀和第二止回阀，第一止回阀允许压缩气体流向空气涡轮发电机，第二止回阀允许从空气涡轮发电机的低压侧引入气体对多个腔室的布置形式进行改进，来自柱的气体流动被收集器捕获，并且气体通过空气涡轮发电机之后由收集器收集在腔室之间；这些装置的操作需要腔室相对于涌浪的漫延方向以特别的方式对齐，因此为了便于对齐，2005 年专利 DK200501616A 提出一种波浪能转换器，将多个倾斜的腔室布置成浮桥形式，技术方案如图 2. 3. 51 所示。该装置由一排两端开口的管道组成，这些管道直通大海，水位随着波浪上升和下降，从而在管道中产生压力和吸入气流。管道通过压力和吸入阀与整体压力和吸入主通道连通。PTO 单元位于主通道之间，同时利用空气压力和吸力产生能量。管道的形状和位置确保波浪能转换器上的水平力非常小。波浪能转换器呈 V 形或由一条长臂组成，可延伸至多个波长，以增加海中的稳定性，可配备浮筒以避免倾斜，并且可被锚固；在主通道上放置一个额外的阀可以控制其深度。

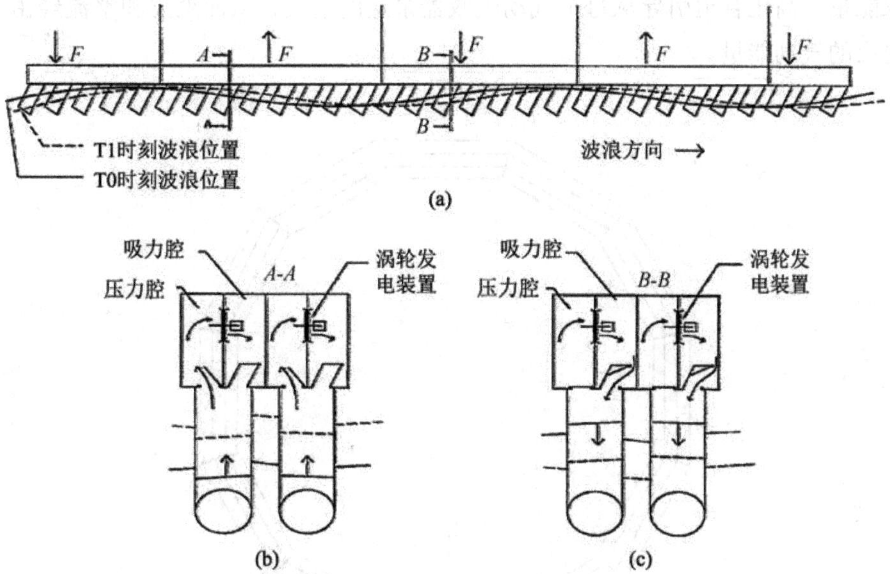

图 2. 3. 51　DK200501616A 技术方案

2007 年，专利 AU2007250539A1 提出一种利用波浪能发电的发电机，技术方案如图 2. 3. 52 所示。发电机包括一个主体、第一组止回阀和第二组止回阀。主体限定了多个用于接受波浪的腔室，来自各个腔室的空气可以通过第一组止回阀。第一腔室接收来自第一组止回阀的空气，而涡轮机接收来自第一腔室的空气以发电。第二腔室接收来自涡轮机的空气，空气可通过第二组止回阀从第二容器进入相应的腔室，从而完成流体回路。

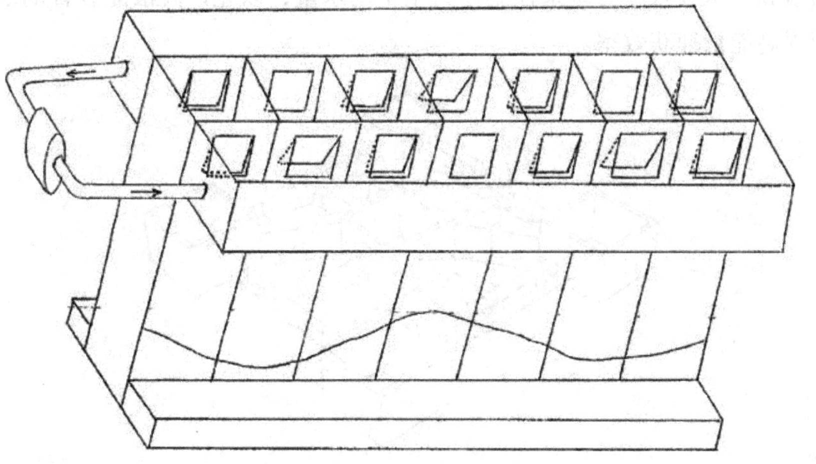

图 2. 3. 52　AU2007250539A1 技术方案

2008 年，专利 GB2460303A 提出一种能全方位接受波浪能的装置，即将腔室环形设置，技术方案如图 2. 3. 53 所示。该装置包括多个腔室和至少一个高压通道。每个腔室容纳至少一个气动吸收器，并且每个气动吸收器包括振荡器，该振荡器在与入射波接触时可周期性地移位，以泵送包含在气动吸收器内的空气，并由此以气动能量的形式从波中提取能量。高压管道引导从每个气动吸收器泵送的空气，从而聚集和整流经由气动吸收器提取的气动能量。

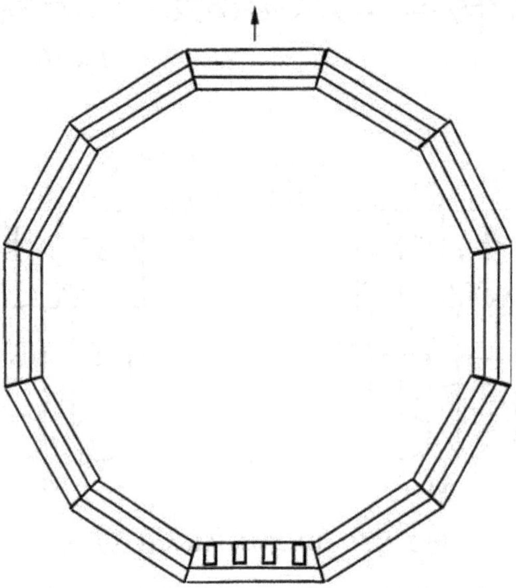

图 2.3.53　GB2460303A 技术方案

2015 年，专利 WO2016055559A1 提出一种波浪能装置，技术方案如图 2.3.54 所示。该装置包括多个活动室，至少一个活动室与多个节点中的每一个相关联，各节点至少包括一个外壳，用于容纳水柱的外壳中至少包括一个内部空间。波浪能装置通过从浮力室抽出水和将水吸入浮力室来控制浮力室中的水量，以允许波浪能装置的质量适应海况，从而提高能量捕获效率。

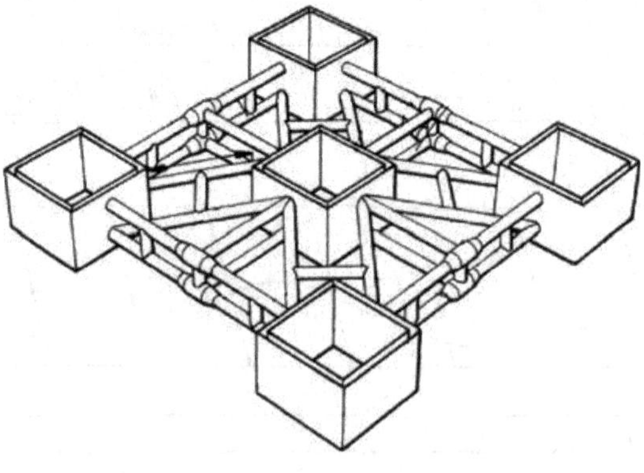

图 2.3.54　WO2016055559A1 技术方案

由此可见，为了提高振荡水柱式波浪能发电装置的总效率，多腔布置已成为主流，振荡水柱式波浪能发电装置将逐步走向大型化，实现从千瓦级向兆瓦级的跨越。

2.3.3　结合压电发电的专利分析

压电材料是一种节能型环保材料，绿色安全，不会产生有毒有害的残留物质，符合可持续发展的要求；利用压电材料制作的压电发电装置结构简单，易于实现，成本低。因而，将压电材料与振荡水柱相结合的发电装置不需要复杂的涡轮结构，具体结构形式为压电膜、压电片或压电悬臂梁。

2017年，专利CN207278411U提出一种利用波浪能的复合发电装置，技术方案如图2.3.55所示。该装置包括介电弹性体薄膜、磁力支撑杆、套筒、线圈、固定板及浮动板。装置放置在海水中，随着波浪不断涌动，气室内产生上下振荡的水柱，振荡水柱液面上放置有浮动板，介电弹性体薄膜通过磁力支撑杆与浮动板相连，水柱上下振荡带动磁力支撑杆上下运动切割磁感线发电，介电弹性体薄膜受磁力支撑杆作用力及压强差作用形变发电。该复合发电装置能够将波浪能转换为电能，为海岛及海洋平台持续供电。

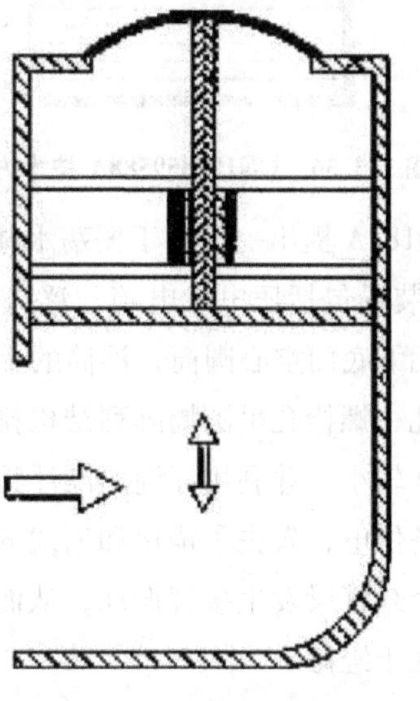

图2.3.55　CN207278411U技术方案

2017年，专利CN107859588A提出一种基于卡门涡街效应的振荡水柱自激式波浪能复合发电装置，技术方案如图2.3.56所示。该装置包括自上而下依次相连的上收缩气道、上腔体、下收缩气道和下腔体，上收缩气道的上部开设有气体出入口，下腔体的下部开设有海水出入口，上腔体内设置有套筒，套筒将上腔体分隔为左腔室、中腔室和右腔室，套筒内设置有上绕流圆柱和下绕流圆柱，上、下绕流圆柱之间设置有多组依次排布的介电弹性体薄膜，各组介电弹性体薄膜的中间位置的两侧分别设置有一号永磁体，左、右腔室内分别设置有与一号永磁体一一对应的二号永磁铁及用于安装二号永磁体的压电悬臂梁。该复合发电装置能够长时间在潮湿的环境中工作，以持续提供电能。

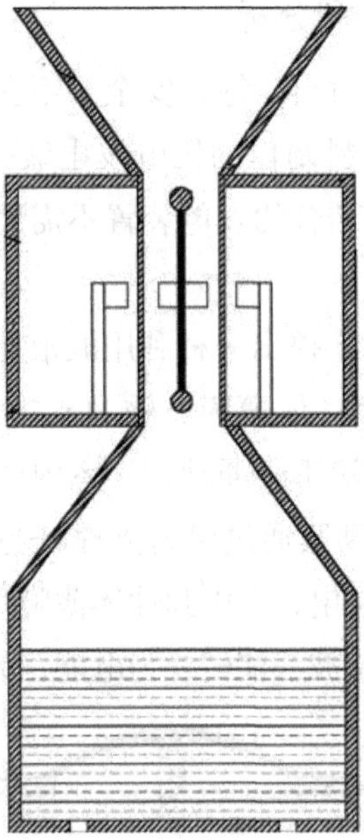

图 2.3.56　CN107859588A 技术方案

2018 年，专利 CN109120182A 提出一种基于振荡水柱式压电悬臂梁的发电装置，技术方案如图 2.3.57 所示。该装置包括压电发电箱、浮筒和波浪能收集装置。浮筒是高为 0.8 米、半径为 0.5 米的无下底面空心圆筒；浮筒的上底面开圆孔用于放置波浪能收集装置，圆孔周围钻有螺栓孔，螺栓孔呈圆周阵列结构排列，螺栓孔用于固定压电发电箱。该装置由于整体结构尺寸较小，并利用浮筒的漂浮特性，无须限制其工作位置，可为海洋上任一位置的小型设备供电，省去了锚块和泊线的组合。悬臂梁呈圆周阵列式结构排列，此排列结构可使多个悬臂梁发生接替振动，从而提高发电效率。该装置结构简单，成本较低，易于制造，便于维修。

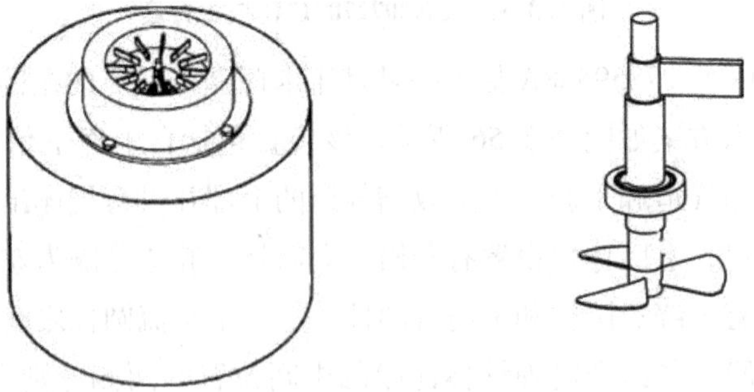

图 2.3.57　CN109120182A 技术方案

2021 年，专利 CN113107746A 提出一种基于介电弹性体材料的振荡水柱式波浪能供电装置，技术方案如图 2.3.58 所示。该装置包括中空柱体、介电弹性体薄膜。介电弹性体薄膜将中空柱体封闭形成气室，装置部分浸没于海水中，形成存在于气室内的随海水波浪上下运动的振荡水柱。随着波浪不断运动，波浪经过浮标进入气室时，海水波浪的上下振荡使得气室顶部的空气不断地膨胀或收缩，从而导致介电弹性体薄膜不断变形。介电弹性体薄膜材料包括 $SrCO_3$、$CaCO_3$、纳米 TiO_2、Nb_2O_5、Na_2O、SiO_2、Al_2O_3、甲基三硅烷、壳聚糖改性聚氨酯，从而将介电弹性体薄膜上的空气室压力转换为可用的直流电进行供电。

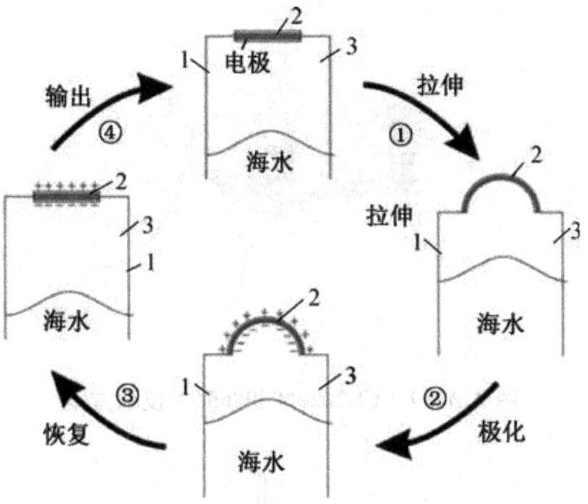

图 2.3.58　CN113107746A 技术方案

2.3.4　融合多种发电形式的专利分析

为了提高发电效率，可以将振荡水柱发电与风力发电、潮流能发电、振荡浮子发电、浮力摆机构发电以及压电发电中的两种或多种形式进行结合。

2017 年，专利 US20200040865A1 提出一种基于无支撑半潜浮式风力涡轮机概念和振荡水柱波浪能发电机的新型浮式风浪综合发电系统，该系统包括海上风能系统和振荡水柱波浪能系统，技术方案如图 2.3.59 所示。该系统将水柱的升降运动转化为空气的进出运动，再由空气涡轮发电机将空气的进出运动转化为电能。该系统充分利用了半浮式平台上的浮筒和系泊缆。由于波浪能系统会随着波浪的运动而运动，因而降低了发电效率。浮筒有助于缓解这种移动，系泊系统可进一步防止波浪能装置的移动。新型浮式风浪综合系统采用无支架结构，简化了施工工艺。

2019 年，专利 CN109653935A 提出一种基于浮式平台的多能源发电系统，该系统包括海上风力发电系统和振荡水柱式波浪能发电装置，技术方案如图 2.3.60 所示。在海洋中利用平台支撑结构建立集风能、振荡水柱式波浪能于一体的多能源发电系统，可充分利用海上可再生资源，达到提高平台利用率并降低总成本的目的，从而提高经济效益。该新型浮式多能源发电系统提高了海域的有效利用率，降低了建设成本和维修费用，促进了波浪能装置的商业化应用。

图 2.3.59　US20200040865A1 技术方案

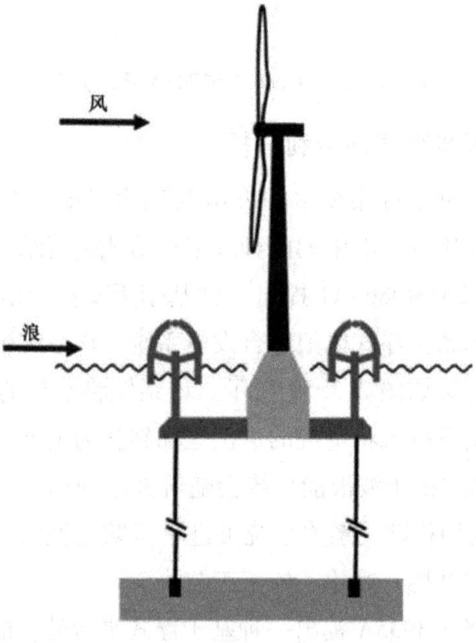

图 2.3.60　CN109653935A 技术方案

2019 年，专利 DE102019003255A1 提出一种集波浪能发电与风力发电为一体的新型综合发电站，技术方案如图 2.3.61 所示。波浪能发电站和风力发电站的气流在浮动平台上汇合在一起，平台由多个浮动模块组成，具有气动室和压缩气体容器的波浪发电站构成水力模块的下部结构，风力模块上设有由风斗组成的风力发电装置，每个风斗可接收环境中的风和来自气动室的风，风斗下游与文丘里管连接。涡轮机和发电机位于同一旋转轴上。

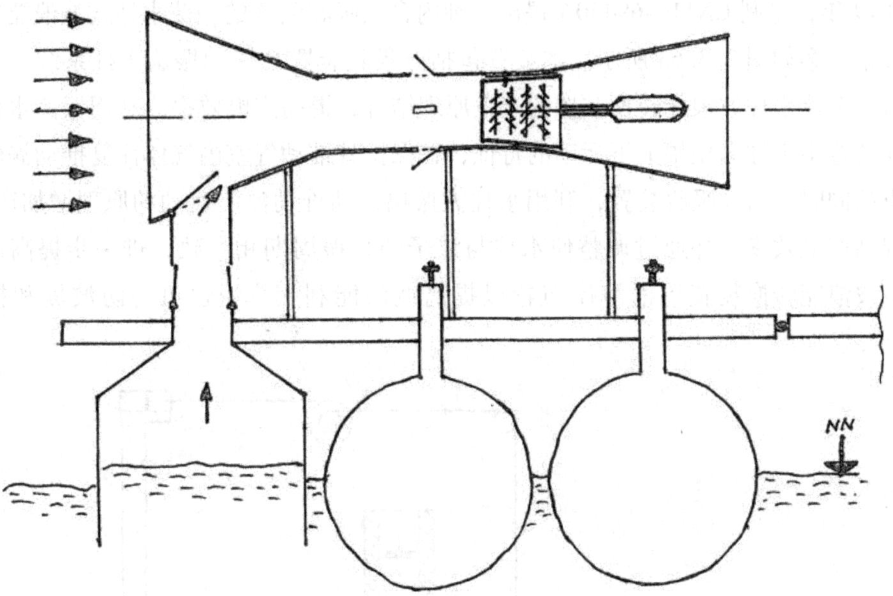

图 2.3.61　DE102019003255A1 技术方案

2019 年，专利 CN110469448A 提出一种浮力摆机构及振荡水柱式波浪能发电装置，技术方案如图 2.3.62 所示。该装置在海浪向靠岸板上浪或回浪时，推动浮力摆来回摆动，双作用液压缸中的活塞作往复运动，连续向液压马达发电机组提供液压油；同时，振荡水柱的上下振荡，推动气室中的空气进入气道中驱动涡轮发电机组。当低频波浪作用时，主要通过振荡水柱推动空气往复通过气道，推动涡轮发电装置产电；当波浪频率较高时，主要通过浮力摆推动液压缸提供液压油产电。该装置可以与护岸及防波堤联合使用，也可以沿海岸线布置使用，从而提高波浪能的利用率，并兼具海岸防护等功能。基于上述理由，本装置可在海岸工程、海洋工程、清洁能源技术领域推广。

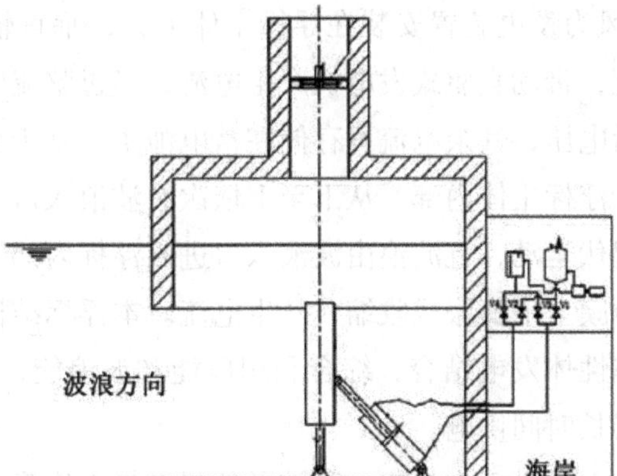

图 2.3.62　CN110469448A 技术方案

2019 年，专利 CN110469450A 提出一种内含点吸收装置的振荡水柱式波浪能转换装置，技术方案如图 2. 3. 63 所示。本装置包括点吸收装置系统和振荡水柱系统，将点吸收装置与振荡水柱波浪能转换装置的产电原理结合，提高产电效率。利用振荡水柱波浪能转换装置中水柱大振幅上下运动的特征，在保持其推动气室内气体往复推动涡轮发电机产电的同时，增加吸收装置，利用水柱大振幅运动推动浮子运动的原理增加产电量，从而提高产电效率，并通过调整使水柱与浮子的自振周期相一致，进一步提高产电效率。该波浪能转换装置可沿海岸布置以提高波浪能利用率，也可与防波堤和护岸相结合。

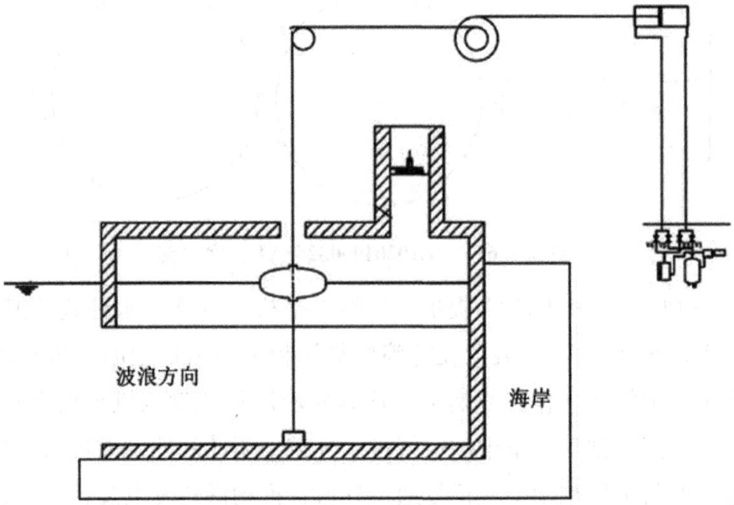

图 2. 3. 63　CN110469450A 技术方案

2019 年，专利 CN211442677U 提出一种利用风能和波浪能联合发电的浮标，该浮标包括风力发电装置、基于介电弹性体的振荡水柱式波浪能发电装置和系泊装置，技术方案如图 2. 3. 64 所示。风力发电装置安装在浮标主体上方，垂直轴风力发电机的叶片吸收来自各个方向的风能，带动直驱式发电机产生电流，经过整流电路处理后可作为介电弹性体薄膜发电的激活电压，其余电流可存储在蓄电池中。基于介电弹性体的振荡水柱式波浪能发电装置位于浮标主体内部，从下至上依次有波浪入口、气室、介电弹性体薄膜，浮标随波浪上下起伏运动，且波浪由波浪入口进入浮标内部气室，产生位移差，使气室顶部介电弹性体薄膜上下膨胀或收缩，产生电流。本浮标结构简单、适用各种水深条件；将风能与介电弹性体发电结合，综合利用风能和波浪能，提高了整体发电功率，适合为浮标上的传感器长时间供电。

2019 年，专利 CN110985279A 提出一种涉及能量转换效率高、启动性能好，对浪向不敏感的月池型多模块波浪能发电系统，该系统主要包括载体、外部波浪能发电模块、月池波浪能发电模块、电力控制系统、锚泊系统，技术方案如图 2. 3. 65 所示。该系统将振荡水柱式波浪能装置和振荡浮子式波浪能装置相结合，充分利用平台的空间，降低了波浪能发电装置的建造成本。采用半潜式平台作为载体，通过系泊定位，使得该系统的布放更加便捷。平台采用月池结构，可增加平台的垂荡阻尼，减小平台的运动响应，提高平台的稳定性。

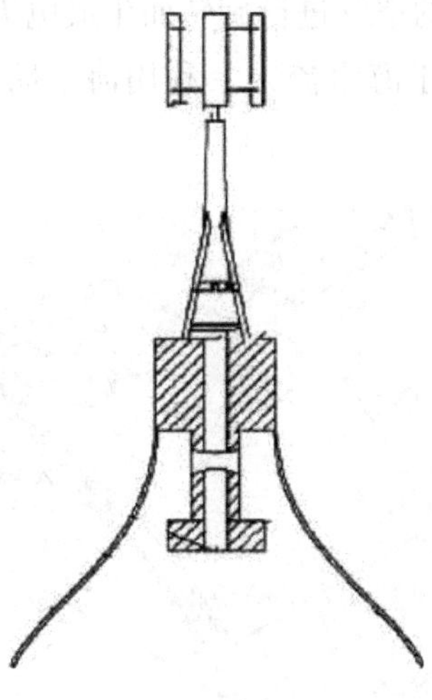

图 2.3.64　CN211442677U 技术方案

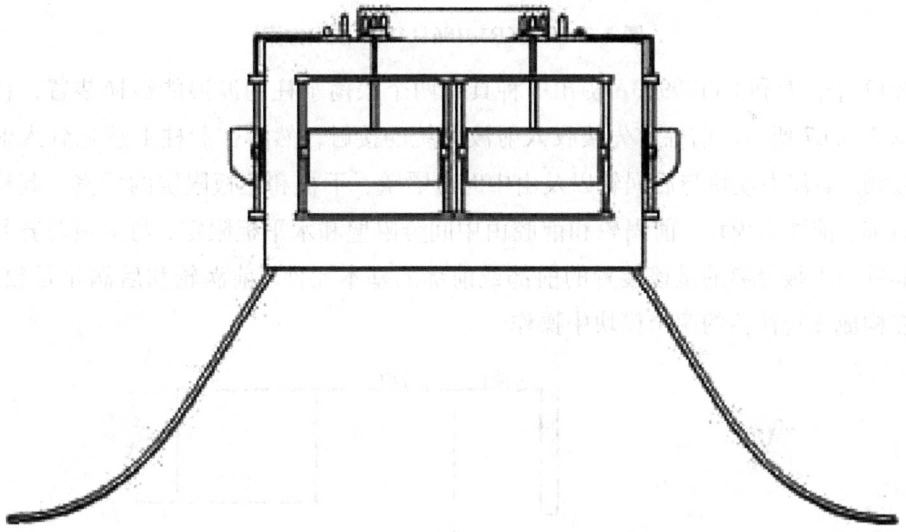

图 2.3.65　CN110985279A 技术方案

2.3.5　近五年重点专利介绍

为了更好地把握振荡水柱式波浪能发电装置的最新技术发展趋势，本节按专利申请时间顺序梳理了 2017—2021 年水柱波浪能发电领域的重点专利。

2017 年，专利 KR101861141B1 提出一种利用防波堤的振荡水柱式波浪能发电装置，技术方案如图 2.3.66 所示。该装置包括：振荡水柱腔，设于防波堤一侧的上部，沿着防波堤倾斜面延伸，形成空间以便让海水流入内侧；海水流入部，设于振荡水柱腔的一侧，沿着防波堤倾斜面延伸到防波堤的下部，使得海水通过波浪流入内侧；空气流动部，振荡水柱腔的另一侧沿着防波堤倾斜面延伸到防波堤的上部，设于防波堤上部的一侧，使得因流入振荡水柱腔内侧的海水而流动的空气和外侧连通；发电用涡轮机，设于空气流动部的内侧，凭借流动的空气进行旋转而生成电力。该装置适用于安装在防波堤上，一侧位于海面的下部以便于海水流入，利用海上防波堤附近发生的波浪能生成电力，从而起到环保的作用。

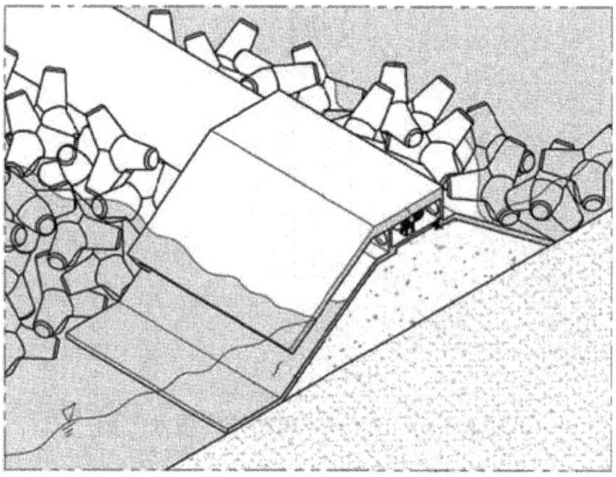

图 2. 3. 66 KR101861141B1 技术方案

2017 年，专利 PT109903A 提出一种具有两个振荡水柱的波浪能转换装置，技术方案如图 2. 3. 67 所示。前柱首先接收入射波系统的接触，然后在后柱上感觉到入射波系统的接触。后浮力模块与后涡轮以及由中间分隔壁、下板和上板限定的后室一起构成系统的后部。前浮力模块、前涡轮和前腔由中间分隔壁和水平板限定，与上板对齐并由中间分隔壁与上板分离的是该装置的前部或前部的基本元件。前涡轮和后涡轮是独立的，分别在构成该转换器的两个模块中操作。

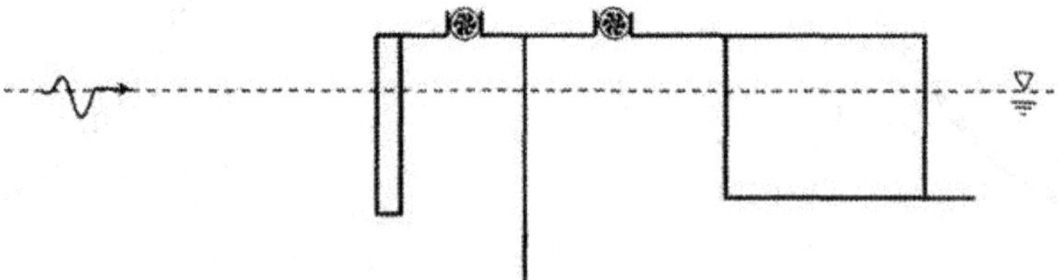

图 2. 3. 67 PT109903A 技术方案

2017 年，专利 NO20170977A1 提出一种具有稳定装置的发电装置，技术方案如图 2. 3. 68 所示。稳定装置包括第一箱和第二箱，第一箱和第二箱都被构造成保持水柱，该装置还包括将第一箱连接到第二箱的通道，以及布置在通道中的涡轮单元。

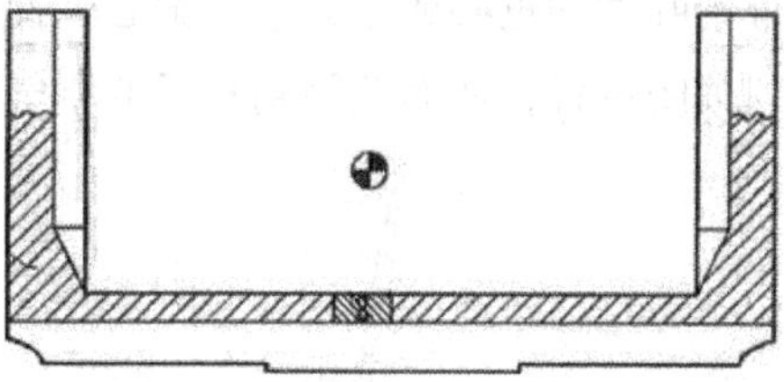

图 2. 3. 68　NO20170977A1 技术方案

2017 年，专利 CN207405599U 提出一种具有波浪能发电功能的直立式沉箱防波堤装置，技术方案如图 2. 3. 69 所示。该装置包括振荡水柱式发电装置、机房和直立式沉箱结构。振荡水柱式发电装置包括直立式上挡浪板、斜坡式下挡浪板、多弧段过渡面和捕能气室。机房包括空气透平装置和发电机组。与现有技术相比，该装置将振荡水柱式发电装置与直立式沉箱结构融合设计，能够有效阻止波浪对岸基的破坏，同时实现波浪能利用，并且发电效率较高；本装置整体结构稳定性好，工程造价低，施工方便，适合于大水深；系统生存能力较强，为解决海岛供电问题开辟了新途径。

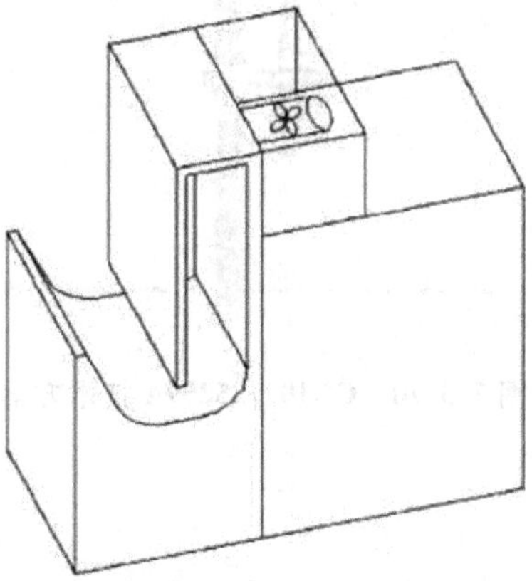

图 2. 3. 69　CN207405599U 技术方案

2017 年，专利 CN107725259A 提出一种基于单桩式风能—波浪能—潮流能集成的发电系统，三者共享支撑结构和电力传输系统，技术方案如图 2. 3. 70 所示。该系统可充分利用海上可再生资源，从而达到提高单桩基础利用率并降低集成系统发电总成本的目的，提高海上风电场的整体经济性，降低风能、波浪能和潮流能发电的成本。该系统提高了海域的有效利用率，降低了建设成本和维修费用，充分利用现有的成熟风机技术，促进了波浪能装置和潮流能装置的商业化应用，是一种可靠的海上可再生能源发电平台。

2017 年，专利 ES2798948T3 提出一种从振荡水柱装置中提取能量的空气涡轮机，技术方案如图 2. 3. 71 所示。该空气涡轮机包括：转子，其包括多个叶片；关闭系统，其被配置为打开或关闭到转子的空气入口；驱动系统，其被配置为操作关闭系统。设置在转子上游的关闭系统包括多个叶片，每个叶片能够相对于旋转轴旋转，每个叶片基本上是水平的，并且相对于每个叶片的重心或浮力中心偏心，使得每个叶片在不被关闭的驱动系统制动时趋于旋转到关闭位置，从而关闭到转子的空气入口。

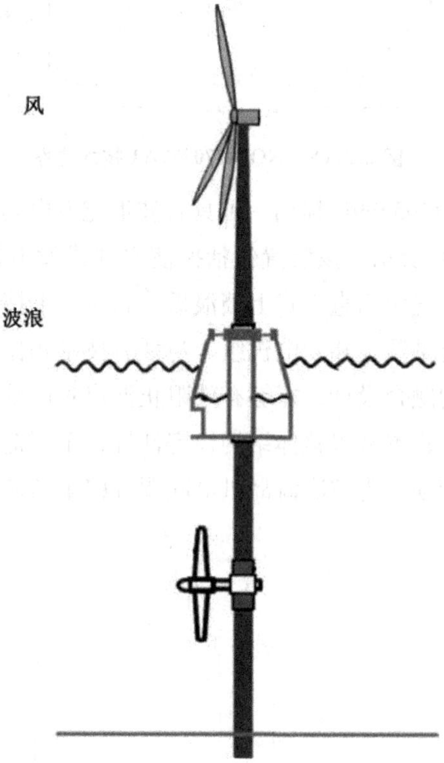

图 2. 3. 70　CN107725259A 技术方案

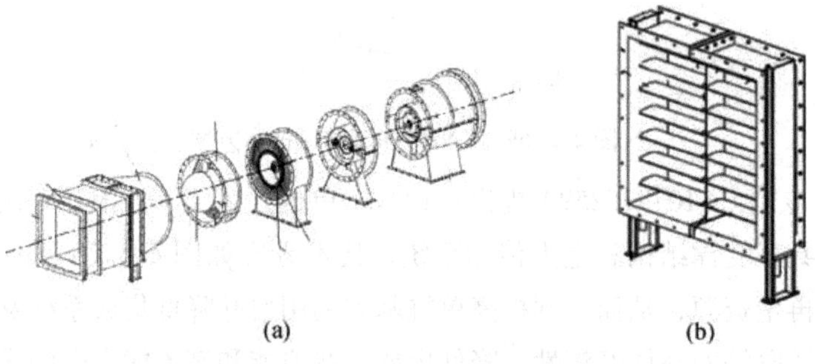

图 2. 3. 71　ES2798948T3 技术方案

2018 年，专利 US2020182218A1 提出一种能够漂浮在波浪倾向于通过的水体的表面上的浮力流体动力泵，技术方案如图 2. 3. 72 所示。该泵包括具有收缩部的底部开口的管，管部分地包围相当大体积的水，管的收缩部分与水相互作用。波驱动的振荡导致管中一部分水周期性地向上喷射，部分水可被收集在部分位于水体的平均水位之上的蓄水池中，或者由压缩空气或气体加压，或者两者兼有。这样蓄水池中的水可以通过涡轮返回到水体中，从而产生电力。

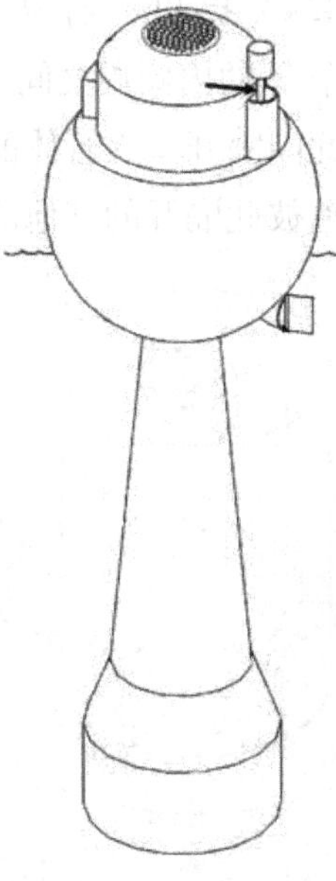

图 2. 3. 72　US2020182218A1 技术方案

2018 年，专利 US2020224634A1 提出一种将海浪中的能量转换为电力或执行其他有用工作的装置，技术方案如图 2. 3. 73 所示。该装置包括至少一个管、浮选结构和附加元件。管垂直定向，其一端靠近装置漂浮在水体表面上方，另一端位于水体表面的下方，通过对进出管上端的空气流量的不同限制，管内部的水的平均高度不同于管外部的水的平均高度。附加元件在大波浪期间可保护设备不受损坏，并有助于计算机或在操作的其他电子设备的供电和冷却。

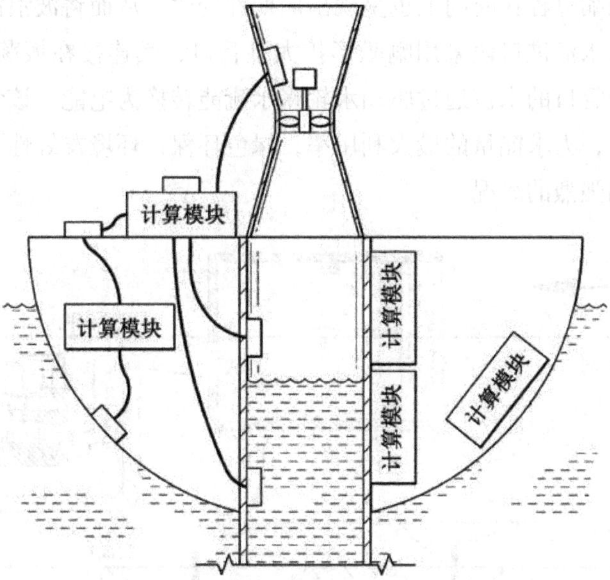

图 2. 3. 73　US2020224634A1 技术方案

2018年，专利KR1020190085424A提出一种波浪能发电装置，技术方案如图2.3.74所示。内管体的外圆周与外管体的内圆周之间安装有面积膨胀管，内管体的外圆周和外管体的内圆周通过膨胀管彼此间隔开。内管体的外圆周和外管体的内圆周形成周期性振荡水柱，并转化为以预定距离彼此隔开的其他能量。

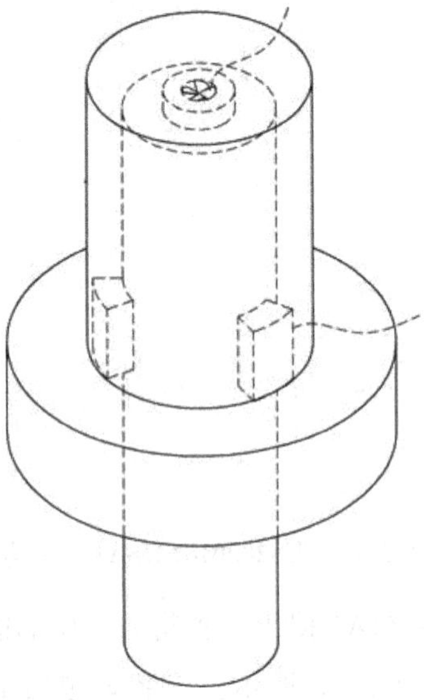

图2.3.74　KR1020190085424A 技术方案

2018年，专利CN108374746A提出一种适用波浪与水流耦合作用复杂海况的发电装置，技术方案如图2.3.75所示。该装置由波浪能转换子装置和水流能转换子装置组成。波浪能转换子装置部分的前墙在波浪力和水流力的作用下发生周期性往复运动，振荡水柱气室内的空气压缩过程在时间上也呈现出周期性变化，从而将波浪能转化为电能；水流能转换子装置的水流进口段采用喇叭形扩大型管口，其连接在振荡水柱气室的后端，经过喇叭形扩大型管口的水流通过驱动水轮将水流能转换为电能。该装置在保证了能量提取效率的前提下，力求能量的最大利用率，绿色环保，环境友好性强，尤其适用于波浪与水流耦合作用强烈的海况。

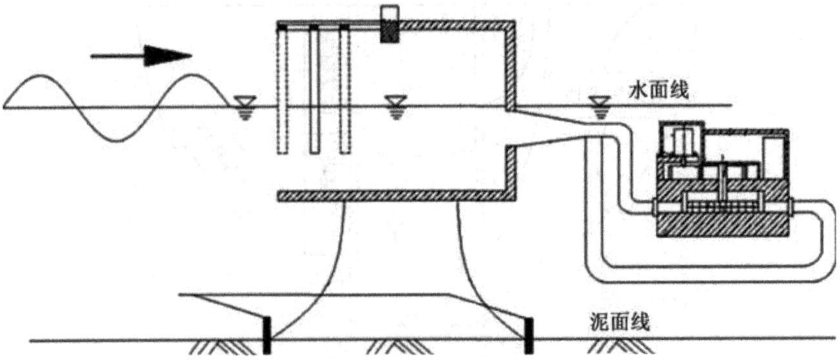

图2.3.75　CN108374746A 技术方案

2018 年，专利 CN108442311A 提出一种可移动的具有振荡水柱式波浪能转换装置的浮式防波堤，技术方案如图 2.3.76 所示。该浮式防波堤由多个浮式防波堤模块组成，模块间通过连接装置弹性连接，既能够实现各模块独立运动并发电，又能够组成浮式防波堤发电牧场。单个浮式防波堤模块包括方箱、发电装置、连接装置和锚泊系统。波浪运动导致浮体运动，引起发电舱内流体运动，使得舱室上部气压不断变化，由于涡轮机两侧气压不同，形成往复气流，气体通过空气涡轮机将气体的动能转换为机械能，再通过发电机转换为电能。本发明融合了浮式防波堤和波浪能发电装置，既实现了对离岸海洋结构物的掩护，又能够产生电能，具有结构简单，易于生产与维修，可移动、可重复，不受水深和地质限制等优点，对海洋环境无污染，具有广阔的应用前景。

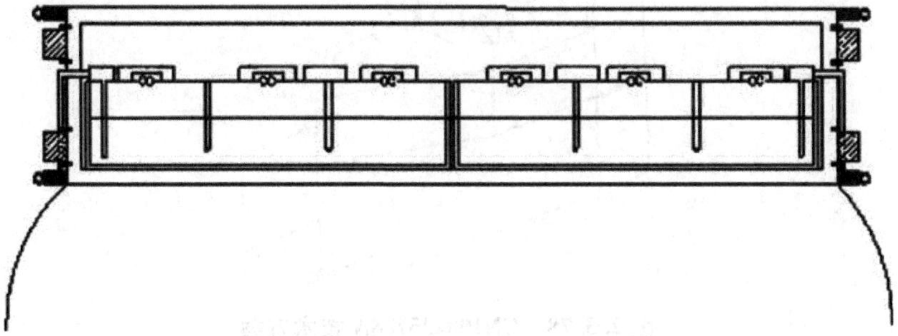

图 2.3.76　CN108442311A 技术方案

2018 年，专利 CN108518298A 提出一种底坡坡角可调的振荡水柱式波浪能发电装置，技术方案如图 2.3.77 所示。该装置解决了现有技术中振荡水柱式波浪能发电装置结构固定、无法实时调节坡角的问题，通过实时调节底坡坡角，改变气室体积，以应对水深、入射波周期、波高变化，从而保证发电装置获得最优的波能转换效率的效果。气室的底部设有与其转动连接的底坡腔体，底坡腔体的内部具有与其滑动连接的平板；平板的一端通过伸缩装置与底坡腔体相连，平板的另一端连接提升机构且通过多个滚轮与气室内壁接触；提升机构带动平板沿气室内壁移动，底坡腔体随平板的移动而发生坡角变化。

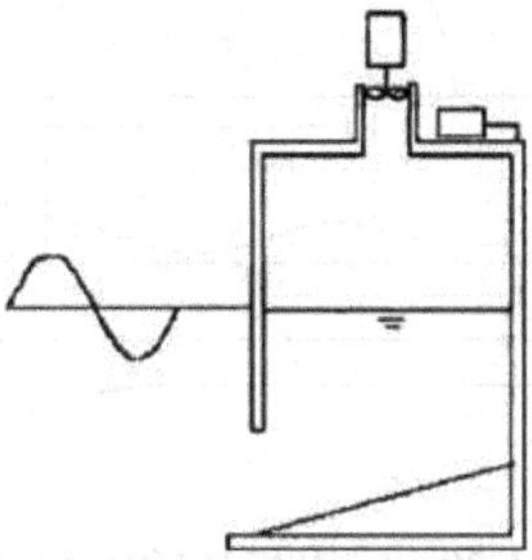

图 2.3.77　CN108518298A 技术方案

2018 年，专利 CN108425788A 提出一种单向冲动式波浪能发电装置，技术方案如图

2.3.78 所示。该装置包括吃水舱、空气舱、浮力舱、进气弯管、出气直管、第一法兰盘、安装管、单向冲动式空气透平以及发电机。空气舱与吃水舱通过螺栓接合在一起，并且由可转动的铝合金盖板将二者隔开；空气舱内安装有固定块和第一固定环，铝合金盖板设置有穿设在第一固定环内并绕其转动的活动杆；进气弯管的第一端安装在位于铝合金盖板下方的吃水舱内，第二端位于浮力舱上部并设置有第二固定环，进气弯管第二端内部设置有可紧贴或松开第二固定环的橡胶片；出气直管安装在空气舱上部，并通过第一法兰盘与安装管、单向冲动式空气透平相接。本装置实现了从波浪能到空气动能再到电能的高效率转化，能量转化效率高。

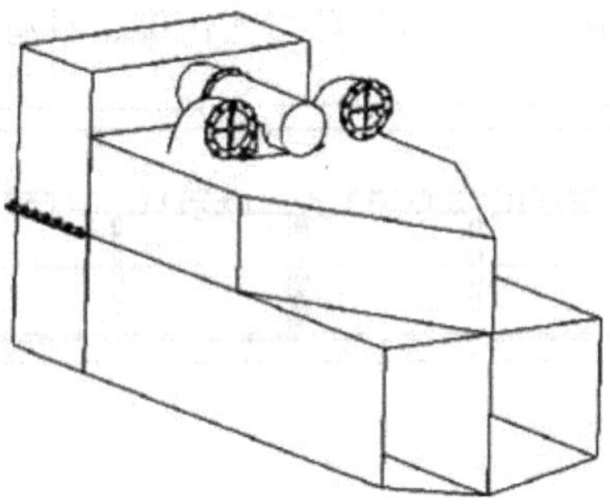

图 2.3.78　CN108425788A 技术方案

2018 年，专利 CN108716449A 提出一种 U 型自航式波力发电装置，技术方案如图 2.3.79 所示。该装置包括船体、波浪能量收集转换机构和推进机构。船体包括船舱、驾驶舱、设备室、甲板和尾板，甲板设置在船舱上部，驾驶舱设置在甲板上，设备室设置在船舱内部，尾板设置在船舱的尾部。波浪能量收集转换机构包括前垂直管、前空气透平发电机组、后空气透平发电机组、后垂直管、水平管，前垂直管的水平截面近似三角形，后垂直管的水平截面为四边形，水平管的垂直截面为五边形，前垂直管、水平管、后垂直管依次连通形成 U 形通道。该装置为实现低成本、广海域、高效利用波浪能打下了基础。

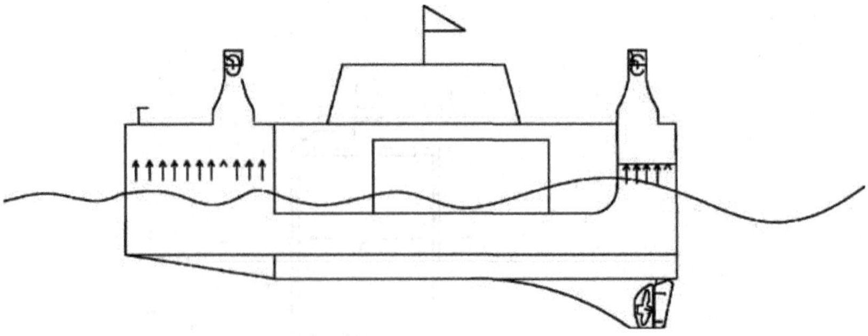

图 2.3.79　CN108716449A 技术方案

2018 年，专利 CN109356779A 提出一种集成振荡水柱式与点头鸭式发电装置的梳式防波堤系统，技术方案如图 2.3.80 所示。本装置通过振荡水柱式与点头鸭式发电装置较大程度上将波浪能转换为电能，降低了堤前波浪能量，减小了堤前所受波浪力荷载，提高了集成系统的整体稳定性；还通过集成梳式防波堤系统改善了振荡水柱式和点头鸭式发电装置的工作环境，降低了振荡水柱式和点头鸭式发电装置的独立建造成本。

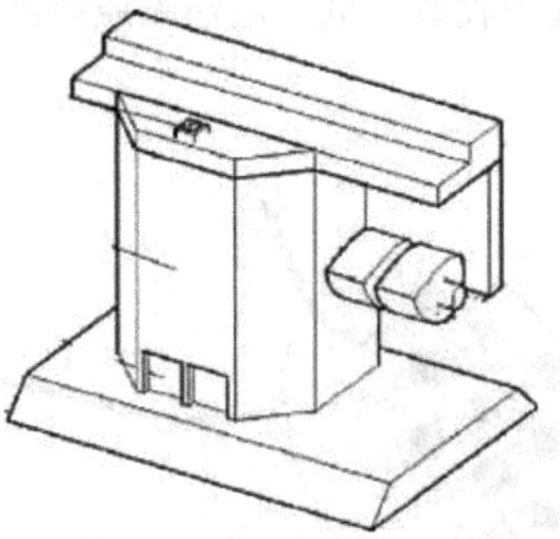

图 2.3.80　CN109356779A 技术方案

2019 年，专利 CN109973285A 提出一种岸式共振机制可调节的振荡水柱双气室波浪能装置，技术方案如图 2.3.81 所示。该装置由多个振荡水柱式发电装置单元组成，每个振荡水柱式发电装置单元由前垂向直板、前气室结构、前开口水平板、前气流通道、前空气透平、中垂板、后气室结构、后水平板、后垂向直板、后气流通道、后空气透平、弹簧结构系统、后垂板连接结构、锚碇结构、锚碇结构连接结构、基座和岸边固有直墙结构组成。该装置利用双气室结构，其中前气室结构的气室宽度固定不变，后气室结构的气室宽度可在波浪作用下发生自适应的调节，从而为整个系统的多共振机制的发生提供了可能和条件，对提高装置的整体工作性能方面也具有极为显著的成效。

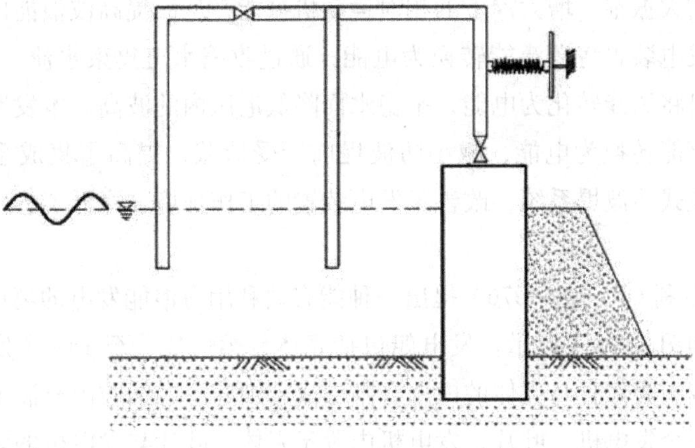

图 2.3.81　CN109973285A 技术方案

2019 年，专利 CN109882343A 提出一种基于浮式防波堤的月池振荡水柱波浪能发电装置，技术方案如图 2.3.82 所示。本装置包括浮式防波堤、锚泊装置、发电结构、月池结构。浮式防波堤与锚泊装置相连接，具有多个贯穿上下表面的圆柱孔，圆柱孔内为月池结构，圆柱孔上方安装发电结构，月池结构由汽轮机和固定轴承组成，汽轮机两端分别套有固定轴承，固定轴承固定在圆柱孔的内表面，汽轮机通过传动轴与发电结构相连。本发明防波又发电，发电装置与防波堤形成一体，能更好地适应各种海况，提高装置的稳定性与可靠性，与防波堤共同抵抗海浪，实现电路集成，大幅提高波浪能转换效率，有效解决波浪能转换装置吸收效率低、波浪响应速度慢、波浪能发电装置难以在波浪中独立存在的问题。

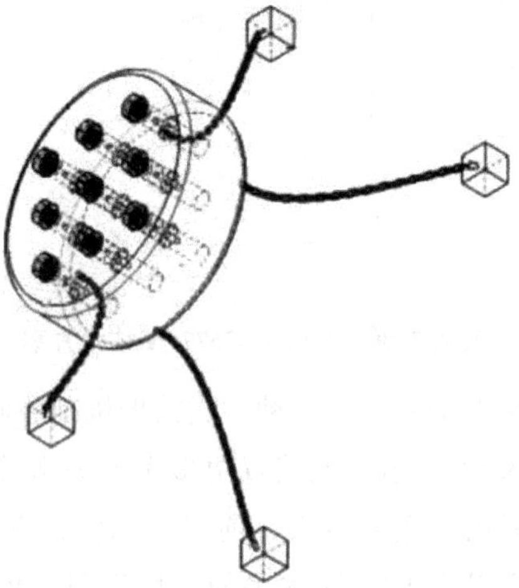

图 2. 3. 82　CN109882343A 技术方案

2019 年，专利 CN110541411A 提出一种集成多种海洋能发电装置的梳式防波堤单元及系统，技术方案如图 2. 3. 83 所示。本发明通过振荡浮子式发电系统和振荡水柱式发电系统将堤前波浪能部分转换为电能；通过收缩水道聚集波浪，利用不对称吃水翼板形成的舱室共振增大振幅，增大浮子的相对运动机械能，从而提高波浪能的转换效率；通过水力透平式发电装置将潮流能转换为电能，通过收缩水道集束水流，提高发电效率；通过风力发电机将风能转化为电能，平稳水面降低港区内的波高。本发明通过将防波堤前波浪能与潮流能转换为电能，减小防波堤前所受荷载，提高了集成系统的整体稳定性；同时集成梳式防波堤系统，改善了发电装置的工作环境，降低了各发电系统的独立建造成本。

2019 年，专利 CN110848076A 提出一种能有效利用海浪能发电的离岸振荡水柱发电船，技术方案如图 2. 3. 84 所示。发电船包括壳体、柔性袋、至少一个发电组件、集风壳。柔性袋内置于壳体且与壳体的内壁合围形成容纳腔，容纳腔内充满液体；每个发电组件包括至少一个发电机、叶片，发电机内置于壳体，叶片与发电机的转子相连；集风壳内置于壳体且与柔性袋、壳体的内壁合围形成集风腔，集风壳开设有流道，流道贯穿集风壳，流道的一端与集风腔相连通，另一端相对叶片设置。

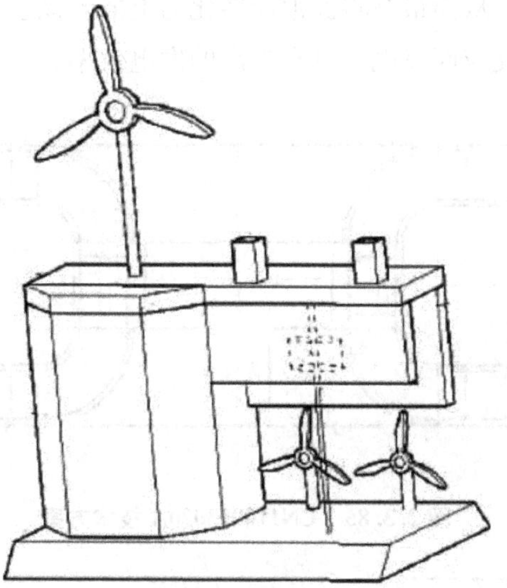

图 2. 3. 83　CN110541411A 技术方案

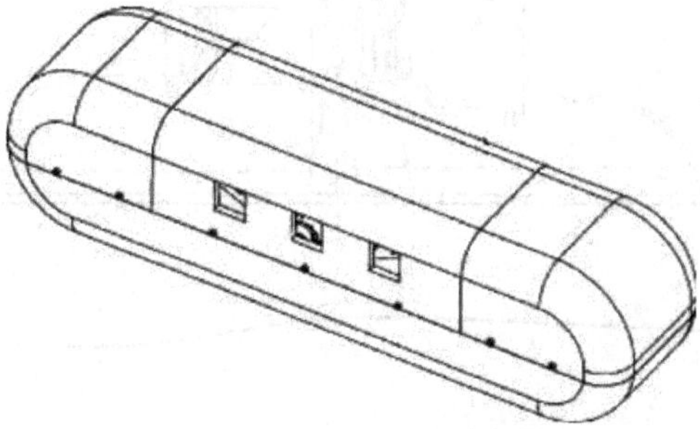

图 2. 3. 84　CN110848076A 技术方案

2019 年，专利 CN110953020A 公开的一种适用于振荡水柱式波浪能发电的 U 形流道冲击式透平，技术方案如图 2. 3. 85 所示。该空气透平包括轮毂、动叶片、动叶轮、弧形导流段和导流叶片段。在轮毂的两端分别布置相应的动叶轮，动叶轮绕轮毂旋转，动叶轮上设置有动叶片，且动叶轮两侧设置有相互连接的两个弧形导流段，在弧形导流段远离动叶轮的端部周向设置导流叶片段，导流叶片段设置有一圈沿周向均匀布置的导流叶片。本发明能量转换效率高，具有良好的自启动特性、较低的工作转速、较宽的流量系数范围和较小的工作噪声。

2019 年，专利 CN111022245A 提出一种空气透平以及发电装置，技术方案如图 2. 3. 86 所示。该空气透平包括气室、气阀和转子。气室内的气压可调节，气室内的气压与大气压所形成的气压差包括第一气压差和第二气压差；气阀配置为在第一气压差的作用下打开以使气室与大气相互连通而形成气流，且在第二气压差的作用下关闭以使气室与大气相互隔绝，第一气压差和第二气压差的方向相反；转子配置为在气流的驱动下旋转。该空气透平可用于将转子的动能转化为电能，如可利用波浪液面的波动来获得第一气压差和第二气压差，从而最终将波浪能转化为电能。该空气透平的发电装置能够实时地对气压差进行迅速反应而发电，具有较高的发电效率。

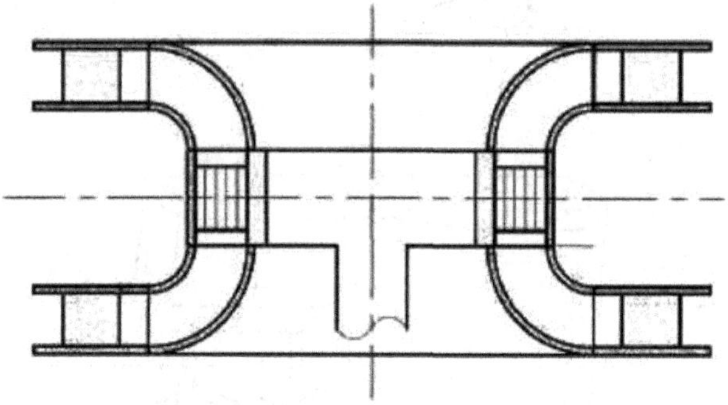

图 2. 3. 85　CN110953020A 技术方案

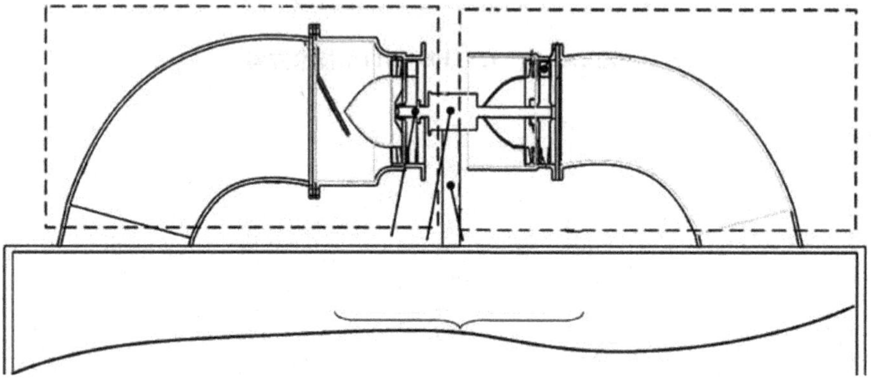

图 2. 3. 86　CN111022245A 技术方案

2020 年，专利 CN211598912U 提出一种抗冲击能力更强的类蛇形抗冲击海浪发电机，技术方案如图 2. 3. 87 所示。该发电机防水箱体内部固定连接有固定支架，固定支架内部固定安装有发电机，发电机顶部固定安装有驱动机构，驱动机构包括橡胶软管及驱动箱，橡胶软管底部固定安装有多个悬浮块和拉绳，驱动箱内部固定安装有弹性气带。类蛇形抗冲击海浪发电机通过防水箱体将发电机沉入海中，然后利用悬浮块将橡胶软管漂浮在海面，减小发电机受到的冲击，同时通过蛇形运动的橡胶软管带动弹性气带不断运动，改变气腔的大小，从而形成定向流动的气流带动螺旋桨转动，完成发电。

2020 年，专利 CN212337523U 提出一种新型的波浪能发电结构，技术方案如图 2. 3. 88 所示。该发电结构包括两个尾部通过铰链铰接在一起的船体，两个船体彼此对称，在一个船体上安装控制铰链开合角度的开合控制系统，在两个船体的首部各设置一个导引孔，系泊系统的一端单点系泊在海上固定物上，另一端的两根悬链分别固定在两个导引孔中，在两个船体的船身上分别设置数量相等的振荡水柱式波浪能转换装置，在各振荡水柱式波浪能转换装置的气室顶部安装顶盖，在顶盖上设置与其气室相通的气体通道，在气体通道内设置涡轮发电机组。该装置中，船首通过悬链锚腿系泊装置单点系泊至悬链浮标或海床表面，从而使整个结构中两个船体的张开角始终面向入射波浪，保证结构在多变的海洋环境中始终保持高效运行。

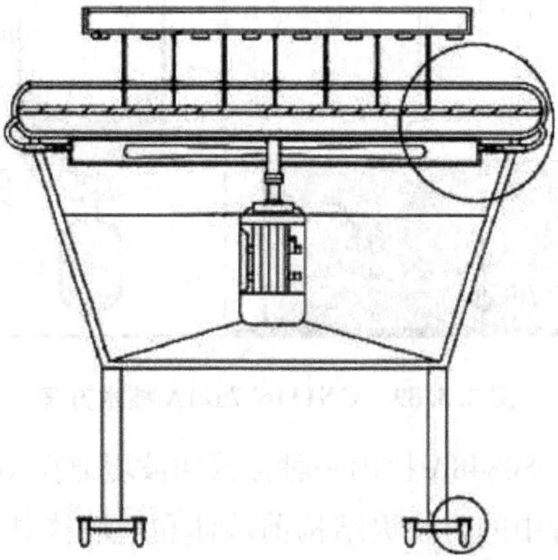

图 2.3.87　CN211598912U 技术方案

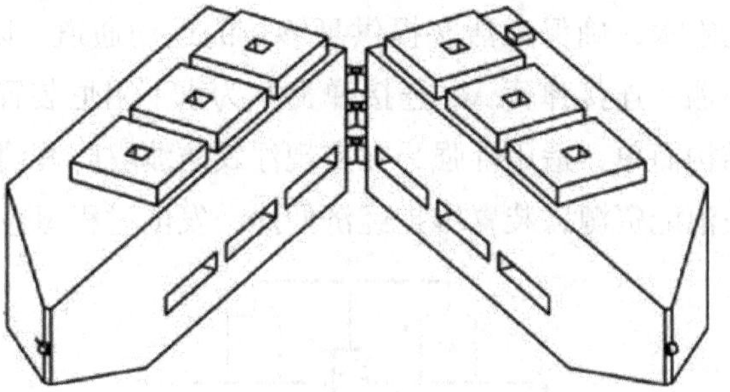

图 2.3.88　CN212337523U 技术方案

2020 年，专利 CN111677621A 提出一种恒压控制的波浪能高效气动转换装置及方法，利用容器储存以及工质气-液相变，补偿波浪能气动转换装置的空气压力变化，减小能量转换的波动性，提高气动转换装置的效率，技术方案如图 2.3.89 所示。该气动转换装置包括柱式容腔、透平机、储气罐、工质储罐、换热器和循环泵等组件，在空气与相变工质间设置隔膜，防止空气与相变工质混合。当柱式容腔内气柱流量大于透平机额定流量时，循环泵驱动工质流经换热器冷却，工质由气态转变为液态，从储气罐排出，空气进入储气罐中储存；当气柱流量小于透平机额定流量时，循环泵驱动工质流经换热器加热，工质由液态变为气态，进入储气罐，储气罐中气体排出，在波浪流量波动条件下，透平压力保持近似恒定。

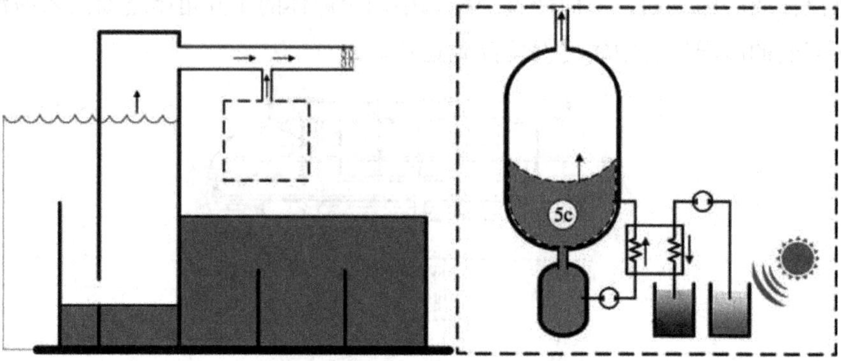

图 2.3.89　CN111677621A 技术方案

2020 年，专利 CN111980848A 提出一种浮式防波堤兼振荡气室发电装置，技术路线如图 2.3.90 所示。本装置中的防波堤结构前墙体和后墙体具有足够大的体积，以提供浮力。永磁式发电机组 A、永磁式发电机组 B 始终固定在浮式防波堤结构墙体顶部，通过可自动调节导杆和空气透平装置相连，实现交替供电和蓄电。活塞通道前墙和活塞通道后墙需具有较深的吃水，确保为活塞提供足够长的运动通道，防止海水溢漏进气室，同时兼作防波堤挡浪墙；连接弹簧 A、连接弹簧 B 为水下阻尼装置和浮式防波堤的主要连接媒介。本装置结构简单，适用性强，在实现浮式防波堤防波消浪的同时，力求高效率转换、充分利用波浪能资源，装置维护经济便捷，发电过程绿色环保。

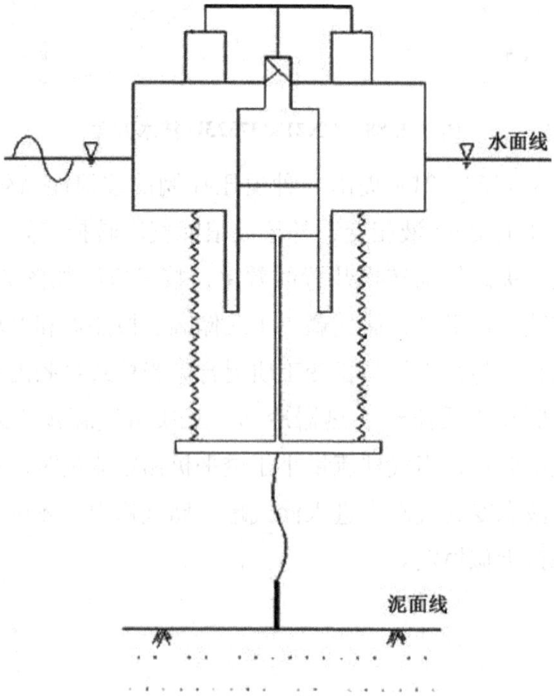

图 2.3.90　CN111980848A 技术方案

2020 年，专利 CN111927694A 提出一种涡激压电与四杆拉伸介电弹性体形变发电波浪能采集装置，技术方案如图 2.3.91 所示。该装置包括压电发电装置、介电弹性体发电装置、气体涡激通道、气体收缩提速管道、外壳及双气室主体。气体收缩提速管道设置有两组，分别位于前气室和后气室的上方，位于前气室上方的气体收缩提速管道上设置有进气口，位于后气室上方的气体收缩提速管道上设置有出气口，两组气体收缩提速管道的顶端与气体涡激通道连接，在气体涡激通道内设置压电发电装置，介电弹性体发电装置位于双气室主体内。该装置结构简单，利用压电片提供的偏置电压，可使介电弹性体提供持续长久的电能，提高波浪能的利用效率。

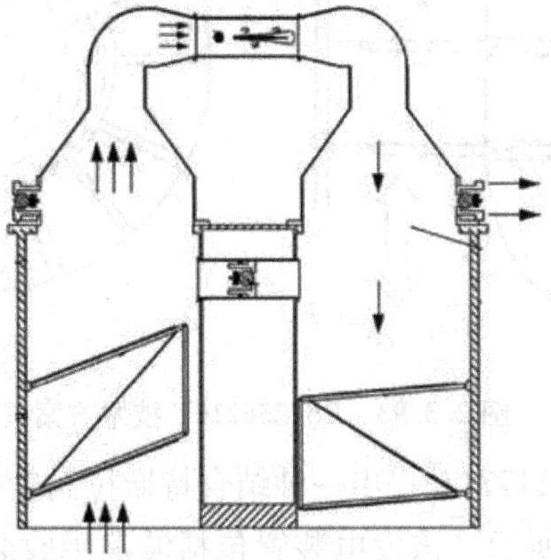

图 2.3.91　CN111927694A 技术方案

2020 年，专利 CN111894787A 提出一种全潜式震荡水柱波浪能转换机，技术方案如图 2.3.92 所示。该转换机通过上下贯通的防护管能够把波浪引到下面来，波浪发电组件安装在防护管的下部，能够得到有效保护，不易损坏。

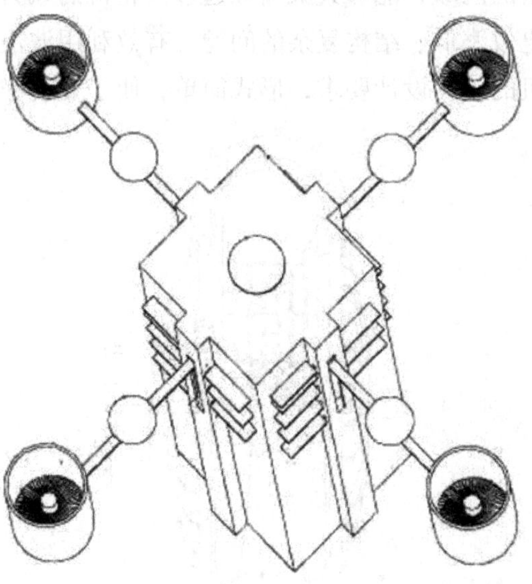

图 2.3.92　CN111894787A 技术方案

2020 年，专利 ES1256216U 提出一种利用双向流动捕获海浪能量的液压气动系统，技术方案如图 2. 3. 93 所示。该系统包括双向流动的流体动力涡轮机，利用海浪通过导管的冲力吸入空气或水，涡轮机的叶片对称并可倾斜，其对称平面垂直于涡轮机的轴线，在接收水流或空气流时倾斜，围绕垂直于涡轮轴线的轴线自动且偏心地弯曲或旋转，无论空气或水流的方向如何，都会使涡轮机在单一方向上旋转。

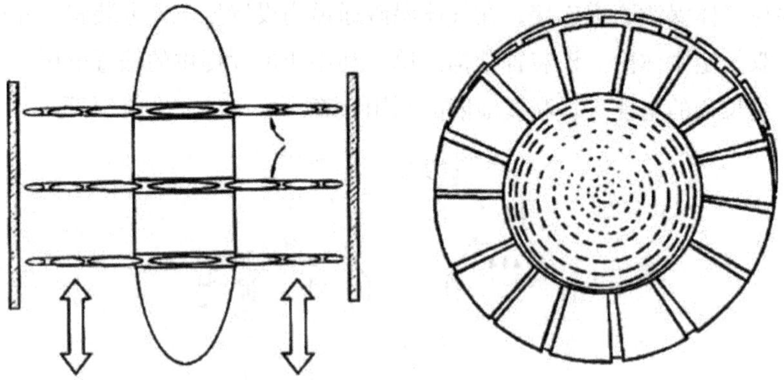

图 2. 3. 93　ES1256216U 技术方案

2020 年，专利 CN112211771A 提出一种结合特斯拉涡轮的振荡水柱式波浪能发电装置，技术方案如图 2. 3. 94 所示。该发电装置包括波浪吸收装置、能量转换装置、输出装置。波浪吸收装置包括用于吸收波浪能的浮子、主气室、活塞；能量转换装置包括杠杆、振荡气室、输风管道，能量转换装置把波浪吸收装置吸收的波浪能转换为空气的动能；输出装置包括特斯拉涡轮、发电机，输出装置将空气的动能转换为特斯拉涡轮的机械能，进而带动发电机旋转发电，实现波浪能气室中双向压缩和抽吸空气。本发电装置适用于波浪能资源丰富的区域，能够大大增强通过汽轮机的风力以提高发电效率；解决了目前波浪能装置发电效率低、结构复杂的问题，有效利用波浪在气室中产生的往复气流，降低对空气透平机的结构设计要求，形式简单，便于安装和转移。

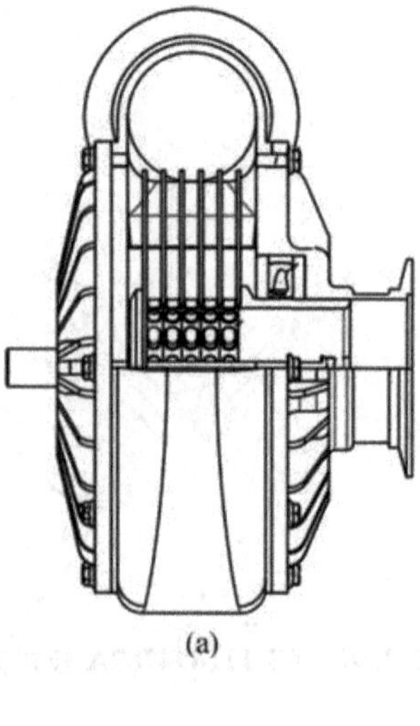

(a)

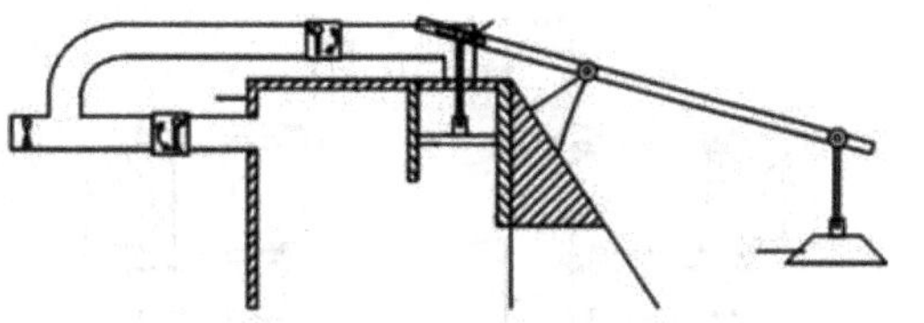

图 2. 3. 94　CN112211771A 技术方案

2021 年，专利 CN112746926A 提出一种配有外置透空结构的浮式双气室振荡水柱波浪能发电装置，技术方案如图 2. 3. 95 所示。该装置包括透空结构、双气室振荡水柱系统和锚泊固定系统。透空结构是一个圆环柱体结构，固定于外圆环柱体外侧。双气室振荡水柱系统主要由外半球环体、外圆环柱体、内圆环柱体、内半球环体、内圆柱体、外气室、内气室、十字支撑横梁、第一气孔通道、第一涡轮发电系统、第二气孔通道和第二涡轮发电系统组成。锚泊固定系统由多根锚链组成，锚链一端与内圆柱体相连，另一端固定在海底。该装置将浮式双气室振荡水柱波浪能转换装置和透空结构有效结合，不仅能提高装置的能量转换效率，拓宽装置的有效频带宽度；同时，透空结构也能对波浪尤其是短波进行一定的消能，降低装置受到的波浪荷载，延长装置的使用寿命。

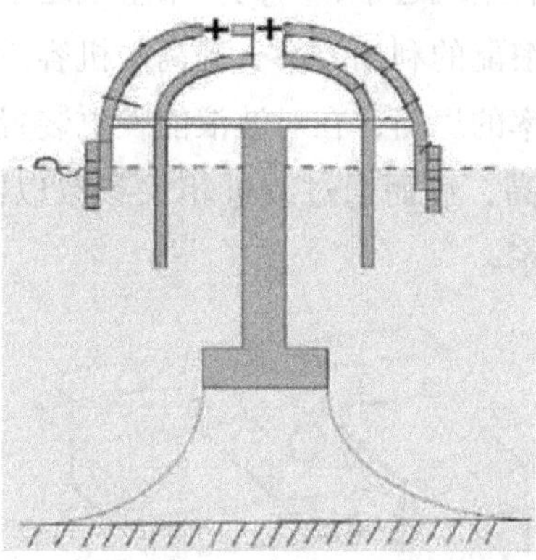

图 2. 3. 95　CN112746926A 技术方案

2021 年，专利 CN113279899A 提出一种多功能波浪能发电装置，技术方案如图 2. 3. 96 所示。该装置包括浮体、矩形块、若干个重块、第一发电机构和第二发电机构。浮体内设有第一空腔，第一空腔贯穿浮体的上下侧面，浮体包括第一平直部、锥形部和第二平直部，矩形块固设在第二平直部的上端，矩形块内设有矩形腔，矩形块的下侧面设有第一通孔，矩形腔通过第一通孔与第一空腔相连通，矩形块的前端开设有第二通孔，若干个重块均通过连接绳与浮体下侧面的边沿固连，第一发电机构能够利用第一空腔内水位的上下波动进行发电，第二发电机构能够利用波浪起伏进行发电。该装置能够充分利用波浪能，增加发电量。

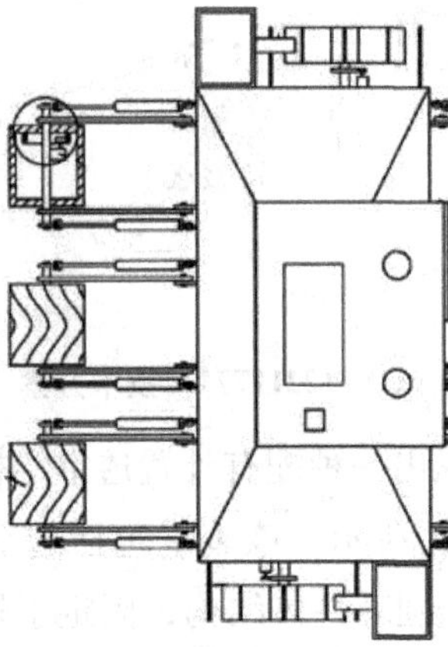

图 2.3.96　CN113279899A 技术方案

2021 年，专利 CN113266515A 提出一种波能发电单元及其波能发电装置（技术方案见图 2.3.97）和波能发电方法。波能发电单元包括并列连接的若干单体后弯管结构，单体后弯管结构包括弯管和浮体，弯管包括弯管竖直段和弯管水平段，弯管水平段的上部连接浮体，相邻的弯管竖直段相互连通，其中一个单体后弯管结构的弯管竖直段连接气室管道，气室管道内设置有空气透平，对同一个空气透平做功，能够增加气室内往复气流的流量，显著地增大波浪能的利用效率，提高装机容量。该装置提供了一种通过形成共振以提高波浪能利用效率的思路，在对波浪能发电装置进行参数优化的过程中获得了最大的气室内水面运动波高，进而通过改进相关参数以能够达到装置最佳的使用工况，提高对波浪能的利用效率。

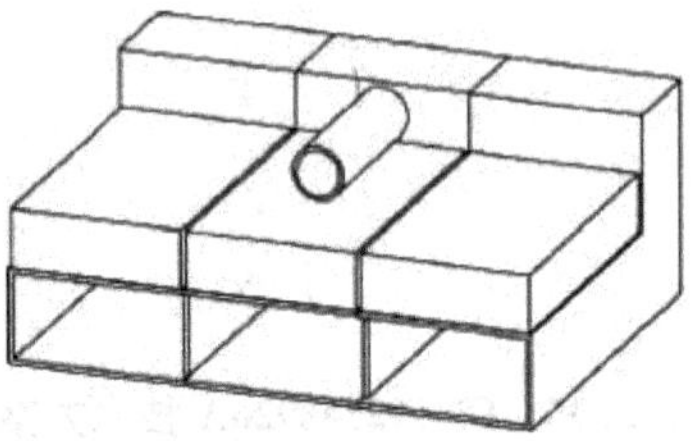

图 2.3.97　CN113266515A 技术方案

第 3 章　体外诊断仪器专利分析

3.1 研究概述

3.1.1 研究背景

随着经济社会的发展，当今世界医学模式、健康理念正在发生深刻变革，“大健康产业”迎来了快速发展的黄金时期。随着国家逐步实施“健康中国 2030”战略，“早诊断、早治疗、早康复、实现全民健康”理念的不断强化，以及新冠疫情带来的影响，体外诊断（in vitro diagnosis，IVD）行业迎来快速发展。体外诊断产业作为大健康产业的重要组成部分，在人均 GDP 增长、医保覆盖范围扩大、医疗消费理念成熟等因素推动下，其国内需求得到快速释放。2014 年，体外诊断以 13.3%的占比位列全球医疗器械子行业第一，且其规模呈快速扩张趋势。体外诊断行业规模平稳增长，区域间发展不平衡，全球体外诊断市场规模在 2018 年达到 650 亿美元，预计 2018—2023 年以 4%的年复合增长率持续增长，到 2023 年市场规模可达 778 亿美元。

体外诊断是指在体外通过对人体样本（血液、体液、组织等）进行检测而获取临床诊断信息，进而判断疾病或机体功能的诊断方法。通常用于健康评价、疾病诊断治疗和遗传疾病检测等。其作用原理为：诊断试剂与体内物质在体外发生生物化学反应，体液内某些物质（如糖、脂肪和蛋白质）会和体外诊断试剂在特定条件下发生特定的反应，生成特定的产物，消耗定量的体外诊断试剂，而这些是可以被定性或者定量测量出来的，再通过与正常值进行对比，从而判断检测对象的生理状态是否正常。体外诊断对疾病的预防、诊断、治疗监测、预后观察、健康评价以及遗传性疾病的预测具有重要作用。

体外诊断产品包括诊断仪器和诊断试剂以及相关的校准质控品等，其广泛应用于临床的各个阶段，是现代疾病与健康管理、精准医疗不可或缺的工具。由于体外诊断仪器的使用寿命一般不超过 5 年，而试剂是一次性消耗品，因此试剂收入是整体收入中占比最大的部分，占整个体外诊断市场规模的 70%以上。目前免疫分析测定法是蛋白质检测使用最为广泛的技术，该方法具有灵敏度高、特异性好、精密度高和可操作性强等优点。迄今为止，根据不同的信号转导原则，很多方法和策略已经应用于此种实验，例如表面等离子体、石英晶体微天平、电化学发光、荧光技术、比色反应，通常以一定的抗原抗体反应为基础。近年来国内外学者一直致力于利用天然酶标签作为信号放大策略的研究，开发了基于比色酶的免疫测定，如辣根过氧化物酶、碱性磷酸酶和β-半乳糖苷酶等，具有催化活性高、特异性高、反应条件温和、易于结合等特点，但是上述方法中抗体与标记分子的比例均为1∶1，导致检测的灵敏度不高。要想进一步提高基于比色酶的免疫测定的灵敏度，关键是要提高酶分子与目标分析物的比例。通常采用两种方法，一是利用分子生物学技术，如用聚合酶、酶复合物和生物素-亲和素偶联物等，这种方法通常需要多个酶标签，因此比较复杂耗时；二是采用纳米材料作为载体酶进行检测。

体外诊断按照检测方法可分为生化诊断、免疫诊断、分子诊断三大类（表3.1.1和表3.1.2），以及从生化诊断、免疫诊断和分子诊断中分化出来的即时诊断（point of care testing，POCT）。体外诊断的检测项目主要包括血液检测、尿液检测、组织检测、微生物检测、细胞检测、元素检测、基因检测等。

（1）生化诊断在我国发展较早，是医院常规使用的检测方法，试剂国产化率已达到70%以上，大部分仪器也已国产化。

（2）免疫诊断是我国规模最大的体外诊断细分子领域并处于快速发展之中，高端的化学发光免疫分析技术已逐步替代酶联免疫技术成为我国主流的免疫诊断方法，化学发光的市场规模达到免疫诊断总市场的70%以上。中低端试剂和仪器国产化程度较高，但三级医院等高端市场整体依然被海外巨头垄断。

（3）分子诊断在全球范围内都处于发展初期，对感染初期和有可能发生的基因性疾病具有独特的检测优势，未来将保持快速增长。

（4）即时诊断，是指在采样现场进行的、利用便携式分析仪器及配套试剂快速得到检测结果的一种检测方式，属于体外诊断行业的细分领域。随着生物技术的不断进步，即时诊断产品凭借其使用便捷、检验结果快速、应用广泛的特点，越来越得到人们的关注和重视，目前已成为体外诊断行业发展最快的细分领域之一。

表3.1.1　体外诊断行业分支及应用领域

方法	代表技术	开放性	优点	缺点	应用领域
生化诊断	胶乳增强免疫比浊	开放式	需求量大、费用低、检测速度快，是国内主导品种之一	时间长、操作烦琐、有放射污染	肝功能、肾功能、糖尿病、血脂、心血管、风湿等检测
	酶循环	开放式		检测范围有限	
免疫诊断	胶体金	开放式	快捷、简单、准确、无污染	检测灵敏度不高、检测范围有限	病毒和血源检查、肝炎检测、性病检测、肿瘤检测等
	酶联免疫	开放式	成本低、快速	检测灵敏度不高、试剂保存时间短，需手工操作	
	化学发光	封闭式	线性范围宽、灵敏度高、特异性强、自动化程度高、检测速度快、不受样本数量影响、试剂质量稳定	成本相对较高	

续表

方法	代表技术	开放性	优点	缺点	应用领域
分子诊断	聚合酶链式反应	开放式	特异性强、灵敏度高、简便快捷、定性定量检测	检测通量较小	传染病（如流感、肝炎、性病等）、遗传病等检验
	基因芯片	封闭式	快速高效、检测效率高	检测通量较小、成本较高	
	基因测序	封闭式	高通量、全基因组、准确	成本高、耗时较长	

表 3.1.2　体外诊断各技术分支原理及应用领域

种类	细分	检测原理	应用领域	优点	缺点
生化诊断	生物化学反应	利用生化试剂与特定底物反应，通过检测仪器定量检测出标的物浓度，推算出人体的某些生化指标。生化反应又分为液体生物化学反应和干化学反应，后者应用于即时诊断	血常规、肝功能、肾功能	成本低	检测范围有限
	免疫浊度法	利用可溶性抗原抗体在液相中结合，使反应出现浊度，通过测量散射光强度得出被测溶液中微粒的浓度	血常规、尿常规、肝功能、肾功能等	快速简便	灵敏度略低
免疫诊断	放射免疫	将放射性同位素测量的高灵敏度、精确性和抗原抗体反应的特异性相结合	激素、微量蛋白、肿瘤标志物和药物微量物质测定	成本低、灵敏度高	操作复杂、有污染
	酶联免疫	酶与样本反应，依据颜色变化程度确定结果	传染性疾病、内分泌、肿瘤、药物检测、血型等	成本低、技术成熟	操作复杂、耗时长
	胶体金	胶体金标记，实质上是蛋白质等高分子被吸附到胶体金颗粒表面的包被过程，聚合物聚集后肉眼可见	乙肝、HIV、标志物、女性妊娠、毒品等	简单、快捷、准确、无污染	检测范围有限
	乳胶比浊	抗体吸附在乳胶颗粒上形成致敏原，与抗原发生交联反应，形成抗原抗体复合物，胶乳颗粒发生凝聚	特定体液蛋白质	简单、直观	检测范围有限
	荧光免疫	将免疫学方法与荧光标记技术结合起来研究特异蛋白抗原在细胞内的分布	细菌、病毒等，皮肤活性	特异性强、灵敏度高、速度快	存在非特异性染色
	时间分辨荧光	根据镧系元素螯合物的发光特点，用时间分辨技术测量荧光，同时检测波长和时间两个参数进行信号分辨	激素、病毒性肝炎标志物、肿瘤抗原、多肽	对荧光免疫优化	操作复杂
	化学发光	将抗原抗体同样本结合，然后由磁珠捕捉形成的反应物，再加入发光促进剂，加大反应物自然光速度和强度，用发光信号测量仪测量光子数量	传染性疾病、内分泌、肿瘤、药物检测、血型等	精确度高、无污染	成本相对较高

续表

种类	细分	检测原理	应用领域	优点	缺点
分子诊断	聚合酶链式反应	DNA 高温度变成单链，低温互补配对链合成	病毒、细菌检测	特异性强、灵敏度高、简便快捷	检测通量较小
	原位杂交	以标记的已知序列核酸为探针与细胞或组织切片中的核酸进行杂交，从而对特定核酸顺序进行精确定量定位	基因图谱、病毒检测	成本较低	精度相对较低、检测通量较小
	基因芯片	测序原理是杂交测序方法，在一段基因表面固定序列已知的靶核苷酸的探针，确定序列互补匹配	药物筛选、新药开发、疾病诊断	简单、便捷、准确	检测通量较小
	基因测序	从血液或唾液中分析测定基因全序列，预测罹患多种疾病的可能性	基因图谱、唐筛等	信息量大、通量高、准确	成本高、耗时较长

3.1.2 研究内容和方法概述

3.1.2.1 研究内容

结合研究背景、产业状况以及中国体外诊断仪器的发展需求，针对体外诊断仪器中的重点和热点技术，基于对专利与技术、产业和市场的梳理，从产业价值链、核心技术链、龙头企业链以及市场竞争力入手，进行专利导航分析。

主要研究内容如下：

（1）体外诊断从整体上可以分为体外诊断仪器和体外诊断试剂盒，本书重点关注体外诊断仪器，对全球和中国范围内的体外诊断仪器的专利状况进行分析，分析体外诊断领域专利的整体发展趋势，尤其关注近二十年内专利的整体趋势，然后分析国家或地区的技术优势或侧重情况，从体外诊断的技术分类中重点选择免疫诊断和分子诊断作为关键技术分支进行分析。

（2）针对免疫诊断这一重点技术分支，再对其中的关键热点技术进行梳理，选择其中的化学发光免疫分析仪和免疫层析仪进行分析，分析各个领域的技术发展路线、国家或地区的技术趋势以及在不同地区的专利布局情况；通过统计分析国内外重点申请人，对其中的重点申请人进行技术路线的梳理和技术研发方向的预判，例如在化学发光免疫分析仪中重点选择罗氏集团（以下简称“罗氏”）、株式会社日立制作所（以下简称“日立”）和雅培制药有限公司（以下简称“雅培”）作为重点申请人。

（3）针对分子诊断这一重点技术分支，同样对其中的关键热点技术进行梳理，选择当下的技术热点聚合酶链式反应（polymeress chain reaction，PCR）以及研发热点基因测序仪进行分析，分析各个领域的技术发展路线、国家或地区的技术趋势以及在不同地区的专利布局情况；通过统计分析国内外重点申请人，对其中的重点申请人进行技术路线的梳理和技术研发方向的预判，例如在化学发光免疫分析仪中重点选择美国应用生物系统公司（Appliod Biosytstem Inc.，ABI）、罗氏作为重点申请人。

（4）结合上述专利统计分析结果，对国内主要发明团队进行挖掘，寻找中国体外诊断产业各个分支领域的发展方向，为技术引进、人才引进、企业引进、项目引进提供可行性建议。

3.1.2.2　研究方法

本项目主要采用统计分析法和对比分析法等定量分析和定性分析相结合的研究方法，从宏观角度的专利态势和布局分析，到微观角度的国内外重点专利申请人的技术发展重点和优势，均进行了较为详细的分析，主要研究过程包括以下几个阶段：

（1）前期准备。收集期刊、书籍等文献资料，了解体外诊断的行业背景、行业发展状况、产业现状、技术发展概况，收集的文献主要包括：行业的宏观报告、行业期刊上发表的相关文章、相关的硕博论文、相关的最新国家政策、各国诊断产业相关政策及数据。

（2）专利分析。选取体外诊断中的免疫诊断和分子诊断作为重要技术分支，选取上述两个分支的相关仪器作为研究对象，对热点技术进行全面深入的专利分析。选择专利分析软件及“Microsoft Office Excel”等工具，对采集和处理的专利数据综合运用数理统计、时间序列等专利分析方法，对国内外专利技术和重点申请人的专利情况进行整体态势、区域分布以及专利布局、专利申请人、发明人、竞争者态势等方面的研究。

（3）完成项目报告。分析和预测体外诊断重点主题产业发展方向和路径，针对技术发展情况进行总结并提出建议，并针对专利竞争态势和未来市场预期，探讨体外诊断专利布局模式。基于专利信息，全面分析产业全球专利信息，如产业和专利发展、布局情况趋势、技术集中情况、技术优劣势等，并给出专利分析及导航，形成报告。

3.1.3　专利信息检索

本项目以体外诊断技术为基本检索思路，分析采用的专利文献数据主要来自国家知识产权局专利检索与服务系统（S 系统）、Patentics 专利数据检索与分析系统以及 Himmpat 专利数据检索与分析系统。中文数据主要使用 S 系统的中国专利文摘数据库（CNABS）进行检索，通过中国专利全文文本代码化数据库（CNTXT）进行补充检索；外文数据主要使用 S 系统的外文数据库（VEN）进行检索，使用 IPC/CPC 分类号以及关键词进行检索。其中，检索涉及的专利文献统计到 2021 年 12 月。

3.1.4　专利分析方法

本项目主要采用了统计分析法和对比分析法等定量分析和定性分析相结合的分析方法，选择专利分析软件及“Microsoft Office Excel”等工具，对采集和处理的专利数据从宏观角度的专利整体态势、区域分布以及专利布局分析到微观角度的国内外重点专利技术和重点申请人、发明人的专利情况进行了较为详细的分析。

利用上述分析工具对采集和处理的专利数据综合运用数理统计、时间序列等专利分析方法，绘制各种图表，同时采用多种分析方法进行归纳和推理、抽象、概括，解读专利情报，挖掘专利信息所反映的本质问题，对重点主题的国内外专利技术和重点申请人、发明人的专利情况进行整体态势、重点布局、发展方向及技术特征等方面的深入研究分析。

3.1.5 相关事项说明和约定

1. 同族专利的处理

同一项发明创造在多个国家申请专利而产生的一组内容相同或基本相同的文件出版物，称为一个专利族。本书针对全球技术和专利在国家（地区）的分布情况进行分析时，对同族专利进行了合并统计。

2. 数据完整性说明

在本次所采集的数据中，导致2018年以及之后提出的专利申请的统计数量比实际的申请量要少的原因如下：PCT专利申请可能自申请日起30个月甚至更长时间之后才进入国家审查阶段，从而导致与之相应的国家公布时间更晚；发明专利申请通常自申请日（有优先权的，自优先权日）起18个月（要求提前公布的申请除外）才能被公布；实用新型专利申请在授权后才能获得公布，其公布日的滞后程度取决于审查周期的长短。

3. 技术术语约定

“来源国”指专利首次申请所在的国家；“目标国”指专利的申请国；“全球专利”指申请人在各国的专利申请。

3.2 体外诊断仪器整体态势分析

3.2.1 全球专利申请状况分析

全球体外诊断市场发展于20世纪70年代，随着人们对疾病预防控制的关注程度的不断提高，以及对健康筛查和体检、重大疾病预警与诊断的需求的不断上升，体外诊断的体量和市场规模也不断增长，这一增长从体外诊断技术的专利数量就可以看出。

在Himmpat数据库中进行检索，截至2021年12月31日，全球范围内涉及体外诊断的专利申请超过100万件，其中有相当一部分涉及的是体外诊断试剂和试剂盒。本项目专利分析的对象是体外诊断相关仪器，因此，采用仪器/装置相关关键词进行限定，在全球范围内获得体外诊断仪器相关专利申请约76万件，去重后获得约37万件。本节将从申请量、申请国别等多个维度对体外诊断仪器的专利申请进行分析。

3.2.1.1 全球专利申请趋势分析

从图3.2.1中可以看出，体外诊断仪器全球相关专利近二十年的申请量总体呈现平稳增长态势，尤其是2014年之后，增长速度明显提高，自2015年开始，每年的专利申请量均超过2万件。

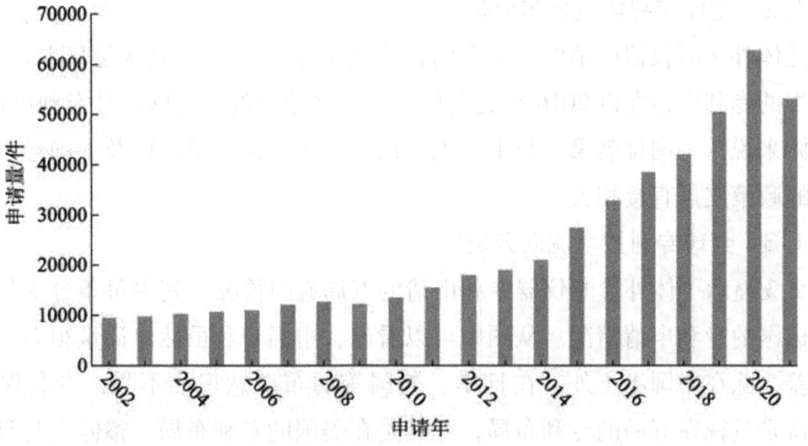

图 3.2.1　体外诊断仪器全球专利申请量趋势

近半个世纪以来，体外诊断技术先后经历了化学、酶、免疫测定、探针、基因技术的多次技术革命，每次技术革命都使得体外诊断水平跨上一个新台阶，也从整体上带动了检验医学、基础医学的快速发展。体外诊断相关仪器和设备作为体外诊断的核心部分，目前主要呈现出两个发展方向：一是高度集成、自动化的诊断仪器，以高效率的设备、模块化的组合和流水线式的自动化控制大大提高了体外诊断的效率，如基因检测仪器等；二是简单、快速、便于普及的快速诊断方法和设备，要求实验仪器小型化、操作方法简单化、检测结果及时准确，如各种床边诊断仪器、血气分析仪等。

体外诊断，尤其是体外诊断仪器，作为目前的风口行业和朝阳行业，正面临着前所未有的发展机遇和挑战。

图 3.2.2 显示了体外诊断仪器领域主要专利局专利申请趋势。从图中可以看出，中国的专利申请量发展最为迅速，从 2004 年的 658 件迅速发展为 2020 年的 28251 件；美国的专利申请量整体发展趋势为平稳中缓慢增长，从 2001 年的 1587 件发展到 2020 年的 2161 件，其中峰值为 2016 年的 3247 件。

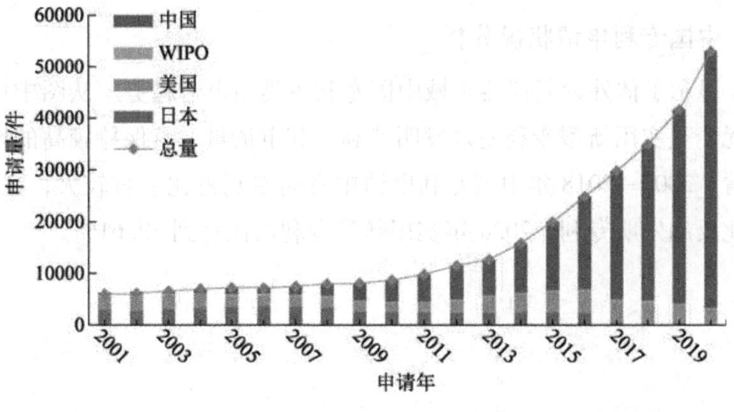

图 3.2.2　体外诊断仪器领域主要专利局专利申请趋势

3.2.1.2　全球专利地域分布分析

中国是体外诊断仪器申请的第一大国，总数超过16万件；其次是日本，总数超过7万件，日本的专利申请尤以2016年之前居多；排名第三的是美国，其专利申请量接近7万件。总体来说，中国排名第一与中国人口最多、市场需求最大以及中国经济的高速发展及相关的政策支撑直接相关。

3.2.1.3　全球专利技术流向分析

图3.2.3显示了体外诊断仪器专利申请的五局流向情况，其中每条分支代表技术来源国向目标国的专利申请情况。从图中可以看出，中国专利虽然申请量很多，但全球布局意识较差，除在中国本土外，在日本、美国等的布局意识均不强，专利保护意识较弱，日本特别重视在五局的专利布局，尤其是在美国的专利布局，整体上与日本本土的布局情况相当。美国的专利布局意识同样较强，其同样重视在日本、欧专局和中国的专利布局，原因可能有三：一是日本在该领域的技术比较先进；二是日立和罗氏、雅培与东芝株式会社（以下简称“东芝”）的强强联合；三是中国市场较大。

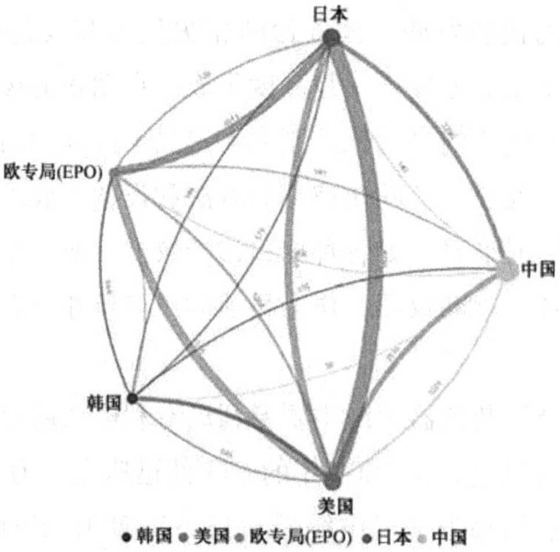

图3.2.3　体外诊断仪器专利五局流向图

3.2.2　中国专利申请状况分析

图3.2.4显示了体外诊断仪器领域中国专利各类型申请趋势。从图中可以看出，从整体上看，无论是实用新型专利还是发明专利，其申请量一直保持较高的增长速度；从类型占比上看，2000—2018年中国专利申请中发明专利占比一直较大，在2019年实用新型专利占比反超发明专利，2020年实用新型专利占比达到59.61%。

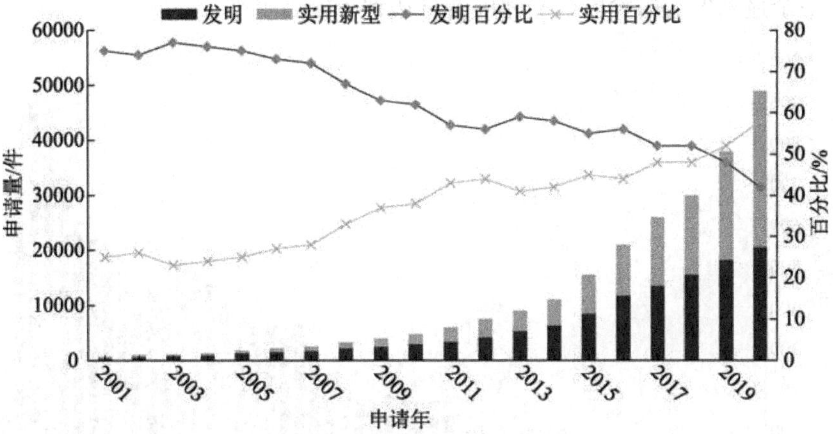

图 3.2.4 体外诊断仪器领域中国专利各类型申请趋势

3.3 免疫诊断仪器技术专利分析

3.3.1 全球专利申请状况分析

在 Himmpat 数据库中进行检索，截至 2021 年 12 月 31 日，全球范围内涉及免疫诊断仪器的专利申请共计 15371 件，其中同族专利申请计为一件进行统计。本节将从申请量、申请人、申请国别以及技术分支等多个维度对免疫诊断仪器的专利申请进行分析。

3.3.1.1 专利申请趋势分析

图 3.3.1 显示了免疫诊断仪器全球专利申请量趋势。从图中可以看出，在全球范围内，免疫诊断仪器的专利申请人大致经历了四个阶段。

技术萌芽期（1979 年前）：在该阶段，免疫分析技术处于探索期，主要发展在于免疫分析的方法原理，从 20 世纪 60 年代的放射免疫，发展到 70 年代的酶联免疫法。由于受制于电子电器技术，针对自动化的免疫设备并未得到实际关注，因而仅存在零星的专利申请，年申请量基本都在 10 件以下。

技术发展期（1980—2000 年）：随着电子科技的发展，利用免疫分析原理的自动分析设备开始进入发展期，专利年申请量逐年增长，从 1980 年的 38 件增长到 2000 年的 300 余件。在这一时期，基于化学发光的免疫分析原理也被提出并开始发展。

技术平稳期（2001—2012 年）：随着免疫分析原理以及电子科技的成熟，自动免疫分析设备步入了平稳期，专利年申请量维持在 300~500 件之间。

再次发展期（2013 年至今）：2013 年之后，随着化学发光免疫市场的不断开拓，对于免疫分析设备专利布局的争夺进入了新的阶段。在得益于中国市场影响力的同时，中国企业开始对该领域发力，自动免疫分析设备的年专利申请量明显提高。2018 年、2019 年申请的专利中，截至目前已经公开的均超过 900 件。由此可见，随着全球对于体外诊断需求的日益增加以及中国市场影响力的日益增强，针对免疫诊断仪器的专利布局又进入了一个蓬勃发展的阶段，专利申请量达到了较高水平。

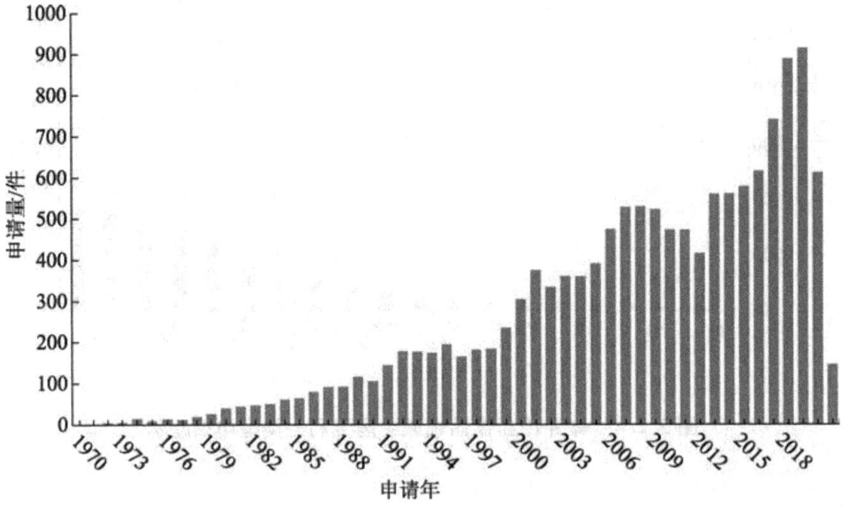

图 3.3.1　免疫诊断仪器全球专利申请量趋势

3.3.1.2　专利地域分析

1. 技术来源国家（地区）分析

图 3.3.2 显示了免疫诊断仪器全球专利技术来源国家（地区）的分布情况。从图中可以看出，来自日本的专利申请量最多，达到了 4364 件，占比为 32%，这可能是由于日本作为传统的自动化强国在该领域的长期积淀，具有诸如日立、希森美康株式会社（以下简称“希森美康”）等全球知名的自动化企业。来自美国的专利申请量紧随其后，数量为 3851 件，占比为 29%，美国作为高科技产业强国，在该领域的竞争力自然不容小觑。中国的专利申请量为 2859 件，占比达 21%。来自韩国和欧洲的专利申请量占比均约为 3%和 4%。由此可见，免疫诊断仪器全球专利大部分来自日本、美国、中国、韩国和欧洲，其占比达到了 90%左右，这也与世界经济体系布局有很大相关性。

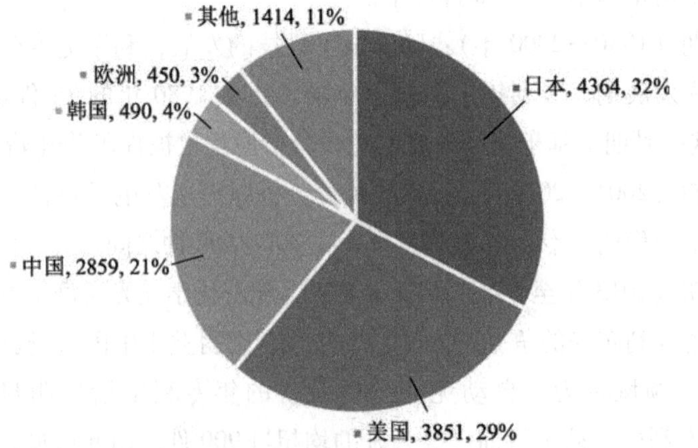

图 3.3.2　免疫诊断仪器全球专利申请来源国家（地区）分布

图 3. 3. 3 显示了免疫诊断仪器全球专利申请重点来源国家（地区）的申请量趋势。从图中可以看出，日本从 1980 年起在该领域逐步占据优势，年申请量处于领先的位置；美国从 20 世纪 80 年代后期开始发力，1996 年年申请量增长至 80 件，实现了对日本的反超，而当年日本的专利申请量由于金融危机的影响，下降到了 66 件。2000 年后美国的专利申请量开始快速增长，2002 年达到了 159 件，随后开始逐渐降低，随着 2008 年经济危机的到来，到达了相对低谷的位置，此后美国的专利申请均保持稳定的态势。而日本在 2008 年专利申请量大幅领先美国，达到了 210 件，此后也出现了下降的趋势。相对于美国、日本而言，来自欧洲的专利申请量趋势则相对较为平稳。对于中国来说，虽然总的专利申请量与日本、美国存在一定差距，但近 10 年来自中国的专利申请量大幅上升，2018 年高达 503 件，而当年来自日本和美国的专利申请中已公开的为 71 件和 73 件，这其中固然有中国的申请中包含了实用新型申请的因素，但整体而言，这可以说明我国在免疫诊断仪器的专利申请数量上逐渐占据全球相对领先的位置，我国对该领域的研发投入也在日益增长，竞争也日益激烈。

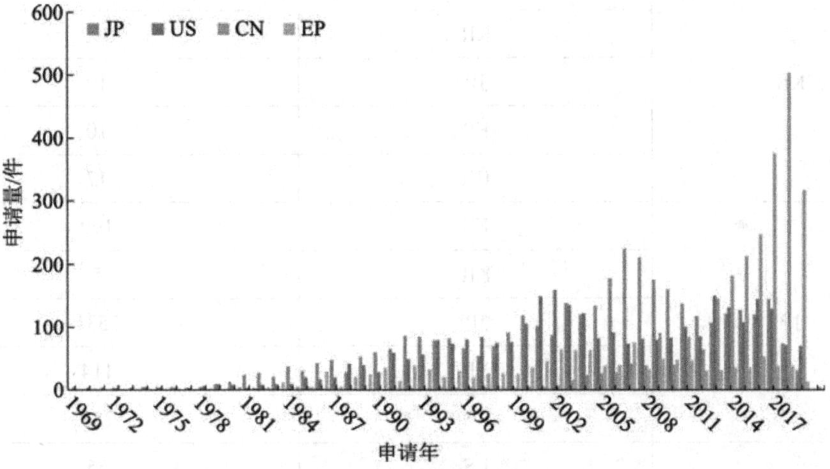

图 3. 3. 3　免疫诊断仪器全球专利申请重点来源国家（地区）申请量趋势

2. 技术目标国家（地区）分析

综合表 3. 3. 1 和图 3. 3. 4 可知日本、美国、中国、欧洲以及韩国专利来源与目标国家/地区分布情况，其中每条分支代表技术来源国家（地区）向目标国家/地区的专利申请情况。由表 3. 3. 1 可以看出，来自美国的专利申请除了在美国本土布局 1797 件之外，其对于在日本、欧洲、中国的专利布局均比较重视，来自美国的专利申请进入日本国家的比例最高，达到了 454 件，这可能与日本在全球体外诊断领域占有较强市场份额有关。来自日本的专利申请在本土布局了 3531 件，数量优势远远大于在其他国家的布局，这也代表了日本本土自动免疫诊断分析仪器市场竞争激烈，且专利技术较为成熟，日本在中国、美国、欧洲的专利布局较为均衡，其中又以中国作为申请目标国占比稍大，这在一定程度上说明日本也比较看重中国的免疫诊断仪器市场。而与上面国家（地区）的专利申请人不同的是，来自中国的专利申请人的专利布局基本集中在本国，为2742件，在其他国家的布局较少，在美国仅为27件，在欧洲、日本专利布局更少，仅为十几件，这表明当前我国的专利申请除了在数量上相对于日本、美国稍有差距外，在对于海外布局的力度上还有较大的提升空间。另外，从图3.3.4中也可以看出，来自美国的专利申请人更加注重在其他国家（地区）的专利布局，专利保护意识较强。

表3.3.1 免疫诊断仪器全球专利申请目标国家（地区）分布

来源国家（地区）	目标国家（地区）	申请量
US	US	1797
	KR	46
	JP	454
	EP	274
	CN	353
KR	US	25
	KR	392
	JP	19
	EP	10
	CN	17
JP	US	199
	KR	5
	JP	3531
	EP	114
	CN	288
EP	US	55
	KR	2
	JP	63
	EP	176
	CN	69
CN	US	27
	KR	3
	JP	12
	EP	13
	CN	2742

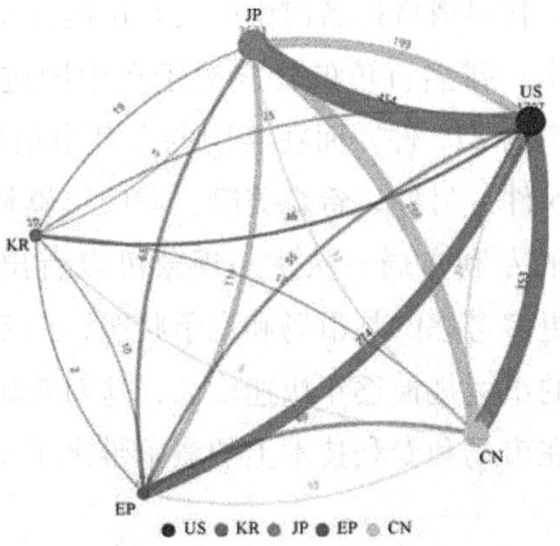

图 3.3.4　免疫诊断仪器全球专利申请目标国家（地区）分布

3.3.1.3　重点申请人分析

图 3.3.5 显示了免疫诊断仪器全球专利申请量排名前十的申请人。由图可以看出，日本企业在该领域的优势较大，前十位的申请人中日立、希森美康、奥林巴斯株式会社（以下简称“奥林巴斯”）、佳能医疗系统株式会社（以下简称“佳能医疗系统”）、东芝、富士胶片株式会社（以下简称“富士”）均为日本企业，占据六位，并且排名前五位的均为日本公司。其中，日立占据了绝对的领先位置，其专利申请量达到了 800 件左右，希森美康紧随其后，但申请数量与其已经具有一定差距，大概在 500 件。上述申请人中，霍夫曼-拉罗奇有限公司（以下简称“霍夫曼-拉罗奇”）和罗赫诊断器材股份有限公司（以下简称“罗赫诊断”）实际均与罗氏紧密相关，可以一并看作罗氏公司的专利申请，将霍夫曼-拉罗奇和罗赫诊断数据合并，则其排列在奥林巴斯之后，位列第四。因此，实际上，罗氏在自动免疫分析领域也占据领先地位。另外，中国的深圳迈瑞生物医疗电子股份有限公司（以下简称“深圳迈瑞”）作为中国体外诊断产品的龙头企业，其专利保护意识也较强，排在了第七位，紧随其后的是富士和雅培。

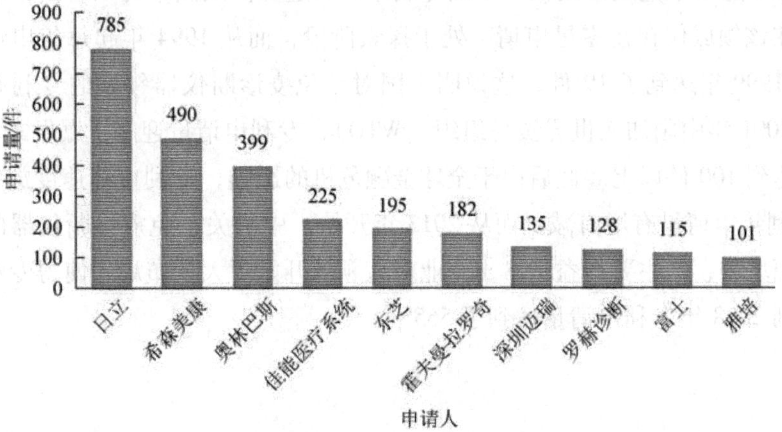

图 3.3.5　免疫诊断仪器全球专利申请重点申请人排名

图 3. 3. 6 显示了全球专利申请量排名前十中的几位国外重点申请人的专利申请的地域分布情况。由图可以看出，排名首位的日立对于在中国进行专利布局的重视程度较高，其在中国的专利申请量为 819 件，而在美国的专利申请量仅为 78 件，其在本国的专利申请量也不多，为 275 件；另外，希森美康、罗氏、奥林巴斯、雅培也均在中国相较于其他国家进行了更多的专利布局。从这一现象可以看出，日立这样的大型跨国集团，在进行专利布局时，更多考虑的是市场和竞争状况，而不是重点考虑自己集团所在国家本身。近年来，我国的市场规模逐年快速增长，这对跨国集团而言具有非常大的吸引力，同时也对我国企业在市场和专利技术上的竞争带来了挑战。

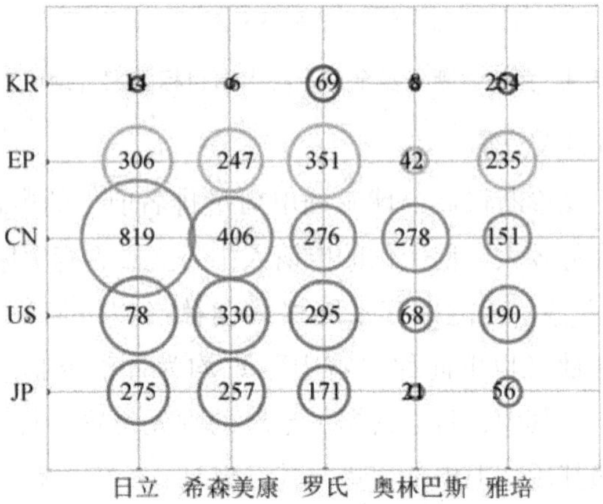

图 3. 3. 6　全球专利申请重点申请人专利地域分布

3. 3. 2　中国专利申请状况分析

截至 2021 年 12 月 31 日，共检索到自动免疫分析设备相关的中国专利申请 6193 件，其中同族专利计为一件。

3. 3. 2. 1　中国专利申请趋势分析

图 3. 3. 7 显示了免疫诊断仪器中国专利申请量趋势。从图中可以看出，1994 年以前中国专利在该领域仅存在零星申请，处于探索阶段，而从 1994 年起每年申请量超过了 10 件，至 1999 年达到了 19 件，这说明中国对于免疫诊断仪器领域的专利布局开始发展。随着 2001 年中国加入世界贸易组织（WTO），专利申请量迎来了爆发式增长，2007 年申请量达到 100 件以上。此后由于全球金融危机的影响，专利申请速度放缓，2008—2012 年专利年申请量有增有减。而从 2013 年开始，中国关于免疫诊断仪器的专利申请又开始大幅增加，这主要得益于本土企业对该领域开始了大量布局，使得专利申请量明显提升，到 2018 年专利申请量达到了 565 件。

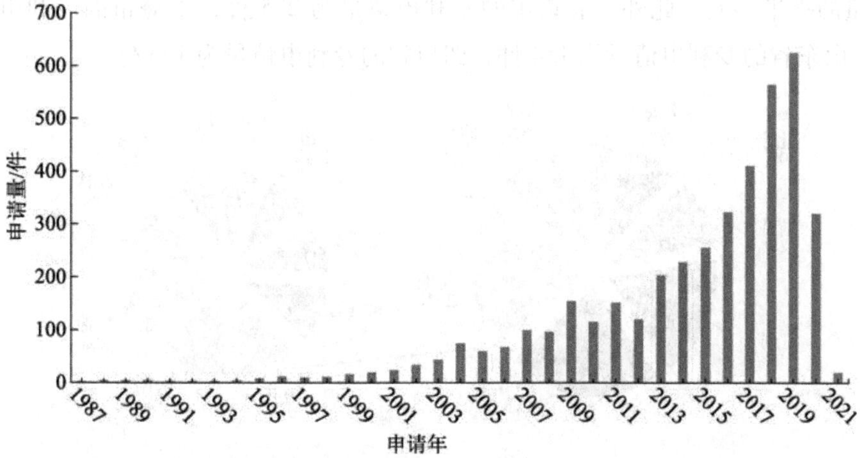

图 3.3.7 免疫诊断仪器中国专利申请量趋势

3.3.2.2 中国专利申请来源分析

图 3.3.8 显示了免疫诊断仪器中国专利申请来源国家（地区）分布情况。由图可以看出，其中超过一半的专利申请（2742 件）来自中国本土；日本位居第二，共 621 件，占比为 15%；排名第三的是来自美国的专利，申请量为 431 件，占比为 11%；此外，来自欧洲（欧专局）的专利申请也占到了 3%，这主要得益于罗氏在中国的专利布局。

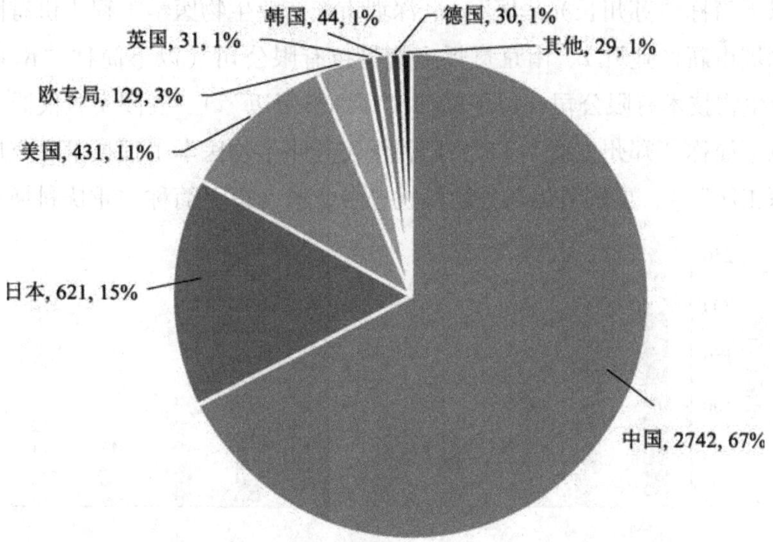

图 3.3.8 免疫诊断仪器中国专利申请来源国家（地区）分布

3.3.2.3 本土专利地域分析

图 3.3.9 显示了免疫诊断仪器中国本土专利申请地域分布情况，其中广东省和江苏省在免疫诊断仪器领域的专利申请位居全国前二，分别为 627 件和 495 件，占比为 23%、18%。浙江省以 272 件排在第三位，这三个省份贡献了免疫诊断仪器中国本土专

利申请量的一半以上。此外，北京市的专利申请量为235件，上海市的专利申请量为156件，山东省的专利申请量为154件，四川省的专利申请量为125件。

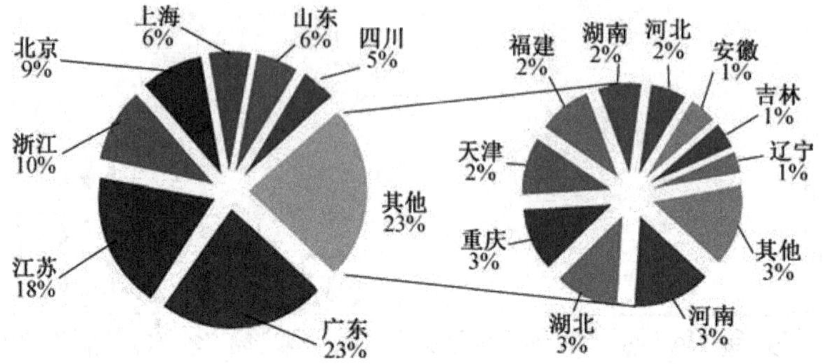

图 3.3.9　免疫诊断仪器中国本土专利申请地域分布

3.3.2.4　中国专利重点申请人分析

图3.3.10显示了免疫诊断仪器中国专利申请量排名前十的申请人。由图可以看出，与全球专利重点申请人分布类似，日立和希森美康依然排名前二，而与全球专利申请情况不同的是，日立和希森美康在中国关于免疫诊断仪器的专利申请量相差不多，分别为211件及185件，并没有全球专利申请中那么大的差距。深圳迈瑞位居第三，专利申请量达到了125件。其他本土申请人占据剩余六位，分别为苏州长光华医生物医学工程有限公司（以下简称“苏州长光华医”）、深圳市新产业生物医学工程股份有限公司（以下简称“深圳市新产业”）、南京岚煜生物科技有限公司（以下简称“南京岚煜”）、深圳市帝迈生物技术有限公司（以下简称“深圳市帝迈”）、安图实验仪器（郑州）有限公司（以下简称“郑州安图”）、中国科学院苏州生物医学工程技术研究所（以下简称“苏州医工所”）、重庆科迈斯生物科技有限公司（以下简称“重庆科斯迈”）。

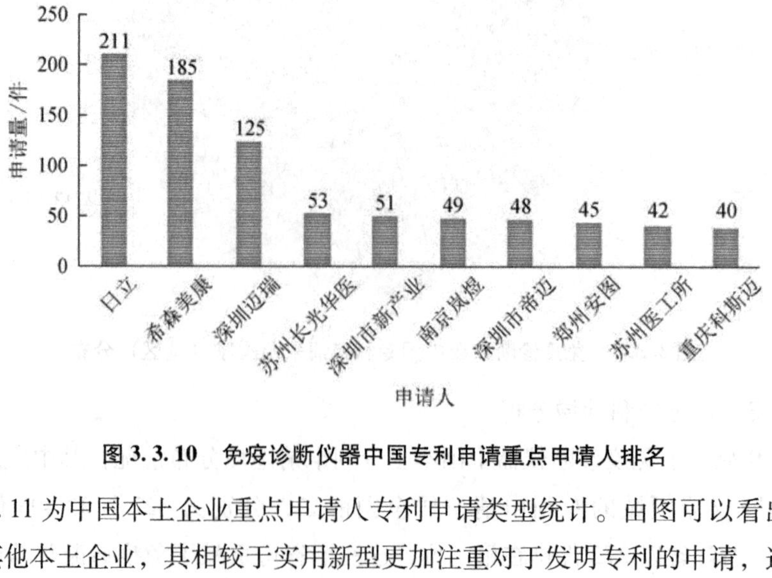

图 3.3.10　免疫诊断仪器中国专利申请重点申请人排名

图3.3.11为中国本土企业重点申请人专利申请类型统计。由图可以看出，深圳迈瑞相较于其他本土企业，其相较于实用新型更加注重对于发明专利的申请，这在一定程

度上说明其发明专利保护意识较其他企业更强，其免疫诊断仪器产品在市场上也更具有技术优势。深圳市新产业发明专利数量也略高于实用新型，而苏州长光华医的总专利申请量虽然较高，然而其中实用新型占比超过一半，达到 32 件。苏州医工所的发明和实用新型数量均衡，分别为 23 和 22 件。郑州安图、南京岚煜、重庆科迈斯的实用新型申请的数量较发明更多。

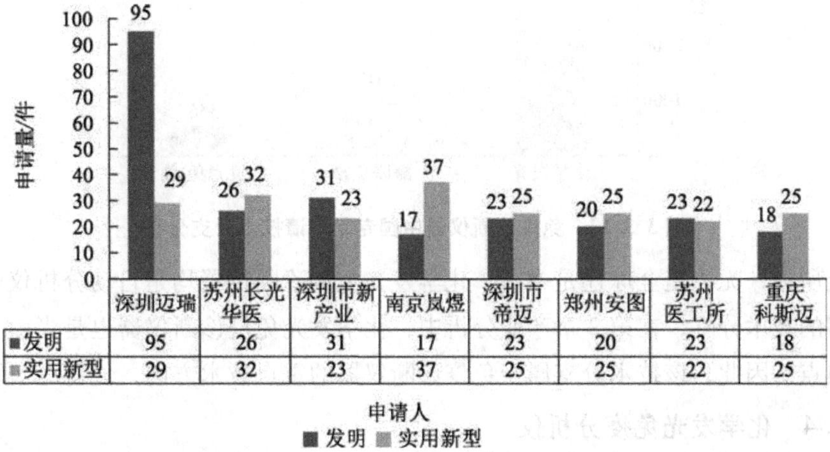

	深圳迈瑞	苏州长光华医	深圳市新产业	南京岚煜	深圳市帝迈	郑州安图	苏州医工所	重庆科斯迈
发明	95	26	31	17	23	20	23	18
实用新型	29	32	23	37	25	25	22	25

图 3.3.11　免疫诊断仪器中国专利申请重点申请人专利类型概况

3.3.3　重点技术主题分析

图 3.3.12 显示了免疫诊断仪器全球专利申请涉及化学发光、酶联免疫及荧光免疫的自动分析仪各技术分支的专利申请量，其中需要指出的是，由于免疫诊断仪器的部分结构可以通用，因此各技术分支之间存在部分专利交叉的情况。由图可以看出，涉及化学发光自动分析仪的专利数量为 6963，涉及酶联免疫自动分析仪的专利数量为 2422，涉及荧光免疫自动分析仪的专利数量为 876。

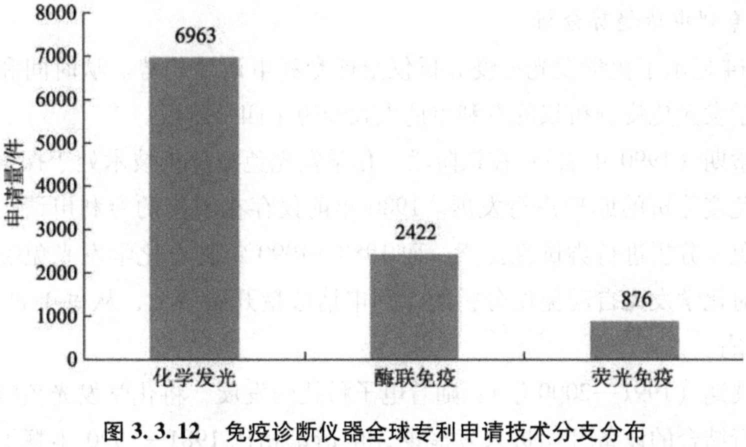

图 3.3.12　免疫诊断仪器全球专利申请技术分支分布

图 3.3.13 显示了免疫诊断仪器中国专利申请中各技术分支的申请量。由图可以看出，涉及化学发光自动分析仪的专利数量为 5135，涉及酶联免疫自动分析仪的专利数

量为1047，涉及荧光免疫自动分析仪的专利数量为556。

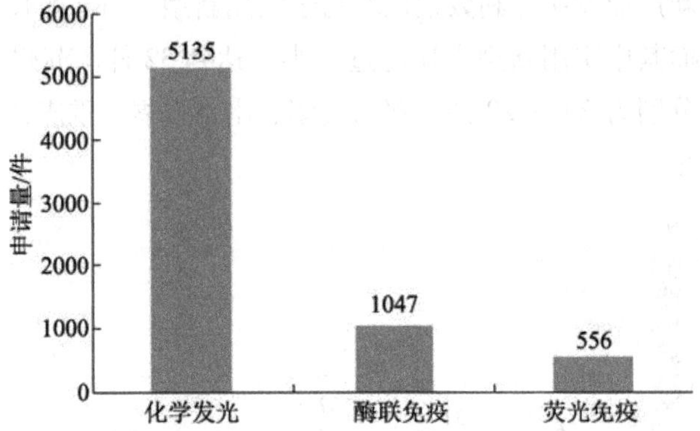

图3.3.13　免疫诊断仪器中国专利申请技术分支分布

综上所述，无论是全球还是中国，化学发光免疫诊断仪器均是自动分析仪中专利申请量最多的技术分支，在第2章产业分析中，化学发光免疫诊断仪器也是当前免疫分析的产业热点。因此，该技术分支属于免疫诊断仪器的重点技术方向，值得深入研究。

3.3.4　化学发光免疫分析仪

通过对免疫诊断仪器的专利整体分析可知，化学发光免疫分析仪属于该领域的重点技术方向。因此，本节选取化学发光自动分析仪作为免疫诊断仪器的重点技术进行专利分析。

3.3.4.1　全球专利申请状况分析

通过在Himmpat数据库中进行检索，截至2021年12月31日，全球范围内针对化学发光免疫诊断仪器的专利申请共计6963件，其中同族申请计为一件进行统计。本节将从申请量、申请人、申请国别以及技术分支等多个维度对化学发光免疫分析仪的专利申请进行分析。

1. 全球专利申请趋势分析

图3.3.14显示了化学发光免疫分析仪全球专利申请量趋势。从时间和申请量的分布来看，化学发光免疫分析仪的专利申请大致经历了四个阶段。

技术探索期（1990年前）：在该阶段，化学发光免疫分析技术处于探索期，主要针对化学发光免疫分析的原理进行发展。1980年前仅存在零星的专利申请，其主要在于对化学发光免疫分析进行尝试性探索，而1980—1990年随着化学发光免疫分析的原理逐渐成熟，对化学发光自动免疫分析的专利申请数量开始增加，从每年的20件逐渐增加到50件左右。

技术发展期（1991—2000年）：随着电子科技的发展，将化学发光免疫分析技术与自动分析进行结合的设备开始进入发展期，申请量相比1981—1990年翻了一番，年均申请量在100件左右。

技术平稳期（2001—2012年）：随着化学发光免疫分析原理以及电子科技的成熟，

化学发光自动免疫分析设备步入了平稳期，申请量相比 1991—2000 年又翻了一番，专利年申请量维持在 150~200 件之间。

再次发展期（2013 年至今）：2013 年之后，随着经济的繁荣以及科技发展，化学发光免疫市场不断开拓，其专利申请量出现了大幅增长，2013 年的专利申请数量达到 262 件，此后逐年升高，这得益于中国市场的影响力以及中国企业对该领域开始发力，2019 年专利申请量更是暴增到 588 件，该领域专利布局的竞争呈现出火热化的态势。2020 年受全球新冠肺炎疫情影响，申请量有些微下滑。

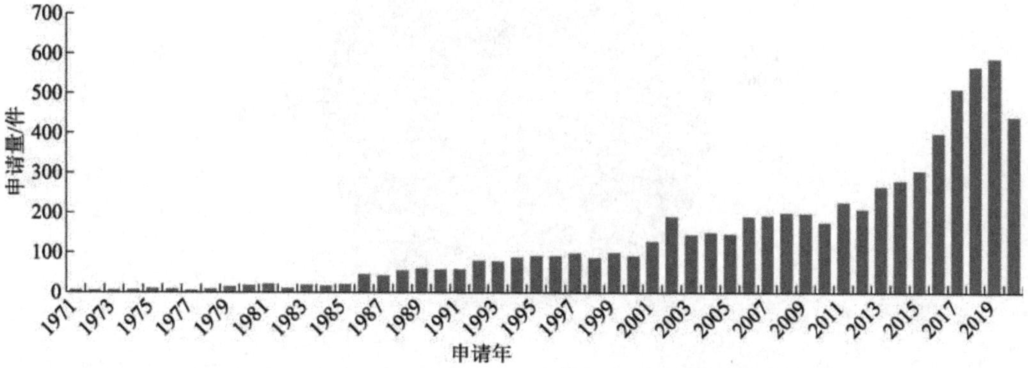

图 3.3.14　化学发光免疫分析仪全球专利申请量趋势

从上述专利申请量的增长情况可以看出，作为目前最受关注的免疫分析技术，化学发光免疫分析仪专利申请量的增长速度迅猛。随着全球对于体外诊断需求的日益增加以及中国市场影响力的日益增强，针对该领域的专利布局正越来越得到市场主体的重视，竞争愈加激烈，这也证明了该领域的市场前景广阔。

2. 全球专利申请地域分析

图 3.3.15 显示了化学发光免疫分析仪全球专利来源国的分布情况。由图可以看出，该领域的专利主要来源于中国、美国和日本，占比分别为 48.41%、21.57%和 16.06%，总计 86.04%，已经超过了全球专利的五分之四，其中来自中国的专利申请占到了将近一半的比例；其次是德国、韩国，占比分别为 2.69%和 2.21%；剩下的国家/地区的专利占比仅为 9.06%。由此可见，对于化学发光免疫分析仪，全球专利技术呈集中态势，主要分布在中国、美国和日本。

图 3.3.16 显示了化学发光免疫分析仪全球专利重点来源国申请量趋势。由图可以看出，1990—2000 年主要是来自美国和日本的申请，且申请量整体呈现上升趋势，其中日本从起初的每年 20 件左右逐渐升至四五十件，随后呈现轻微起伏，2002 年的申请量达到历史最高值（73 件），随后开始逐年下降。1990—2020 年，美国的申请量起伏并不大，虽然在 2005 年达到了最高峰，但是也只有 52 件，大多数年份为三四十件。变化最显著的是中国，2000 年前中国的申请量寥寥无几，2001—2009 年申请量平稳增长，2010 年出现些微下降，这说明对于中国国内的申请而言，化学发光免疫诊断仪器的相

关技术还处于起步阶段，但是2011—2020年申请量呈现出爆发式增长，尤其是2015年之后的几年间，并在2019年达到最高峰（498件）。2020年由于新冠肺炎疫情的影响，申请量有所降低，但是也有396件。这一惊人的增长速度代表着国内申请人对该领域的研发和专利布局在数量上已经逐渐成为全球的领先者，具有不可撼动的地位。

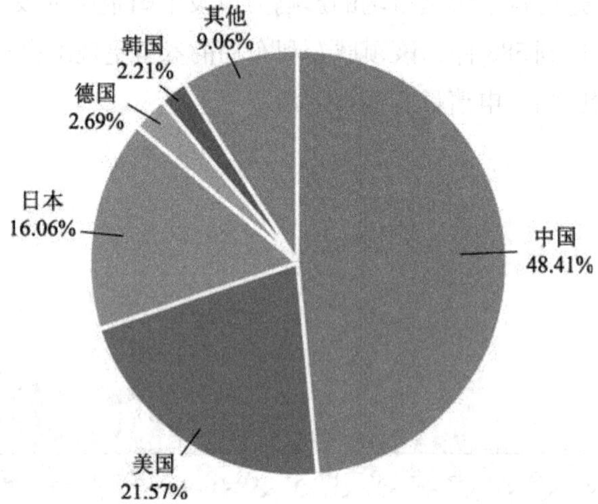

图 3. 3. 15　化学发光免疫分析仪全球专利来源国分布

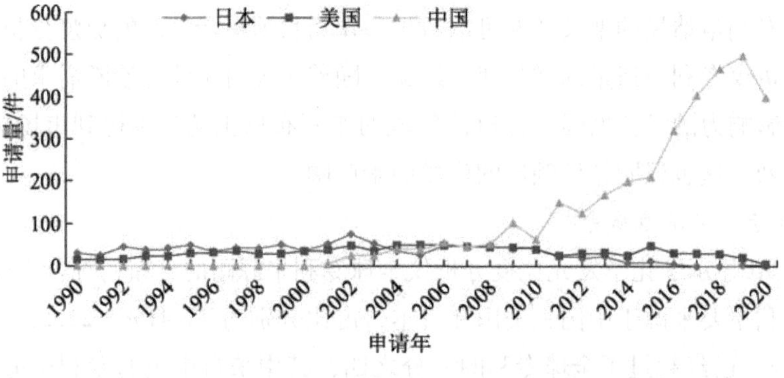

图 3. 3. 16　化学发光免疫分析仪全球专利重点来源国申请量趋势

图3.3.17显示了化学发光免疫分析仪全球专利重点目标国家（地区）的布局分布情况。由图可以看出，来自中国的专利申请绝大部分仅进入了中国，其数量为1172件，而进入美国的仅有38件，进入欧专局的仅为28件，进入日本的仅为20件，这说明中国的专利申请人对于该领域的布局还主要集中在国内，在国外的布局意识和能力均较弱，这一方面是因为国内申请人目前在该领域的技术实力还较薄弱，无法有效地在国外获得专利，另一方面也说明国内申请人对于国外市场的开拓还处在早期的阶段，无法与国外的巨头企业抗衡。来自美国的专利申请在各国家（地区）的布局相对比较均衡，其中在美国本土申请的专利数量为1270件，在欧专局申请的专利数量也达到了1056件，在日本的专利申请数量略低，但也有889件，进入中国的专利申请数量则为523

件，其数量上相对前述几个国家（地区）较低，然而需要指出的是，这 523 件中有相当一部分是近几年进入中国的，这说明美国的申请人对于中国市场的重视度在不断增加。来自日本的专利申请人同样最注重在日本本土的布局，数量为 1045 件，而进入美国的专利数量为 468 件，接近日本本土专利数量的一半，此外分别在欧专局和中国布局了 339 件和 258 件专利，由此可以看出，日本企业也有较强的全球专利布局的能力，虽然比起美国申请人还有些许差距，但也是值得中国申请人学习的对象。

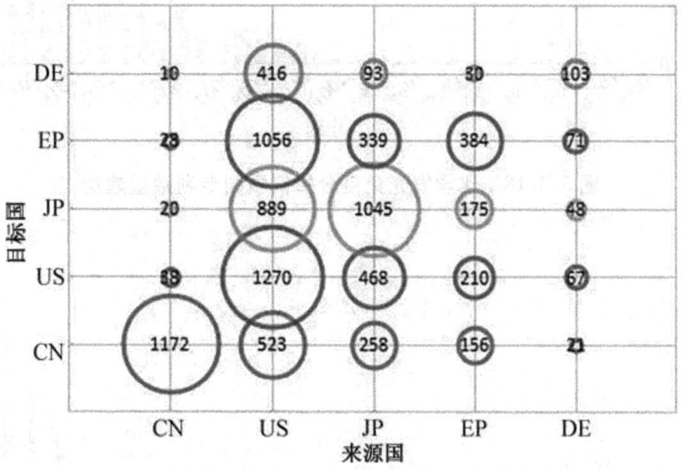

图 3.3.17　化学发光免疫分析仪全球专利重点目标国家（地区）的来源和目标气泡图

3.3.4.2　中国专利申请状况分析

1. 中国专利申请数量趋势分析

图 3.3.18 显示了化学发光免疫分析仪中国专利数量趋势，图 3.3.19 显示了中国专利中来自美国、日本的专利申请量趋势。中国专利局成立于 1984 年，从 1985 年起中国专利中就开始出现该领域的专利，然而在 1985—2000 年长达 15 年的时间里，主要是来自美国、日本等国家的申请，本土申请寥寥无几。虽然美国、日本等发达国家在化学发光仪器的专利申请起步很早，但是其申请量并没有随着时间变化出现快速增长，而是在一个数量级上平稳发展，进入中国阶段的申请同样如此，保持着一个平稳的节奏。从图 3.3.18 中可以看出，从 2001 年开始，整体的申请量出现了明显的快速增长，尤其是 2015 年后呈现出井喷式增长，中国专利申请量的变化态势与图 3.3.14 全球专利申请量发展态势高度吻合，结合图 3.3.19 中三国申请量的变化趋势，可以说，中国专利申请量的大幅增加，主要得益于中国申请人对该领域的大力投入。

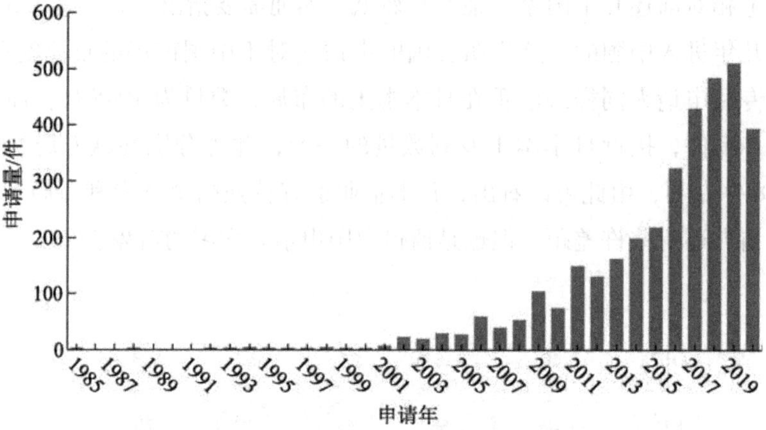

图 3.3.18　化学发光免疫分析仪中国专利数量趋势

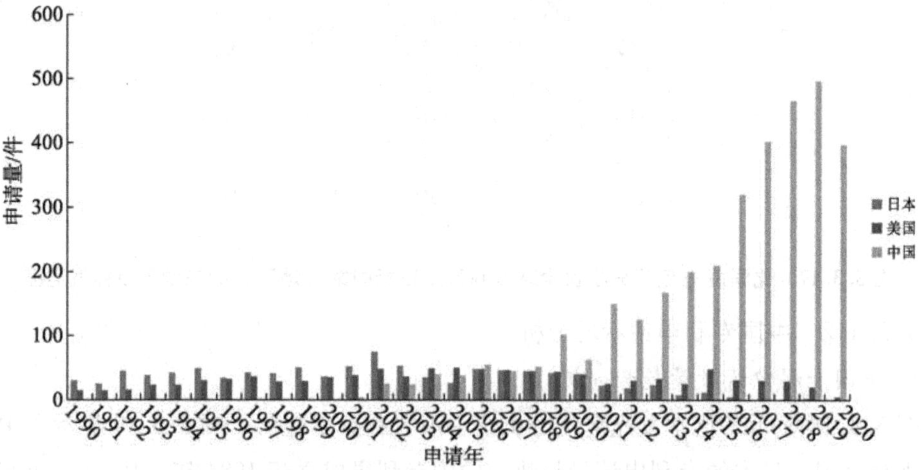

图 3.3.19　中国专利中来自美国、日本、中国的专利申请量趋势

2. 中国专利申请来源分析

图 3.3.20 显示了化学发光免疫分析仪中国专利申请人来源分布情况。由图可以看出，得益于 2000 年之后中国在该市场的大力投入，使得来自中国的专利申请占到了较大比例，为 92.62%，然后是来自美国的专利申请，占比为 3.66%，来自日本的专利占比为 1.86%，这三者是中国专利的主要来源国。需要指出的是，虽然部分全球知名企业的总部并不在美国或日本（如罗氏），然而这些企业通常在美国也有研发中心，在申请专利的时候，常常以在美国专利局提交专利申请作为起点，使得该专利的优先权来自美国。

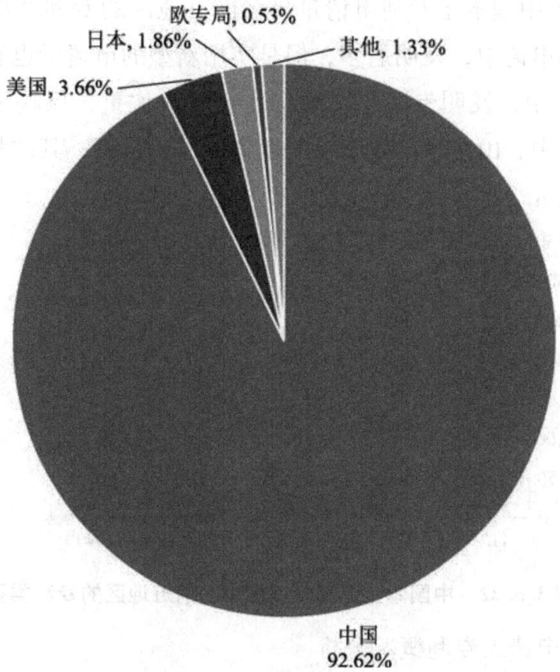

图 3.3.20　化学发光免疫分析仪中国专利来源分布

3. 中国本土专利申请地域分析

图 3.3.21 显示了中国本土专利申请人的地域分布情况。从图中可见，中国申请量相对比较集中。其中，江苏省和广东省的专利申请量并列首位，北京市次之，随后是山东省和上海市。这五个地区的总申请量占到了所有本土申请人专利申请量的 63%，充分说明其在化学发光免疫分析仪专利技术上的领先地位。

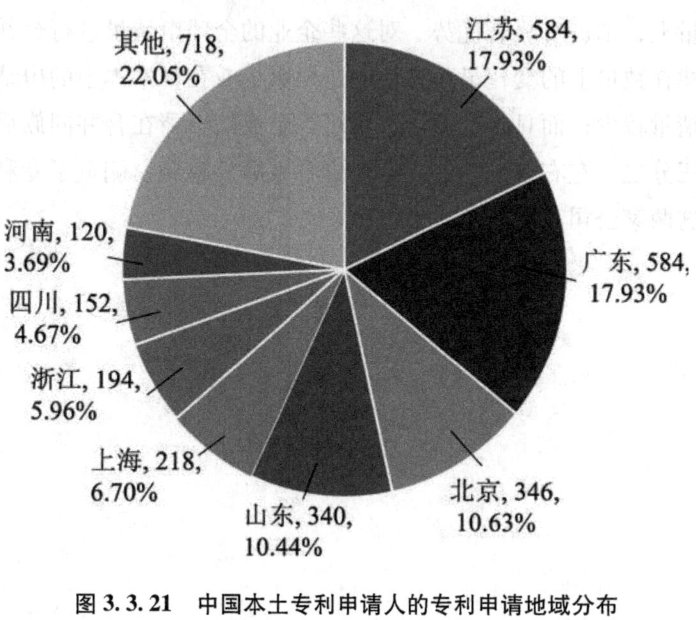

图 3.3.21　中国本土专利申请人的专利申请地域分布

图 3. 3. 22 显示了中国本土专利申请量排名前五地区的专利类型情况。由图可以看出，在各省市的专利申请中，发明居多，但是实用新型的申请量也有相当大的规模。在排名前五的省（市）中，发明专利申请量均占有较大比重，反映了经济发达地区对于专利质量的追求。其中，山东省的发明专利申请量占比最高，其次是北京市。

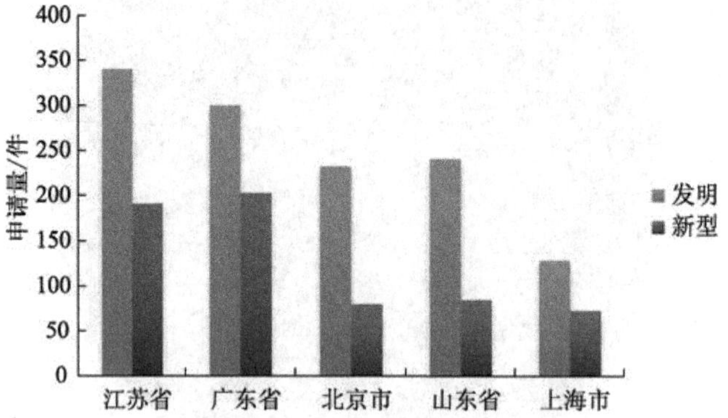

图 3. 3. 22　中国本土专利申请量排名前五地区的专利类型

3. 3. 4. 3　重点申请人专利概况分析

1. 全球专利重点申请人分析

图 3. 3. 23 显示了化学免疫分析仪全球专利重点申请人排名情况。由图可以看出，排名第一的是日立，其专利数量为 333 件，断崖式领先于其他企业；排名第二和第三的罗氏和雅培的申请量相当，均为 155 件，合并同族后雅培的申请量比罗氏少一些；富士和岛津株式会社（以下简称“岛津”）紧随其后，分别为 138 和 136 件；相比前 5 位，希森美康和荷兰皇家飞利浦有限公司（以下简称“飞利浦”）的申请量要少很多。综合上述可以看出，在海外申请人中，日本企业无论是在申请量上还是在从事化学发光分析仪的企业数量上，都占有显著优势。对这些企业的全球申请量进行合并同族后我们发现，富士和岛津在数量上的变化最小，说明这两家企业在日本本土的申请量更多，进入其他国家的申请量较少；而日立、罗氏、雅培等企业的申请在合并同族后，申请量仅为原始申请量的三分之一左右，说明这些企业更看重海外布局，侧重于专利走出去，尤其是罗氏和雅培这两家公司。

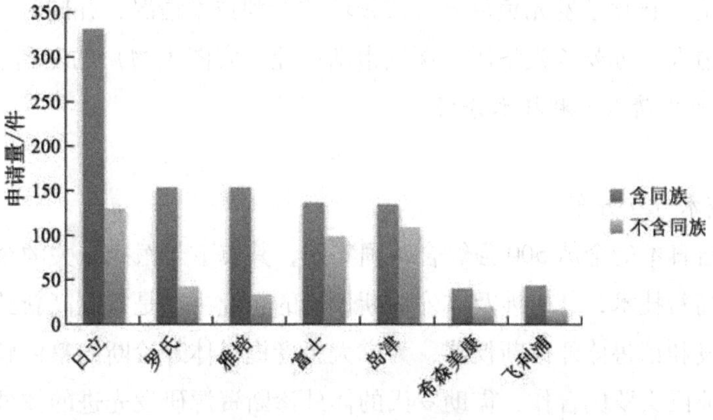

图 3.3.23　化学发光免疫分析仪全球专利重点申请人排名

2. 中国专利重点申请人分析

图 3.3.24 显示了化学发光免疫分析仪中国专利的重点申请人排名情况。由图可以看出，在该技术的中国专利中，排名第一的是来自苏州高新区的苏州长光华医，共有 86 件，其次是深圳新产业，随后是郑州安图绿科生物工程股份有限公司（以下简称“安图生物”），两家公司的申请量相差不大，分别是 65 件和 61 件。从上面的排序也能看出，化学发光免疫分析仪的申请主要是以企业为主，说明该领域的市场参与度较高，而这些申请量比较靠前的企业在地域上的分布也比较分散，长三角经济圈、珠三角经济圈、京津冀经济圈以及川渝经济圈均有涉及。通过数据分析我们发现，中国企业的专利申请布局主要在国内，且仅有零星的几件 PCT 申请，市场竞争力还有待提高。

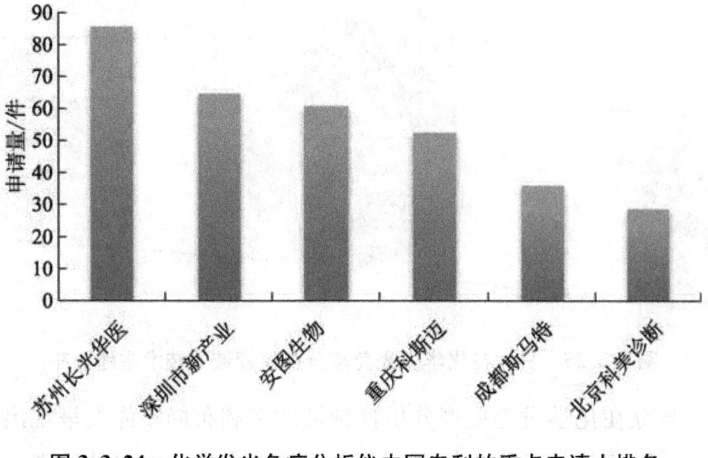

图 3.3.24　化学发光免疫分析仪中国专利的重点申请人排名

3.3.4.4　重点申请人技术分析

通过前面的分析可知，在化学发光免疫分析仪领域中，全球呈现巨头化态势，重点申请人的专利申请量超过了该领域全球专利总量的四分之一，且从市场份额的角度来看，呈现垄断现象，可以说，重点申请人的技术发展情况在很大程度上反映了该领域的专利技术情况。因此，本小节从重点申请人入手，分析全球排名前三的重点申请人（日立、罗氏及雅培）在化学发光免疫分析仪领域的专利技术情况，并同时对全球排名前列的国内本土申请人（苏州长光华医、深圳市新产业、安图生物）的专利进行分析。

1. 全球重点申请人专利技术分析

（1）日立

1）日立技术分支分布

日立是来自日本的全球500强综合跨国集团，其旗下与医疗有关的企业包括日立医疗器械和日立高新技术，其中涉及体外诊断仪器的企业主要是日立高新技术。日立高新技术致力于研发和销售体外诊断仪器，为广大患者提供体外诊断的整体解决方案，其还与体外诊断行业巨头罗氏合作，借助罗氏的体外诊断资源研发先进的体外诊断仪器。日立在化学发光免疫分析仪领域的专利申请量共261件，居全球专利申请量的首位。

通过对日立在化学发光免疫分析仪领域的专利申请的标引分析可知，其专利申请主要涉及化学发光免疫分析仪的进样系统、反应处理系统、检测系统以及其他（如控制系统、安装、维护等），其中反应处理系统和检测系统是该公司的研发重点，专利申请占比分别为45%和39%，如图3.3.25所示。在反应处理系统分支中，反应容器和清洗分离是该分支的重点，相关专利申请量分别为该公司在化学发光免疫分析仪领域的专利申请量的22%和17%；而搅拌机构和温浴控制的相关专利比较少，占比都为3%。在检测系统分支中，光检测器是该分支的重点，相关专利申请量为该公司在化学发光免疫分析仪领域的专利申请量的30%；分析模块占比为7%，对准结构和磁传感器的相关专利较少，占比仅为1%。

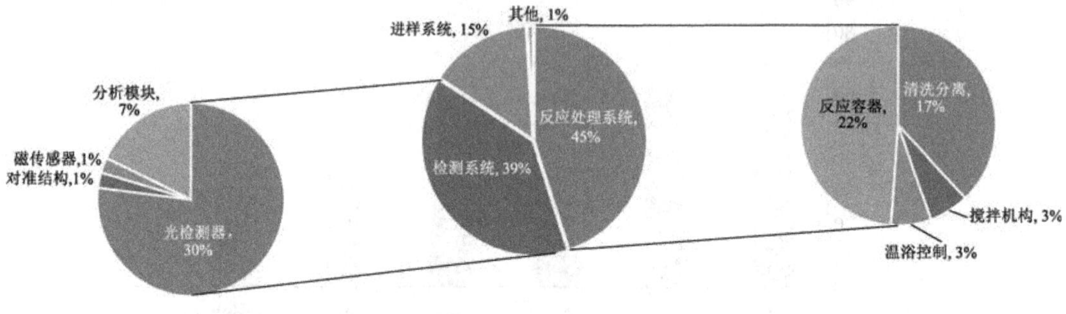

图3.3.25　日立在化学发光免疫分析仪领域的技术主题分布

由此可知，日立在化学发光免疫分析仪领域的专利布局整体上呈现出有侧重且全面均衡发展的特点，而相关技术分支的专利分布又呈现出重点突出的特点，奠定了其在化学发光免疫分析仪领域的霸主地位。

2）日立各技术分支专利技术脉络分析

① 反应处理系统

反应处理系统是化学发光免疫分析仪中具有关键作用的结构部件，也是该技术领域的研发重点，日立在反应处理系统方面的专利申请量占据其在化学发光免疫分析仪领域专利申请总量的将近半数。根据对其专利申请的标引和梳理，日立在反应处理系统的专利技术发展主要涉及反应容器、清洗分离、搅拌机构和温浴控制四个子分支，其中重点子分支为反应容器和清洗分离，接下来对这两个子分支的技术脉络进行梳理和分析。

A. 反应容器

日立在化学发光免疫分析仪领域的反应处理系统分支中涉及反应容器子分支的专利技术脉络如图 3.3.26 所示。

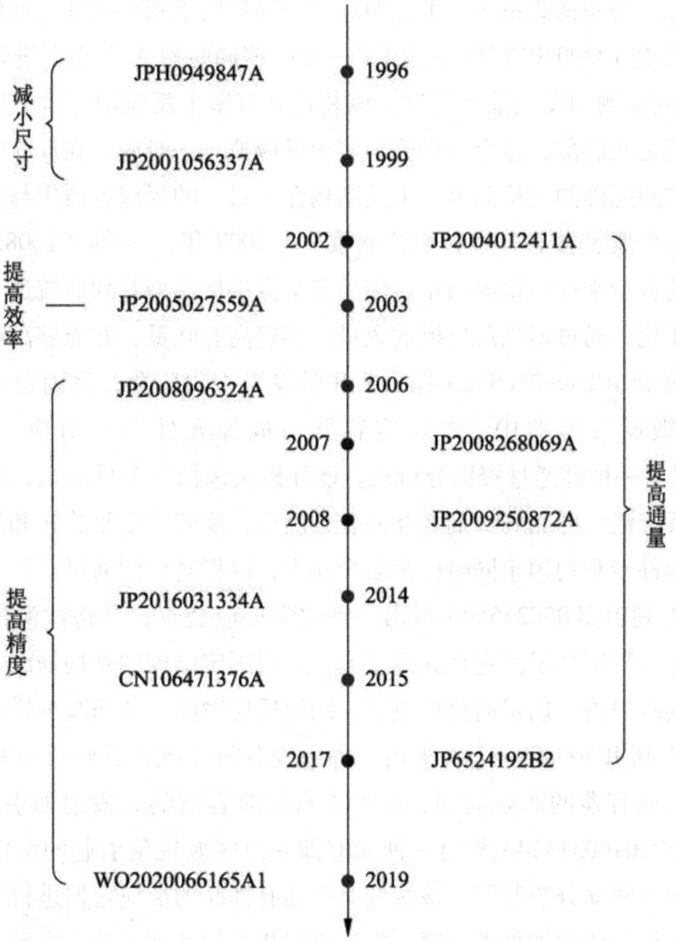

图 3.3.26　日立在反应容器子分支的专利技术脉络

1996 年，专利 JPH0949847A 提出一种分析装置，其能够通过减小反应容器的输送范围来减小整个分析装置的尺寸。在容器盒上放置未使用的反应容器，在芯片盒上以矩阵状载置未使用的喷嘴头。用于在 *X* 方向和 *Y* 方向上移动夹持机构的输送机构顺序地从芯片盒抓握未使用的喷嘴尖端并将其转移到芯片连接站。另外，输送机构从第一列的开头依次把持容器盒上未使用的反应容器，并转移到分配站。分配机构将放置在芯片连接站中的喷嘴尖端连接到喷嘴保持器，然后将样本和试剂添加到分配站上的反应容器中。1999 年，专利 JP2001056337A 提出一种 DNA 分析装置，通过一个小的反应池芯片来确定 DNA 序列。分析装置包括一个反应池，用于容纳与引物、DNA 聚合酶、荧光素酶、腺苷三磷酸酶和硫化酶结合的模板 DNA，第一至第四池分别容纳四种类型的 dNTP，凹槽或毛细管以预定顺序从第一到第四池中的任何一个为反应池提供四种类型的 dNTP，dNTP 或包含 dNTP 的液体通过凹槽或毛细管偏心地移动到反应池，检测器将与模板 DNA 互补结合的引物的延伸反应形成的焦磷酸转化为 ATP，并检测由于荧光素酶的作用而产生的荧光素的磷光。通过这种构造，可以生产尺寸是目前经常使用的 DNA 分析装置的几十分之一的便携式系统。上述两件专利都是用于减小尺寸，促使仪器小型化。

2002 年，专利 JP2004012411A 提出了一种能够同时对多个样本进行高灵敏度检测的小型 DNA 序列检测和发光检测装置。该装置具有多个反应池，每个反应池均具有一维或二维排列的透明底部；多个毛细管与多个反应池一一对应，在反应容器的下表面附近布置多个光检测元件的光检测器，上述结构在一对一的反应容器中与相应的垂直方向上的多个检测元件紧密接触，以检测生物发光。2007 年，专利 JP2008268069A 通过增加微型反应罐的数量来提高检测通量，使用多个微小反应槽并列后流通型检测器，与以往的凝胶电泳相比，通过增加反应槽的数量，实现高吞吐量，并能够高精度进行荧光检测。2008 年，专利 JP2009250872A 提出非化学发光检测装置，将固定了测定对象的珠子快速填充到微反应容器中，微反应容器与成像元件一一对应。2017 年，专利 JP6524192B2 提出一种高通量资助分析仪。该分析仪包括一个反应盘，其上具有周向布置的反应池，反应池将样品和试剂相互混合并反应，反应盘重复旋转和停止，以提高检测通量。上述四件专利均用于同时检测多个样本，以提高检测通量。

2003 年，专利 JP2005027559A 提出一种化学反应装置，其将微流体装置的流路用作化学反应容器，特定分子固定在其内壁上，并对固定结构的结构物或未固定结构的结构物设置流动的障碍物，以提高反应效率，缩短反应时间，从而减少样本的损失。

2006 年，专利 JP2008096324A 提出一种免疫分析系统，其将反应容器预先遮光放置，通过管理反应容器的遮蔽时间，减少来自反应容器的光发射而引起的背景噪声。2014 年，专利 JP2016031334A 提出一种能够抑制由区域现象引起的测定结果的准确性降低的分析方法及驱动分析装置。该装置对存储有样品的反应容器进行第一次捕获体添加处理、第一次标记体添加处理、第一次反应固相添加处理、第一次反应固相清洁处理和第一次测量处理，以提高检测精度。2015 年，专利 CN106471376A 提出一种自动分析装置，其中，反应容器在内部侧壁面上具有向内部侧凸出的台阶部，控制部使分注取样器下降，从而使分注取样器的前端到达台阶部的下方，分注取样器在接触台阶部的状态下吐出试药。2019 年，专利 WO2020066165A1 提出一种反应容器，该装置是以第一轴为中心的圆柱体形状。反应容器在第一轴方向上的总长度长于在第二轴方向（垂直于第一轴）上的总长度和第三轴方向（垂直于第一轴和第二轴）上的总长度。上述结构能够在不影响反应容器保持在规定温度的功能的情况下，测量来自反应液的光量。上述四件专利均用于防止噪声、污染，提高检测精度。

B. 清洗分离

日立在化学发光免疫分析仪领域的反应处理系统分支中涉及清洗分离子分支的专利技术脉络如图 3. 3. 27 所示。

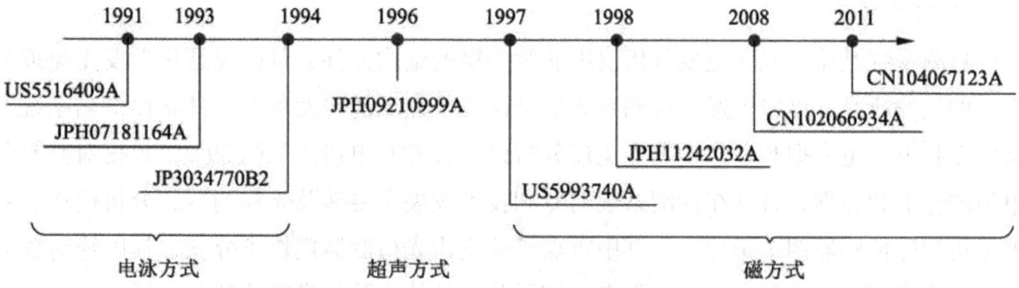

图 3. 3. 27　日立在清洗分离子分支的专利技术脉络

1991 年专利 US5516409A 为了解决增加毛细管数量的同时不牺牲灵敏度和电泳速度对样本进行检测的技术问题，提出一种用于检测在迁移部分中迁移的样品的电泳设备。在该专利的基础上，日立在接下来的几年提出了对电泳装置的一系列改进。例如，1993 年专利 JPH07181164A 为了减少从凝胶电泳板切断 DNA 带的工作量，允许同时处理多种试样，提出一种具有多个分离的电泳通道的电泳装置，从而实现对试样传递管内的分离成分进行分级；1994 年专利 JP3034770B2 为了改进现有的电泳装置比较昂贵并且体积大的缺点，提出一种毛细管型电泳装置，该装置能够以高灵敏度或高分辨率读取通过毛细管对核酸或蛋白质进行凝胶电泳而获得的电泳图案，而不需要特殊的激光光源等昂贵的装置。

为了提高流通反应池的清洗效果，1996 年专利 JPH09210999A 提出一种将声波供应到流通池中的电声换能器，以提高清洁化学分析仪的准确性。

为了提高分离效果，1997 年专利 US5993740A 改进现有的磁分离操作复杂的缺点，提出一种磁分离仪器。在反应容器中，将磁性颗粒与包含 TSH 作为分析物和标记抗体的样品混合，化学发光标记材料通过免疫反应结合到磁性颗粒上，将包含混合物的流体引入流通池内的腔室，调整腔室的尺寸，使其宽度大于深度，流体中的磁性颗粒被磁体捕获，从而以平面形式散布在腔室内的预定区域，而无用的材料则从腔室向外排出，然后用含有引诱剂的缓冲溶液填充腔室。通过向设置在腔室内的电极施加电压，激发磁性颗粒上的标记材料以发出电化学光，通过光电倍增管检测发光。在该专利的基础上，日立在接下来的几年提出了对磁分离技术的一系列改进。例如，1998 年专利 JPH11242032A 提出将磁性颗粒捕获到流通池中之后，暂时停止流动池中的流动，此时磁性颗粒不流动，然后通过阀的切换使缓冲溶液流到流通池，带动磁性颗粒的抗体进入流通池，进而快速灵敏地分析样品中特定物质的浓度；2008 年专利 CN102066934A 提出一种通过磁铁的位置移动使得磁性粒子振动的磁分离装置，该装置能够在短时间内去除阻碍物质，缩短分析时间；2011 年专利 CN104067123A 提出一种均匀地捕捉流路壁附近的磁性微粒的装置，该装置中检测流路的入口和出口可以使含有特定物质及磁性微粒的试样液流入、流出，在磁场发生设备的检测流路中，磁铁宽度比流路宽度更大，进而能够提高检测精度。

② 检测系统

检测系统是化学发光免疫分析仪中非常关键的结构部件，可以说是化学发光免疫分析仪的灵魂所在，毋庸置疑，检测系统也是该技术领域的研发重点，日立在检测系统方面的专利申请量占据其在化学发光免疫分析仪领域专利申请总量的39%。根据对其专利申请的标引和梳理，日立在检测系统的专利技术发展主要涉及光检测器、分析模块、对准结构和磁传感器四个子分支，其中重点子分支为光检测器模块子分支，其以绝对优势占据着检测系统的专利申请。接下来对该子分支的技术脉络进行梳理和分析。

日立在化学发光免疫分析仪领域的检测系统分支中涉及光检测器子分支的专利技术脉络如图 3. 3. 28 所示。

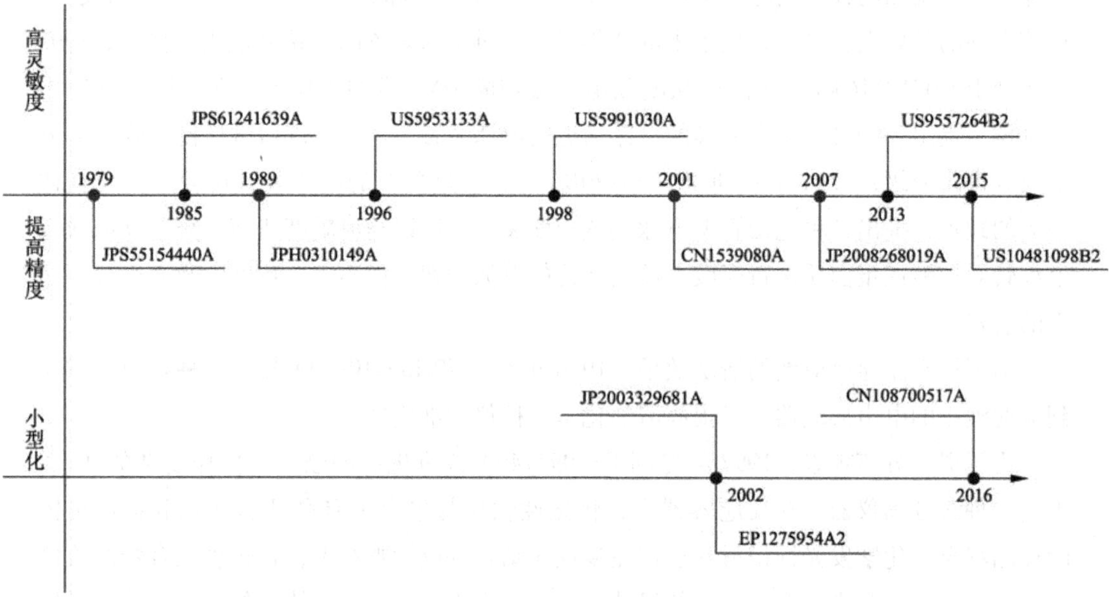

图 3. 3. 28　日立在光检测器子分支的专利技术脉络

1979 年，专利 JPS55154440A 通过检测光电倍增管向试剂中添加试剂时发生的荧光激发现象，以高灵敏度在短时间内分析样品中的微量成分，通过设置避光室防止杂散光的干扰，以提高检测精度。1989 年，专利 JPH0310149A 通过反射来自发光样品的弱光，将光聚集并输入光电检测器，从而提高光量的聚集效率，并提高光测量的信噪比。2001 年，专利 CN1539080A 提出一种适用于利用发光反应的发光用微阵列板和使用该微阵列板的发光检测装置，通过用光导检测该微小区域的发光，可减少来自周围的发光干扰，并提高检测精度和灵敏度。2007 年，专利 JP2008268019A 提出一种高灵敏度的发光测量设备，该发光测量设备具有高效率的将溶液内的发光引导至光接收表面的发光测量系统和防止暗电流波动的杂散光屏蔽系统。2015 年，专利 US10481098B2 提出一种具有优异遮光性能的发光仪设备，该设备能够减少外部环境或工业污染物侵入，并且能够以高灵敏度测量被测细胞。在遮光室内部包括：装载有保持容器的容器架、分配液体的分配机构、旋转板。设备旋转板在将容纳样品和发光试剂的混合液体的多个反应容器保持在同心环形板上的同时转动，并且设置有允许容器架在至少一对相邻反应容器之间穿过的间隙以及光电检测单元。光电检测单元被设置成通过旋转板的开口面向位于开口上方的反应容器的底部，并且在遮光室关闭的状态下执行发光测量。

1985 年，专利 JPS61241639A 提出一种光检测装置，能够通过在移动反应容器时样品反应中发生的磷光的荧光，实现适合自动化的高效分析操作。1996 年，专利 US5953133A 提出一种扫描装置，用于扫描和读取平板形状的样品的发光图案，该装置同样可以通过允许来自平面光源的光透射通过样品的图来扫描和读取样品的非发光或不发光图案。1998 年，专利 US5991030A 利用旋转盘的旋转扫描来扫描从平面样品发出的微弱的发光图案。2013 年，专利 US9557264B2 提出设置多个光接收器，从不同的光接收角度接收反应溶液产生的散射光，与透射光的测量方法相比，散射光的测量方法能够以更大的变化来测量反应。

2002 年，专利 JP2003329681A 提出一种用于实现小型化、低成本的基因测试设备的方法，将用于生物样品测试装置的光传感器阵列，设置为可以同时选择两个像素，获取其信号后以差分形式输出来检测微观化学发光，这种方法可以降低基因测试的成本。2002 年，专利 EP1275954A2 提出一种能够检测多个波长的紧凑且低成本的荧光读取装置，该装置采用半导体纳米颗粒作为荧光物质，以便能够通过单个激发光源同时激发多种荧光物质。2016 年，专利 CN108700517A 提出一种发光检测装置，该装置由聚光透镜阵列的各聚光透镜个别地对来自发光点阵列的各发光点的发光进行聚光，使之成为光束，并使各光束并列地射入传感器，从而进行检测，该发光检测装置通过使各发光点的直径、各聚光透镜的焦距、间隔、各聚光透镜与传感器的光路长度之间满足预定关系，使发光检测装置小型化，同时实现高灵敏度和低串扰。

（2）罗氏

1）罗氏技术分支分布

罗氏是体外诊断行业的巨头，是一家致力于研发和销售体外诊断试剂和体外诊断仪器的瑞士公司，为广大患者提供体外诊断的整体解决方案。截至目前，罗氏在化学发光免疫分析仪领域的专利申请量共 155 件，位居全球第二，仅次于日立。通过对其专利申请的标引分析可知，其专利申请主要涉及化学发光免疫分析仪的进样系统、反应处理系统、检测系统以及其他（如控制系统、安装、维护等），其中反应处理系统和检测系统是该公司的研发重点，专利申请占比分别为 40%和 39%（图 3. 3. 29）。在反应处理系统分支中，反应容器和清洗分离是该分支的重点，相关专利申请量分别为该公司在化学发光免疫分析仪领域的专利申请量的 18%和 13%；而触发反应、流程控制、温浴控制和搅拌机构的相关专利比较少，占比分别为 4%、2%、2%和 1%。在检测系统分支中，光检测器和分析控制模块旗鼓相当，二者都是该分支的研究重点，相关专利申请量为该公司在化学发光免疫分析仪领域的专利申请量的 16%；校准模块、触发波形、磁传感器和对准结构的相关专利比较少，占比分别为 2%、2%、2%和 1%。

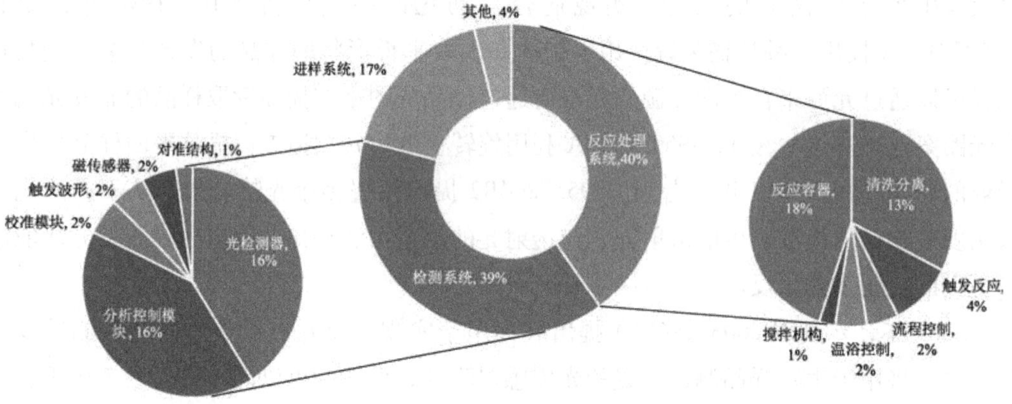

图 3. 3. 29　罗氏在化学发光免疫分析仪领域的技术主题分布

由此可知，罗氏在化学发光免疫分析仪领域的专利布局整体呈现出有侧重且全面均衡发展的特点，而相关技术分支的专利分布又呈现出重点突出的特点，这也是使得罗氏在化学发光免疫分析仪领域快速发展的重要因素。

2）罗氏各技术分支重点专利分析

① 反应处理系统

反应处理系统是化学发光免疫分析仪中具有关键作用的结构部件，也是该技术领域的研发重点，罗氏在反应处理系统方面的专利申请量占据其在化学发光免疫分析仪领域专利申请总量的 40%。根据对其专利申请的标引和梳理，罗氏在反应处理系统的专利技术发展主要涉及反应容器、清洗分离、触发反应、流程控制、温浴控制和搅拌机构六个子分支，其中重点子分支为反应容器子分支和清洗分离子分支。接下来对这两个重点子分支的专利技术脉络（图 3. 3. 30）进行梳理和分析。

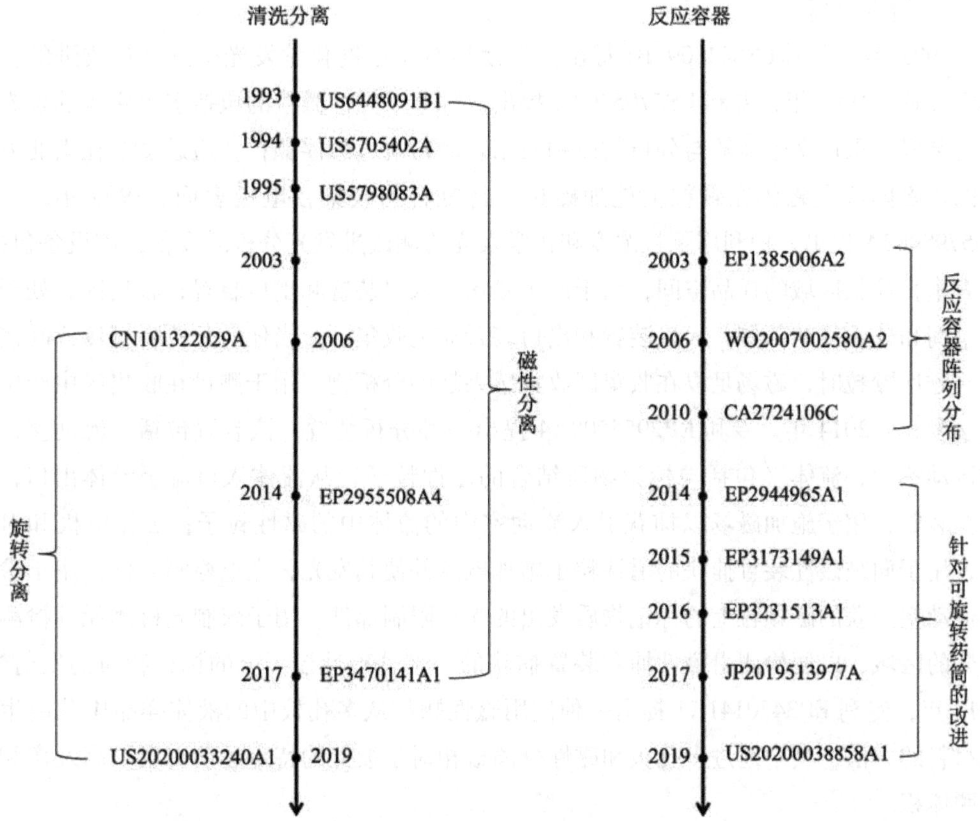

图 3. 3. 30　罗氏在反应容器和清洗分离子分支的专利技术脉络

A. 反应容器

2003 年，专利 EP1385006A2 提出一种盒状的反应处理装置，实现了反应容器的小型化。2006 年，专利 WO2007002580A2 提出一种阵列排布的反应容器，可以提高检测通量。2010 年，专利 CA2724106C 提出一种用于扩增的多孔板和具有用于密封多孔板的箔的盖，其中盖在板上存在两个位置，一个用于存储，一个用于将箔密封至板上。

2014 年，专利 EP2944965A1 提出一种用于测量生物样品特性的可旋转药筒，该药筒绕旋转轴线旋转，并具有至少一个容器，该容器具有至少一个储液罐，储液罐至少包含一种流体，每个容器被配置为在空腔内绕旋转轴线旋转并且相对于筒旋转，每个液体储液罐包括可穿透密封件，并且空腔包括用于每个储液罐的穿透结构，穿孔结构配置为当容器相对于药筒旋转时打开密封件。在该专利的基础上，罗氏在接下来的几年提出了对可旋转药筒的改进。例如，2015 年提交申请的专利 EP3173149A1、2016 年提交申请的专利 EP3231513A1、2017 年提交申请的专利 JP2019513977A 和 2019 年提交申请的专利 US20200038858A1。

B. 清洗分离

1993 年，专利 US6448091B1 提出一种使用粒子浓度化学发光检测进行改进的发光测定装置。1994 年，专利 US5705402A 提出一种基于磁性微粒的包括多个磁体的发光测定的装置，采用多个能够与分析物或物质结合的磁响应悬浮颗粒，通过多个在南北方向上的永磁体或电磁体在颗粒上施加磁场，将复合物收集在电极表面。1995 年，专利 US5798083A 提出一种利用颗粒浓度和化学发光检测改进发光分析的设备，该设备包括：具有垂直柱状区域的样品空间，用于产生磁场的入口装置和出口装置；收集区，处于样品空间和柱状区的下侧，入口装置和出口装置靠近收集区，当任何分析物直接或间接结合至磁性颗粒时，磁场足以在收集区收集感兴趣的分析物，用于测量在收集区中产生的化学发光。2014 年，专利 EP2955508A4 提出一种分析装置，该装置包括：流动室，在该流动室中，流体（包括与标记物质结合的磁性粒子）从流体入口流至流体出口；磁捕获装置，用于施加磁场以捕获引入流动室中的流体中的磁性粒子；工作电极和对电极，用于向被磁性装置捕获的磁性粒子施加电压并使其发光；光电检测元件，用于检测从流动室捕获的磁颗粒上的标记物质发出的光；限制部件，用于限制光检测元件检测发射光的区域，以便检测由磁性捕获装置捕获的一部分磁性粒子上的标记物质的发射光。2017 年，专利 EP3470141A1 提出一种使用磁性颗粒从多孔板中的液体样品中分离生物靶材料的方法，其中通过多孔板和磁性分离板相对于彼此的特定运动实现了高效率和低洗脱体积。

2006 年，专利 CN101322029A 提出一种用于从包含高密度颗粒和固体颗粒的样品中至少局部分离或分离出流体的设备，该设备包括可移动或可驱动的主体，例如可旋转的板状或盘状主体，其具有至少一个流体通道，在流体通道中，在移动或驱动主体时，流体样品的流速比相对的内壁表面上的速度更高，至少一条通路包括在一个内壁表面处的装置以至少延缓流体样品混合物沿壁表面的流动。2019 年，专利 US20200033240A1 提出一种处理液体生物样品中所有颗粒的方法和系统，该方法使用可旋转容器来处理液体生物样品中包含的颗粒，可旋转容器具有纵向轴线，容器可绕该纵向轴线旋转，上部具有用于接受包含颗粒的液体的顶部开口，下部用于在可旋转容器静止时容纳液体，中间部分具有横向收集室，用于在可旋转容器旋转时容纳液体。

② 检测系统

罗氏在检测系统方面的专利申请量占据其在化学发光免疫分析仪领域专利申请总量的 39%。根据对其专利申请的标引和梳理，罗氏在检测系统的专利技术发展主要涉及光检测器、分析控制、校准模块、触发波形、磁传感器和对准结构六个子分支，其中重点子分支为光检测器和分析控制子分支，二者以绝对优势占据着检测系统的专利申请。接下来对上述子分支的技术脉络进行梳理和分析。罗氏在化学发光免疫分析仪领域的检测系统分支中的专利技术脉络如图 3. 3. 31 所示。

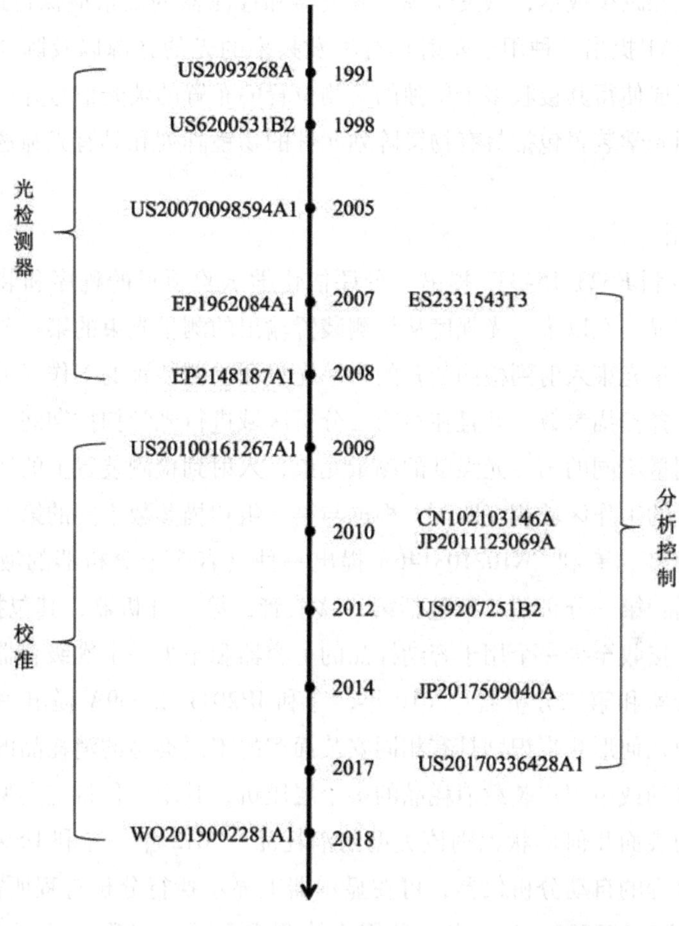

图 3. 3. 31　罗氏在检测系统分支的专利技术脉络

A. 光检测器

1991 年，专利 US5093268A 提出一种用于同时进行两个或多个电化学发光（ECL）现象测量的设备，该设备包括：一个电池，其中包括 ECL 部分的样品可被诱导重复发光，以响应于例如工作伏安电极施加的电化学能量；两个或多个光检测器（如光电倍增管），以各自的波长接收发射光，该波长指示样品中的待测物质。1998 年，专利 US6200531B2 提出一种用于进行电化学发光测量的设备，该设备包括：具有至少一个单元壁的单元，该单元壁包括与在单元内限定的 ECL 室相邻的透明部分，工作电极紧靠 ECL 室并与透明部分光学对准；一对电极，邻接 ECL 室；与透明部分相邻并且在光学配准的电屏蔽窗口。2005 年，专利 US20070098594A1 提出一种用于检测样品中的感应光发射的设备，该设备包括：样品容器；被配置为向样品容器提供激发光的光源，激发光包括多个不同的离散波长的光；发射检测器，其被配置为接收从样品容器发出的光并在空间上将它们分成组分波长。2007 年，专利 EP1962084A1 提出一种在多重 PCR 应用中特别有用的光学系统，其允许许多样品的短样品测量时间和高灵敏度相结合；另外，为了降低复杂性和减少成本，激发光源、滤波器和检测器的数量应保持最少。2008 年，专利 EP2148187A1 提出一种用于发射具有激发频率的光的光源以及阵列光学装置，光学传感器被布置成使得其接收多个单独的检测位置的布置的荧光信号并产生机器可读的主要数据，阵列光学装置包括具有物镜阵列元件的物镜阵列和具有光瞳透镜阵列元件的光瞳透镜阵列。

B. 分析控制

2007 年，专利 ES2331543T3 提出一种评估化学试验项目的程序和装置，改变扫描参数进行多次扫描，在以第一光强度从检测装置输出的测量光束的第一分析区域的光学扫描期间，从测量光束入射到检测装置的第一光量和检测装置的工作区域彼此适应，根据第一组参数选择扫描参数，并且在对第二分析区域进行光学扫描期间，从中产生具有与第一光强度测量不同的第二光强度的测量光束，入射到检测装置上的测量光束的第二光量和检测装置的工作区域相互匹配，根据与第一组扫描参数不同的第二组参数来选择扫描参数。2010 年，专利 CN102103146A 提出一种具有多个分析器的液体自动分析系统，该系统包括：第一分析器，其包括第一移液管；第二分析器，其包括第二移液管；取样单元，用于接收至少一个用于容纳样品的主容器和至少一个次级容器；控制器，用于控制第一分析器和第二分析器。2010 年，专利 JP2011123069A 提出一种基于各个消耗品的独特表面几何形状来识别具有相同安装面积的不同类型的消耗品的分析系统。分析系统配备有自动或由用户装载消耗品的多个层压机，其中一种特定类型的消耗品的层压机根据独特的表面几何形状识别该类型的消耗品。2012 年，专利 US9207251B2 提出一种执行分析过程的自动分析仪器，可在显示器上显示执行分析过程所需的所有参数。2014 年，专利 JP2017509040A 提出一种用于检测来自放大过程的数据中的跳跃误差，并潜在地禁用或校正这些跳跃误差的系统。跳跃误差可以通过确定数据集的二阶导数并识别在二阶导数中具有相反符号的两个连续循环来识别。当检测到跳转错误时，系统可以基于各种条件来禁用或校正数据集。禁用或校正可基于绝对跳跃高度、相对跳跃高度、跳跃的绝对位置或相对位置。2017 年，专利 US20170336428A1 提出一种改进的组件跟踪方法和系统，描述了悬浮试剂和样品标识符的使用以及悬浮和补充标识符的使用，以增强测定系统中的组分跟踪。

C. 校准

2009 年，专利 US20100161267A1 提出一种用于执行分析仪校准验证（CV 过程）的方法和装置。该装置包括：具有多个容器的药筒，其可以连接至分析仪的进气系统，每个进气系统包含具有已知测量参数值的测量流体；分配给药筒的存储单元，用于存储测量流体的测量参数值和与待检验的分析仪的 CV 过程相关的数据；位于分析仪处或分析仪内的对接或入口区域，用于接收带有数据路径的药筒，以读取存储单元；评估单元，其通常安装在分析仪中，用于评估分析仪测得的值；输出单元，用于打印评估协议。2018 年，专利 WO2019002281A1 提出一种在获取样品的图像数据之前校准显微镜或成像系统的系统和方法。

（3）雅培

1）技术分支分布

通过对雅培在化学发光免疫分析仪领域的专利技术进行梳理，结果如图 3.3.32 所示。由图可以看出，相对于日立和罗氏，雅培在进样系统的技术分支下布局的专利最多，专利数量为 48 件，占比接近一半，其中以针对流程控制的专利数量最多。其次，雅培关于检测系统技术分支的专利数量为 33 件，其中绝大部分涉及光检测器以及针对检测信号的处理。此外，还有 26 件专利是针对反应处理系统的相关改进，其中以针对清洗分离方面的专利数量最多。

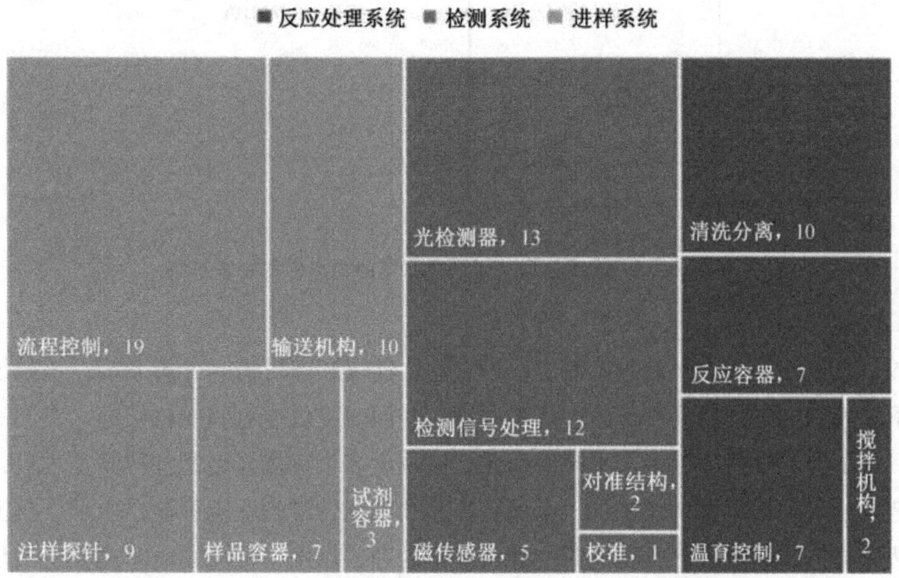

图 3.3.32　雅培公司针对化学发光免疫分析仪的专利技术主题分布

2）重点专利技术

① 进样系统

对于进样系统，雅培关于流程控制和输送机构的重点专利技术脉络如图 3.3.33 所示。

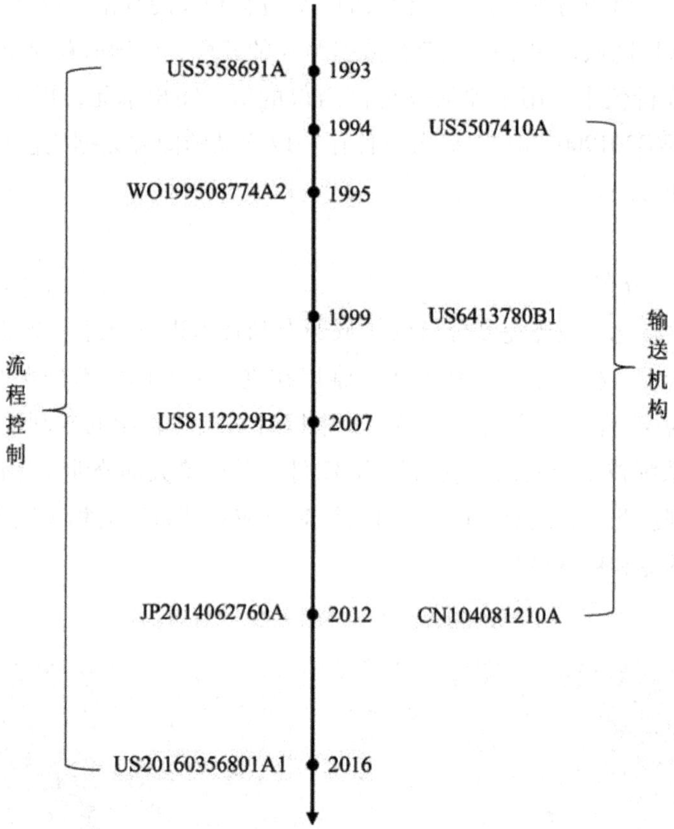

图 3.3.33 雅培公司关于进样系统的重点专利技术脉络

A. 流程控制

1993 年，专利 US5358691A 提出一种自动、连续和随机访问分析系统，该系统能够使用不同的测定方法对液体样品进行多次测定，同时提供连续和随机访问，在同一时期对同一或不同的样品进行多次不同的测定；在调度多个液体样品的各种测定之后，创建单位剂量的一次性样品，并将第一个液体样品和试剂转移到反应容器，启动分析反应序列，然后将单位剂量的一次性试剂物理转移到处理工作站，从而在培养过程中实现单位剂量一次性试剂和样品的混合。该系统能够按任何顺序执行多个预定的测定，并且能够进行超过此类预定测定的检测，还能够通过至少两个检测程序独立地分析培养的反应混合物。

1994 年，专利 WO199508774A2 在此基础上对流程调度系统的剂量平均值进行了优化，从而进一步提高系统的自动化程度。

2007 年，专利 US8112229B2 针对不同的测定方法具备不同的灵敏度阈值会导致检测结果偏差的技术问题，提出一种自动分析仪的流程控制方法。

2012 年，专利 JP2014062760A 为了提高分配的有效性，针对自动分析仪的标本分配的流程管理提出一种能够有效地执行样本分配的自动输送系统及方法。自动输送系统通过确认标本的测量项目，并根据标本处理能力将确定的标本测量项目分配给分析仪。例如，基于分析仪的累积校正测量次数确定分析仪此刻的处理能力。

2016 年，专利 US20160356801A1 针对即时检验 POCT 的样品检测质量提出整套的流程管理系统，从而在 POCT 等小型分析仪上也能够保持自动化的高质量检测。

B. 输送机构

1994 年，专利 US5507410A 对自动分析仪的药筒的输送机构进行了改进，其以单个顺序和垂直位置分配多个药筒，每个药筒呈圆柱形，具有向其中的孔逐渐变细的顶端和基本平坦的底端。轴向对齐的第一销钉和第二销钉，每个销钉的一端安装有一个杯子，每个杯子的中心轮廓与药筒顶端的形状匹配，杯子彼此面对。支撑装置支撑第一销钉和第二销钉，销钉可在支撑装置中轴向滑动，以使销钉能够可释放地支撑其间的一个药筒，而与药筒的顶端和底端的朝向无关。该装置能够提高输送系统的自动化程度。

1999 年，专利 US6413780B1 对输送机构的输送处理路径进行了优化，提出了一种使用单个结构来确定样品中的待测对象方法，提供了单个结构可访问的样本。待测对象可以是 DNA 或 RNA 的一个式多个特点区域，或是片段、补体、肽、多肽、酶、蛋白质等任何可以获取患者健康信息的物品。该方法包括如下步骤：将用于处理样品的第一容器放置在单个结构上的第一处理路径中；样品在第一处理路径中被转移到第一容器；在第一处理路径中将试剂添加到第一容器中；第一容器的内容物在第一处理路径中混合；样品中的待测对象在第一处理路径中与第一容器的内容物分离；在单个结构上，样品中的待测对象从第一处理路径中的第一容器转移到第二处理路径中的第二容器；在第二处理路径中，使第二容器的内容物达到与第一处理路径的温度不同的第一温度；在第二处理路径中检测第二容器中的待测对象。

2012 年，专利 CN104081210A 提出利用气动泵对样品进行传输的技术和装置。该装置包括：进入端口，用于将检验样本接收到容置室中；第一导管，具有至少一个侧向流动测试条；位移装置，例如气动泵，用于将一部分检查样本从储藏室移动到第一导管。

② 检测系统

图 3. 3. 34 的上半部分是雅培对于检测系统的重点专利技术脉络。

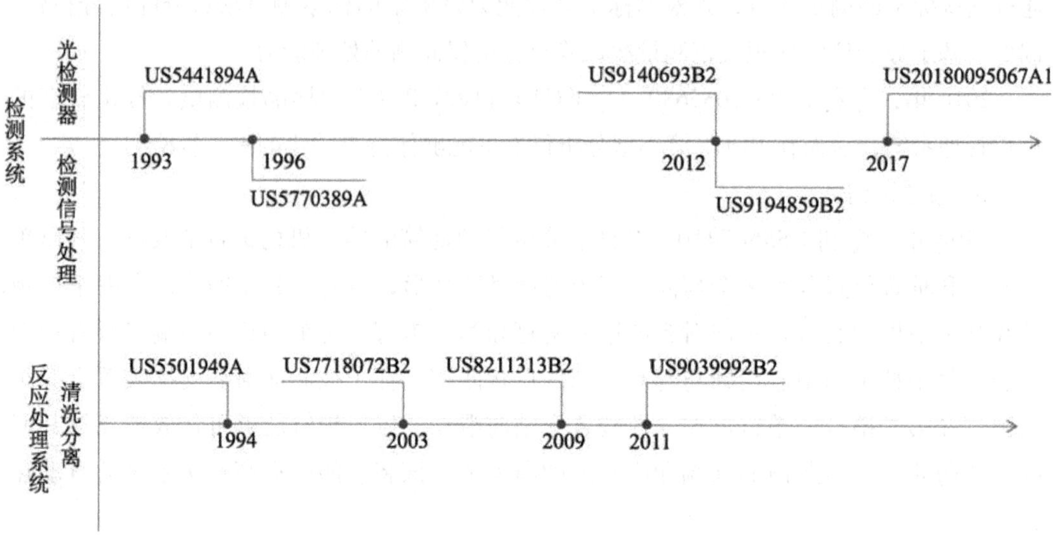

图 3.3.34　雅培公司关于检测系统以及反应处理系统的重点专利技术脉络

A. 光检测器

1993 年，专利 US5441894A 提出一种光检测器的光吸收元件结构，光吸收元件结构中包括具有纤维基质和多孔吸收材料的容器。该装置的第一种改进是将光吸收材料用作吸收材料或纤维基质与吸收材料之间的挡光层。第二种改进是采用无黏合剂纤维基质作为光吸收材料，如玻璃纤维。本发明通过减少背景信号改进了来自固体表面的化学发光信号的直接测量。该装置是一次性的，适合手动使用或与具有编程指令的设备一起使用，适用于各种固相诊断测定，如夹心测定或竞争性结合分析。

2012 年，专利 US9140693B2 提出一种具有光学可读微点阵列的检测器，以及使用这种装置进行微点阵列检测的方法，其有利于将检测仪小型化以及提高检测效率。

2017 年，专利 US20180095067A1 提出一种数字微流体和分析物检测装置，该装置包括：第一基板和第二基板，通常彼此平行地排列，以在它们之间限定间隙，第一基板包括多个电极，以对设置在该间隙中的液滴产生驱动力；至少一种试剂，其配置在第一基板或第二基板中的至少一种上，并被配置为由液滴携带；与间隙流体连通的分析物检测装置，其中多个电极被配置为将液滴移向分析物检测装置。据此可提高检测的准确性。

B. 检测信号处理

1996 年，专利 US5770389A 提出一种用于定量确定生物样品中分析物的装置和方法，该装置利用不透明的支撑介质来保留显色反应物，该介质暴露于光源中，以便通过散射，在光敏器件处收集到均匀响应的光信号的强度与分析物的量相关。响应光信号可转换为与光强度成比例的持续时间信号，以便于定量测定。该信号处理方式大大提高了检测的准确性。其中，具体测量可变输出信号的装置包括：与光敏元件串联的电容器网络，电容器网络在一定时间周期内具有放电周期；耦合到电容器网络和光敏元件并能够对电容器网络充电的电源；用于通过由光敏元件响应而产生的电阻来测量电容器网络的放电周期的持续时间的装置。

2012 年，专利 US9194859B2 提出一种针对检测信号的读取设备，该设备包括：壳体，其包括被配置为接收光学和电化学测试盒的盒接收端口；端口内的光学传感器，其被配置为从光学测试盒的光学特征读取第一信号；端口内的电连接器，其被配置为与电化学测试盒的一个或多个电极配合并从中接收第二信号，其中读取器设备被配置为基于第一信号或第二信号的任一个或两者显示定性、半定量或定量分析结果。

③ 反应处理系统

图 3. 3. 34 的下半部分是雅培公司对于反应处理系统的重点专利技术脉络。雅培在反应处理系统技术分支下以清洗分离作为技术重点。

1994 年，专利 US5501949A 提出一种利用半渗透膜进行清洗分离的技术方案，其具体方法如下：a. 使溶液与不溶性颗粒接触，该不溶性颗粒上附着有对分析物具有特异性的结合成分，从而形成包含第一复合物的悬浮液，其中第一复合物包含分析物、结合组分和不溶性颗粒；b. 将悬浮液施加到半渗透膜的至少一部分上，该半渗透膜的间隙小于不溶性颗粒的尺寸，并且具有一定的厚度，能够使不溶性颗粒保留在半渗透膜上；c. 使包含测定区的半透膜与能够特异性结合第一复合物的标记成分接触，以形成第二复合物，其中第二复合物包含第一复合物和标记成分，该半透膜允许未结合至第一复合物的标记成分从测定区中通过；d. 测定第二复合物中的标记成分产生的信号，该信号即表示待测溶液中分析物的量。

2003 年，专利 US7718072B2 针对磁分离进行了改进，其提出的设备具有用于容纳悬浮有磁性颗粒的流体的容器，以及自动移液器和磁体。分离步骤如下：将磁体和容器相对于彼此放置，以使磁体在磁性颗粒上施加磁场，该磁场趋向于在远离移液管的容器的选定区域中隔离磁性颗粒；在容器上施加磁场并持续一段选定的时间，以从容器的第一抽吸区域排出磁性颗粒；从容器中的第一抽吸区域抽吸出预定量的流体，其中该预定量的流体的体积小于流体总体积的 1/2；将设备放置在将磁场与移液管分开的第二位置，从而在第二位置磁体向磁性颗粒施加磁场，以从第二抽吸区域排出磁性颗粒；从第二抽吸区域抽吸流体，使磁性颗粒与流体分离。

2009 年，专利 US8211313B2 针对磁分离进行进一步改进，提出一种将固体磁性基材与反应容器的液体内容物分离的系统，该系统采用微孔板结合磁体进行分离，微孔板上的微孔排列成多行，多个磁体被布置成位于多行中的至少两行。在一个实施例中，系统控制多个磁体的至少两行，以使至少两行磁体一致地移动。在另一实施例中，系统控制多个磁体中的至少两行中的一行，以使得一行中的磁体沿垂直方向以第一速度移动，并且控制多个磁体使至少两行中的另一行，以使另一行中的磁体在垂直方向以第二速度移动。

2011 年，专利 US9039992B2 针对清洗分离时的离心机进行了改进，其提出的离心机包括：转盘，转盘上设有用于放置样品管的多个位置，转盘旋转以用于样品管的离心操作连接到转盘上部的多个驱动机构、安装在每个驱动机构上的可移动元件，当驱动机构被制动时能够横穿驱动机构的可移动元件、样品管保持组件。该样品管保持组件包括样品管保持器、附接到每个可移动元件的轴承以及至少一个能够贡献力矢量的平衡元件，该力矢量抵消了离心机旋转产生的不平衡矢量。

2. 中国重点申请人专利技术分析

（1）苏州长光华医

苏州长光华医成立于2009年6月，公司集临床免疫分析、血液检验等系列仪器和配套试剂的研发、生产、销售于一体，目前的核心产品为居于国内领先水平的管式全自动化学发光免疫分析系统和试剂，以及国内首创的适合于微柱凝胶免疫检测技术的全自动血型分析仪。

通过对该公司针对化学发光免疫分析仪的专利进行分析，由图3.3.35可以看出，其79件专利中有40件为发明专利，发明专利占比不足50%，发明专利中目前有12件为有效的授权专利，有24件处于公开未审查完毕的状态，3件处于驳回状态，1件主动撤回。

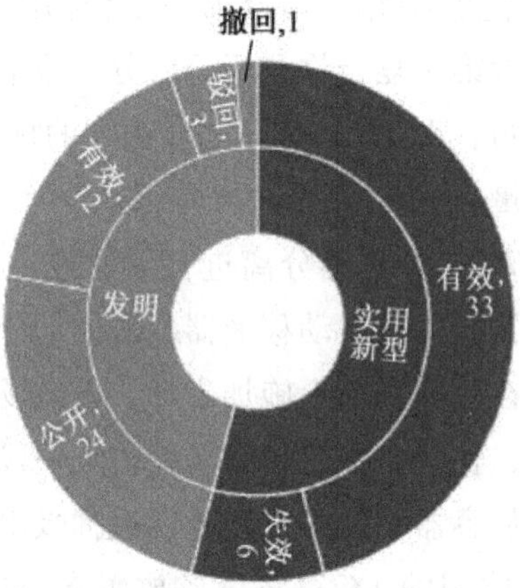

图3.3.35 苏州长光华医的专利类型和法律状态分布

通过对苏州长光华医针对化学发光免疫分析仪的所有发明专利进行技术标引，其结果如图3.3.36所示。由图可以看出，该公司的主要技术改进是针对化学发光免疫分析仪的进样系统，专利数量为23件，约占所有发明专利量的70%，其中又以对注样探针的相关改进为重点，其技术效果主要针对提高免疫检测的准确度。此外，还涉及对反应处理系统进行改进的10件专利，主要针对其中的反应容器和清洗分离部分进行改进，主要的技术效果是提高检测效率和准确度。

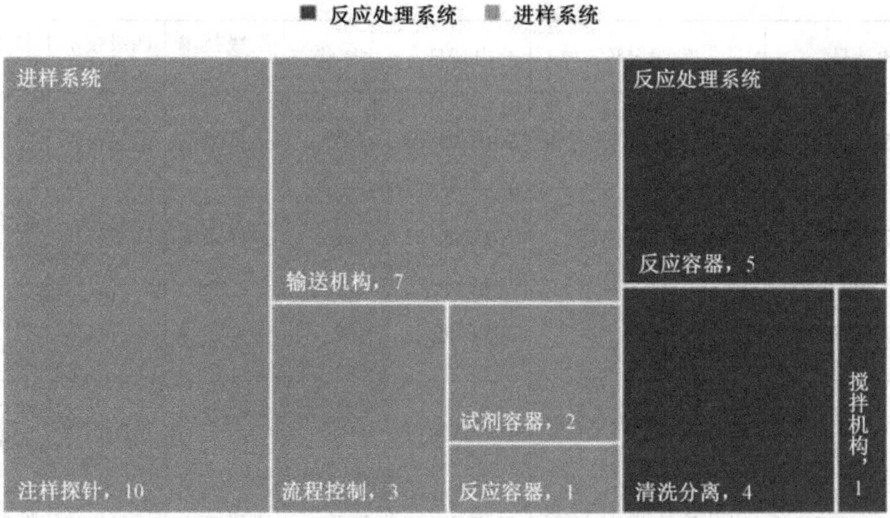

图 3.3.36　苏州长光华医针对化学发光免疫分析仪的发明专利技术分布

苏州长光华医关于化学发光免疫分析仪的所有发明专利见表 3.3.2。

表 3.3.2　苏州长光华医关于化学发光免疫分析仪的所有发明专利

申请号	发明名称	申请日	法律状态	三级技术分支	四级技术分支	技术功效分支
CN201110051806. X	一种全自动管式化学发光免疫检测仪用反应杯	2011/03/04	撤回	反应处理系统	反应容器	提高检测准确度
CN201310603596. X	一种全自动化学发光测定仪反应杯的限位存储装置	2013/11/26	驳回	反应处理系统	反应容器	提高使用寿命
CN201510137298. 5	一种体外诊断设备的加样针防撞装置	2015/03/27	有效	进样系统	注样探针	提高使用寿命
CN201510141740. 1	一种化学发光免疫分析仪加样针堵孔报警电路	2015/03/30	驳回	进样系统	注样探针	提高检测准确度
CN201510933411. 0	一种反应物摇匀装置	2015/12/15	有效	反应处理系统	清洗分离	提高检测准确度
CN201510931633. 9	一种反应杯自动送给机构	2015/12/15	有效	进样系统	输送机构	提高自动化程度
CN201510947761. 2	一种自适应液面探测采样系统及其控制方法	2015/12/17	有效	进样系统	注样探针	提高检测准确度

续表

申请号	发明名称	申请日	法律状态	三级技术分支	四级技术分支	技术功效分支
CN201510859744.3	一种化学发光测定仪器的反应杯抓放机械手	2016/05/06	有效	进样系统	输送机构	提高检测效率
CN201710480567.7	一种样本输送装置	2017/06/22	有效	进样系统	输送机构	提高检测准确度
CN201710480241.4	一种样本输送装置的阻挡定位机构	2017/06/22	有效	进样系统	输送机构	提高检测准确度
CN201710498779.8	一种分析仪盘式反应装置	2017/06/27	有效	反应处理系统	搅拌机构	提高检测效率
CN201710498759.0	分析仪反应杯传送机构	2017/06/27	有效	进样系统	输送机构	提高自动化程度
CN201710498777.9	一种可抽液机械手	2017/06/27	有效	进样系统	输送机构	提高自动化程度
CN201710498817.X	分析仪悬臂机构	2017/06/27	驳回	进样系统	注样探针	提高检测准确度
CN201710507018.4	一种化学发光免疫分析仪	2017/06/28	有效	进样系统	输送机构	提高自动化程度
CN201710507009.5	一种分析仪反应杯磁颗粒清洗方法	2017/06/28	有效	反应处理系统	清洗分离	提高检测效率
CN201710686422.2	一种自动理杯机构的反应杯出杯组件及理杯装置	2017/08/11	公开	进样系统	反应容器	提高自动化程度
CN201810139421.0	一种高精度加样系统	2018/02/11	公开	进样系统	注样探针	提高检测准确度
CN201810309992.4	一种倾斜式反应杯出杯组件及自动理杯装置	2018/04/09	公开	反应处理系统	反应容器	提高自动化程度
CN201810409939.1	一种反应杯卸载装置	2018/05/02	公开	反应处理系统	反应容器	提高检测效率
CN201810503395.5	一种加样针防撞机构	2018/05/23	公开	进样系统	注样探针	提高使用寿命
CN201810903007.2	适用于化学发光免疫分析仪的自动配液系统及方法	2018/08/09	公开	进样系统	注样探针	提高检测准确度

续表

申请号	发明名称	申请日	法律状态	三级技术分支	四级技术分支	技术功效分支
CN201810902482.8	反应杯自动放置及监测系统、方法	2018/08/09	公开	进样系统	流程控制	提高自动化程度
CN201810902449.5	适用于清洗分离功能堵针的检测系统及方法	2018/08/09	公开	反应处理系统	清洗分离	提高检测准确度
CN201811124686.X	反应杯状态检测方法、装置及系统	2018/09/26	公开	进样系统	流程控制	提高自动化程度
CN201811125871.0	一种体外诊断设备用的试剂区装置	2018/09/26	公开	进样系统	试剂容器	提高检测准确度
CN201811445004.5	全自动化学发光免疫分析仪的泵阀控制方法、装置及系统	2018/11/29	公开	进样系统	流程控制	提高检测准确度
CN201811574175.8	反应杯检测抗干扰系统及其应用方法	2018/12/21	公开	反应处理系统	反应容器	提高检测准确度
CN201910238859.9	一种免疫分析仪磁清洗分离装置	2019/03/27	公开	反应处理系统	清洗分离	提高检测效率
CN201910543169.4	一种具备样本重测功能的进样装置	2019/06/21	公开	进样系统	注样探针	提高自动化程度
CN201910542105.2	一种应用化学发光分析仪防空吸、空排系统及方法	2019/06/21	公开	进样系统	注样探针	提高检测准确度
CN201910673382.7	一种消除冷凝水的试剂仓制冷结构及试剂仓	2019/07/24	公开	进样系统	试剂容器	提高使用寿命
CN201911067560.8	一种全自动化学发光免疫分析仪的加样方法	2019/11/04	公开	进样系统	注样探针	提高检测准确度
CN201911072866.2	一种化学发光分析仪及其反应装置、磁力摇匀装置	2019/11/05	公开	反应处理系统	搅拌机构	提高检测准确度
CN201911176272.6	化学发光免疫分析仪及其冷却循环系统、故障监测方法	2019/11/26	公开	反应处理系统	反应容器	提高检测准确度
CN201911338256.2	用于化学发光免疫分析仪的试剂液面高度检测方法和装置	2019/12/23	公开	检测系统	光检测器	提高检测准确度
CN202010154977.4	一种用于底物液液量探测的自动校准方法、系统和装置	2020/03/09	公开	检测系统	校准	提高检测准确度

续表

申请号	发明名称	申请日	法律状态	三级技术分支	四级技术分支	技术功效分支
CN202011201482.9	全自动化学发光免疫分析仪液路中气泡检测系统及方法	2020/11/02	公开	进样系统	注样探针	提高检测准确度
CN202011208672.3	一种全自动底物切换装置	2020/11/03	公开	进样系统	样品容器	提高效率
CN202011370334.X	一种多反应杯连续测量的发光测量装置及发光测量方法	2020/11/30	公开	进样系统	试剂容器	提高效率

（2）深圳市新产业

深圳市新产业成立于 1995 年 12 月 15 日，是专业从事研发、生产、销售“体外诊断仪器及试剂”的国家级高新技术企业。该公司自成立以来，一直专注于化学发光免疫分析领域的研究。2010 年 2 月发布中国第一台全自动化学发光免疫分析系统。2017 年 7 月，深圳市新产业通过美国 FDA 510（k）审核，获得准入许可，正式成为中国第一家获得美国 FDA 准入的化学发光免疫诊断厂家。2018 年，深圳市新产业发布了全自动化学发光免疫分析系统 MAGLUMI© X8。2019 年 7 月，深圳市新产业自主研发的丙型肝炎化学发光产品成功通过欧盟 CE List A 认证，成为中国第一家丙肝试剂荣获欧盟 CE 最高认证的化学发光厂家。

图 3.3.37 显示了深圳市新产业针对化学发光免疫分析仪的专利申请量情况，其 58 件专利申请中发明专利数量为 36 件，占比 62%，相对于苏州长光华医的比例要高，说明该公司更加注重对于发明专利的布局。发明专利中目前有效专利为 10 件，驳回案件 3 件，其余 23 件处于公开未审结状态。

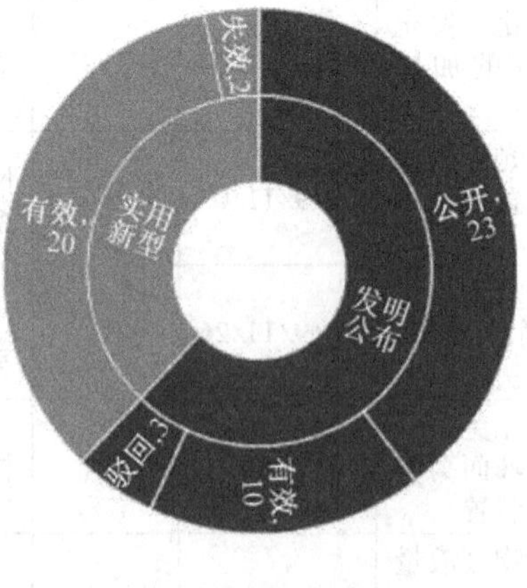

图 3.3.37 深圳市新产业的专利类型和法律状态分布

图 3.3.38 是深圳市新产业关于化学发光免疫分析仪发明专利的专利技术分析情况。由图可以看出，该公司的研发重心是进样系统，专利数量为 21 件，其中主要是针对输

送机构的改进，专利数量达到了 12 件，主要改进方向为提高自动化程度，其次为反应处理系统，其中以对反应容器的改进为重点，有 7 件专利申请。

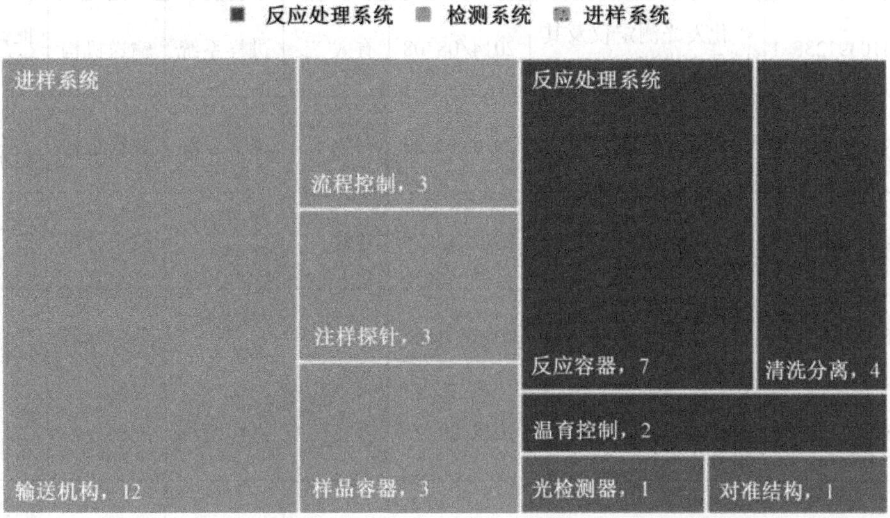

图 3.3.38　深圳市新产业针对化学发光免疫分析仪的发明专利技术分布

深圳市新产业关于化学发光免疫分析仪的所有发明专利见表 3.3.3。

表 3.3.3　深圳市新产业关于化学发光免疫分析仪的所有发明专利

申请号	发明名称	申请日	法律状态	三级技术分支	四级技术分支	技术功效分支
CN201010101849. X	化学发光免疫分析用反应杯储存装置	2010/01/22	驳回	反应处理系统	反应容器	提高检测通量
CN201010101774. 5	化学发光免疫分析用反应杯自动连续加载装置	2010/01/22	驳回	反应处理系统	反应容器	提高自动化程度
CN201010187570. 8	一种自适应化学发光免疫分析液面探测方法	2010/05/28	有效	进样系统	注样探针	提高检测准确度
CN201210302258. 8	一种组合式临床分析仪	2012/08/23	有效	进样系统	输送机构	提高自动化程度
CN201310300162. 2	一种便捷式全自动化学发光免疫分析系统及其分析方法	2013/07/17	有效	进样系统	流程控制	提高自动化程度
CN201410193851. 2	反应杯加载装置和全自动化学发光免疫分析设备	2014/05/08	有效	反应处理系统	反应容器	提高检测效率
CN201410193830. 0	加样装置和全自动化学发光免疫分析设备	2014/05/08	驳回	进样系统	输送机构	提高使用寿命

续表

申请号	发明名称	申请日	法律状态	三级技术分支	四级技术分支	技术功效分支
CN201410391238.1	生化发光测定仪及其样品推进装置	2014/08/08	有效	进样系统	输送机构	提高检测效率
CN201410559439.8	样本架传输装置	2014/10/20	有效	进样系统	输送机构	提高检测效率
CN201410559436.4	清洗设备及采用该清洗设备的化学发光测定仪	2014/10/20	有效	反应处理系统	清洗分离	提高使用寿命
CN201510074758.4	一种化学发光免疫分析仪及其反应杯加载存储机构	2015/02/12	有效	反应处理系统	反应容器	提高自动化程度
CN201510624223.X	实时自检方法、模拟加样自检模组及其使用方法	2015/09/25	有效	进样系统	流程控制	提高检测效率
CN201510641942.2	加样系统的定位方法及应用该定位方法的体外诊断仪器	2015/09/30	有效	进样系统	注样探针	提高检测准确度
CN201710885080.7	抓杯判断方法	2017/09/26	公开	反应处理系统	反应容器	提高自动化程度
CN201710890428.1	医用耗材存储盒加载装置、加载方法及化学发光检测仪	2017/09/27	公开	进样系统	样品容器	提高检测效率
CN201710890399.9	医用耗材存储盒加载装置的扫描检测装置及方法	2017/09/27	公开	进样系统	样品容器	提高自动化程度
CN201710900648.8	反应杯转盘、测量室及化学发光检测仪	2017/09/28	公开	检测系统	光检测器	提高检测准确度
CN201710911681.0	样本架加载系统、加载方法及化学发光检测仪	2017/09/29	公开	进样系统	样品容器	提高检测效率
CN201710911663.2	样本架转移装置、样本架加载系统及化学发光检测仪	2017/09/29	公开	进样系统	输送机构	提高自动化程度
CN201710903187.X	化学发光检测仪、温育装置及反应盘机构	2017/09/29	公开	反应处理系统	温育控制	提高检测准确度
CN201711098344.0	化学发光检测仪、耗材盒自动传输装置及其传输方法	2017/11/09	公开	进样系统	输送机构	提高自动化程度
CN201711100237.7	自动清点耗材盒数量的方法、系统及耗材盒存储装置	2017/11/09	公开	进样系统	输送机构	提高自动化程度

续表

申请号	发明名称	申请日	法律状态	三级技术分支	四级技术分支	技术功效分支
CN201711100229.2	耗材盒存储装置的控制方法、系统及耗材盒存储装置	2017/11/09	公开	进样系统	输送机构	提高自动化程度
CN201711100228.8	化学发光检测仪、耗材盒自动传输装置及其传输方法	2017/11/09	公开	进样系统	输送机构	提高自动化程度
CN201711100212.7	耗材盒定位落料机构及化学发光检测仪	2017/11/09	公开	进样系统	输送机构	提高自动化程度
CN201711099408.9	耗材盒提升机构、自动传输装置及化学发光检测仪	2017/11/09	公开	进样系统	输送机构	提高自动化程度
CN201711193120.8	温控方法及系统	2017/11/24	公开	反应处理系统	温育控制	提高使用寿命
CN201711465127.0	化学发光检测仪及其检测方法	2017/12/28	公开	反应处理系统	反应容器	提高检测效率
CN201711467198.4	样本架调度控制方法、系统以及医学检测设备	2017/12/28	公开	进样系统	输送机构	提高检测通量
CN201711467200.8	化学发光检测仪的控制方法、系统及化学发光检测仪	2017/12/28	公开	进样系统	流程控制	提高自动化程度
CN201711467196.5	化学发光检测仪的控制方法、系统及化学发光检测仪	2017/12/28	公开	反应处理系统	反应容器	提高检测通量
CN201711465126.6	化学发光检测仪及其检测方法	2017/12/28	公开	进样系统	注样探针	提高检测效率
CN201810074886.2	自动分析装置及抽液监控方法	2018/01/25	公开	反应处理系统	清洗分离	提高检测准确度
CN201810073746.3	吸附机构、清洗装置、化学发光检测仪及清洗方法	2018/01/25	公开	反应处理系统	清洗分离	提高检测准确度
CN201810073736.X	清洗装置及化学发光检测仪	2018/01/25	公开	反应处理系统	清洗分离	提高检测准确度
CN201910367300.6	发光检测装置	2019/05/05	公开	检测系统	对准结构	提高检测准确度

（3）安图生物

安图生物创立于 1998 年，专注于体外诊断试剂和仪器的研发、制造、整合及服务，产品涵盖免疫、微生物、生化等检测领域。公司于 2016 年 9 月 1 日挂牌上市，是国内第一家上海主板上市的体外诊断生产企业。该公司建有国家认定企业技术中心、免疫检测自动化国家地方联合工程实验室、河南省免疫诊断试剂工程技术研究中心等，承担了多项国家、省、市重大科技项目，其中包括“863 计划”两个项目。

图 3. 3. 39 显示了安图生物针对化学发光免疫分析仪的专利申请量情况，其 55 件专利申请中发明专利数量为 25 件，占比与苏州长光华医接近，同样不足 50%。发明专利中目前有效专利为 15 件，占比较高，驳回案件 2 件，撤回案件 2 件，其余 6 件处于公开未审结状态。这在一定程度上表示该公司专利申请时间相对较早，近期的专利申请数量不多。

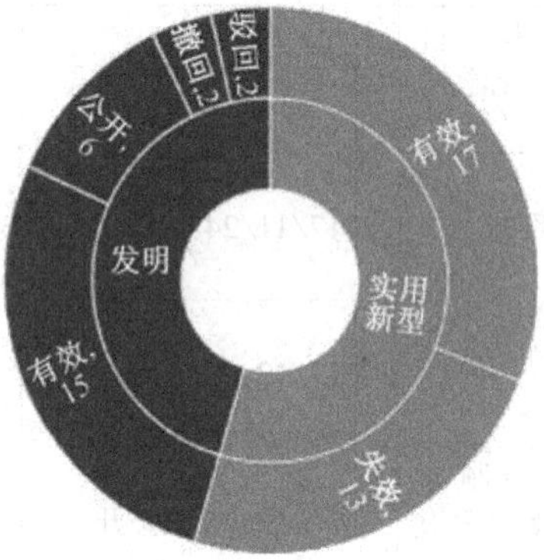

图 3. 3. 39　安图生物的专利类型和法律状态分布

图 3. 3. 40 显示了安图生物关于化学发光免疫分析仪的 26 件发明专利的专利技术分析情况。由图可以看出，该公司的发明专利仅涉及进样系统和反应处理系统，不涉及对于检测系统的改进，并以进样系统作为研发重心，专利数量为 18 件，其中主要针对输送机构的改进，专利数量为 8 件，主要改进方向是提高自动化程度。对于反应处理系统主要是以对清洗分离的改进为重点，有 6 件专利申请。

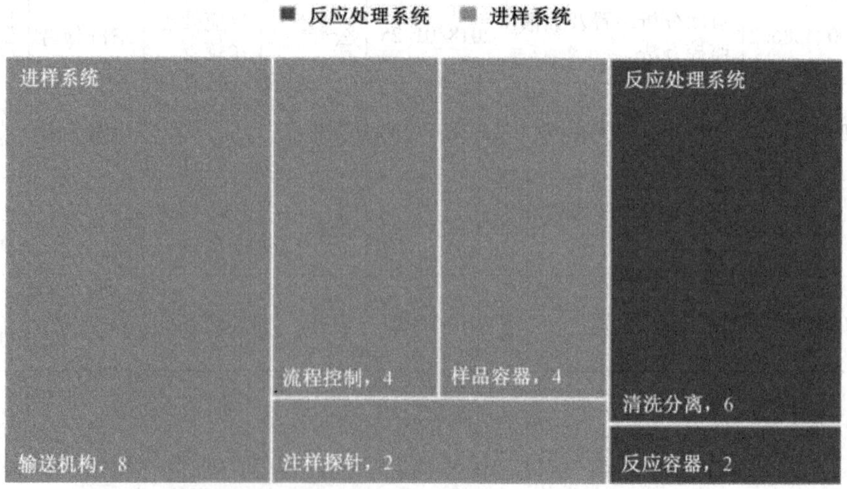

图 3. 3. 40　安图生物针对化学发光免疫分析仪的发明专利技术分布

安图生物关于化学发光免疫分析仪的所有发明专利见表 3.3.4。

表 3.3.4　安图生物关于化学发光免疫分析仪的所有发明专利

申请号	发明名称	申请日	法律状态	三级技术分支	四级技术分支	技术功效分支
CN201210462691.8	具有板架回收功能的反应杯装载系统	2012/11/16	有效	反应处理系统	反应容器	提高自动化程度
CN201210462883.9	一次性吸头板架	2012/11/16	驳回	进样系统	样品容器	提高自动化程度
CN201510606095.6	化学发光免疫分析用反应杯自动连续装载装置	2015/09/22	有效	进样系统	输送机构	提高检测效率
CN201610816848.0	样本架托盘	2016/09/12	有效	进样系统	输送机构	小型化
CN201610918598.1	用于反应杯的防撞清洗机构	2016/10/21	有效	反应处理系统	清洗分离	提高使用寿命
CN201610948947.4	适于加样装置的折叠型加样臂	2016/10/26	有效	进样系统	注样探针	小型化
CN201610947560.7	带有双边开合机构的样本架承载装置	2016/10/26	有效	进样系统	样品容器	提高自动化程度
CN201610968334.7	带有单边开合机构的样本架承载装置	2016/10/26	有效	进样系统	样品容器	提高自动化程度
CN201611101625.2	用于全自动化学发光仪的三维取样机构	2016/12/05	有效	进样系统	注样探针	提高使用寿命
CN201611145996.0	全自动化学发光免疫分析仪在线更换试剂控制系统	2016/12/13	撤回	进样系统	流程控制	提高检测效率
CN201710086551.8	抓手防撞机构	2017/02/17	有效	进样系统	输送机构	提高使用寿命
CN201710086552.2	全自动化学发光免疫分析仪分布式控制系统	2017/02/17	驳回	进样系统	流程控制	提高自动化程度
CN201710090429.8	全自动微粒子化学发光分析仪专用辅助分析方法	2017/02/20	撤回	进样系统	流程控制	提高自动化程度
CN201710224763.8	样本架承载装置	2017/04/07	有效	进样系统	输送机构	提高检测效率

续表

申请号	发明名称	申请日	法律状态	三级技术分支	四级技术分支	技术功效分支
CN201710225627.0	样本架回收装置	2017/04/07	有效	进样系统	输送机构	提高自动化程度
CN201710225616.2	样本架载入管理单元	2017/04/07	有效	进样系统	样品容器	小型化
CN201710572433.8	兼具推送功能的伸缩定位型样本传送装置	2017/07/14	有效	进样系统	输送机构	提高使用寿命
CN201710572427.2	兼具急诊、复测功能的样本管理及检测系统	2017/07/14	有效	进样系统	输送机构	多功能
CN201710572410.7	样本传送系统中的样本架搬运装置	2017/07/14	有效	进样系统	输送机构	提高自动化程度
CN201710713602.5	注液用逆止阀阻滞能力检测系统	2017/08/18	公开	反应处理系统	清洗分离	提高检测准确度
CN201811498316.2	用于体外诊断设备的洗头组件	2018/12/08	公开	反应处理系统	清洗分离	提高检测准确度
CN201811498317.7	化学发光免疫分析仪	2018/12/08	公开	进样系统	流程控制	多功能
CN201910140690.3	用于化学发光免疫分析仪的液路系统	2019/02/26	公开	反应处理系统	清洗分离	提高检测准确度
CN201910593882.X	用于体外诊断设备的加样针清洗液排液系统	2019/07/02	公开	反应处理系统	清洗分离	提高检测准确度
CN201911200125.8	一种全自动化学发光测定仪专用的清洗液或其稀释液及其制备方法	2019/11/29	公开	反应处理系统	清洗分离	提高检测准确度
CN202110104156.4	全自动化学发光检测仪专用试剂盒	2021/01/26	公开	反应处理系统	反应容器	小型化

3.3.5 免疫层析分析仪

免疫层析技术是20世纪80年代在免疫渗滤的基础上发展起来的快速检测技术，其基本原理是应用抗原-抗体免疫学反应和层析反应，以干片法试纸的形式，达到快速、准确地显色以检测待测物的目的。免疫层析技术不仅操作简便、检测快速、稳定性强，而且价格低廉、携带方便、已广泛应用于临床诊断、食品安全、药物检测、环境污染等领域。如今，这种免疫层析检测技术已经可以检测100多种抗原物质，包括多种激素、癌症抗原、病毒、细菌、抗体、合成抗原等。因此，本小节选取免疫层析分析仪作为免疫诊断仪器的重点技术进行专利分析。

3.3.5.1　全球专利申请趋势分析

通过在 Himmpat 数据库中进行检索，截至 2021 年 12 月 31 日，全球范围内针对免疫层析分析仪的专利申请共计 921 件，其中同族申请计为一件。

1. 专利申请趋势分析

图 3.3.41 显示了免疫层析分析仪全球专利申请量趋势。由图可以看出，免疫层析分析仪全球专利自 2001 年起才开始具备一定的申请量，直至 2011 年，申请量较 2010 年以前有了大幅提升，这与生物分析仪器的快速发展和越来越广泛的需求有一定关系，并且从后述的全球专利重点来源国分析可以看出，其与中国专利申请趋势也有较大关系。

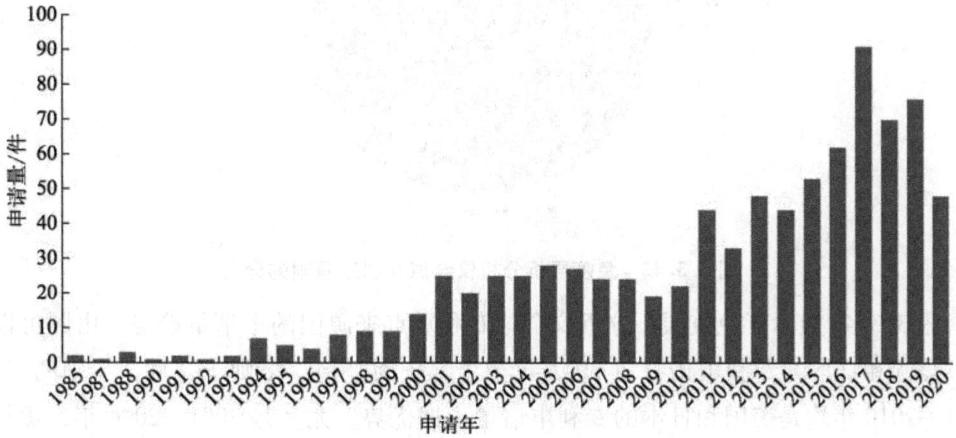

图 3.3.41　免疫层析分析仪全球专利申请量趋势

从图 3.3.41 可以看出，免疫层析技术于 20 世纪 90 年代才起步，专利申请人大致经历了以下三个阶段。

技术萌芽期（1999 年前）：免疫层析技术在该阶段处于探索期，主要发展在于免疫层析的方法原理，采用免疫层析进行定性分析，此阶段的专利多涉及层析条的构建，每年的申请量都比较少，年申请量均未达到 10 件。

技术发展期（2000—2010 年）：胶体金免疫层析技术在该阶段被提出，并在此之后成为免疫层析技术的一个重要分支，且随着电子科技的发展，利用免疫层析技术的分析设备也开始进入发展期，采用免疫层析仪实现定性或半定量检测，专利年申请量在 20 件上下浮动。

再次发展期（2011 年至今）：从 2011 年开始，随着各种新型免疫层析技术的发展，以及中国市场及中国企业对于专利布局和研发的重视，中国专利申请量稍有起伏，但整体呈上升趋势。随着全球对于体外诊断需求的日益增加以及中国市场影响力的日益增强，该领域越来越具有市场前景。

2. 专利申请地域分析

图 3. 3. 42 显示了免疫层析分析仪全球专利来源国的分布情况。由图可以看出，该领域的专利主要来源于中国、美国和日本，分别占比 42%、25% 和 17%，总计高达 85%，全球的专利技术呈集中态势；其中，中国的专利申请量最大，这与中国市场的强大影响力以及中国企业对该领域的重视程度有一定的关系，其次为美国和日本，紧随其后的是英国和韩国，占比均为 4%。

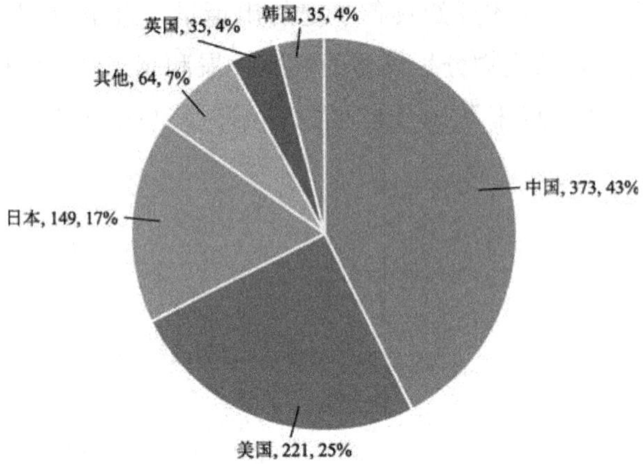

图 3. 3. 42　免疫层析分析仪全球专利来源国的分布

图 3. 3. 43 显示了免疫层析分析仪全球专利重点来源国的申请量趋势。由图可以看出，美国和日本的专利申请量自 2001 年至今都较为平稳，多则十几件，少则两三件，2001—2010 年均是美国和日本的专利申请量占据优势，尤其是 2001—2006 年，优势较为明显。免疫层析技术基本集中在美国和日本，2007—2010 年三国专利申请量逐渐达到了均衡，这说明中国对免疫层析技术的研究有了进展，重视程度和研发投入开始增加。自 2011 年起，中国专利申请量变化开始突出，申请量从 10 件以下猛然增长到 20 件以上，一举超过了美国和日本，成为该领域的专利申请大国，其中 2017 年涨幅最大，达到了 61 件。免疫层析仪中国专利的发展也明显影响到了该领域全球范围专利的发展。

图 3. 3. 44 显示了免疫层析仪全球专利重点来源国累计申请量趋势。由图可以看出，美国和日本起步最早，且申请量一直稳步上升，从申请数量上看，美国一直略多于日本，中国起步较晚，但在 2011 年前后申请量开始快速增长，2013 年超过日本后，2017 年申请量赶超美国，且在 2020 年超过 400 件，进一步拉开其与日本、美国的差距。这其中部分原因可能在于中国的专利申请包含实用新型，但整体上也说明了我国在该领域的研发投入日益增长，专利意识显著提高。

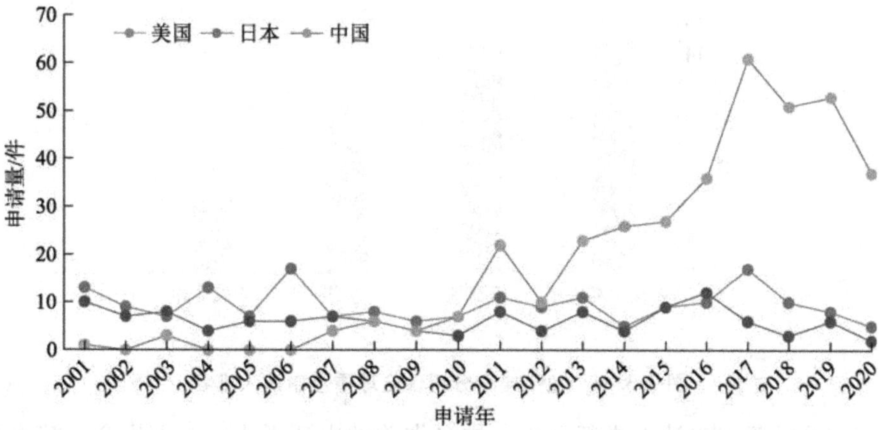

图 3.3.43　免疫层析分析仪全球专利重点来源国申请量趋势

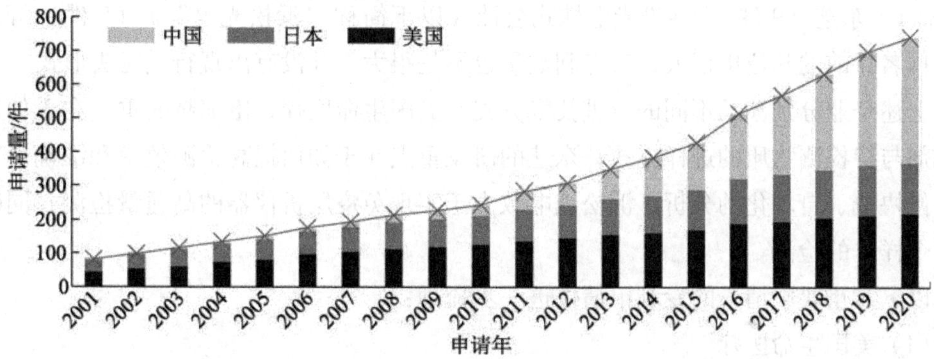

图 3.3.44　免疫层析分析仪全球专利重点来源国累计申请量趋势

3. 全球重要申请人分析

图 3.3.45 显示了免疫层析分析仪全球重点申请人排名情况。由图可知，免疫层析检测仪器的相关专利文献量并不是很大，究其原因可以总结为以下几个方面：① 免疫层析检测多为定性检测，检测的目标是实时快速获得检测结果，类似于 HCG 试纸的应用方式。② 免疫层析检测仪的原理决定了其检测仪器结构较为简单，待测样本与免疫层析试纸条及配套试剂反应后，试纸条上的生物信息通过生物信息识别仪，经过软件的图像采集、分析及加强功能，最后得出结果。免疫层析检测仪器的改进方向及改进方式较为简单。③ 免疫层析检测仪与很多生化分析装置通用性较高，很多生化分析装置同样可以适用于免疫层析试纸条的检测。

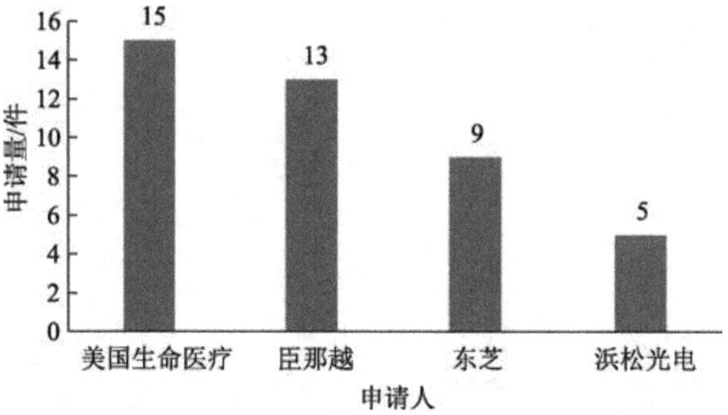

图 3.3.45　免疫层析分析仪全球重点申请人排名

通过对全球重点申请人进行分析，排名靠前的申请人为：美国生命医疗有限公司（以下简称“美国生命医疗”）（15 件）、泰国臣那越集团（以下简称“臣那越”）（13 件）、东芝（9 件）、浜松光电株式会社（以下简称“浜松光电”）（5 件）等。即使是排名靠前的几位申请人，其专利数量也不是很大，并没有出现行业巨头形式。

上述企业分别涉及不同的改进技术分支，美国生命医疗、臣那越的重点在于如何优化试剂与待检测物质的进样方式；东芝的研发重点在于如何提高检测效率和准确度，实现方便快捷、自动化的分析；浜松光电致力于实现免疫层析仪器的高通量检测，同时实现多个样本的检测。

以下对重要申请人的专利申请作进一步梳理：

（1）美国生命医疗

在免疫层析分析仪领域，美国生命医疗共申请了 15 件相关专利。作为较早进行免疫层析分析仪研发的企业，该 15 件专利的申请日主要分布在 1997—2012 年。从技术分支上说，该企业的 15 件相关专利主要涉及免疫层析分析仪中样品进样方式的改进，其重点专利介绍如下：

2004 年，专利 WO2005045408A1 为了克服流体流量决定了所有反应的速度和时间，并且能够用特定试剂进行预处理以稀释干扰物或使干扰物变性，改变分析物结构或从黏合剂中释放分析物，该专利提出一种横向流动免疫测试装置，其允许对测试样品进行预处理和预培养，以增加测定的灵敏度。该装置包括：壳体，其具有用于容纳测试样品收集器的细长槽；细长的保持器构件，用于将至少一个免疫测定测试条固定在其中；第一腔室，用于存储第一预处理试剂；第二腔室，用于存储第二试剂。预处理试剂放置在可破裂的外壳中，穿孔构件位于壳体内，穿孔构件用于穿破外壳以便释放预处理试剂，从而使样品和预处理试剂形成混合物。将第二试剂引入混合物中，待反应一段时间后将混合物和第二试剂组合，完成免疫测定。技术方案如图 3.3.46 所示。

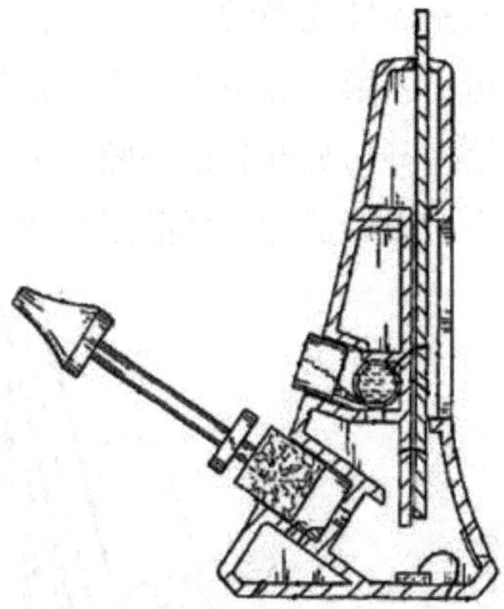

图 3.3.46　WO2005045408A1 技术方案

2012 年，专利 EP2612707B1 提出一种用于测试生物样品的装置和方法，其改进点在于如何方便地实现试纸条与反应混合物的接触，并且能够实现反应试剂剂量的准确可控以及准确控制反应时间。该装置包括用于接收反应混合物的反应室、位于反应室下方用于接收测试盒的壳体以及位于壳体顶部的门。门包括向下延伸到壳体中的斜坡，斜坡向上偏置可将门打开到反应室的空腔中，并使反应室与插入区域流体连通，从而允许反应混合物流到测试盒上并允许确定待测物质的量。技术方案如图 3.3.47 所示。

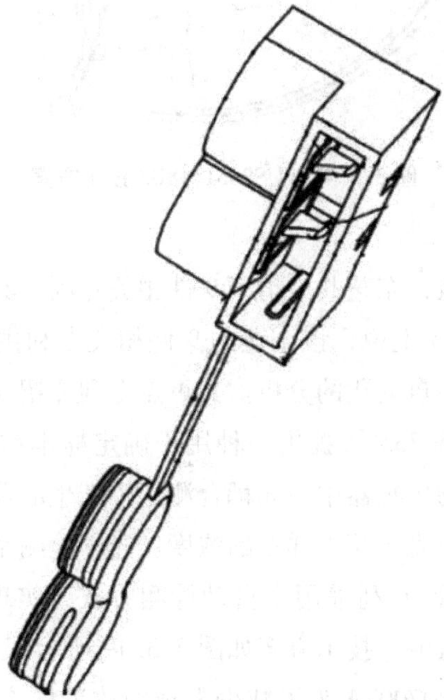

图 3.3.47　EP2612707B1 技术方案

2014 年，专利 US9851348B2 为了实现实时检测，提高检测速度，能够在预处理和测试期间安全有效地控制测试样品，在保持操作简便的基础上保证测试结果的准确性，提出一种横向流动免疫测定系统。该系统包括：壳体，其具有在其中形成第一腔室的基部；主体部分，该主体部分具有与第一腔室流体连通的三个开口；含有缓冲剂的小瓶；样品引入器，用于通过第二开口将样品流体引入第一腔室中。小瓶安装在外壳上，使得分配侧延伸到第一开口中，用于将缓冲剂从第一开口分配到第一腔室中。壳体允许缓冲剂和样品流体在第一腔室内形成的反应孔内混合，以形成测试样品混合物。技术方案如图 3.3.48 所示。

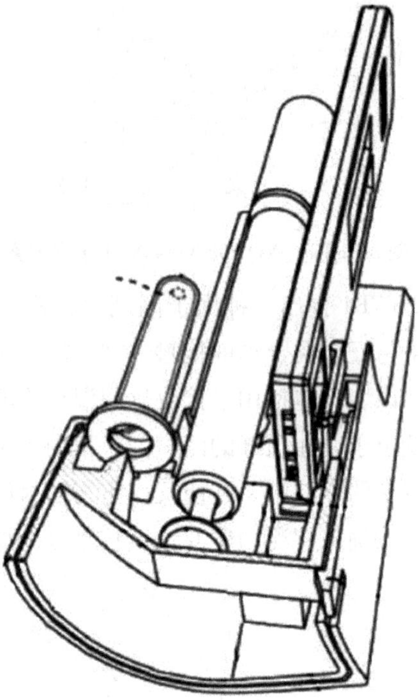

图 3.3.48　US9851348B2 技术方案

（2）东芝

在免疫层析分析仪领域，东芝共申请了 9 件相关专利，其专利的申请时间主要集中在 2000 年前后；从技术分支上说，该企业的 9 件相关专利主要涉及如何提高检测效率和准确度，实现方便快捷、自动化的分析。其重点专利介绍如下：

1997 年，专利 JP2000507350A 提出一种用于确定样本浓度的系统，该系统包括光学检测系统，用于检测生物传感器中荧光耦合测定中产生的荧光；数据处理系统，用于从光学检测系统检测到的荧光中获得样本的浓度。光学检测系统包括具有多个透镜的光电检测器和 CCD 照相机。该专利采用全自动检测方式，实现了检测结果的自动成像，提高了检测精度，且价格低廉，技术方案如图 3.3.49 所示。

2001 年，专利 JP2002207007A 为了减少常规的放置样本的载物台的移动，减少荧光色素褪色，并且能够测定微弱光，提出一种生物芯片读取装置，通过光电检测器用多个光束照射生物芯片以读取对应于多个样本的图像数据，生物芯片具有以点状或线阵列状的状态布置在其上的多个样本，其中多个样本的空间布置与多个光束的空间布置一致。技术方案如图 3.3.50 所示。

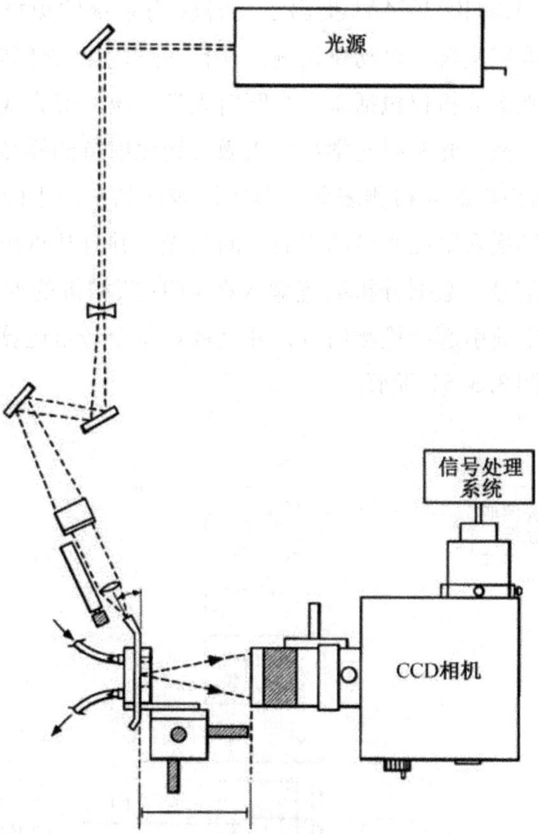

图 3.3.49　JP2000507350A 技术方案

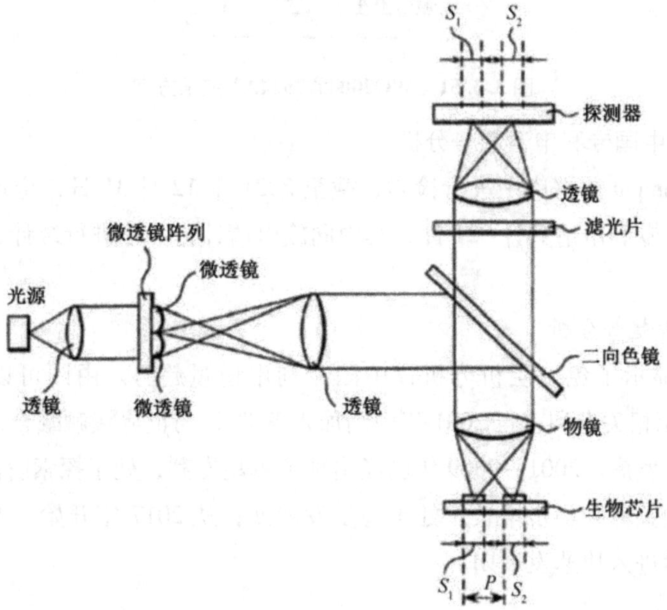

图 3.3.50　JP2002207007A 技术方案

2004 年，专利 WO2004072624A1 提出了一种较为系统的免疫层析检测装置——荧光相关光谱分析仪，能够实现全自动化检测，并且通过优化成像装置以及成像算法提高检测精度。荧光相关光谱分析仪包括激发光照射光学系统、荧光成像光学系统、CCD 照相机和数据分析装置。激发光照射光学系统用激发光照射待测样品的预定区域。荧光成像光学系统在 CCD 照相机的光检测表面上形成待测样品中产生的荧光的图像。CCD 照相机对每个像素光电转换入射在光检测表面上的荧光，并且从输出端输出通过光电转换产生的电荷作为检测信号。数据分析装置输入在 CCD 照相机的像素中属于解析对象像素组的像素中产生的电荷引起的检测信号，并且针对每个像素运算输入检测信号的自相关函数。技术方案如图 3. 3. 51 所示。

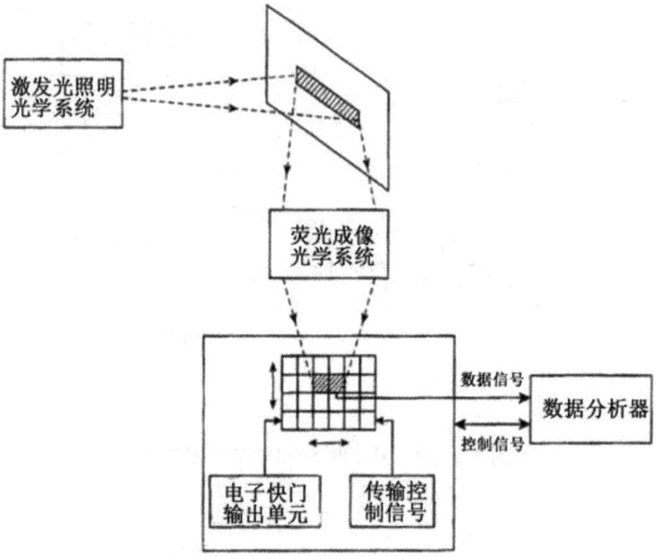

图 3. 3. 51 WO2004072624A1 技术方案

3. 3. 5. 2 中国专利申请趋势分析

通过在 Himmpat 数据库中进行检索，截至 2021 年 12 月 31 日，全球范围内针对免疫层析分析仪的专利申请共计 921 件，其中同族申请计为一件进行统计，中国专利申请占到一半左右。

1. 专利申请趋势分析

图 3. 3. 52 显示了免疫层析分析仪中国专利申请量趋势。由图可以看出，中国在 2000 年以前并无相关专利；自 2001 年中国加入 WTO，与世界接触融合，中国在免疫层析领域开始有了发展。2001—2009 年已经出现了零星专利，处于探索阶段；2010—2016 年，免疫层析相关专利稳步增长，处于稳步发展期；从 2017 年开始，专利申请量快速增长，中国已然进入快速发展期。

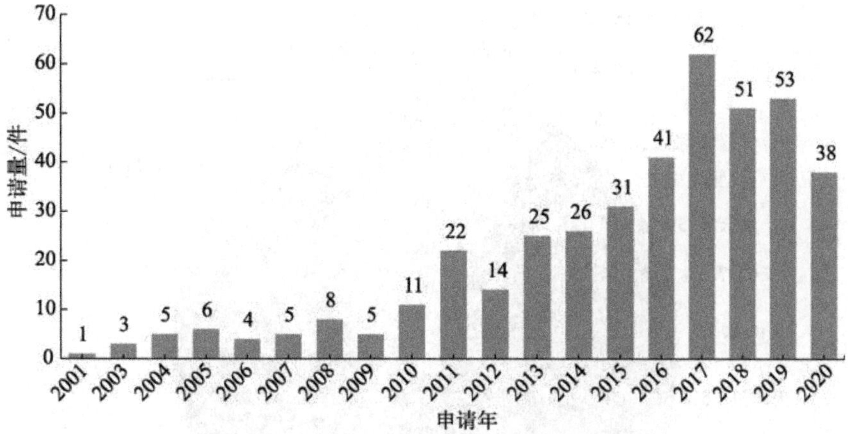

图 3. 3. 52　免疫层析分析仪中国专利申请量趋势

2. 专利申请地域分析

图 3. 3. 53 显示了免疫层析分析仪中国专利来源国分布。由图可以看出，其中 97. 06%的专利申请来自中国本土，其次为美国，占比 2. 10%。这其中部分原因可能是国外相关技术起步较早，而当时的中国市场并未引起国外企业的重视。同时对于国内企业而言，也存在一个较好的时机，有利于他们抓住机会做好中国市场的相关专利布局。

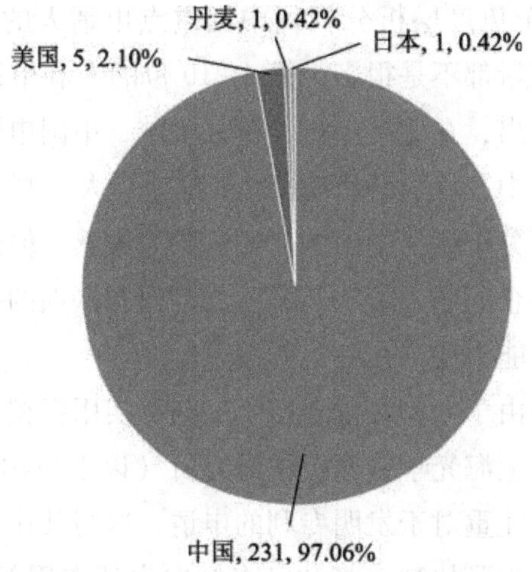

图 3. 3. 53　免疫层析分析仪中国专利来源国分布

图 3. 3. 54 显示了免疫层析分析仪中国本土专利来源分布情况。由图可以看出，江苏省、上海市和广东省的专利申请量位居全国前三，分别为 55 件、33 件、31 件，占比分别为 24%、15%、14%。这三个省市的专利申请总量占到来自本土的专利申请总量的一半以上，这与当地的经济发展水平和科研创新能力有一定的关系。

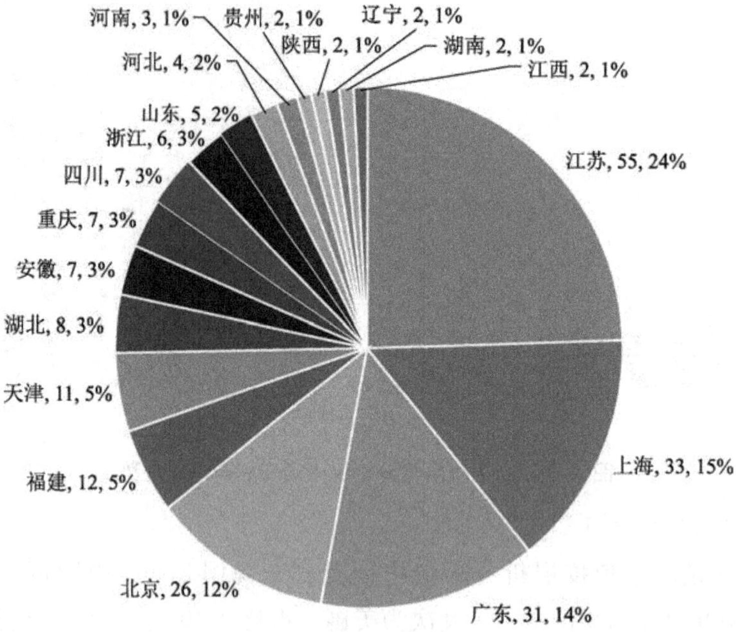

图 3. 3. 54　免疫层析分析仪中国本土专利来源分布

3. 重要申请人分析

图 3. 3. 55 显示了关于免疫层析分析仪中国重点申请人的排名情况。从数量上看，前十位申请人的专利申请量都不是很多，第 4~10 位的专利申请量与前 3 名相比，呈现断崖式下跌。由此可以看出，在免疫层析分析仪领域，中国申请人呈现比较明显的头部聚集效应。前十名申请人中 3 位为科研院所，1 位为个人，剩下 6 位均为企业，这在一定程度上说明了免疫层析分析仪在中国的产业化较为成熟，但同时在技术上也存在更多的进步空间。排名前三的企业中，第一、第三为常州和深圳的企业，这与当地经济发展水平、市场化程度、创新能力也存在一定的关系。

对于国内申请而言，由于专利数量囊括了发明和实用新型，通过对申请人的专利申请类型的分析可以看出，上海光学精密机械研究所（以下简称“上海光机所”）、福州大学、上海交通大学更加注重对于发明专利的申请，这与其作为科研院所具备强大的技术研发能力分不开。企业为了快速市场化，多倾向申请实用新型；但是从图 3. 3. 55 中可以看出，大部分企业也开始重视布局发明专利，这在一定程度上反映了我国关于免疫层析分析仪的企业对免疫层析分析仪的专利布局意识上了一个新台阶。

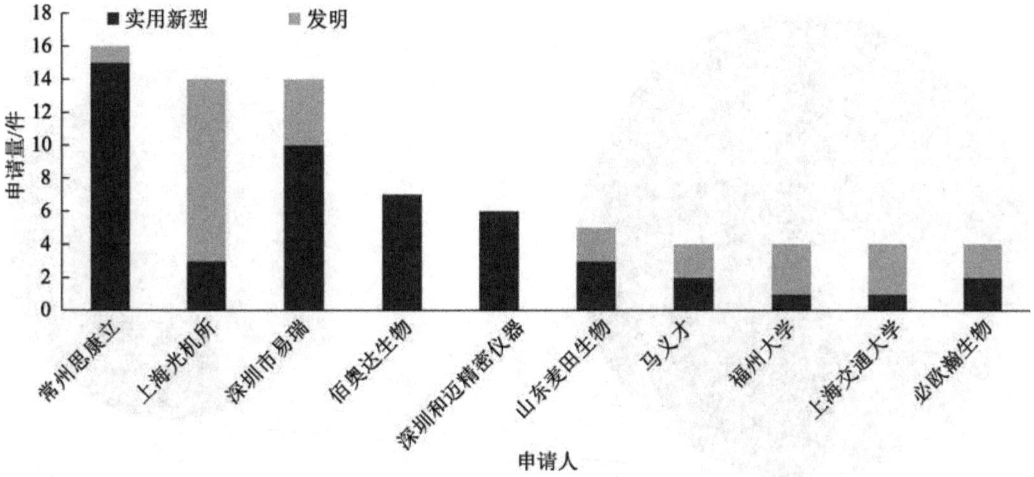

图 3.3.55　免疫层析分析仪中国重点申请人排名

以下对重要申请人的专利申请作进一步梳理：

（1）常州思康立生物科技有限公司

常州思康立生物科技有限公司（以下简称“常州思康立”）成立于 2011 年，为 Skannex 在中国的全资子公司，主要经营免疫层析（胶体金）读取软件、免疫层析（胶体金）读取软件解决方案、智能手机读取方案、扫描仪读取方案、一体机读取方案。

在免疫层析分析仪器领域，常州思康立的申请量最多，共 16 件，其中发明 1 件，实用新型 15 件。通过对该公司的专利申请进行标引发现，最早是 2014 年 2 月 28 日申请的涉及便携性的免疫层析分析仪，其他专利的申请时间集中在 2017 年 10 月。从功能上看，占比最多的是提高检测准确度的专利申请；其次是涉及检测效率提高方面的申请；最后是涉及便携性改进的申请，如图 3.3.56 所示。通过对提高检测准确度的申请进行分析，发现该公司主要从以下几个方面进行优化：① 通过设置加热或散热模块，使得检测装置处于恒温或者检测样本所需的温度；② 通过设置可调部件，使得试剂卡和扫描仪处于最佳距离，以及设置其他部件保证盛放检测卡的检测屉在抽拉开合时保持稳定，进而提高检测准确度；③ 优化装置工艺设计，使其更符合人体工学，易手持或者将遮光板等影响检测效果的部件设置为方便清洁的可拆卸结构。在提高检测效率方面，主要做法是将检测装置设置为适应不同类型的试剂卡以及更方便快速地安装试剂卡。在便携性的改进上，主要运用反光镜简化光路，进而优化装置。

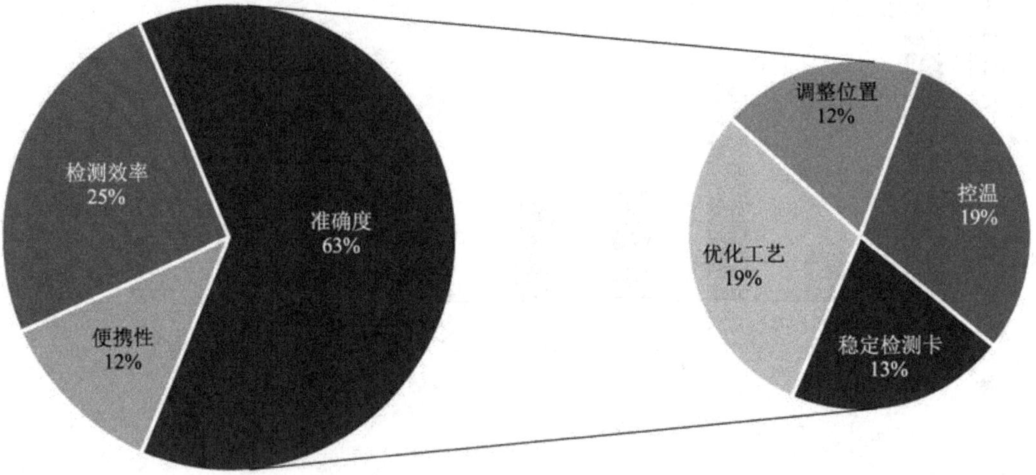

图 3.3.56 常州思康立针对免疫层析分析仪的发明专利技术分布

在法律状态上，仅有 1 件实用新型专利因为与发明专利重复授权而放弃，其余均为被授权，截至目前，只有 1 件发明专利处于专利权维持状态，其余授权的专利处于“未缴年费专利权终止，待恢复”，或者“待缴年费滞纳金”状态。

常州思康立关于免疫层析分析仪的所有发明专利见表 3.3.5。

表 3.3.5 常州思康立关于免疫层析分析仪的所有发明专利

	申请号	发明名称	申请日	法律状态	技术效果	技术手段
1	CN201410073645.8	便携免疫层析分析仪	2014/02/28	专利权维持	便携性	反光镜
2	CN201420092120.4	便携免疫层析分析仪	2014/02/28	失效	便携性	反光镜
3	CN201721310525.0	加热型免疫层析分析仪	2017/10/11	未缴年费专利权终止，待恢复	准确度	控温
4	CN201721310477.5	手持式免疫层析分析仪	2017/10/11	未缴年费专利权终止，待恢复	准确度	优化工艺
5	CN201721310650.1	可调型免疫层析分析仪	2017/10/11	未缴年费专利权终止，待恢复	检测效率	多种检测卡
6	CN201721310662.4	免疫层析分析仪	2017/10/11	未缴年费专利权终止，待恢复	检测效率	多种检测卡
7	CN201721312173.2	可实现试剂条快速到位的手持式免疫层析分析仪	2017/10/11	未缴年费专利权终止，待恢复	检测效率	快速安装

续表

	申请号	发明名称	申请日	法律状态	技术效果	技术手段
8	CN201721312435. 5	防落型免疫层析分析仪	2017/10/11	未缴年费专利权终止，待恢复	准确度	稳定检测卡
13	CN201721312433. 6	具有自动导正功能的台式免疫层析分析仪	2017/10/11	未缴年费专利权终止，待恢复	准确度	调整位置
9	CN201721316063. 3	便于散热的台式免疫层分析仪	2017/10/12	待缴年费滞纳金	准确度	控温
10	CN201721316064. 8	便于拆卸的台式免疫层分析仪	2017/10/12	待缴年费滞纳金	准确度	优化工艺
11	CN201721324422. X	提升式免疫层析分析仪	2017/10/13	待缴年费滞纳金	准确度	调整位置
12	CN201721324424. 9	可拆卸式免疫层析分析仪	2017/10/13	待缴年费滞纳金	准确度	优化工艺
14	CN201721330816. 6	具有加热功能的手持式免疫层析分析仪	2017/10/16	待缴年费滞纳金	准确度	控温
15	CN201721330867. 9	专用型台式免疫层析分析仪	2017/10/16	待缴年费滞纳金	准确度	稳定检测卡
16	CN201721330869. 8	台式免疫层析分析仪	2017/10/16	待缴年费滞纳金	检测效率	暂存区

（2）上海光机所

上海光机所成立于 1964 年，是我国建立最早、规模最大的激光专业研究所，是一个以发展大型激光工程技术为重点的综合性研究所。目前，上海光机所在免疫层析分析仪领域的专利申请共 14 件，居国内申请的第二位。

1）技术分支

通过对上海光机所在免疫层析分析仪领域的专利申请的标引分析可知，该研究所提出的免疫层析分析装置专利申请主要涉及两种检测技术：胶体金免疫层析和荧光免疫层析（表 3. 3. 6）。

表 3.3.6 上海光机所技术分支对应专利情况

技术分支	公开号	发明构思
胶体金免疫层析	CN201373849Y CN101498721A	使用 LED 条形光源在金标条表面形成大范围高强度矩形光斑，使用 PD 阵列接收金标条表面散射光，测量速度明显快于在先技术
	CN102707051A	本发明金标免疫层析试纸条检测系统的性能校正方法在金标试纸条检测系统测量前能够对系统参数进行调整，使检测结果检测准确
	CN103149353A	本发明能够对多通道试纸盘中的多个免待测的疫层析试纸条进行快速、准确地定量检测
	CN103308676A	本发明金标条阅读仪设有照明均匀性校正金标试纸条和参数校正金标试纸条，通过参数校正金标试纸条的图像来精调所述的图像传感器的亮度和对比度，以提高检测灵敏度
荧光免疫层析	CN1690693A	本发明的发光生物传感器，判读效率高，操作简单，并且可以定量判读
	CN1766579A CN2890899Y	本系统能对试纸条上被检测区域内 UCP 颗粒的存在量进行精确检测，可一次获得试纸条上的磷光颗粒分布，检测速度提高
	CN1877307A CN2906601Y	一种一维多重检测上转换磷光生物传感器，可以选定易滞留区域位置并计算出 Qc 值，与所设定的监控值比较，从而可以避免因生物反应不正常而导致的错误检测结果的产生
	CN102253015A	本发明嵌入式免疫层析荧光检测系统及检测方法采用上位机模块加荧光检测传感器的结构模式，上位机模块和荧光检测传感器独立工作。该系统能够配合各种类型计算机而使用于多种场合，符合 POCT 检测仪器的要求
	CN104111330A	一种上转换发光免疫层析分析仪及检测方法，该分析仪包括光学系统、恒温系统、控制系统、试纸条和试纸条托架，本发明的分析仪具有灵敏度高和稳定性好的特点，能快速、准确地进行生物免疫反应检测
	CN105092836A	一种上转换发光免疫层析检测装置和检测方法，检测装置包括照明单元、成像单元、控制单元、试纸条和试纸条承载框，该发明试纸条上的光功率密度较均匀，提高了检测结果的准确性
	CN105353115A	一种免疫层析试纸条散射光场空间分布的测量装置，可消除光源不稳定性所带来的影响，实现免疫层析试纸条上入射角的改变，从而使整个装置实现不同入射角下散射光场空间分布的测量，实现在同一入射角的情况下，在不同空间点处一连续区域内散射光场的测量，可满足混浊介质散射光场的测量

胶体金免疫层析检测技术是最早发展起来的一种技术。碱性环境中胶体金颗粒与表面带正电的抗原/抗体结合，所形成的胶体金-蛋白免疫复合物既具有稳定性又保持了生物活性，可以作为一类示踪标记物在免疫层析中参与反应，并显现肉眼可辨的颜色。胶体金免疫层析已经发展成为一种灵敏快速、可行性高且相对其他检测手段操作更加简单方便的技术，极其适用于定性检测。

鉴于胶体金试纸条灵敏度不够高和难以准确定量的缺陷，各种荧光纳米材料由于其光电磁性能及独特的结构成为非常有前景的胶体金替代示踪剂。荧光试纸条免疫层析检测技术应运而生。荧光试纸条依据荧光强度的变化可对待检样品中微量或痕量物质进行定量检测，更符合目前体外诊断领域对生物大分子检测准确定量、多标记、高通量的要求。

由上海光机所在该领域的技术发展脉络可以看出，虽然胶体金免疫层析技术发展较早，但是其最早着重于荧光免疫层析分析仪的研究开发，且研究重点和投入更倾向于后者。上海光机所 2004—2006 年均首先进行了荧光免疫层析分析仪的专利申请，而胶体金检测技术的申请集中在 2009—2013 年。

2）技术脉络

上海光机所针对免疫层析分析仪的重点专利技术如图 3. 3. 57 所示。

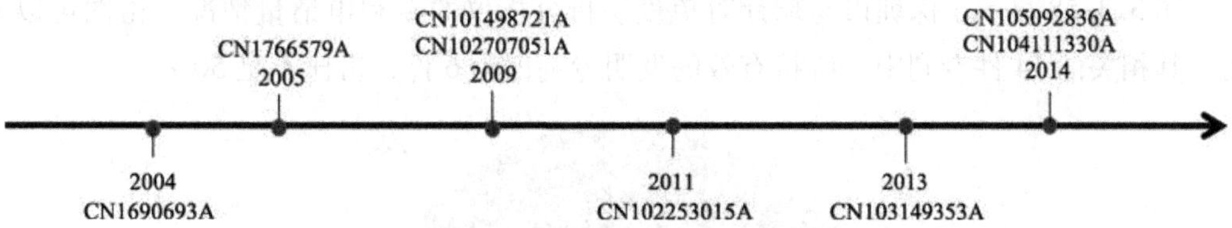

图 3. 3. 57　上海光机所针对免疫层析分析仪的重点专利技术

2004 年，上海光机所首次申请了免疫层析分析装置，专利 CN1690693A 提出一种上转换发光生物传感器，该装置可对基于上转换发光技术的免疫层析试纸进行结果判断，实现对病原体、抗原、抗体、违禁药品、重大疾病（肿瘤、癌症和糖尿病等）标志物等多种目标被检物的定性、定量以及多重检测。鉴于该专利申请涉及使用的高功率 LD 的性能极不稳定，其输出光功率易发生偏移，2011 年专利 CN102253015A 对其进行了改进，提出一种嵌入式免疫层析荧光检测系统及检测方法，通过在采集前后分别检测激光器功率并使用线性矫正算法校正测量数据而大大减小光源功率波动带来的影响，提高了检测结果的准确性。

2005 年，专利 CN1766579A 提出一种上转换磷光免疫层析试纸条检测系统，主要涉及照明系统、成像系统、磷光图像接收器件、数据采集电路、控制系统。其中，照明系统与成像系统共用光路，采用算法自动查找检测带和质控带的位置，实现试纸条上被检测区域内 UCP 颗粒存在量的自动精确检测。在该专利申请基础之上，上海光机所 2014 年又先后研究开发出了专利 CN104111330A 、CN105092836A 涉及的上转换发光免疫层析分析仪，该装置对光束强度分布均匀性进行了改善，由照明系统与成像系统共用光路改进为独立光路，并对激发光源进行了改进，将照明光源由高成本的红外半导体激光器改进为价格低廉的 LED。

2009—2013 年，上海光机所在该领域的专利申请侧重于胶体金免疫层析分析技术。2009 年，专利 CN101498721A 提出一种金标条的测量方法及检测系统，该系统主要涉及软件方面标准工作曲线的绘制和目标浓度值的计算，硬件方面的检测系统使用 LED 条形光源在金标条表面形成大范围高强度的矩形光斑，使用 PD 阵列接收金标条表面散射光，测量速度快。2012 年，专利 CN102707051A 对检测结果的算法进行了改进，降低了由于系统老化等问题所引入的测量误差，保证了金标试纸条检测系统测量长时间的准确定量测量；2013 年，专利 CN103149353A 在其基础之上进行了硬件的改进，能够对多通道试纸盘中的多个待测的免疫层析试纸条进行快速、准确地定量检测。

（3）深圳市易瑞生物技术有限公司（以下简称“深圳市易瑞”）

深圳市易瑞成立于 2007 年，是一家以提供快速检测技术产品为主的创新型生物技术企业。2010 年被评为深圳市高新技术企业，同时是广东省和深圳市两级博士后创新实践基地，与香港大学、吉林大学、石河子大学、南方医科大学等众多高校有广泛的项目和技术协作关系，曾作为国内快检产品的代表性企业接受多家媒体采访。

图 3. 3. 58 显示了深圳市易瑞针对免疫层析分析仪的专利申请量情况。由图可以看出，其相关的 14 件专利中，维持有效的发明专利仅为 6 件，占比不足 50%。

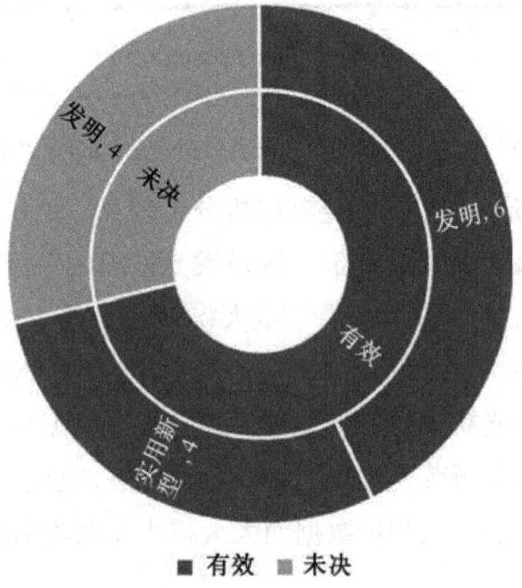

图 3. 3. 58　深圳市易瑞的专利类型和法律状态分布

该公司于 2017 年开始免疫层析相关专利申请，专利布局开始较晚。相关申请侧重点主要为实现多通道/高通量、便携式/自动化检测的免疫层析装置，具体见表 3. 3. 7。

表 3.3.7 深圳市易瑞免疫层析专利

申请号	发明名称	申请日	法律状态一级分类-中国	技术效果
CN201720880091.1	一体化食品药品安全快速检测系统	2017/07/20	授权	一体化
CN201720880163.2	便携式食品安全快速检测仪	2017/07/20	授权	一体化
CN201721680447.3	一种高通量农兽药残留的免疫层析检测装置	2017/12/06	授权	高通量
CN201721681169.3	一种便携式农兽药残留的免疫层析检测装置	2017/12/06	授权	便携/高通量
CN201820114729.5	免疫层析检测装置	2018/01/23	授权	灵敏度
CN201822082053.9	一种用于两步法免疫层析的高通量检测装置	2018/12/12	授权	高通量
CN201910151086.0	一种分离式多通道层析装置	2019/02/28	实质审查	高通量
CN201920255051.7	一种按压式多通道层析装置	2019/02/28	授权	高通量
CN201920255028.8	一种便携式多通道层析装置	2019/02/28	授权	高通量
CN201920255035.8	一种分离式多通道层析装置	2019/02/28	授权	高通量
CN201910151070.X	一种按压式多通道层析装置	2019/02/28	实质审查	高通量
CN201910152207.3	一种便携式多通道层析装置	2019/02/28	实质审查	高通量
CN201920559877.2	一种高通量自动化层析检测设备	2019/04/23	授权	高通量/自动化
CN201910329541.1	一种高通量自动化层析检测设备	2019/04/23	实质审查	高通量/自动化

3.4 分子诊断仪器技术专利分析

分子诊断是应用分子生物学方法，通过检测受检个体或其携带的病毒、病原体的遗传物质的结构或含量的变化水平而做出诊断的技术。由于分子诊断可以从基因层次进行检测，因此检测灵敏度和准确性的优势较为明显，可在感染初期识别病毒或者提早确认基因缺陷，从而提供个性化的医疗诊断服务，主要应用于遗传病、传染性疾病、肿瘤等疾病的检测与诊断。新冠疫情下衍生的核酸检测就属于分子诊断的应用范畴，疫情让更多的目光开始关注分子诊断领域的发展。

目前，全球主要的分子诊断技术可以分为核酸检测和生物芯片技术。分子诊断的细分领域很多，主要分为聚合酶链式反应 PCR、荧光原位杂交（fluorescence in situ hybridization，FISH）、基因芯片、基因测序和转录介导的扩增（transcription mediated amplification，TMA）技术。

分子诊断行业细分领域技术介绍如表 3.4.1 所示。

表 3.4.1 分子诊断行业细分领域技术介绍

种类	细分	检测原理	应用领域	特点
分子诊断	PCR	DNA 高温变成单链，低温互补配对链合成	病毒、细菌检测	特异性强、灵敏度高、简便快捷、检测通量较小
	FISH	以标记的已知序列核酸为探针与细胞或组织切片中的核酸进行杂交，从而对特定核酸序列进行精确定量定位	基因图谱、病毒检测	成本较小、精度相对较低、检测通量较小
	基因芯片	测序原理是杂交测序方法、在一段基因表面固定序列已知的靶核苷酸的探针，确定序列互补匹配	药物筛选、新药开发、疾病诊断	检测通量较小
	基因测序	从血液或唾液中分析测定基因全序列，预测罹患多种疾病的可能性	基因图谱、唐筛	信息量大、通量高、准确、成本高、耗时较长
	TMA	利用 DNA 或 RNA 为模板，在等温条件下进行扩增，产物为 RNA	细菌、病毒检测	检测便捷、高通量筛选、敏感性和特异性强

分子诊断行业的发展历程大体可以划分为以下四个阶段。

第一阶段：DNA 分子杂交技术在遗传病基因诊断上的应用。1953 年，由科学家 Watson 和 Crick 所构建的脱氧核糖核酸双螺旋结构模型开启了分子生物学形成和发展的篇章。1978 年，液相 DNA 分子杂交技术在镰形细胞贫血症诊断上的成功应用，极大地推动了疾病诊断领域的发展，也为分子诊断拉开了蓬勃发展的序幕。在分子诊断的发展初期，基因诊断被应用于对遗传病的判定，即通过对胚胎期胎儿的产前诊断，更早期地预知一些遗传病的发生和后续的发展及预后。

第二阶段：PCR 技术在疾病诊断领域的广泛应用。1985 年，由化学家 Kary Mullis 发明的 PCR 技术的出现，给分子诊断领域带来了新的概念，推动了传统基因诊断向更为全面的分子诊断发展，同时也标示着分子诊断进入新的发展阶段。基于 PCR 技术平台，越来越多的 PCR 应用技术被专家学者开发出来，如巢式 PCR（nested PCR）、反转录 PCR（reverse transcription PCR，RT-PCR）和实时荧光定量 PCR（quantitative real-time PCR）与数字 PCR（digital PCR，dPCR）等。其中，实时荧光定量 PCR 是目前应用最为广泛的 PCR 技术，其在基因工程、分子生物学以及其他 DNA 鉴定相关领域中应用广泛，尤其是在疾病检测与诊断方面。

第三阶段：生物芯片技术引领密集型高通量检测技术的发展。从 1992 年世界上第一张基因芯片在美国 Affymetrix 公司问世到现在，芯片技术已经得到长足的发展。芯片按结构分类，可分为基于微阵列的杂交芯片与基于微流控的反应芯片。生物芯片技术通过特定的分析方法和探针阵列，实现众多不同方面的应用，从针对基因突变和多态性的分析检测，到基因表达谱的测定，再到基因组文库作图和杂交测序等，这些都有力地助推了基因功能研究、现代医学科学和医学诊断学的快速发展，相关应用也已在基因诊断和药物筛选、个性化给药等方面有了极高的价值体现。

第四阶段：高通量测序技术成为临床分子诊断的重要工具。1977 年，第一代 DNA 测序技术在双脱氧末端终止法和化学降解法相继确立的背景下诞生。随后，又出现了第二代高通量测序、第三代单分子测序和第四代纳米孔测序。

若具体到分子诊断仪器，则主要包括核酸提取仪、PCR 仪、基因测序仪、基因芯片仪、核酸分子杂交仪、核酸质谱仪等。

核酸提取仪：从产品设计上，核酸提取仪可以分为上吸式和下吸式，通过转移磁珠完成提取的称为上吸式，通过转移液体完成提取的称为下吸式。从产品功能上，可以分为半自动核酸提取仪和全自动核酸提取工作站，前者使用预装板完成提取，需要手工加样和转移核酸；后者能够完成从样本到 PCR 上机前的所有操作（加样、提取、体系配置）。

PCR 仪：根据其功能，可以分为定性 PCR 仪、荧光定量 PCR 仪和数字 PCR 仪。定性 PCR 仪是出现最早的产品，其主要功能是按照设定的温度梯度完成核酸的扩增，简单来说，这就是个“温控系统”。荧光定量 PCR 仪的组成与定性 PCR 仪相比，最大的升级就是增加了光学系统，而且其扩增系统和 PCR 原理也有所不同，增加了荧光染料或者荧光探针，通过信号变化实时监控整个 PCR 的过程，扩增和检测功能一体化，闭管反应大大降低了污染的风险。数字 PCR 仪是 PCR 仪领域新兴的一个技术产品，具有超高灵敏度，能够绝对定量，其采用了“微流控+微纳米”制造技术，能够将溶液分散成单独的微反应单元，配合软件算法实现真正的绝对定量。

基因测序仪：基因测序是当下比较热门的分子诊断技术领域之一。通过尽可能多地获取被测物中的核酸序列，进而分析其能带来的价值，目前基因测序技术已经发展到第四代，分别是第一代 Sanger 测序、第二代高通量测序、第三代单分子测序和第四代纳米孔测序。

基因芯片仪：基因芯片技术也可称为核酸芯片、微阵列芯片等，是目前应用最为广泛的一种生物芯片技术。其将设计好的核酸片段有序地固定在固相支持物上，然后与 PCR 扩增之后的产物进行杂交，通过检测信号来判读结果。

核酸分子杂交仪：FISH 技术在染色体数目、结构异常、基因缺失、重排以及基因融合等方面具有独特的优势，适用的仪器设备主要是荧光显微镜。

核酸质谱仪：用于对芯片和测序技术发现的大量候选基因特异位点变异和表现遗传标志物进行大样本量验证和精细定位。

3.4.1 全球专利申请状况分析

通过在 Himmpat 数据库中进行检索，截至 2021 年 12 月 31 日，全球范围内针对分子诊断仪器的专利申请共计 120406 件，其中同族申请计为一件进行统计。本小节将从申请量、申请来源以及技术分支等多个维度对分子诊断仪器的专利申请进行分析。

1. 全球专利申请趋势分析

图 3.4.1 显示了 1980—2021 年分子诊断仪器领域专利申请趋势。由图可以看出，自 1980 年开始分子诊断技术进入萌芽期，在此后的 10 多年间，分子诊断的发展比较缓慢，每年仅有几十件的专利申请增长量；1995—2003 年，分子诊断技术迎来了快速发展，专利申请量快速增长到年申请近 2000 件；此后的十年间，分子诊断在波动中缓慢增长，2014 年分子诊断再次进入了快速发展期，申请量逐年增长，尤其是在 2015—2018 年，专利申请出现了小高峰。从专利类型上看，在分子诊断仪器领域占绝对优势的是发明专利申请，其次是 PCT 申请，其数量也相当可观，这说明在分子诊断仪器领域专利申请的质量较高。

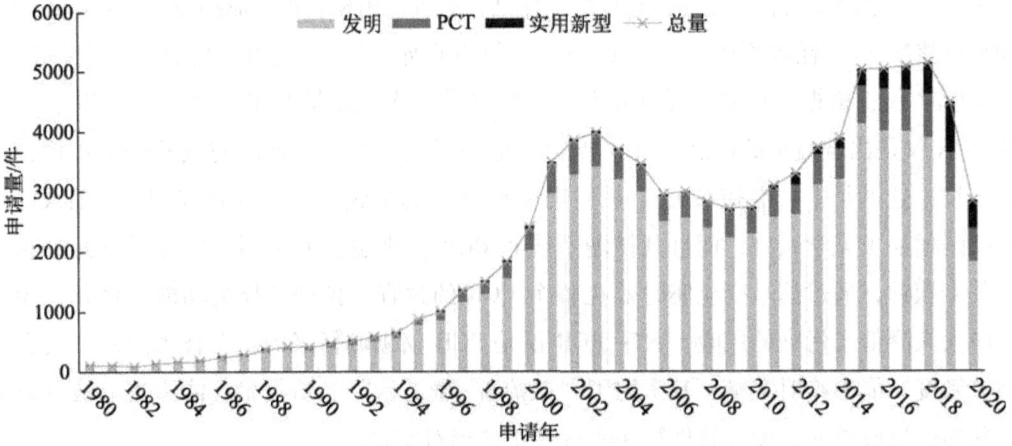

图 3.4.1 1980—2021 年分子诊断仪器领域专利申请趋势

2. 全球专利地域分布分析

图 3.4.2 显示了分子诊断仪器领域全球专利申请来源情况。由图可以看出，排名第一的是美国，其以 47685 件专利申请占据全球申请量的 50%，稳居第一梯队；其次是中国，以 14022 件专利申请排名第二位，排名第三的是日本，其专利申请量为 11144 件，中国和日本位于第二梯队，专利申请数量较美国有很大差距；排名第四、第五、第六、第七位的分别是德国、欧专局、韩国和英国，申请量均为几千件，位于第三梯队。

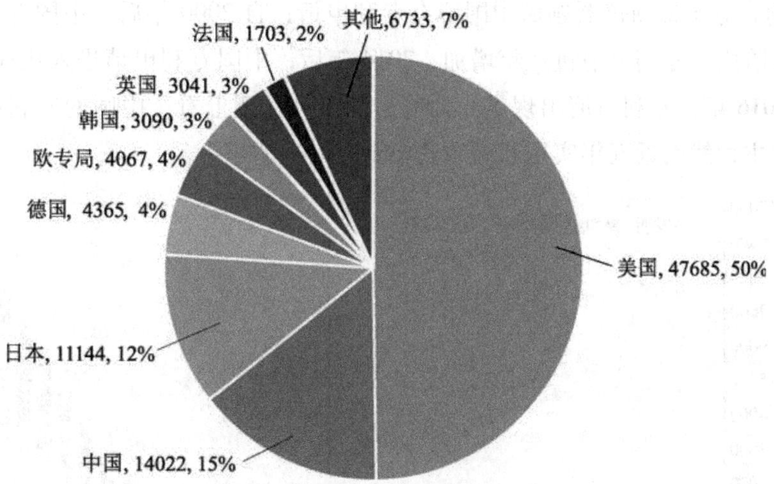

图 3.4.2　分子诊断仪器领域全球专利申请来源

3. 全球专利五局流向分析

图 3.4.3 显示了全球分子诊断仪器五局流向情况，其中每条分支代表技术来源国（地区）向目标国（地区）的专利申请情况。由图可以看出，作为分子诊断仪器领域最主要的申请国，美国特别重视其在全球的专利布局，尤其重视在欧专局和日本的专利布局，这可能与上述两个地域的分子诊断技术比较发达有关，美国同样特别重视在中国的专利布局，这可能与近些年中国分子诊断技术的崛起以及中国有较大的市场需求有关。日本同样特别重视在美国的市场布局，这可能与日本企业与美国企业之间的强强联合有关。中国的专利布局意识较差，除在中国本土外，在海外市场的专利布局意识均不强。

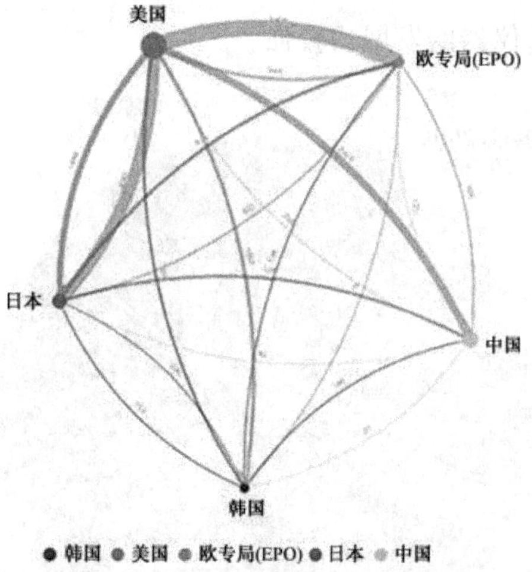

图 3.4.3　全球分子诊断仪器五局流向图

3.4.2　中国专利申请状况分析

1. 中国专利申请趋势分析

图 3.4.4 显示了中国在分子诊断仪器领域的各专利类型申请趋势。由图可以看出，

1999 年以前在分子诊断仪器领域中国鲜有专利申请；自 2000 年后，中国专利申请进入了缓慢增长阶段，专利申请量逐年增加；2014 年后，中国专利申请进入快速发展阶段，尤其是在 2016 年，专利申请出现了小高峰。从专利类型上看，中国的专利申请主要以发明专利为主，然而近五年实用新型专利申请有增加的趋势。

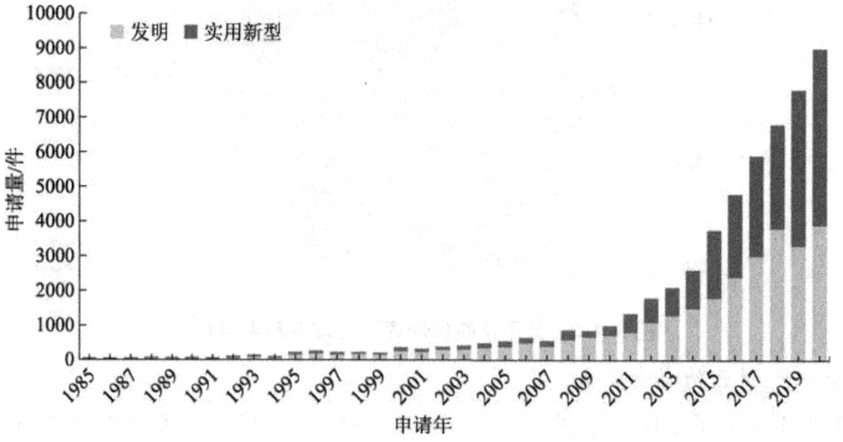

图 3.4.4 中国在分子诊断仪器领域的各专利类型申请趋势

2. 中国专利地域分布分析

图 3.4.5 显示了中国分子诊断仪器专利申请的地域分布情况。由图可以看出，排名前五位的是北京（1917 件，占比 14.9%）、广东（1784 件，占比 13.87%）、江苏（1612 件，占比 12.53%）、浙江（1357 件，占比 10.55%）、上海（1348 件，占比 10.48%）。在分子诊断仪器领域，中国本土申请呈现出多地开花、均衡发展的情况，在经济发达地区，分子诊断仪器的发展均较强。

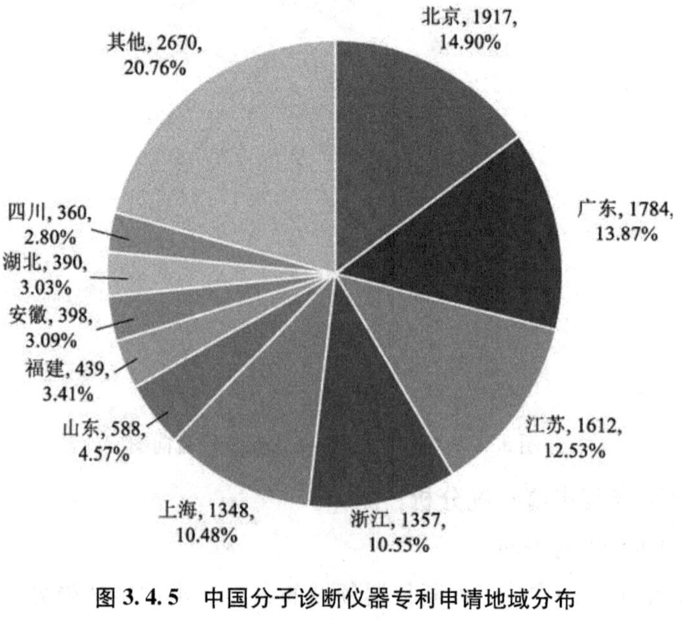

图 3.4.5 中国分子诊断仪器专利申请地域分布

3. 中国专利技术主题分析

图 3.4.6 显示了中国分子诊断仪器的专利技术构成情况。由图可以看出，分子诊断仪器相关专利主要分布在 G01N、C12Q、C12M、C07K、G06F 上，且各个技术主题之间交叉性不强。

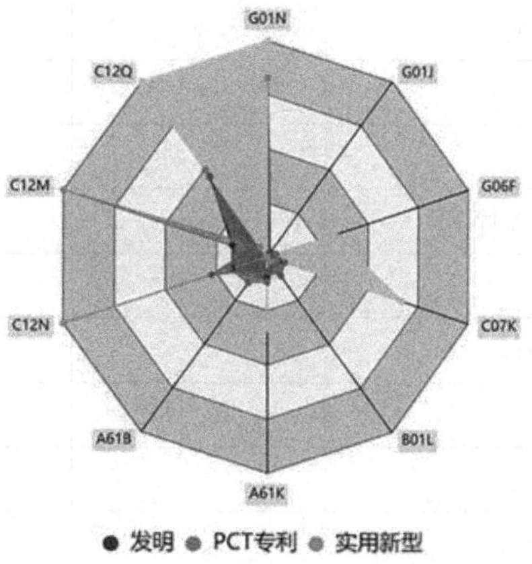

图 3.4.6　中国分子诊断仪器的专利技术构成

3.4.3　PCR 技术

聚合酶链式反应（PCR）是一种分子生物学技术，用于体外扩增特定的 DNA 片段。在人类的生命周期中，细胞中一条双链 DNA 分子可以在 DNA 聚合酶（即 PCR 中的“P”）的作用下复制成两条一模一样的双链 DNA 分子，即获得两个拷贝数。PCR 技术就是在试管中模拟 DNA 在细胞中的复制过程，将微量的 DNA 分子进行多次循环的复制，使得最初极为微量的 DNA 分子获得大量的拷贝数，进而对获得的 DNA 分子进行比对和检测。自 20 世纪 80 年代 Cetus Corporation 公司的化学家 Kary Mullis 发明了 PCR，如今 DNA 扩增俨然已经成为了生物学研究的基础。经过三十多年的不断改良（图 3.4.7），PCR 技术已经发展到第三代，分别是定性 PCR、实时荧光定量 PCR（qPCR）和数字 PCR（dPCR）。

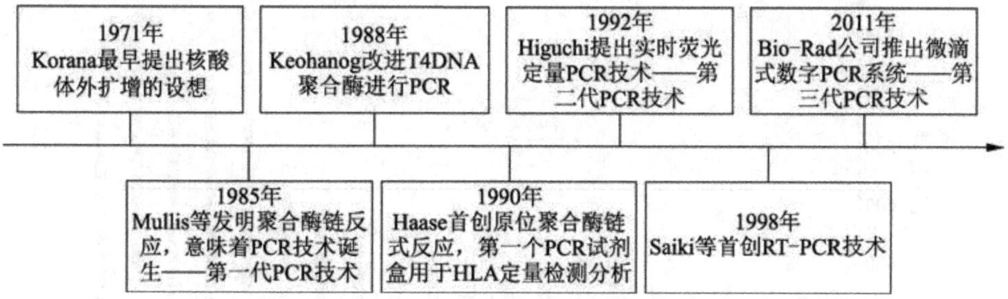

图 3.4.7　PCR 技术发展简史

表 3.4.2 对三代 PCR 的应用进行了简单介绍和对比。根据技术更新规律以及技术应用、市场规模的对比状况，本项目选择实时荧光定量 PCR 技术和数字 PCR 技术进行重点分析和介绍。

表 3.4.2 三代 PCR 方法与应用

应用	定性 PCR	qPCR	dPCR
克隆和文库构建	*		
靶向测序	*		
生成位点特异性突变	*		
小序列插入	*		
cDNA 合成	*		
检测低丰度 DNA 或 RNA 序列	*	*	*
核酸定量		*	*
检测 SNP 和基因变异		*	*
分析 CT-DNA		*	*
评估病原体载量		*	*
多重检测		*	
高通量筛选		*	

3.4.3.1 全球专利申请状况分析

全球范围内针对 PCR 检测仪的专利申请共计 13450 件，其中同族申请计为一件进行统计。以下将从申请量、申请人、申请来源以及技术分支等多个维度对 PCR 检测仪的专利申请进行分析。

1. 全球专利申请趋势分析

图 3.4.8 显示了 PCR 检测仪全球专利申请量趋势。由图可以看出，近二十年来，PCR 检测仪的申请量呈现上升趋势，一直稳步增长，尤其是在 2015 年之后，PCR 检测仪的申请量迎来了快速增长阶段，2018—2020 年申请量达到每年 1000 件以上。

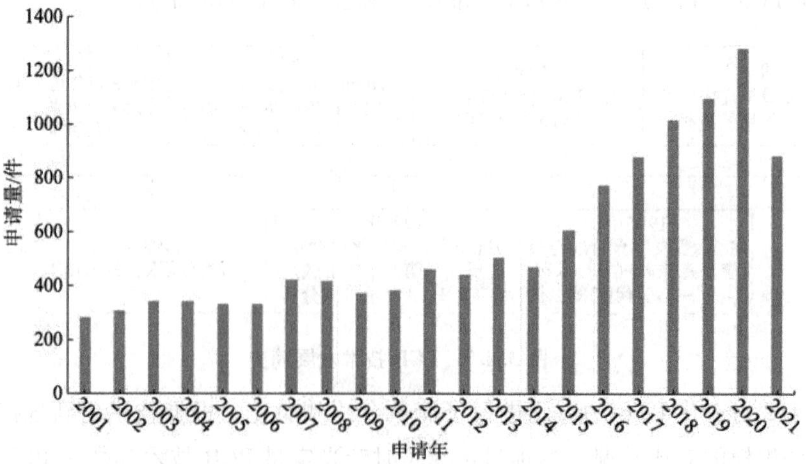

图 3.4.8 PCR 检测仪全球专利申请量趋势

2. 全球专利申请分布分析

（1）技术来源国分析

图3.4.9显示了PCR检测仪全球各来源国申请量趋势。由图可以看出，该领域的专利主要来源于美国、日本、韩国和中国。其中，美国、日本、韩国的专利申请均起步较早且一直比较平稳，自2001年开始在该领域均有相关专利申请，且近二十年来，每年专利申请量分别在100~200件、60~100件、100件左右；需要指出的是，虽然有部分全球知名企业，其总部并不在美国或日本（如罗氏），然而这些企业通常在美国也有研发中心，在申请专利的时候，常常以在美国专利局提交专利申请作为起点，使得该专利的优先权来自美国。而在PCR检测仪领域，中国专利起步相对较晚，直到2007年才逐步开始有相关技术的专利申请出现，但发展势头较猛，呈现快速上升趋势，在2010年专利申请已经突破100件，并呈现逐年上升趋势，有望在2021年突破1000件。这一惊人的增长速度代表着国内申请人对该领域的研发和专利布局在数量上已经逐渐成为全球的领先者，具有不可撼动的地位。

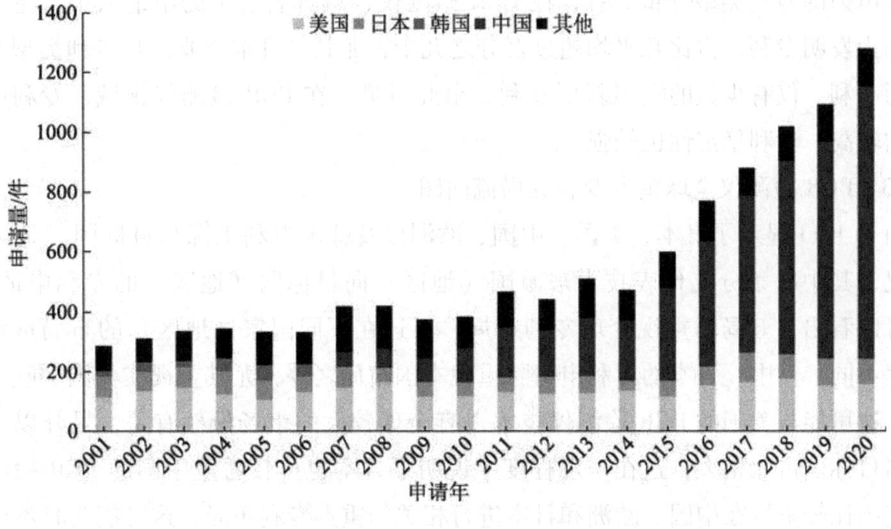

图3.4.9 PCR检测仪全球各来源国申请量趋势

（2）PCR检测仪全球主要申请人

图3.4.10显示了PCR检测仪全球专利申请量排名前十位的申请人。由图可以看出，日本企业在该领域的优势较大，排名前十的申请人中，三星株式会社（以下简称“三星”）、松下电器产业株式会社（以下简称“松下”）、索尼、东芝、日立均为日本企业，占据五位，并且排名前三位的均为日本企业。紧随其后的是韩国企业，分别位列第四、第五位，但申请量与日本企业具有一定差距。排名前十的申请人中有两家美国企业，分别是美国生命医疗和加利福尼亚大学董事会，其申请总量约为130件。值得注意的是，中国高校申请人浙江大学，其申请量为63件，居于第十位。综合上述，申请人的分布相当分散，很多高校、企业都有关于PCR技术的专利申请；结合PCR技术应

用于生物分析可知，这些高校、企业可能是在应用 PCR 技术进行生物分析时，对相应的仪器进行了改进，并申请了相关专利。

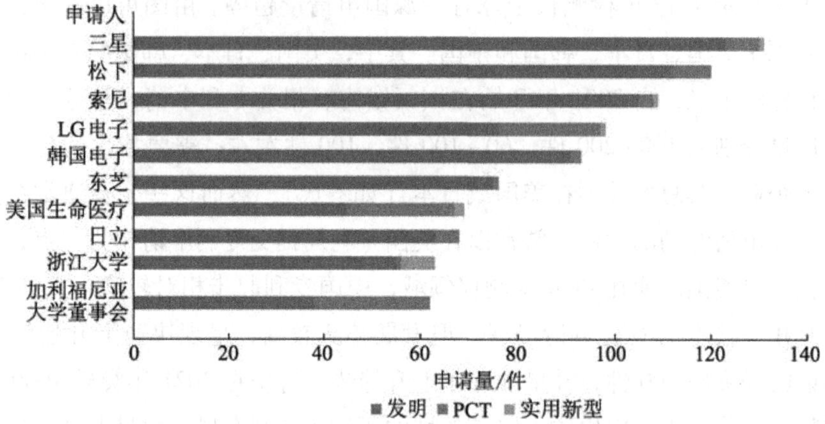

图 3.4.10　PCR 检测仪全球主要申请人

从申请的专利类型分布上看，在 PCR 检测仪领域排名前十的申请人中，主要专利类型均为发明专利，占比几乎均超过百分之九十，尤其是日本企业，其专利类型几乎全是发明专利，仅有少数的实用新型专利。由此可见，在 PCR 检测仪领域，专利申请的质量均较高，专利稳定性也较强。

（3）PCR 检测仪全球重点专利五局流向图

图 3.4.11 显示了日本、美国、中国、欧洲以及韩国专利来源与目标国（地区）分布情况，其中每条分支代表技术来源国（地区）向目标国（地区）的专利申请情况。由图可以看出，五局均重视全球专利布局，不过在不同国家（地区）的布局重点和重视程度不同。其中，日本的专利申请除重视本国布局之外，尤其重视在美国和欧洲进行布局，这可能与美国的 PCR 检测仪技术占有全球较大的市场份额有关，另外以中国作为申请目标国占比稍大，这在一定程度上说明了日本也比较看重中国的 PCR 检测仪市场。美国比较重视在中国、欧洲和日本进行相关的重点专利布局，这可能与日本的专利技术较多以及中国的市场较大有关，也代表了日本本土 PCR 检测仪市场竞争激烈，且专利技术较为成熟。韩国作为 PCR 检测仪的第二大申请国，其主要重视在美国进行专利布局。中国的全球专利布局意识较差，除重视在中国本土进行专利布局之外，在其他四局的专利布局均不多，这可能与中国在该领域的技术发展较晚以及中国本体的 PCR 市场较大有关，因本土的市场需求及占有额均较大，进而忽视了海外布局。

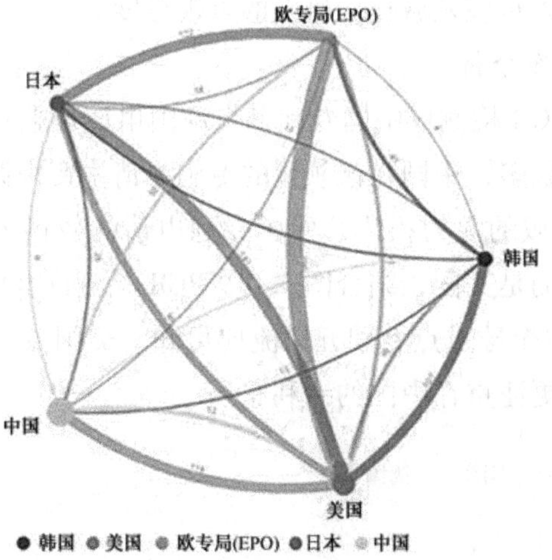

图 3.4.11　PCR 检测仪全球重点专利五局流向图

3.4.3.2　中国专利申请状况分析

通过在 Himmpat 数据库中进行检索，截至 2022 年 1 月 31 日，中国范围内针对 PCR 检测仪的专利申请共计 6230 件，其中同族申请计为一件进行统计。从申请量、申请人、申请来源以及技术分支等多个维度对 PCR 检测仪的专利申请进行分析。

1. 中国专利申请趋势分析

图 3.4.12 显示了 PCR 检测仪中国专利申请量趋势。由图可以看出，在 PCR 检测仪领域，中国专利申请量呈现稳步上升的趋势，尤其是 2015 年以后，申请量上升较快，这可能与中国市场的体外诊断的整体需求增长有关。中国专利申请量的变化态势与图 3.4.8 全球专利申请量的发展态势高度吻合，可以说，中国专利申请量的大幅度增加，主要得益于国内申请人对该领域的大力投入。

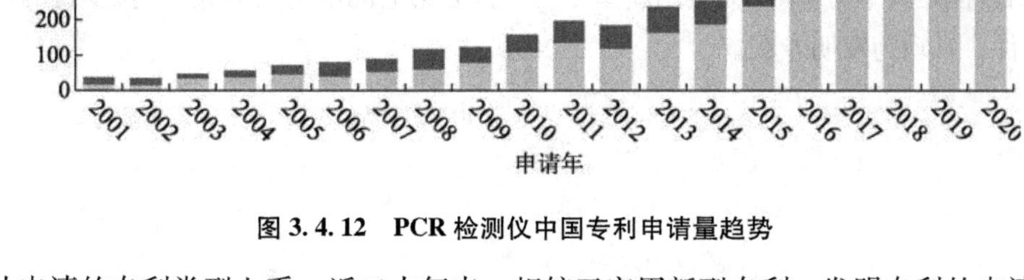

图 3.4.12　PCR 检测仪中国专利申请量趋势

从申请的专利类型上看，近二十年来，相较于实用新型专利，发明专利的申请占比一直居多，这说明在 PCR 检测仪领域专利申请的质量一直较高，专利稳定性较强，也在一定程度上表明申请人对该领域技术研发的重视程度。

2. 中国专利申请分布分析

图 3. 4. 13 显示了 PCR 检测仪中国专利各来源国申请量趋势。由图可以看出，中国专利申请量的占比一直最多，中国在该领域的专利申请主要来源于本土，尤其是得益于 2015 年以后中国在该领域的大力投入，中国专利申请的数量占比大幅度提高，呈现压倒性优势。居于第二位的是美国，结合图 3. 4. 9 PCR 检测仪全球各来源国申请量趋势以及图 3. 4. 11 PCR 检测仪全球重点专利五局流向可知，美国专利申请不仅数量较多，而且相较于日本、韩国等更注重在中国的专利布局。

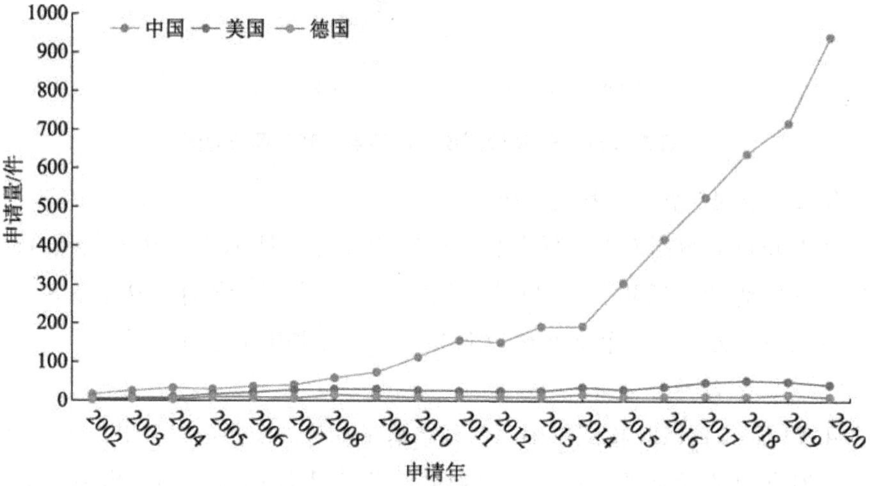

图 3. 4. 13　PCR 检测仪中国专利各来源国申请量趋势

3. 中国专利申请主要申请人分析

图 3. 4. 14 显示了 PCR 检测仪中国专利申请量排名前十位的主要申请人。由图可以看出，在该领域中国专利申请中，排名前十的申请人中有九位是中国本土申请人。其中，排名第一的浙江大学同时挤入全球专利申请量排名的前十位，并且浙江大学的专利申请主要以发明专利为主，说明浙江大学在该领域的研发实力较强。排名前十的申请人有六位为高校等科研院所，说明在该领域中国本土申请人比较重视技术研发。杭州博日科技股份有限公司（以下简称“杭州博日”）以 40 件的申请量在中国专利申请人中排名第四，但是其中有 19 件为实用新型专利。排名第七的申请人霍夫曼-拉罗奇的申请量为 32 件，且均为发明专利。

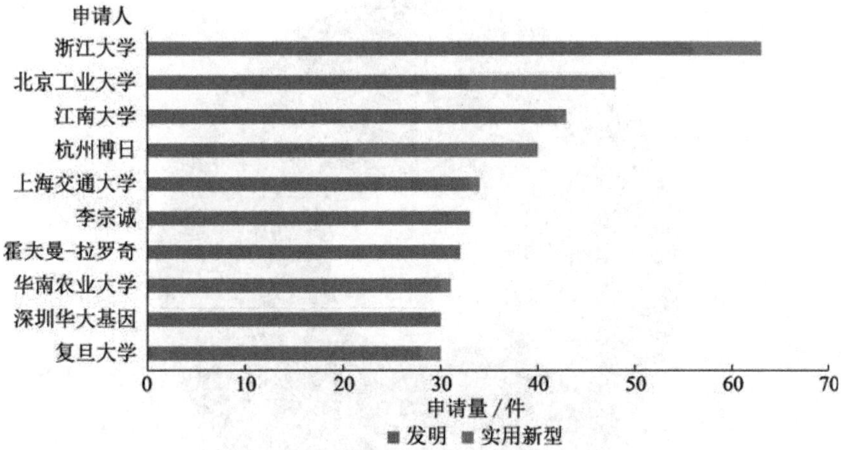

图 3.4.14　PCR 检测仪中国专利主要申请人

4. 中国专利申请地域分析

在 PCR 检测仪中国专利申请领域，中国专利申请量排名前三位的分别是北京、广东、江苏，申请量分别为 846 件、759 件、714 件，申请量均超过 500 件，说明上述三个地区在该领域的技术发展比较成熟，已经形成一定规模；紧随其后的是上海和浙江，申请量在 500 件左右。由此可见，申请量排名前五位的均为经济发达地区，这与当地的科研水平、政策支持、市场规模等均有一定关系。排名第六位至第十位的，其申请量明显有所下降，均在 200 件左右，这说明当地的专利申请人对于发明专利的重视程度相对于北京、广东等地区还有一定差距。

5. 中国专利申请类型以及法律有效性分析

图 3.4.15 显示了 PCR 检测仪领域中国专利申请法律有效性状况。由图可以看出，在该领域，授权后维持有效的专利占比约为 39.15%，在审查状态悬而未决的专利占比为 31.81%，已经失效的专利占比为 29.04%。由上述数据可知，授权后维持有效的专利、发明 PCT 专利其质量是可以保证的，这部分专利均为价值较高专利，其中发明专利为 1174 件，发明 PCT 专利 263 件；值得注意的是，在悬而未决的专利中，有 266 件发明 PCT 专利以及 1716 件发明专利。其中，发明专利中维持有效的 1174 件专利、发明 PCT 专利 263 件、悬而未决的发明 PCT 专利 266 件以及悬而未决的发明专利 1716 件为后续进行专利技术路线、重点专利等分析的对象。

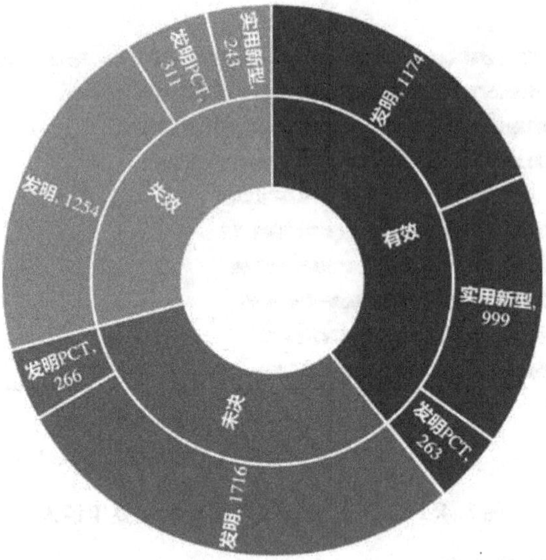

图 3.4.15　PCR 检测仪中国专利申请法律有效性分析

3.4.3.3　实时荧光定量 PCR

1985 年美国 Cetus 公司的 Mullis 等建立了聚合酶链式反应（PCR），该反应的原理类似于 DNA 的天然复制过程。DNA 双链在高温时可以发生变性解链，当温度降低后又可以复性成为双链。因此，通过温度变化控制 DNA 的变性和复性，在适宜的缓冲体系中加入设计引物、DNA 聚合酶、dNTP 就可以完成特定基因的体外复制。PCR 的基本原理（图 3.4.16）：首先是变性，模板 DNA 经加热至 93℃左右一定时间后，模板 DNA 双链或经 PCR 扩增形成的双链 DNA 解离，成为单链；其次是复性，温度降至 55 ℃左右，完成引物与模板 DNA 单链的互补序列配对结合；最后是延伸，DNA 模板与引物结合物在 TaqDNA 聚合酶的作用下，以 dNTP 为反应原料，按碱基互补配对原则，沿着模板链延伸直至合成一条新的与模板 DNA 链互补的链。经一套扩增循环（21～31 次）就能将 1 个单分子 DNA 扩增到 10^7 个分子。例如，在美国专利 US4683202A 中就记载了 PCR 的过程。

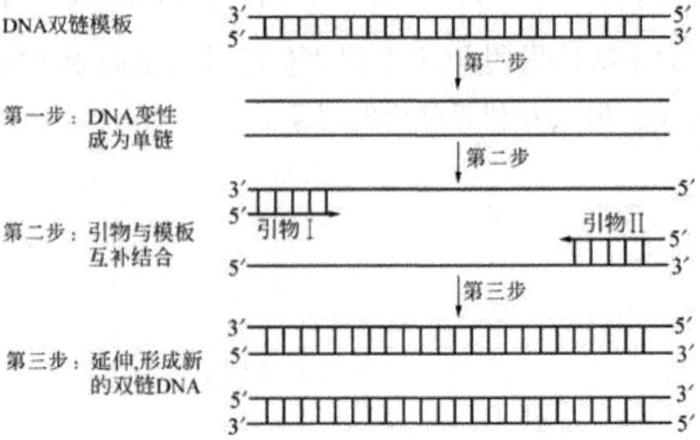

图 3.4.16　PCR 基本原理

PCR 扩增反应完成以后，必须通过严格的鉴定，才能确定是否真正获得了准确可靠的预期特定扩增产物。起初凝胶电泳是检测 PCR 产物常用的最简便的方法，它能判断产物条带的大小，有助于产物的鉴定。

上述方法是在 PCR 扩增完成后再进行扩增结果的鉴定。首先，从时间上来看，属于事后检测；其次，从实验过程来看，存在着不可避免的交叉污染的可能性。因此，人们产生了实时 PCR 检测的需求。在 1994 年提交申请的美国专利 US5766889A 中，对 PCR 反应过程中的开始数量和生成数量就已有了定量的测量方法。但直到 1996 年美国的 AppliedBiosystem 公司才开发出第一台荧光定量 PCR 仪。1997 年，专利 US6174670B1 将扩增和产物分析结合的概念称为“实时”PCR。

实时荧光定量 PCR 自建立以来，不仅实现了 PCR 扩增从定性到定量的飞跃，而且与常规 PCR 相比，因其具有特异性更强、灵敏度高、重复性好、定量准确、自动化程度高、全封闭反应等优点而成为分子生物学研究中的重要工具，目前已得到广泛应用。随着分子生物学及其技术的不断发展，实时荧光定量 PCR 技术已逐步应用于微生物研究领域，使全面、快速、准确地检测和分析鉴定微生物成为可能。

实时荧光定量 PCR 是将荧光能量传递技术应用于常规 PCR 仪中，指在 PCR 反应体系中加入荧光基团或荧光染料，利用荧光信号积累，从而实时监测整个 PCR 过程，最后通过标准曲线对未知模板浓度进行定量分析的方法。其具有如下特点：① 用产生荧光信号的指示剂显示扩增产物的量；② 荧光信号通过荧光染料嵌入双链 DNA，或双重标记的序列特异性荧光探针，或能量信号转移探针等方法获得，大大提高了检测的灵敏度、特异性和精确性；③ 进行实时动态连续的荧光检测，消除了标本和产物的污染，且无复杂的产物后续处理过程。

典型的实时荧光定量 PCR 仪的光路结构如图 3.4.17 所示。激发光 LED 发出激发光，经准直透镜准直后照射到经旋转混合后的 DNA 样品上，DNA 被激发产生荧光，荧光经滤光片滤光后被荧光 CCD 探测器接收，从而实现 DNA 样品的实时定量 PCR。

从 PCR 的技术发展入手，着重研究实时荧光定量 PCR 仪的检测系统的发展。针对实时荧光定量 PCR 仪，其结构功能如图 3.4.18 所示，按其结构功能可以划分为光路系统、PCR 反应器、样品采集预处理系统以及控制单元，其中光路系统是荧光检测系统的核心部件，温度循环控制单元是控制单元的核心部件。

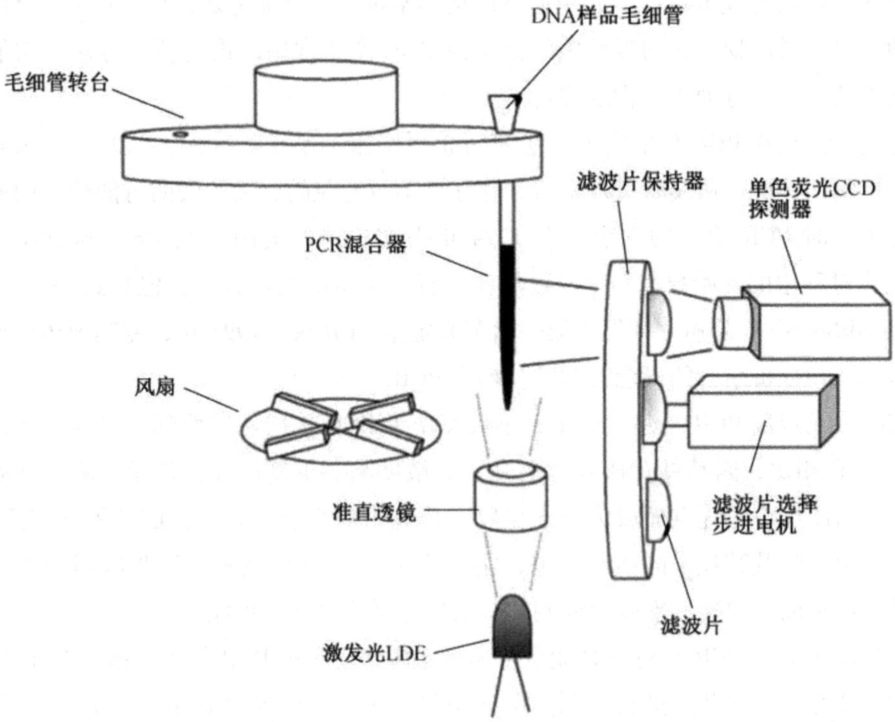

图 3.4.17　典型的实时荧光定量 PCR 仪的光路结构

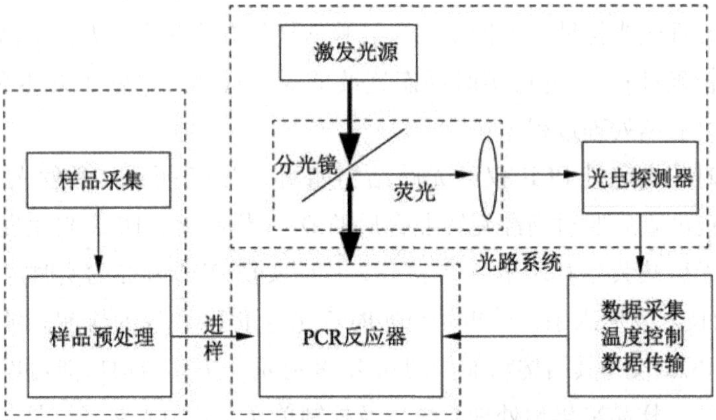

图 3.4.18　实时荧光定量 PCR 仪功能框图

基于上述对实时荧光定量 PCR 仪的技术分解，下面主要从荧光检测系统、温度循环控制和 PCR 反应器三方面进行专利技术的分析。

1. 荧光检测系统

荧光检测系统是整个检测系统的重要组成部分。从仪器的结构来说，其包括激发光源、光路系统和探测器。从仪器的系统指标来说，其不仅要具备较高的探测灵敏度，还要具备一定的检测通量等。

（1）激发光源

由于荧光强度与激发光强成正比，因此理想的激发光源应具备以下条件：足够的强度；在紫外-可见光区有连续光谱；光源强度与波长无关，光强输出应该是连续平滑等强度的辐射；光强稳定。

早期荧光检测器采用激发光光强较强的高压汞蒸气灯、锌灯等光源，但这些灯为线性光源，不能满足不同待测组分需要不同激发波长的需求。其中，能发出 220～650 nm 连续光谱的氙弧灯，发射光强度大，而且在 300～400 nm 波段内的频谱基本为一平坦区域，但在波长小于 280 nm 时，光强迅速下降。虽然大功率汞弧灯在紫外区输出功率大，但在稳定性和热效应方面还存在一定问题。采用脉冲放电氙灯，可提高低波段紫外区的灵敏度，而且可避免由于升温引起的基线漂移。

高功率可调激光光源是一种新型的荧光激发光源。激光光源单色性好，强度大，可提高荧光检测器的灵敏度和选择性，缺点是成本高，波长范围小。

目前主流的激发光源有卤钨灯和半导体发光二极管（LED）冷光源这两种，某些高端型号的仪器还采用寿命更长的氩离子激光器。其中，LED 作为一种寿命长的微型光源，被越来越多的检测系统采用。半导体发光二极管作为激发光源的优点主要在于：体积小、易于集成，相对于其他光源，封装好的半导体发光二极管只有纽扣大小，易于集成到小型化设备中；使用寿命长，普通发光二极管的使用寿命可以达到十万个小时以上；发生波长范围宽，这就降低了与荧光染料的匹配难度，各个光谱段的 LED 商品均易于采购；工作电流小、使用方便、结构简单、成本低。

为了说明激发光源在定量 PCR 仪中的使用情况，在 DWPI 数据库中，通过“PCR”和“激发光源为 LED、激光或灯”作为检索要素词可检索得到专利 128 条（同族算一条），经分析，其中使用 LED、激光和其他灯具作为激发光源的专利依次为 30 条、90 条、29 条。具体使用情况如图 3.4.19 所示。

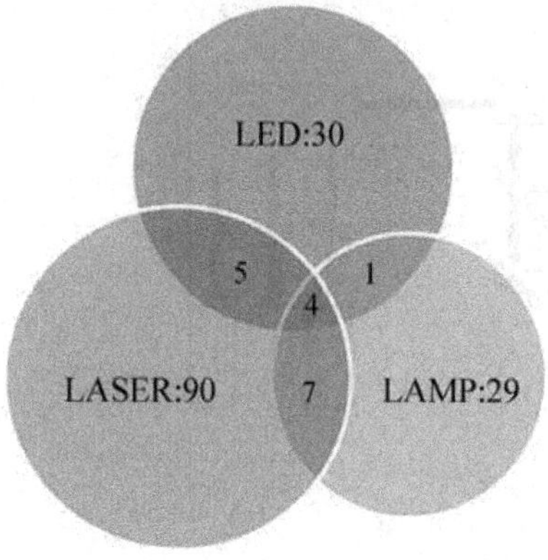

图 3.4.19　激光光源的使用情况

（2）光路系统

实时荧光定量 PCR 的光路系统主要有两种形式：一种是正交型光路系统（图 3.4.20a），激发光经透镜直接照射到样品上，被激发出的荧光经过透镜直接进入光电探测器，省去了半透半反膜。这种形式的优点是光路简单，缺点是空间位阻较大、大数值孔径的显微物镜使用受限、荧光收集效率低。另一种是共聚焦型光路系统（图 3.4.20b），激光束经滤光片、透镜后通过半透半反膜透镜的反射照射在样品上，被激发出的荧光经半透半反膜透射后，再经滤光片、透镜、小孔等滤除杂散光，被光电探测器捕获。但在荧光定量 PCR 仪器的设计上，基于不同的仪器指标可以有不同的设计。

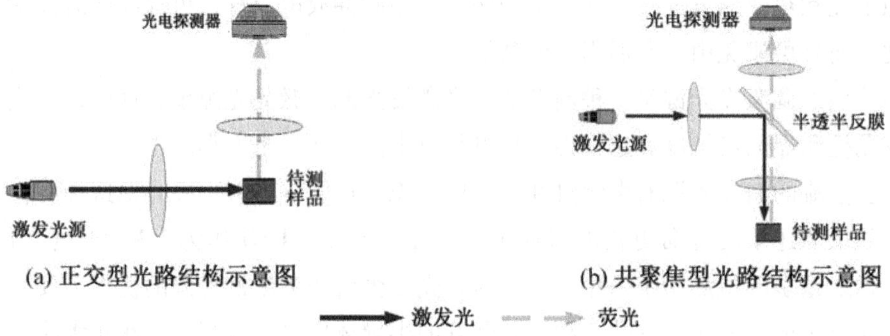

图 3.4.20　光路系统的两种主要形式

1）大通量光路系统

① WO2013133725A1（申请日：2013-03-08）。

本装置通过多个分束镜把激发光分成 18 束（图 3.4.21a），将 18 束分裂的激发光照向对应的反应容器，激发反应容器中的样品产生荧光，然后引导自反应容器发出的荧光经滤波处理后进入对应的探测器（图 3.4.21b）。

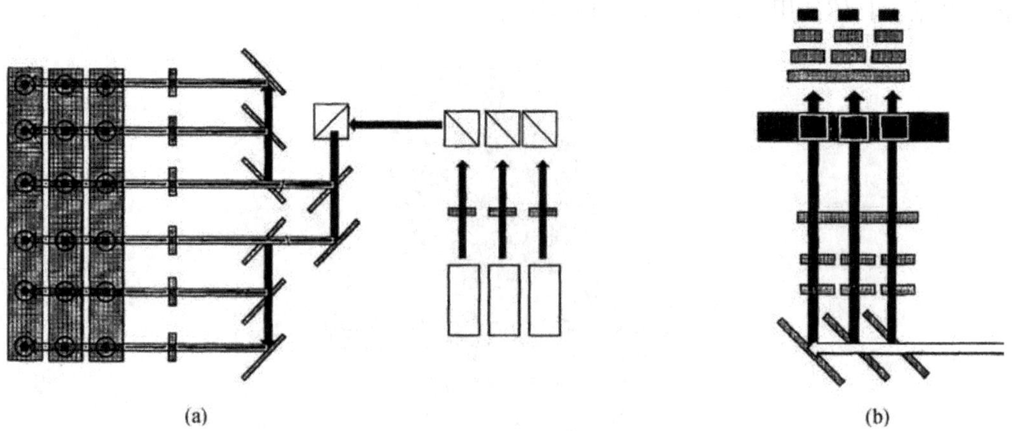

图 3.4.21　WO2013133725A1 技术方案

② US2003058440A1（申请日：2001-08-28）。

该专利中，多路单色光通过多脉冲激励（pulsed multi-line excitation，PME）技术实现基于时序的多色光激发，并利用不同波长的发射荧光与时间的相关性，实现荧光激发的高速检测。如图 3. 4. 22 所示，在荧光收集中为了提高荧光收集效率使用了 Notch 滤波器，在激发光中为了提高激发光的使用效率使用了空间滤波器。

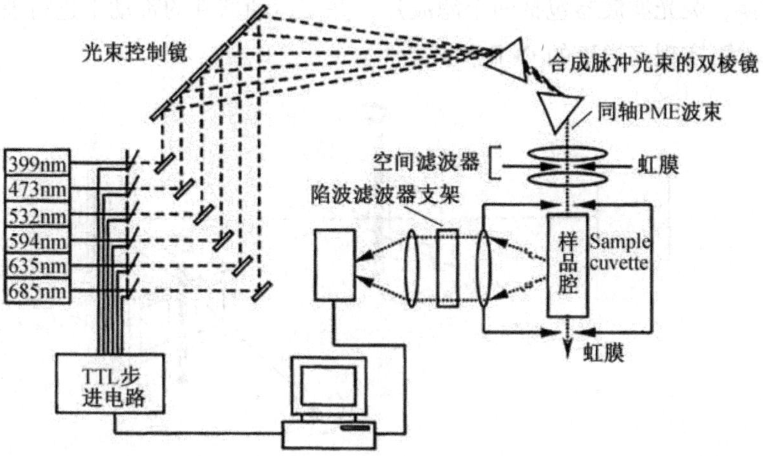

图 3. 4. 22　US2003058440A1 技术方案

③ CN2465177Y（申请日：2001-03-06）。

该装置包括一端对应于每个 PCR 反应管的多个发射光纤，每一发射光纤的另一端对准一个发射光纤聚光镜，每一发射光纤聚光镜对应一个耦合光纤聚光镜；每一耦合光纤聚光镜对应一个耦合光纤，每个耦合光纤合成耦合光纤束，耦合光纤束的输出端对应光电接收器，在相互对应的发射光纤聚光镜和耦合光纤聚光镜之间有顺序导通装置。其中，相互对应的发射光纤聚光镜与耦合光纤聚光镜分别排列于固定的盘的周边，两盘之间有可转动中盘，中盘周边有导通孔，构成顺序导通装置；在耦合光纤束的输出端与光电接收器之间设有滤色片盘，滤色片盘上至少设有一种滤色片。滤色片盘可为转动盘，滤色片沿周向分布。滤色片盘与中盘有一定的转速比，中盘每旋转一周，多波长滤色片盘转动一个角度，使滤色片盘对准光电接收器的滤色片恰好换一片，以实现在一个光电接收器的情况下形成实时微量 PCR 检测的多光纤高速多色扫描，如图 3. 4. 23 所示。

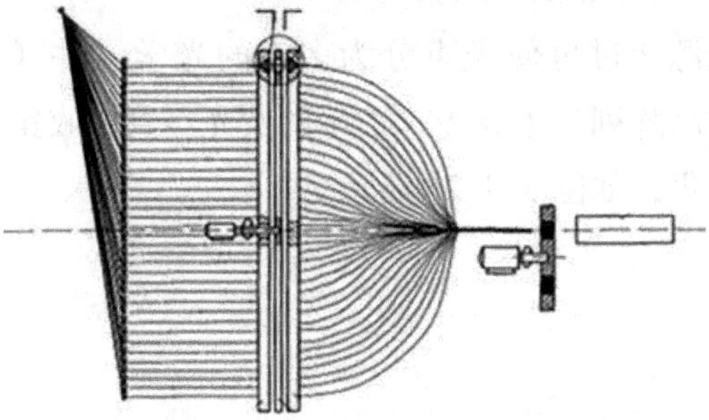

图 3. 4. 23　CN2465177Y 技术方案

④ US2005110998A1（申请日：2004-06-15）。

该装置在光源和样品之间设置激发光滤波器，在样品和探测器之间设置荧光滤波器，如图 3.4.24 所示。其中，激发光滤波器包括两个波长的滤波片，并由运动部件带动滤波片切换；荧光滤波器包括两个滤波片，并在运动部件的带动下进行滤波片的选择切换。该技术可实现多通道的 PCR 检测。

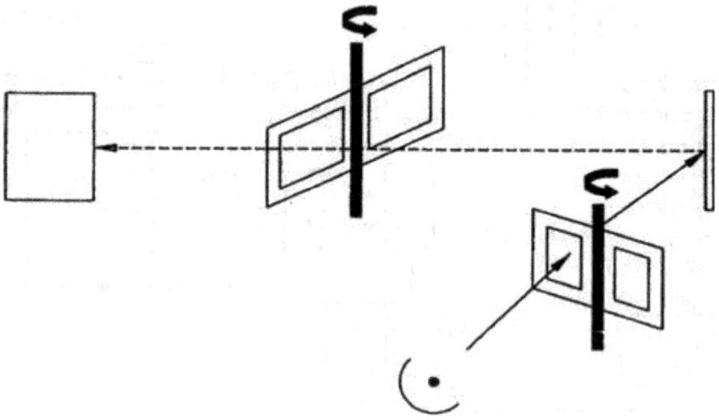

图 3.4.24　US2005110998A1 技术方案

⑤ CN1746672A（申请日：2004-09-10）。

该专利提出一种多重 PCR 定量检测仪，通过在激发光路和荧光光路中使用可选波长激发光滤光片装置实现不同波长激发光激发，并对不同波长荧光实施对应的检测，如图 3.4.25 所示。因此，这种检测仪可以同时进行多通道的检测，从而实现多重 PCR 技术。

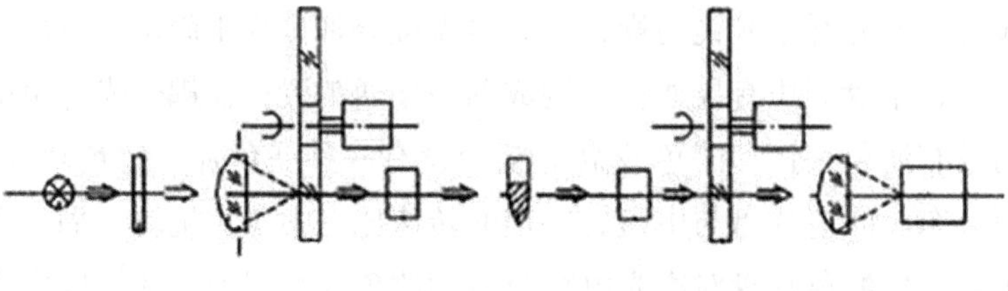

图 3.4.25　CN1746672A 技术方案

⑥ US2008157005A1（申请日：2007-10-26）。

该专利中，激发光源通过可使光束分为多束的光学元件（如圆柱透镜阵列）后，经二向色镜反射激发样品阵列产生荧光，产生的荧光经物镜收集后透过二向色镜，然后经透镜被探测器阵列收集，如图 3.4.26 所示。

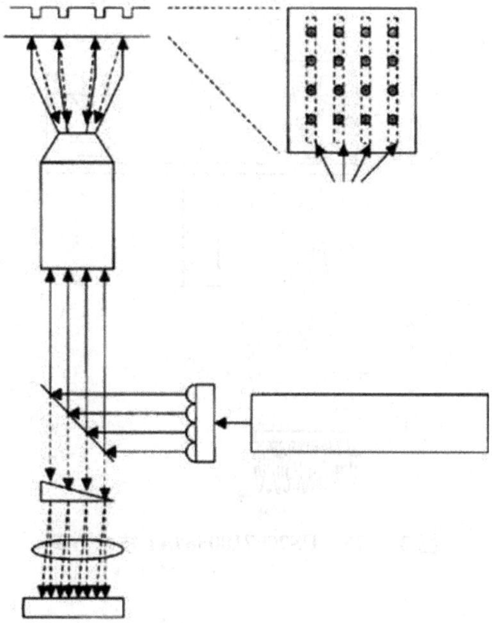

图 3.4.26　US2008157005A1 技术方案

⑦ US2015267248A1（申请日：2015-06-05）。

该专利中，多通道实时荧光定量 PCR 检测装置包括多个检测单元，对于每个检测单元来说，光源发出的光经第一透镜、微孔和第二透镜激发微井内的样品，微井产生的荧光被第二透镜收集后进入探测器，如图 3.4.27a 所示。上述微阵列单元集成多通道的微阵列（图 3.4.27b），提高了仪器的检测通量。

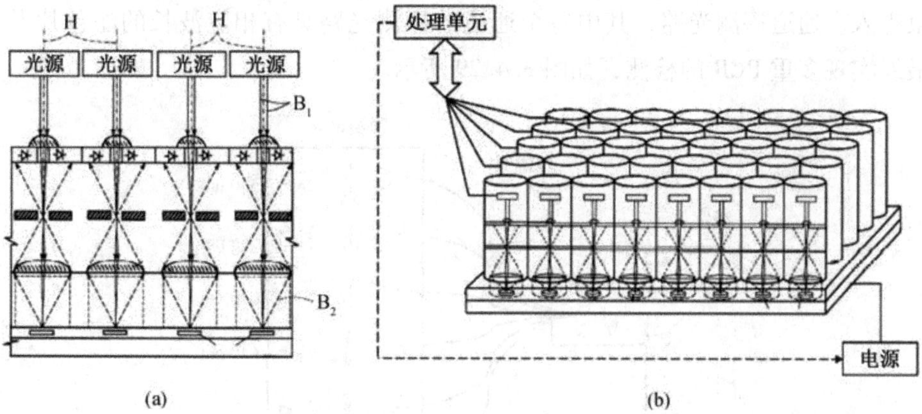

图 3.4.27　US2015267248A1 技术方案

⑧ US2007100569A1（申请日：2006-08-31）。

该专利中，检测系统具有多个过滤块、过滤架、探测器、微孔光学器件、微孔托盘。光源射出由激励滤波器滤波的宽光谱光，产生的荧光透过滤块进入探测器，实现荧光检测。其中，过滤块包括激发滤镜、分束镜和发射滤光片，如图 3.4.28 所示。

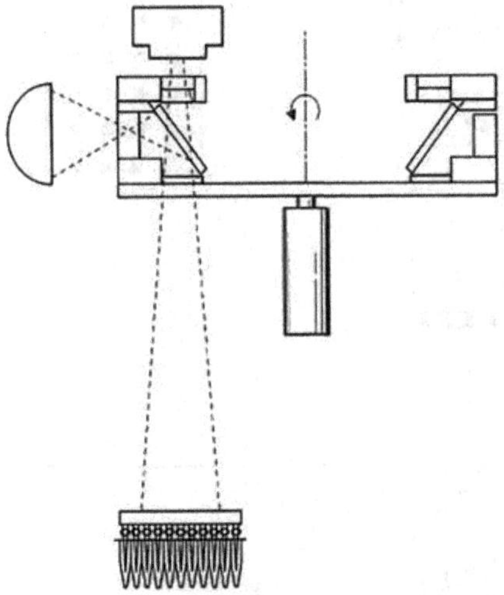

图 3.4.28　US2007100569A1 技术方案

2）多重 PCR 技术

多重 PCR（multiplex PCR），又称多重引物 PCR 或复合 PCR，它是在同一 PCR 反应体系里加上两对以上引物，同时扩增出多个核酸片段的 PCR 反应。

① CN1768151A（申请日：2004-04-01）。

该专利提出一种多色实时 PCR 系统，包括灵活的实时 PCR 仪和用于进行多色实时 PCR 的组合物或反应混合物，其中组合物或反应混合物包括多对不同标记的 FRET 杂交探针，每对杂交探针由携带 FRET 供体部分的 FRET 供体探针和 FRET 受体探针组成。激发光激发组合物或反应混合物，不同标记的 FRET 杂交探针发出不同波长的荧光，经纤维束进入多通道探测光路，其中每个通道的探测光路具有相应波长的滤色片及检测器，最终实现多重 PCR 的检测，如图 3.4.29 所示。

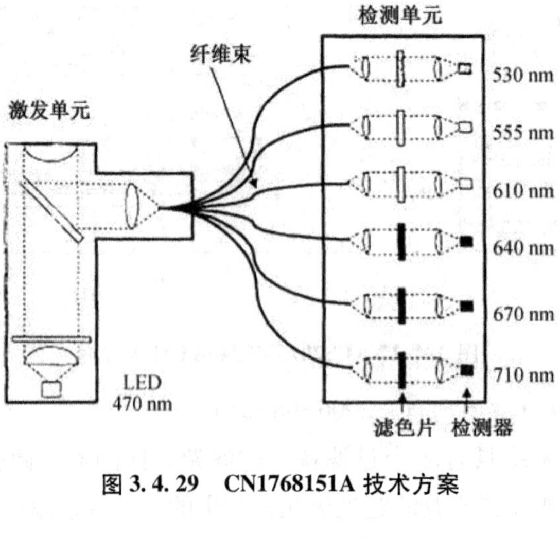

图 3.4.29　CN1768151A 技术方案

② US6015674A（申请日：1998-03-20）。

该专利提出一种用于实时 PCR 检测和定量的仪器和系统，其中第一和第二荧光指示剂被用作不同杂交探针的标记，进而实现在同一反应容器中检测不同的扩增子。激光光源发出激发光，激发光透过分束镜经透镜聚焦至，然后经光纤耦合器进入光纤束，进而用于激发加热器上的样品，产生的荧光返回后经衍射光栅进入 CCD 探测器阵列，进而实现多重 PCR 荧光的探测，如图 3.4.30 所示。

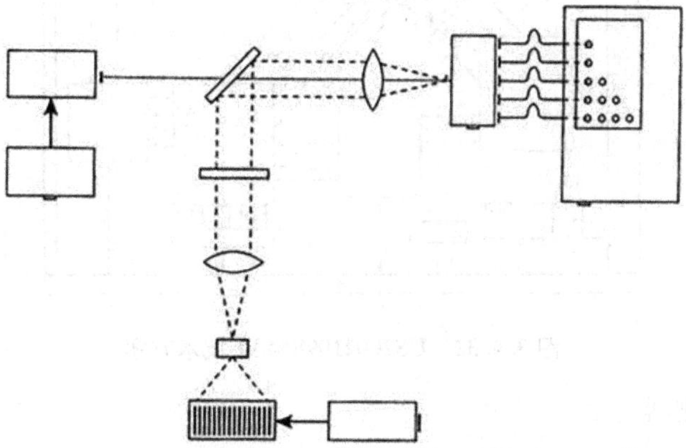

图 3.4.30　US6015674A 技术方案

③ US2005064582A1（申请日：2004-08-09）

该专利提出一种热循环方法和装置（图 3.4.31），该装置包括一个样品室，其温度可以在进行许多生物过程（如 DNA 聚合酶链式反应）所需的温度范围内快速和准确地调节。将生物样品放置在容器中，其中反应部分体积较小，允许快速和精确的温度调节。利用光学可透射的反应部分，可以在 PCR 期间通过荧光监测 DNA 扩增。

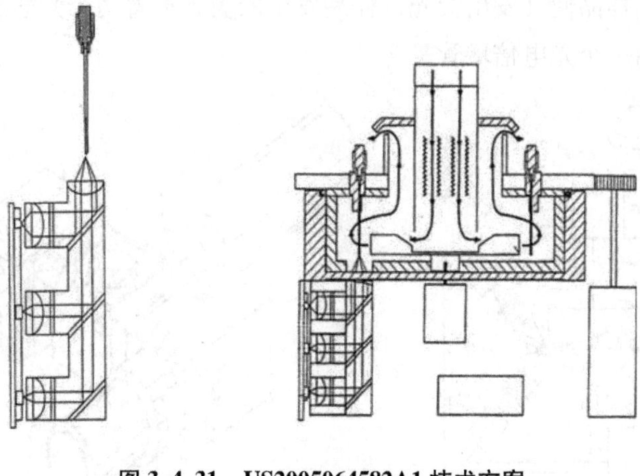

图 3.4.31　US2005064582A1 技术方案

④ US2002109844A1（申请日：2002-04-08）。

本专利提出一种实时 PCR 热循环仪，该仪器包括具有 4 个光源的第一光学装置以及包括 4 个用于检测和区别不同发射波长光的检测器的第二光学装置，如图 3.4.32 所示；还提出了以不同的 4 个 LEDs 作为光源和 4 个不同的光电二极管作为检测器的多重 PCR 荧光探测的具体实施方案。

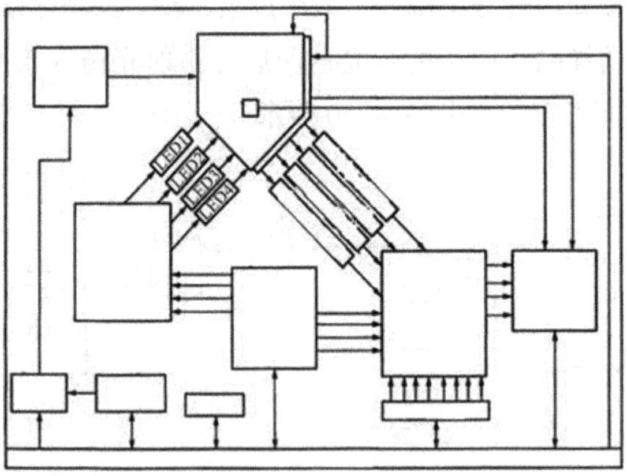

图 3.4.32　US2002109844A1 技术方案

（3）光电探测器

常见的光电检测器有光电倍增管（photo multiplier tube，PMT）、雪崩光电二极管（avalanche photo diode，APD）、互补金属氧化物半导体（complementary metal oxide semiconductor，CMOS）和电荷耦合器件（charge-coupled device，CCD）等，其中适用于弱光成像的 CCD 又可分为高灵敏制冷 CCD、增强 CCD（intensified CCD，ICCD）、电子倍增 CCD（electron-multiplying CCD，EMCCD）等。

① US2005255456A1（申请日：2003-04-16）。

该专利提出一种用于评估生物气溶胶样品的方法和设备，如图 3.4.33 所示。氙灯产生脉冲光入射到样品使其发出荧光，样品发出的荧光沿着两个光学通道进行发射，每个光学通道均包括一个光电倍增管。

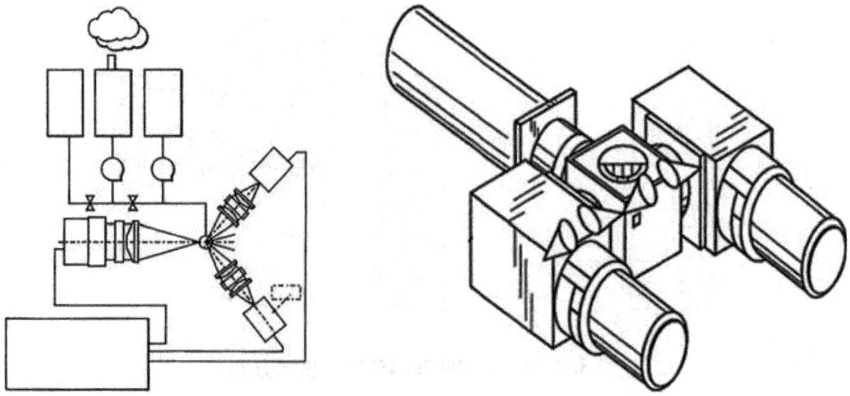

(a)　(b)

图 3.4.33　US2005255456A1 技术方案

② US2011084218A1（申请日：2009-05-20）。

该专利提出一种使用热电泳进行待测溶液中颗粒分析的方法和装置。其中，光源 32 可以为激光、纤维激光器、二极管激光器、LED、IDCP、卤素灯或 HBO 等，探测器可以为 PMT、APD、CMOS、CCD 相机等，如图 3.4.34 所示。

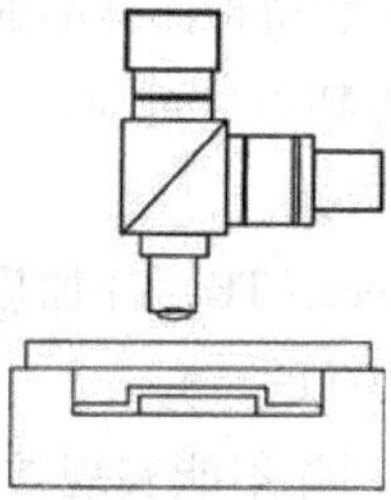

图 3.4.34　US2011084218A1 技术方案

对比上述几种光电探测器（表 3.4.3），从探测灵敏度上看，PMT 增益最高，能达到 10^6 倍，EMCCD 次之，APD 和 ICCD 的增益能达到 1000 倍的水平，高灵敏制冷 CCD 对信号无放大作用；从积分时间上看，高灵敏制冷 CCD 用作微光成像时，同等微光条件下所需积分时间最长；从成像应用上看，PMT 和 APD 能够探测光强一般用作光子计数，CMOS、EMCCD、ICCD、高灵敏制冷 CCD 均能直接成像；从成本上比较，ICCD 的成本最高，其次是 EMCCD、高灵敏制冷 CCD。

表 3.4.3　分子诊断行业细分领域几种探测器的技术对比

	PMT	APD	CMOS	CCD		
				高灵敏制冷 CCD	EMCCD	ICCD
探测类型	光强		成像			
量子效率	较低	较高	低	较高	非常高	较低
增益	10^6	100	无	无	1～1000	1～105
噪声	小	小	大	小	较小	较小
积分时间	ns-ms	ns-ms	ms-min	s-10min	ms-min	ns-ms
强光损伤	高	较低	无	无	较低	高
是否用到高压	1000 V	150 V	否	否	否	是

2. 温度控制系统

PCR 是利用 DNA 在体外 95 ℃高温时会变性解离成单链，低温（60 ℃左右）时引物与单链按碱基互补配对的原则结合，再调温度至 DNA 聚合酶最适反应温度（72 ℃左右），DNA 聚合酶沿着磷酸到五碳糖（5′-3′）的方向合成互补链。基于聚合酶制造的 PCR 仪实际就是一个温控设备，能在变性温度、复性温度、延伸温度之间很好地进行控制。PCR 是一种体外扩增 DNA 片段的技术，温度控制系统是 PCR 仪最核心的部分，主要参考指标包括温度均一性、升降温速度等。因此，本节对 PCR 仪温度控制发展历程以及不同种类 PCR 仪的温度控制进行了分析。

目前主流的热循环与温度控制系统主要有以下几种加热方式：接触式加热、非接触式加热（如空气加热）以及其他加热方式。

（1）接触式加热

接触式加热是指将加热模块与盛装待检测样品的容器进行接触实现加热，具有易自动化、速度快、直接进行加热降温等特点，可应用于反应管式 PCR 和生物芯片微流控式 PCR，是 PCR 仪温度控制的主流方式。

1）热电制冷（thermoelectric effect，TE）片加热方式

① US5224778A（申请日：1991-11-12）。

该专利虽然只是普通的 PCR 仪，并不能实现扩增过程的实时定量检测，但是其中涉及温度控制单元，提出了使用一种柔性加热盖装置，该柔性加热盖装置给每个样品管帽提供均匀的热接触，但作为最早的 PCR 仪，并没有涉及更多的温度控制单元的细节，如图 3.4.35 所示。

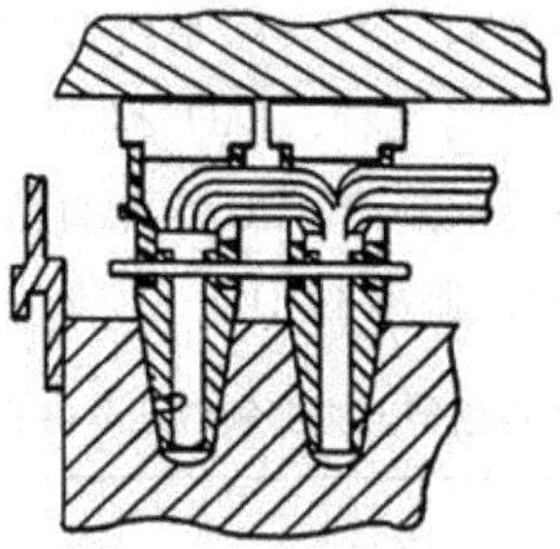

图 3.4.35　US5224778A 技术方案

② CA2056743A1（申请日：1991-11-29）。

该专利提出一种用于自动执行聚合酶链式反应的热循环仪，能够实现 96 孔板式样品的加热，利用 peltier 半导体加热元件，结合制冷控制系统、热交换控制系统实现精确的温度控制，通过使液体制冷剂流经在导热块内加工的流动通道来进行冷却，该冷却通道介于加热元件和样品之间，能够在整个检测区域实现 3 个不同区域的温度控制，如图 3.4.36 所示。

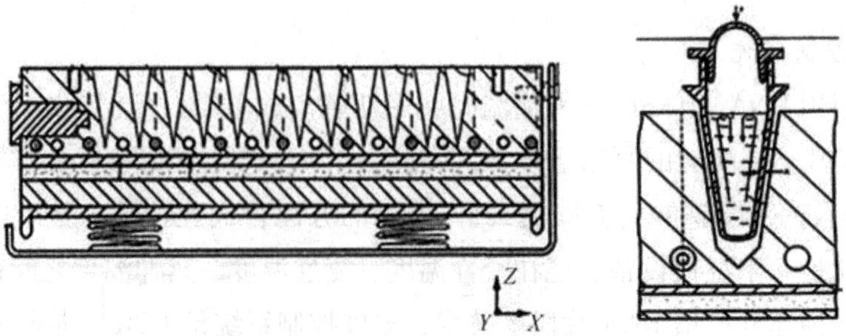

图 3.4.36　CA2056743A1 技术方案

③ US2006101830A1（申请日：2004-11-12）。

该专利提出一种具有大气湿气保护的热循环仪，热循环仪中的局部温度控制通过合理选择热电模块的尺寸来实现，热电模块通过一对环形垫圈保护以避免暴露于大气湿气。具体来说，单个热电模块可薄至几毫米，具有几平方厘米的表面尺寸，并且根据需要可使用更小和更大的热电模块。可使用单个热电模块，或将两个或更多个热电模块组合在一起，来控制横向尺寸超过单个模块的取样部件区域的温度；还可控制相邻的热电模块，以产生不同的热流速率或方向，从而将不同的样本或样本组置于不同的温度下。技术方案如图 3.4.37 所示。

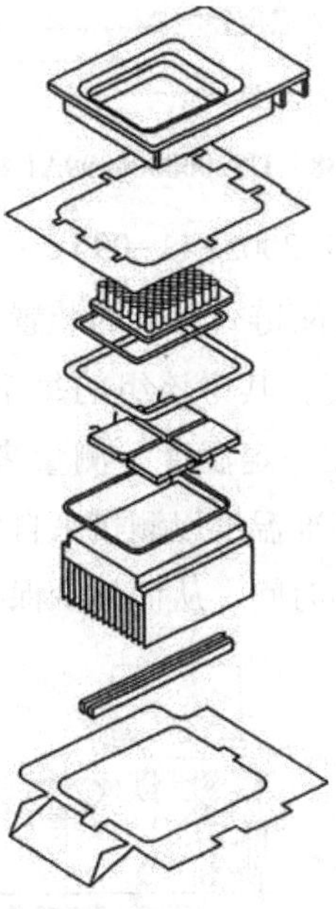

图 3.4.37　US2006101830 技术方案

④ US2008006099A1（申请日：2005-01-25）。

该专利提出一种用于控制流体样品温度的系统，技术方案如图 3.4.38 所示。该系统包括：第一衬底，第一衬底包括第一内表面和第一外表面；第二衬底，第二衬底包括第二内表面和第二外表面；两个或多个适合于容纳样品的通道，这些通道布置于与第一外表面和第二外表面平行的公共平面上；温度传感器，其沿该公共平面置于通道之间，加热器连接其中一个外表面，散热器连接另一个表面，从而在第一和第二外表面之间建立温度梯度；温度控制器，用于接收温度传感器输入的感测温度，并通过响应调节该加热器。

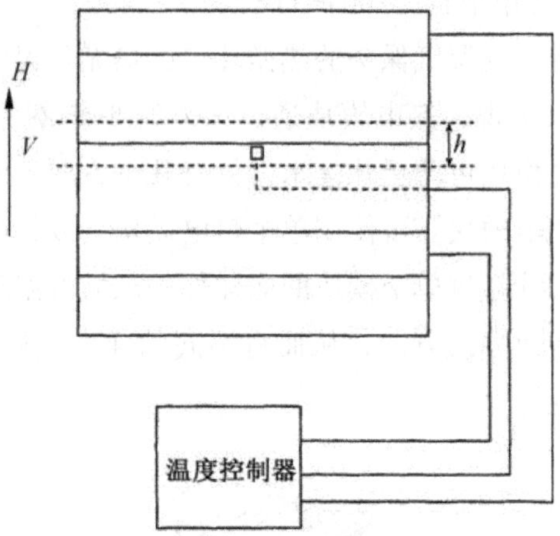

图 3.4.38　US2008006099A1 技术方案

⑤ US2007105126A1（申请日：2005-11-09）。

该专利提出一种用于监测聚合酶链式反应的装置（图 3.4.39），其中用于校准温度的方法可以循环测量一组孔的温度，其中该组的每个孔中盛装有光谱可区分物质的样品；还可以在第一温度循环期间在一定温度下测量来自每个孔的光谱可区分物质的信号，以及在随后的温度循环期间校准温度以测量来自每个孔的信号，以达到通过校准每个孔的温度来减少每个循环之间的时间，从而减少保持时间的效果。

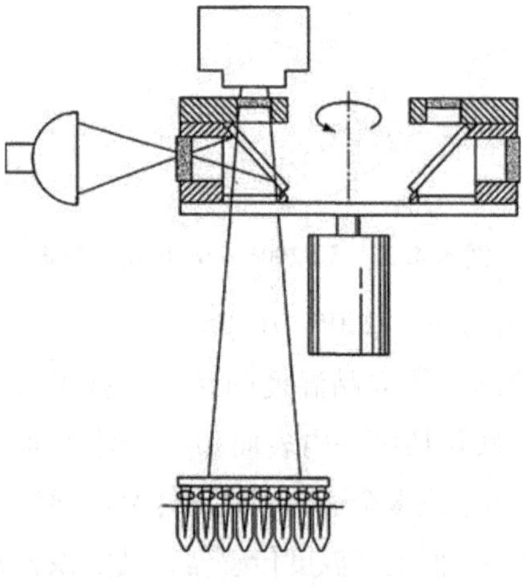

图 3.4.39　US2007105126A1 技术方案

2）预热媒介

将已经预热到设定温度值的传热媒介直接接触 PCR 样品，能够有效地避免传热媒介造成的升降温速率慢的问题。采用多块金属媒介板块时，将金属媒介板块先预热到不同设定值，再通过机械装置将金属媒介样板接触 PCR 样品，达到预定时间后切断连接，然后实现另一块金属媒介样板的接触，以此类推，达到有序地改变 PCR 样品温度的目的。这种方案因为每一个板块稳定地维持在预设温度上，在升降温过程中将所储的热能传递到样品，所以很容易提高样品的温度精度和变温速率，同时节省了能耗，由于不需要重复进行降温，因此减少了对散热装置的要求。

① US20020127660A1（申请日：2001-03-02）。

该专利提出一种采用金属媒介模块来实现快速改变温度的技术方案（图 3.4.40）。该方案存在如下缺点：金属媒介板块上有与 PCR 样品管外形相配合的孔。这就需要除了机械手实现水平方向的移动外，还需要设置一套垂直方向运动的传动机构，才能将样品管从一个媒介板块上拔出再转移到另一个媒介板块上去，并且机械手要精确移位才能将样品准确插入媒介板块上对应的孔中。由机械手带来的主要问题：仪器结构复杂、体积大、价格高；在样品被拔出一直到插入第二个板块之前，样品会暴露在空气中，这会使样品温度下降 1~2 ℃，这一降温会对 PCR 反应造成不利影响，尤其在退火后，会使样品温度低于设定值，有可能造成引物与模板的非特异性结合。针对这一问题，专利 JP2011092903A 进行了改进。

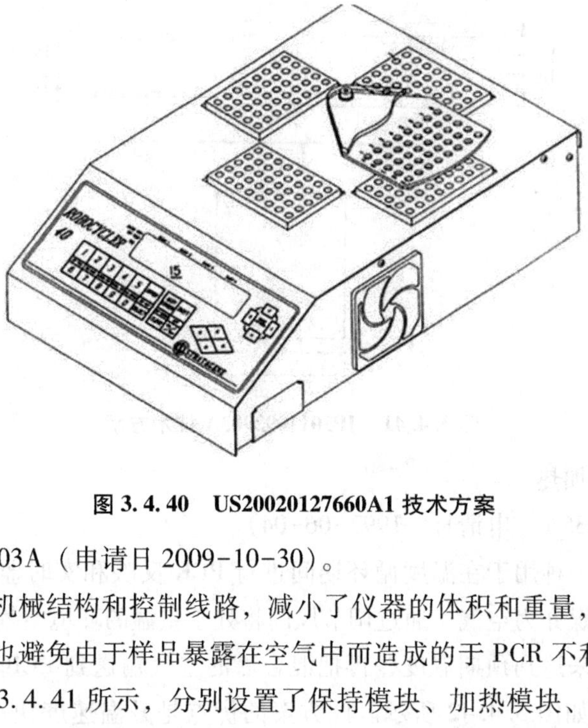

图 3.4.40　US20020127660A1 技术方案

② JP2011092903A（申请日 2009-10-30）。

该专利简化了机械结构和控制线路，减小了仪器的体积和重量，减少了机械故障，降低了成本，并且也避免由于样品暴露在空气中而造成的于 PCR 不利的样品过度降温。具体实现方式如图 3.4.41 所示，分别设置了保持模块、加热模块、冷却模块、旋转工作台及温度调节设备。保持装置是与液体容纳器抵接，用来保持该液体容纳器的装置，且保持装置能够维持在用于将液体的温度保持为其目标低温的第一温度；加热模块是与液体容纳器抵接，用于对液体进行升温的模块，相对于液体容纳器而言能够相对移动，且能维持在第二温度，该第二温度高于比目标低温高的目标高温；冷却模块是与液体容纳器抵接，用来使液体降温的模块，相对于液体容纳器而言能够相对移动，能维持在比目标低温低的第三温度，根据反应的需要，有序地改变样品的温度。试液的旋转工作台绕轴心 Ax 以规定速度旋转，利用作用于试液的离心力，使试液向试液池移动；旋转工作台具有与试管抵接且用于保持该试管的保持面，温度调节设备设置在旋转工作台内，且与旋转工作台的保持面导热性地连接。温度调节设备由利用珀尔帖效应构成的珀尔帖模块构成。温度调节设备与微型计算机 MC 连接，基于来自微型计算机 MC 的指令，根据需要改变该温度调节设备的通电方向和通电量来实现温度的调节。

通过上述温度控制方法，能够快速改变（升高或降低）液体的温度，将液体的温度精确地控制到更高的目标温度或更低的目标温度，尤其是当液体的温度已达到较高目标温度时，加热块在温度升高步骤中与液体接收器分离，能够在温度升高步骤中将温度升高期间的液体温度精确地控制到较高目标温度，并且在温度降低步骤中，冷却块在液体的温度达到较低目标温度之前与液体接收器分离，有助于将温度降低期间的液体温度精确地控制到温度降低步骤中的较低目标温度。

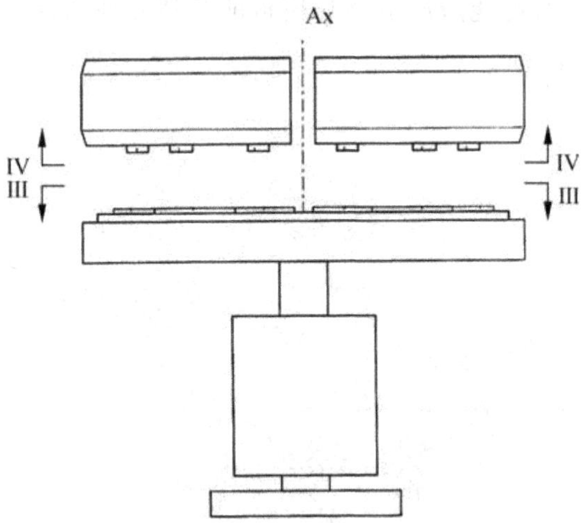

图 3. 4. 41　JP2011092903A 技术方案

（2）非接触式加热

① JP2000511435A（申请日：1997-06-04）。

该专利提出了一种用于在温度循环期间进行 PCR 反映和实时监测反应的装置。该专利为风热型，其媒介为空气，通过调节风门将处于室温的环境空气与加热过的高温空气以适当比例混合来达到预期温度，再把混合后的空气输送到 PCR 样品上，进而实现热循环，技术方案如图 3. 4. 42 所示。此方案的优点是升温速度快、造价低、重量轻，但降温时吹到样品管上的空气温度为室温，与样品管的温差小，并且空气的比热容小、热导率低，导致样品管的降温速度慢。另外，为了均匀地混合冷热空气，必须非常快速地搅动空气，因此风扇的噪声很大。

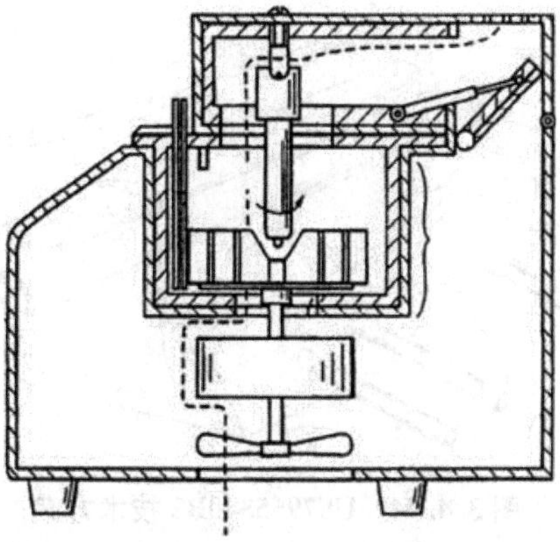

图 3.4.42　JP2000511435A 技术方案

② CN101021477A（申请日：2007-03-07）。

该专利采用热风循环实现温度控制，设置了与样品盘一同旋转的温度探测传感器，技术方案如图 3.4.43 所示。因此，该专利可以实现在 PCR 反应检测腔中探测并调控样品在旋转状态下的实时温度，同时有效地解决传统 PCR 检测仪中存在的“位置边缘效应”问题。

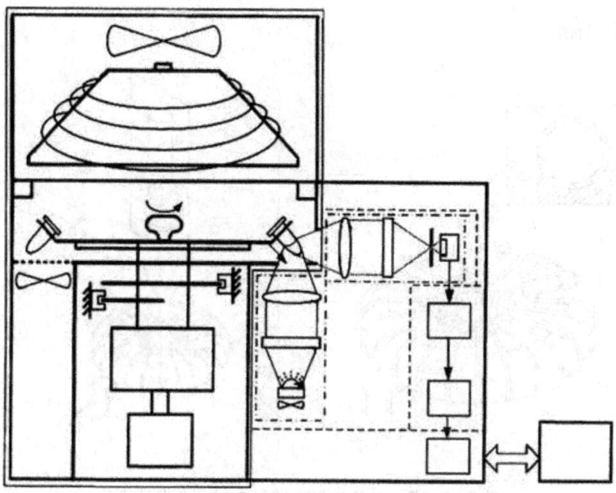

图 3.4.43　CN101021477A 技术方案

（3）其他加热方式

① US7955840B2（申请日：2007-08-23）。

该专利提出一种在受控温度下进行化学反应的方法和装置（图 3.4.44）。该装置包括布置在外壳内的至少一个导热温控囊，该导热温控囊被构造成将处于第二温度的温度控制物质接收到囊中，并将温度控制物质从导热温控囊中排出；当导热温控囊接收到温度控制物质时，囊膨胀至基本临近反应室的外表面的至少一部分，以实现温度控制物质与反应室内容积之间的热交换。

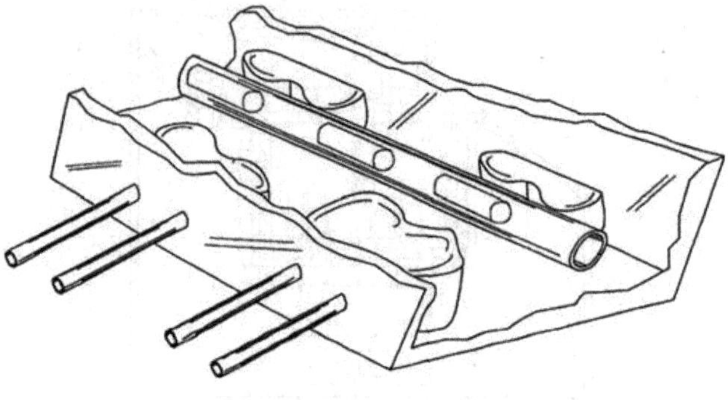

图 3.4.44　US7955840B2 技术方案

② KR20090133079A（申请日：2009-06-17）。

相较于半导体加热元件，本专利提出一种环形加热块结构（图 3.4.45），其中央部分形成中空，并且被隔热层分开，从而分别提供不同的温度；样本通过毛细管流入、流出，且毛细管以规则间隔穿过中空部分而缠绕在加热块上，从而传导不同的温度，重复执行反应循环；热循环反应块还包括附加加热块，该附加加热块包围着上面缠绕有毛细管的靠外的加热块，能够与靠外的加热块的外侧相接合，在加热块的外表面形成有供部分插入毛细管的插入槽，以增加加热块与毛细管之间的接触表面积，并且插入槽具有规则的尺寸和规则的间隔。

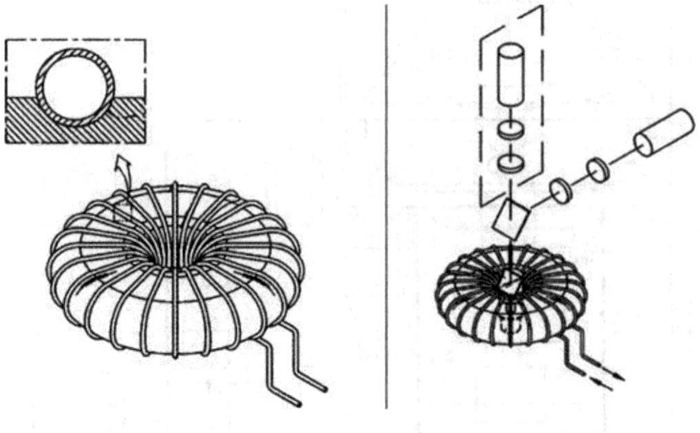

图 3.4.45　KR20090133079A 技术方案

③ KR20120029748A（申请日：2010-09-17）。

该专利提出一种非接触加热型基因扩增系统（图 3.4.46），通过控制每个步骤的温度来扩增各种样品并进行高速温度循环，并通过在解离部分和退火部分之间形成非加热部分来提高冷却效率。在聚合酶链式反应时，通过解离步骤、退火步骤及扩增步骤而使基因扩增，解离步骤、退火步骤及扩增步骤分别借助于另外的光源模块来控制温度，在与光源模块对应的位置形成有多个试料腔的旋转部，旋转的同时使基因扩增。具体来说就是采用光源实现样品的加热，采用冷却扇实现样品的降温，并通过温度传感器实时监测温度，实现扩增时温度的准确控制。

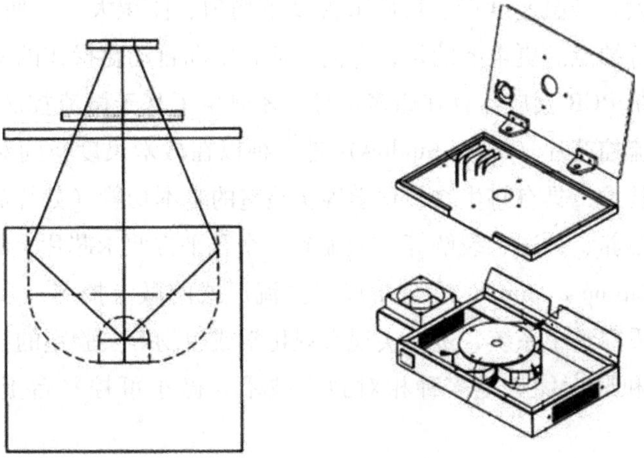

图 3.4.46　KR20120029748A 技术方案

④ JP2013110999A（申请日：2011-11-28）。

该专利通过设置反应槽、热交换槽、多个液体储存槽以及相应的管道，利用循环水，通过与循环水的热交换超高速地实现样品扩增时所需温度的变化，如图 3.4.47 所示。

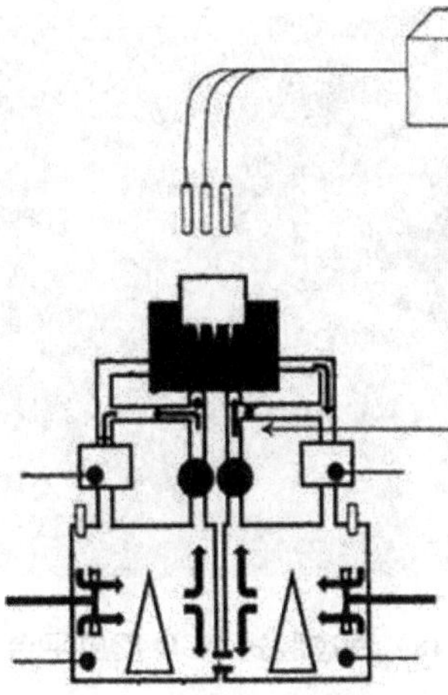

图 3.4.47　JP2013110999A 技术方案

3. PCR 反应器

从实时定量 PCR 仪的功能架构可以看出，PCR 反应器主要有传统 PCR 仪、微流控 PCR 仪和静态腔式 PCR 仪。

传统 PCR 主要用到的反应器为 PCR 试管，主要加热方式为水浴加热和导热块加热。具体来说，水浴锅式 PCR 仪的工作原理是将装有 PCR 反应液的试管依次浸泡于三个温度的水浴锅中，以此来实现对反应液的温度控制，实现 PCR 扩增。导热块式 PCR 仪的工作原理是使用可以变温的导热块，将 PCR 试管放在导热块上，通过控制导热块的温度来实现对反应液的温度控制，实现 PCR 扩增。它们广泛应用于生物和医学实验室内，但是其存在热容大、升温速度慢、反应液温度不均匀、体积大、不便携、不方便集成、进样难以自动化等缺点。更重要的是，它们不适合空间自动化操作的使用要求。

正是由于传统 PCR 反应器存在诸多不足，才诞生了基于微流控芯片技术的 PCR 反应器。其中，微流控芯片（micro fluidics）是一种以在微米尺度空间对流体进行操控为主要特征的科学技术，具有将生物、化学等实验室的基本功能（如样品制备、反应、分离、检测、细胞培养、分选、裂解等）微缩到一个几平方厘米芯片上的能力，因此又称为芯片实验室（lap on a chip）。在现阶段，主流形式的微流控芯片多由微通道形成网络，以可控流体贯穿整个系统，进而实现常规化学或生物等实验室的各种功能。微流控芯片的基本特征和最大优势是多种相对独立技术在微小可控平台上灵活组合和规模集成。

作为微流控芯片的一种，PCR 生物芯片是指在几平方厘米的硅片（或玻璃/有机化合物）上实现 PCR 反应的技术。目前国内外研究的 PCR 生物芯片有微阵列 PCR 芯片（即静态腔式 PCR 芯片）和微流控 PCR 芯片两种。

（1）静态腔式 PCR 芯片（图 3.4.48）

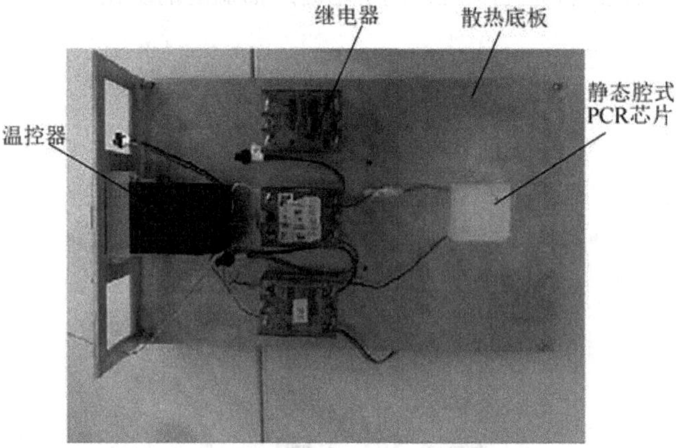

图 3.4.48　静态腔式 PCR 反应平台

① JP2003070456A（申请日：2001-09-27）。

该专利的技术方案如图 3.4.49 所示。该专利中，微阵列芯片具有 96 个井的阵列，芯片体具有形成圆柱凹陷的井，该凹陷向芯片体表面开口，每个井具有 1.2 μL 的容量，且其底部具有 250 μm 的壁厚。微阵列芯片做改性处理，使得井的内表面得以保护而不黏附活体样本，芯片体的组成材料可以由聚丙烯、聚乙烯、聚碳酸酯或其他具有化学抵抗力且可模塑成形的树脂制造。每个井的开口由环形凸起部分环绕，该凸起部分自芯片体的表面升高 200 μm，当由铝或树脂制造的密封层片放置在井的开口上时，升高的环形凸起部分有利于提供更好的密封。微阵列芯片能够体积小至 0.5 μL 的样品进行扩增。

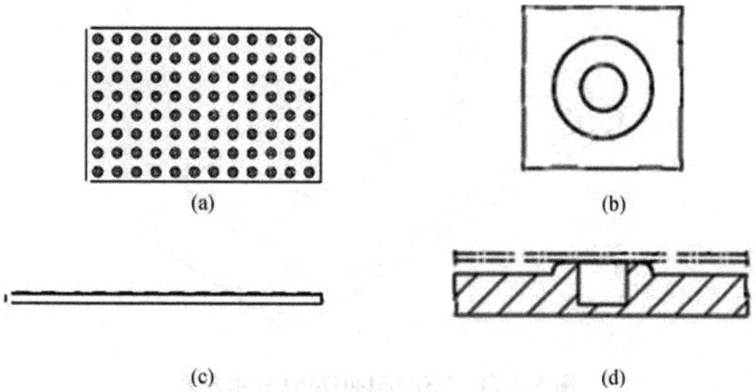

图 3.4.49　JP2003070456A 技术方案

② CA2056743A1（申请日：1991-11-29）。

该专利提出一种 96 孔的微阵列 PCR 芯片（图 3.4.50），其采用微量滴定板形式的样品块进行精确测量，其中样品块具有局部对称性，样品反应器采用 96 孔的微阵列。样品块的功能是提供热交换，而不在各个样品孔之间产生大的温度梯度，使得阵列中的所有样品混合物经历相同的 PCR 循环，即使它们在空间上分离。

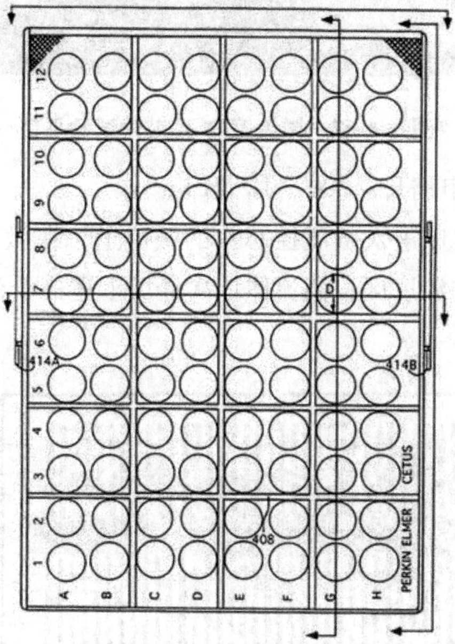

图 3.4.50　CA2056743A1 技术方案

③ US2005140978A1（申请日：2004-09-02）。

微流体芯片（图 3.4.51）包括上层和下层，其中上层具有加样孔和出样孔。微加热器与下层相连，以便控制反应温度。微室和微通道连通加样孔和出样孔，微室和微通道都是利用光蚀刻技术、热模压技术或模塑技术在上层或下层中形成的。

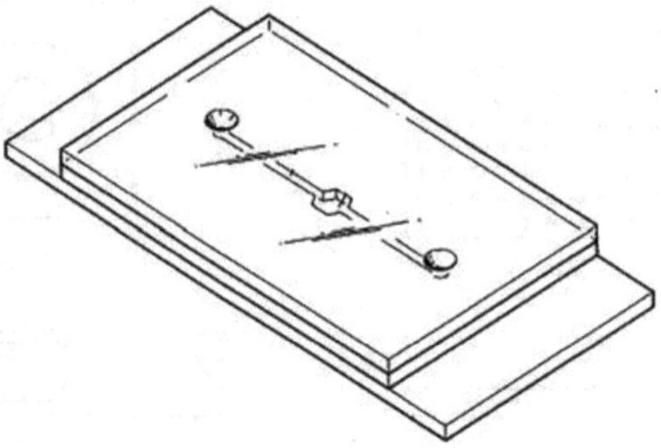

图 3.4.51　US2005140978A1 技术方案

（2）微流控 PCR 芯片（图 3.4.52）

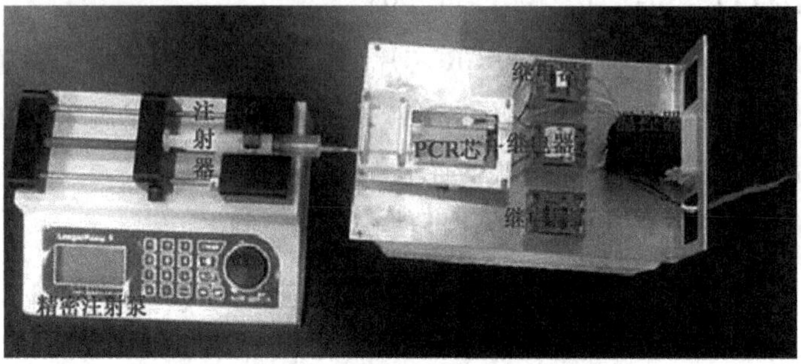

图 3.4.52　微流控 PCR 芯片试验平台

① CN101201323A（申请日：2007-12-21）。

生物 PCR 试剂自进样口进入微流控芯片的微流道，在微流道的长度方向依次设置有 92 ℃、72 ℃和 55 ℃的温度区，微流体依次经历上述三个温度区实现 PCR 扩增，如图 3.4.53 所示。

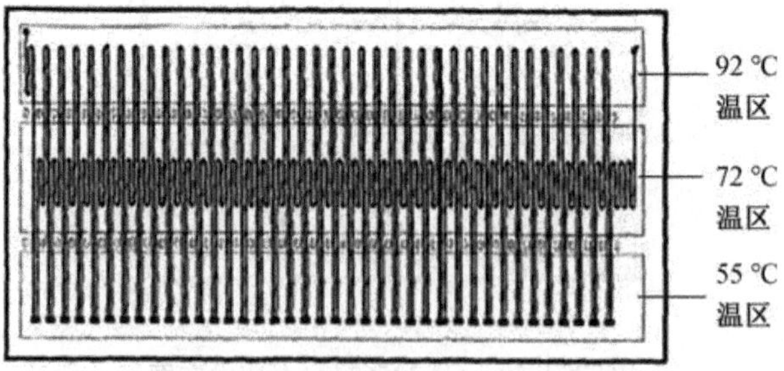

图 3.4.53　CN101201323A 技术方案

② EP2441520A1（申请日：2010-10-12）。

该装置包括微流控芯片、泵口以及通道和检测室之间的连接口。其中，微流控芯片（图 3.4.54）包括布置在基部中上侧的流动通道，流动通道包括四个不同温度区域（4a 用于变性，4b 和 4c 用于退火/杂交，4d 用于延伸）。这四个区域相互隔开以允许通过外部加热系统（未示出）在不同温度进行加热。

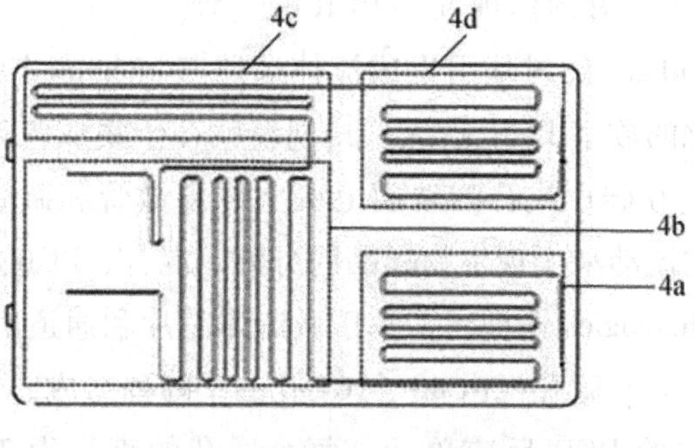

图 3.4.54　EP2441520A1 技术方案

③ CN102768203A（申请日：2012-07-03）。

该专利提出一种面相空间的微型柱式尾流控 PCR 实时荧光检测系统。该系统包括呈空心圆柱式的基底、微通道、进样测控速装置以及单片机控制系统。其中，基底作为生物芯片的载体，其表面周向依次设有三个恒温加热区，在三个加热区表面分别设置三个温度传感器，由聚四氟乙烯毛细管呈螺旋状缠绕在基底表面构成微通道，聚四氟乙烯毛细管一圈缠绕中依次经过三个恒温加热区，如图 3.4.55 所示。

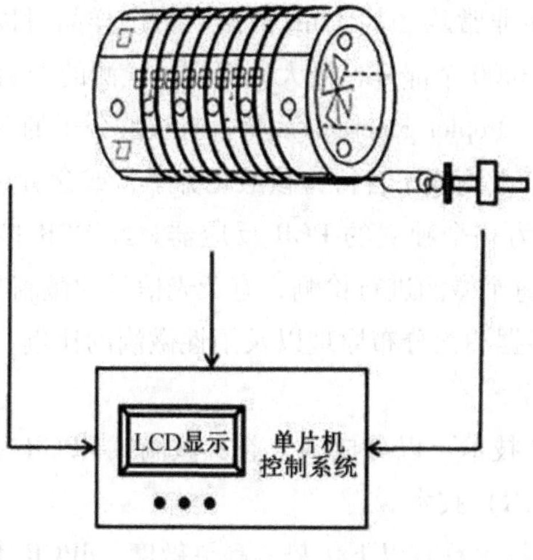

图 3.4.55　CN102768203A 技术方案

3.4.3.4　数字 PCR（dPCR）

数字 PCR 的原理并不复杂。首先，dPCR 把反应体系均匀分配到大量反应单元中，每个反应单元中不包含或包含一个到多个目的核酸序列，目的核酸序列的数量符合泊松分布；其次，在每个反应单元中独立地进行 PCR 扩增，扩增结束后检测每个反应单元的荧光信号；最后，根据泊松分布和荧光信号阳性的反应单元占所有反应单元的比例来计算目的核酸序列的拷贝数。dPCR 的反应过程基本与 qPCR 相同。

数字 PCR 的概念由美国科学家 Vogelstein 和 Kinzler 在 1999 年正式提出，其初衷是为了能够从大量的正常细胞中检测出突变细胞，但由于当时能用于稀释样品的耗材只是384孔板，因此还不能非常好地体现数字PCR的优势。

2006年，美国Fluidigm公司基于集成流体通路（integrated fluidic circuit，IFC）芯片开发出第一台商业化的数字PCR系统。其创新就在于集成流体通路技术：利用集成电路制作工艺（光刻）在硅片或石英玻璃上刻上许多微管和微腔体，通过不同的控制阀门控制溶液在其中的流动来实现生物样品的分液、混合、PCR扩增。

2010年，Life Technologies也推出了基于微流体芯片和通道的数字PCR产品线——OpenArray系统。OpenArray微孔板由48个64孔的子阵列组成，包含3072个通孔结构，每个通孔都能作为独立的PCR反应单元。每个通孔的直径为300 μm，深度也为300 μm。微孔板表面包括经过处理的包被，其中包被由疏水材料制成，而通孔内部是亲水且生物兼容的。处理中，通过表面张力的作用，每一个通孔都含有33 nL液体。通过一块OpenArray微孔板，最多可以分析48个样品。

2011年，QuantaLife公司开发出微滴式数字PCR（droplet digital PCR，ddPCR）技术，该技术属于dPCR技术的继续发展，并因此获得2011年度Frost & Sullivan北美新产品创新奖。2011年10月，Bio-Rad公司收购了QuantaLife公司和ddPCR技术，推出了QX100微滴式数字PCR系统。与Fluidigm和Life Technologies不同，Bio-Rad对样品进行微滴化处理，能够产生非常均一的1 nL液滴，每个样品可以形成20000个液滴，而其他系统只能分成760~3000个部分，极大地提高了检测的准确性。

QX100微滴发生器（droplet generator）将含有核酸分子的反应体系分成成千上万个纳升级的微滴，其中每个微滴或不含待检核酸靶分子，或含有一个至数个待检核酸靶分子，且每个微滴都可作为一个独立的PCR反应器。经PCR扩增后，采用微滴分析仪（droplet reader）逐个对每个微滴进行检测，有荧光信号的微滴判读为1，没有荧光信号的微滴判读为0，最终根据泊松分布原理以及阳性微滴的比例，分析软件可计算给出待检靶分子的浓度或拷贝数。

目前商业化的dPCR技术可以分成两大类：微滴式dPCR（ddPCR）技术和芯片式dPCR（chip dPCR，cdPCR）技术。

dPCR技术较qPCR技术具有以下优势：高灵敏度，dPCR本质上将一个传统的PCR反应变成了数万个PCR反应，在这数万个反应单元中分别独立检测目的序列，从而大大提高了检测的灵敏度；高精确度，dPCR通过计算在数万个反应单元中阳性反应单元的数量和比例，可以精确地检测出细微的目的序列差异；高耐受性，dPCR技术第一步反应体系分配的过程，可以使背景序列和PCR反应抑制物被均匀分配到每个反应单元，而大部分反应单元中并不含有目的序列，低丰度的目的序列被相对富集于某些反应单元中，从而显著地降低了这些反应单元中背景序列和抑制物对反应的干扰，另外dPCR在对每个反应单元进行结果判读时仅判断阳性、阴性两种状态，不依赖于Ct值，受扩增效率的影响大为降低，对背景序列和抑制物的耐受能力也大大提高；绝对定量，PCR直接计算目的序列的拷贝数，无须依赖于 Ct 值和标准曲线就可以进行精确的绝对定量检测。

1. 微滴式 dPCR（ddPCR）技术

ddPCR 技术以 Biorad 公司的 QX200 系统以及 Raindance Technologies 公司的 RainDrop 为代表，其原理是把每个样本的反应液均匀分割成 2 万个（QX200）或 100 个~1000 万个（RainDrop）乳液包裹的微液滴，在每个微滴内分别进行 PCR 扩增反应。然后 ddPCR 通过类似于流式细胞技术的方法逐个对液滴的荧光信号进行检测，通过计算含目标荧光的液滴占所有液滴的比例来检测目的序列的含量。ddPCR 技术的检测过程如图 3.4.56 所示。

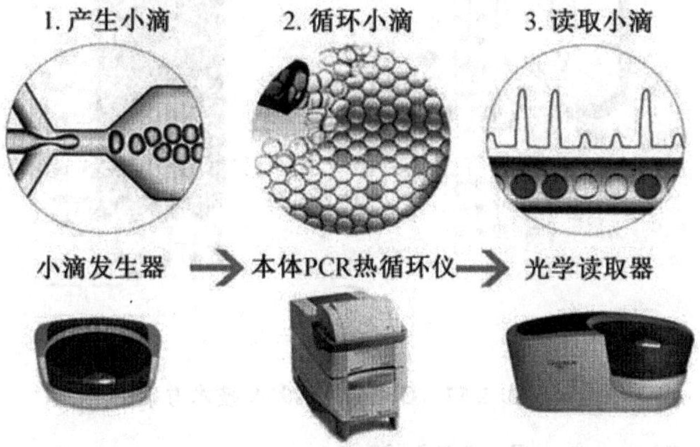

图 3.4.56　ddPCR 实验的一般工作流程

由 ddPCR 的技术原理及 dPCR 技术的发展可知，ddPCR 检测准确度是随着微流控微滴技术的发展而发展的，因此本小节将主要分析微流控微滴的相关专利技术。

（1）微滴生成技术

微流控芯片生成微滴的基本原理：选取两种互不相溶的液滴，一种是连续相，另一种是分散相，分散相在微流道内被连续相分散成微小体积的液滴形式，根据两相的不同可以分成 W/O（油包水）或 O/W（水包油）型液滴。在微流控系统中主要有三种微滴生产结构：T 型、流动聚焦、共轴流结构。

① CN103343092A（申请日：2013-07-19）。

该专利提出一种基于矿物油饱和 PDMS 材料数字 PCR 芯片的制备方法，技术方案如图 3.4.57 所示。其特征在于将含一定量矿物油（液状石蜡）的 PDMS 单体制备成 PDMS 数字 PCR 芯片，芯片包括乳滴生成结构、乳滴收集结构两部分。乳滴在同一芯片上制作、收集，然后在同一芯片上进行 PCR 扩增。该芯片避免了 PDMS 对数字 PCR 体系中油相的吞噬，有利于维持 PCR 反应过程中乳滴及 PCR 反应的稳定性。而且与目前数字 PCR 芯片技术相比，成本低，操作简便，应用前景非常广泛。

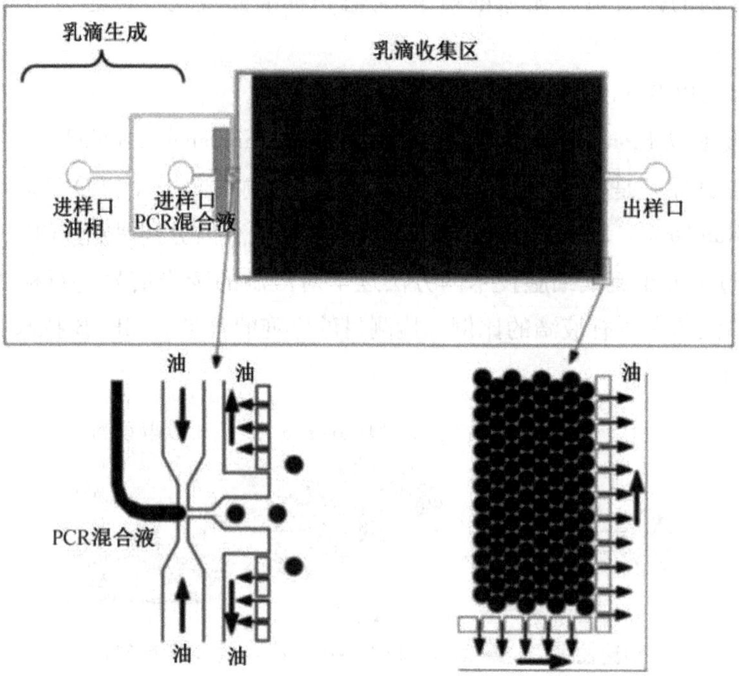

图 3.4.57　CN103343092A 技术方案

② CN104826673A（申请日：2015-03-16）。

该专利提出一种写入式二维微流控液滴阵列化装置，具体结构如图 3.4.58 所示。该装置包括液滴输出装置、液滴附着装置。利用液滴输出装置输出油相间隔的水相液滴或水相间隔的油相液滴，流向液滴写入头，通过液滴写入头在液滴附着装置上的移动，利用液滴输出的固有时间间隔，按照液滴写入头移动的轨迹，形成液滴之间存在空间间隔的液滴阵列。液滴的阵列排布由液滴输出的频率以及运动的速度和轨迹直接决定。本发明可以作为液滴微流控的高密度阵列化存储系统，液滴传感器阵列和微光学透镜器件阵列，也可应用于需要对大量液滴进行动态监测的反应条件筛选、结晶生长条件筛选、数字 PCR 定量分析、菌种分离、细胞培养等。

③ CN106140340A（申请日：2016-08-19）。

该专利提出一种基于流动聚焦型微通道合成微乳液滴的微流控芯片（图 3.4.59），其具体结构如下：离散相入口设置在离散相入口通道的入口端，两者连接后形成提供离散相液体流动的空间；第一连续相上侧入口、第一连续相下侧入口分别设置在第一连续相上侧通道、第一连续相下侧通道的入口端，整体相连后形成提供第一连续相液体流动的空间；第二连续相上侧入口、第二连续相下侧入口分别设置在第二连续相上侧通道、第二连续相下侧通道的入口端，整体相连后形成提供第二连续相液体流动的空间。

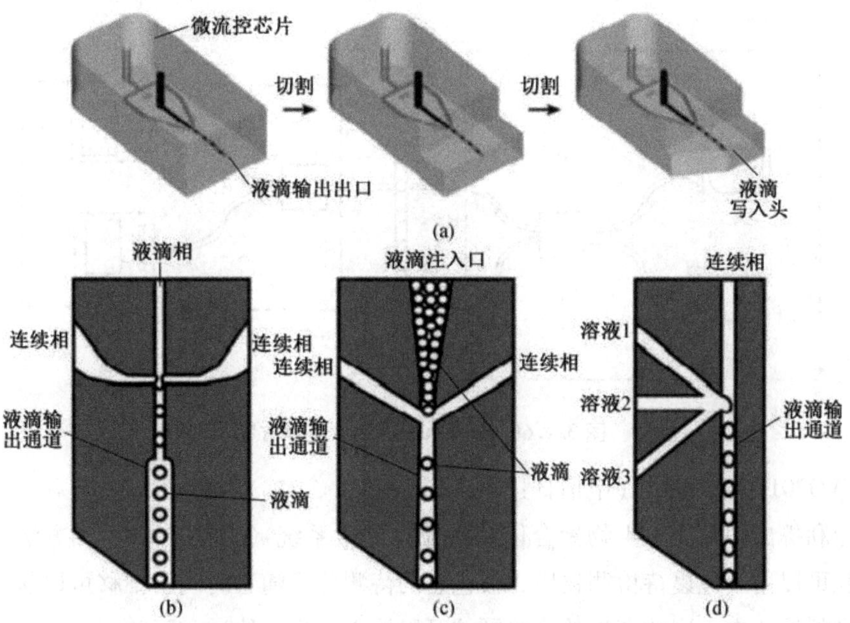

图 3.4.58　CN104826673A 技术方案

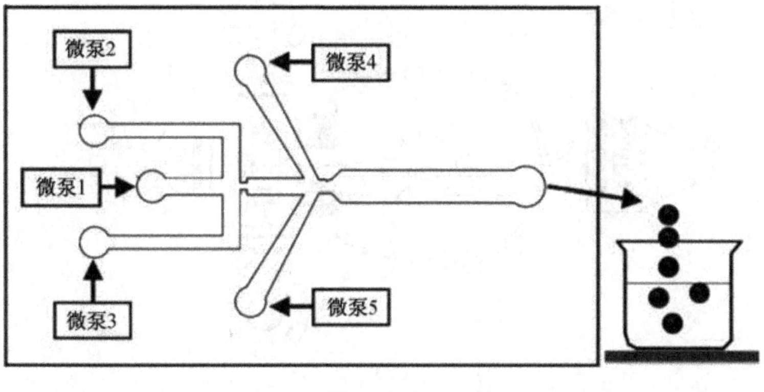

图 3.4.59　CN106140340A 技术方案

④ CN106010954A（申请日：2016-05-05）。

该专利提出一种新型微滴式数字 PCR 光学检测系统、荧光检测装置及方法。如图 3.4.60 所示，该新型微滴式数字 PCR 光学检测系统包括激发光光源模块、荧光接收检测模块以及样品传送模块。激发光光源模块包括至少两个光源和第一光纤耦合器，第一光纤耦合器包括至少两个输入端，第一光纤耦合器的输入端与光源连接。荧光接收检测模块包括至少两个荧光探测器和第二光纤耦合器，第二光纤耦合器包括至少两个输出端，第二光纤耦合器的输出端与荧光探测器连接。第一光纤耦合器的输出端与第二光纤耦合器的输入端相对设置。样品传送模块为微流控芯片，包括微滴传送通道、微滴存储池以及流速控制系统；控制模块与流速控制系统连接，用于控制流速控制系统的流速控制阀的开闭和微滴样品的流动速度。

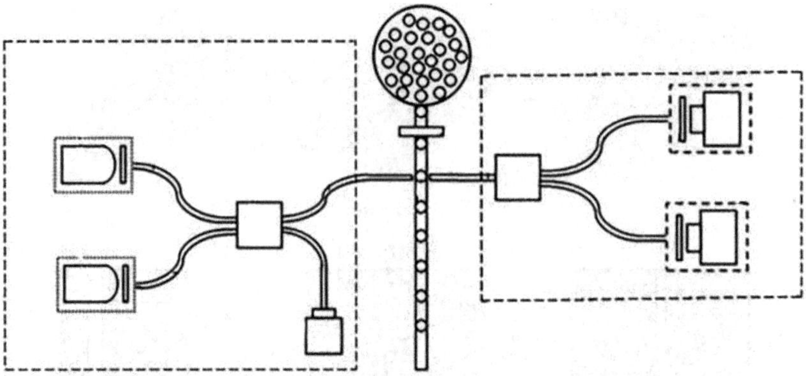

图 3.4.60　CN106010954A 技术方案

⑤ WO2015088299A1（申请日：2014-12-03）。

该专利提出一种产生生物聚合体和颗粒物的微系统（图 3.4.61）和方法。产生的这些颗粒可以用于包裹待检测物质，被包裹的待测分子随着时间的推移可以从包裹内释放到周围的液体中，因此产生的这些颗粒可以用于药物的传递和释放。

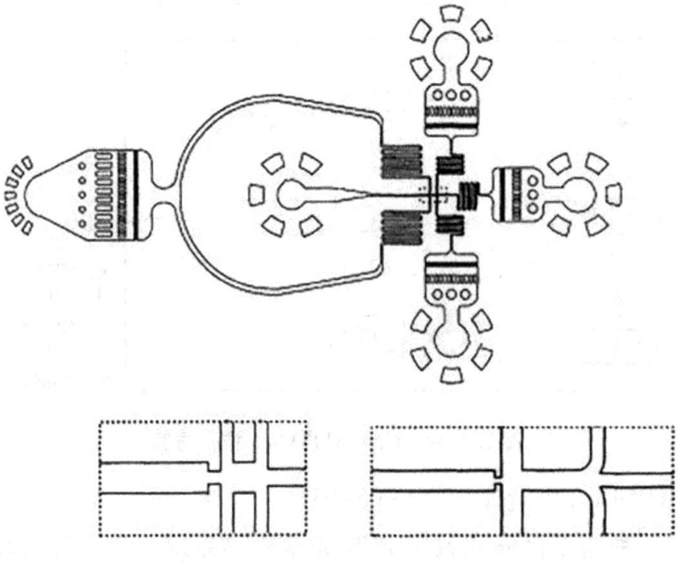

图 3.4.61　WO2015088299A1 技术方案

（2）微滴操控技术

微流控芯片功能的实现在很大程度上依赖于对流体在微通道内性质的利用以及对微通道内流体的操纵，要使微滴真正成为微反应器，需要将各种常规的单元操作移植到液滴或者在液滴上发展出相应的操作方法，如反应物的引入、反应时间的控制、反应产物的测定等。其中，对微通道内流体的操控是微流控芯片领域的基础之一。在生物化学分析中，为了得到均匀的反应环境，样品与试剂的有效混合十分重要，某些反应（如蛋白质折叠）可以在毫秒级的时间尺度内瞬间发生，为了得到精确的动力学分析结果，快速混合是必需的；微滴的合并技术提高了反应过程的灵活性，能够起到促进反应开始、反应结束、微滴稀释及试剂注入等作用；微滴的存储技术对于长时间的生物反应来说也是非常重要的；微滴的分离技术能够对微滴成分进行并行探测；微滴的分类操控难度大，可通过介电电泳技术或压电驱动技术来实现，亦可施加电场来促进微滴的生成及操控，相关技术如图 3. 4. 62 所示。

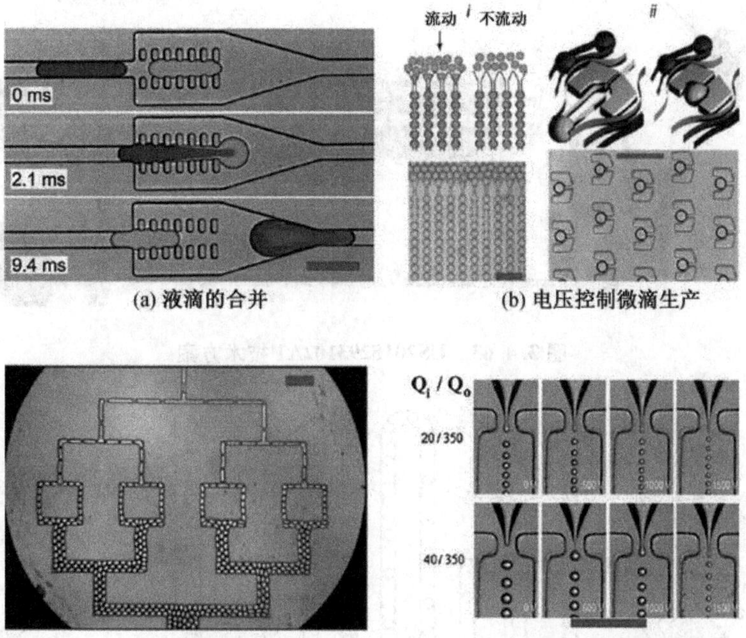

(a) 液滴的合并　(b) 电压控制微滴生产

(c) 液滴的分离　(d) 微滴的存储与捕获

图 3. 4. 62　微滴操控技术

① US2015293102A1（申请日：2014-04-10）。

该专利提出一种在油中产生水性微滴并操纵微滴以在微流体装置中储存一定时间的方法。具体操作方法如下：在微流道内产生一定量的液滴；在微流道装置内储存一定量的液滴；测量单数复制或复数复制的液滴内酶的活性；使用液滴进行分子免疫计数。技术方案如图 3. 4. 63 所示。

② US2011166027A1（申请日：2008-08-21）。

该专利提出一种交互筛选系统来操控微流道中的液滴，包括产生、组合、定时和分选液滴等。在操控通道中，具有不同尺寸的两种不同类型的液滴，以交替的方式形成并供给到共同的下游微流体通道中，进入由电极产生的电场单个液滴，被诱导聚结成流，被合并的液滴对任一液滴而言可以被称为补充液滴。液滴在通过微流体通道时被孵育，并可以控制精确的反应或孵育时间。例如，使用定时通道，即使液滴以已知流速沿着已知长度的微流体通道通过。液滴还含有非靶部分或其他已知部分或多个其他已知部分，候选结合部分将与靶部分一起针对其进行筛选。技术方案如图 3. 4. 64 所示。

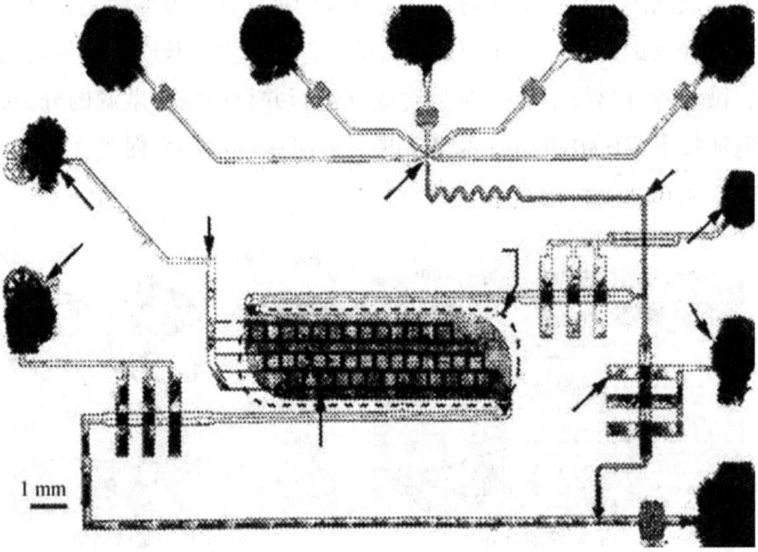

图 3.4.63　US2015293102A1 技术方案

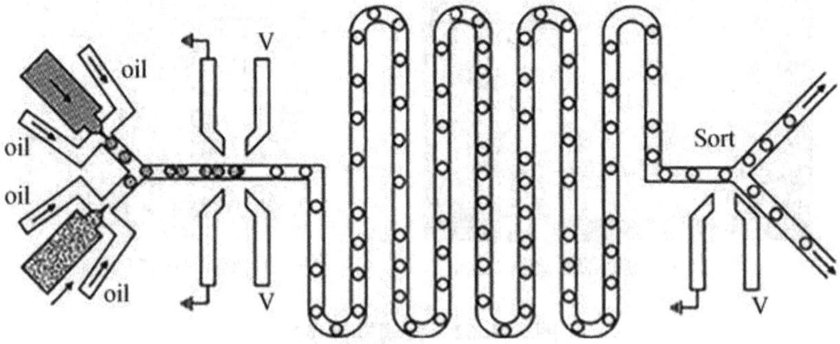

图 3.4.64　US2011166027A1 技术方案

除此之外，在前文所述专利 CN103343092A 和 CN106010954A 中也涉及了对液滴进行储存的相关技术。

2. 芯片式 dPCR（cdPCR）技术

cdPCR 技术以 Fluidigm 公司的 BioMark HD 系统以及 Life Technologies 公司的 QuantStudio 3D 系统为代表，在这一技术中，反应液通过微流控等技术被均匀导入芯片上的反应仓或通孔中进行 PCR 反应，然后通过类似于基因芯片的方法扫描每个反应仓或者通孔的荧光信号，进而计算目的序列的含量。目前，每张芯片上集成有相互独立的 1 万～4 万个（BioMark™ HD）反应仓或者 2 万个（QuantStudio 3D）通孔，如图 3.4.65 所示。

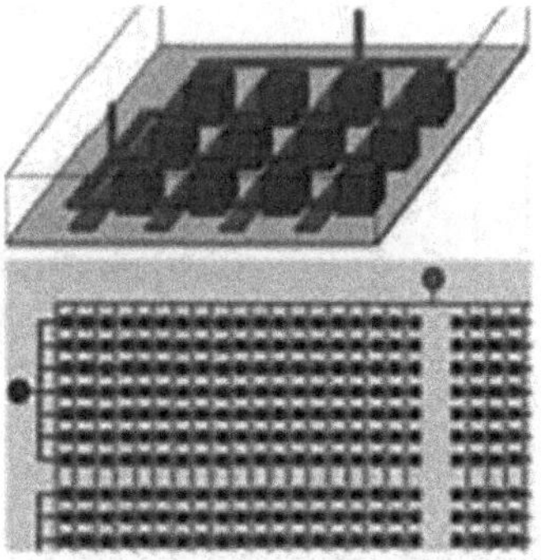

图 3.4.65　大规模集成微流控数字 PCR 芯片（BioMark™）

① US2016271609A1（申请日：2014-10-01）。

该专利提出一种产生液体的微流道装置（图 3.4.66）。该装置包括具有多个通道的第一层、具有多个液体生成器的第二层以及具有将多个通道连接到多个液滴生成器的多个通孔的第三层。该装置具有在 10 cm^2 的表面生成至少 500 个液滴的能力。

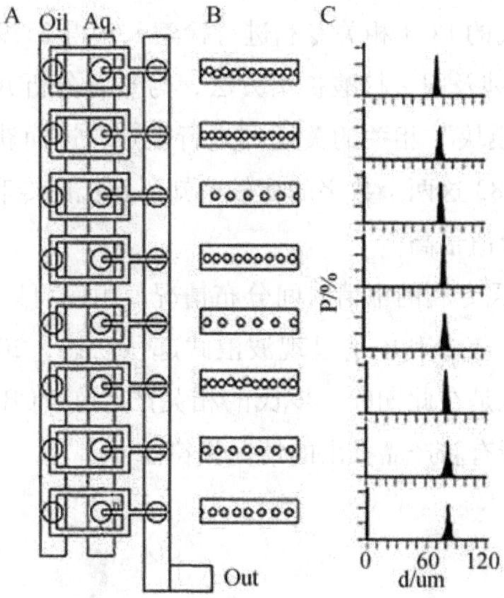

图 3.4.66　US2016271609A1 技术方案

② CN205501281U（申请日：2016-03-30）。

该专利提出一种微滴式数字 PCR 专用生物芯片（图 3.4.67），包括基片、微孔阵列片和盖片。基片正面设有容纳微孔阵列片的凹槽，盖片与基片的正面配合将凹槽包围形成密封的腔体，凹槽底面设有固定支撑微孔阵列片的凸脚，微孔阵列片上的微孔为通孔。使用微滴式数字 PCR 专用生物芯片时，微孔阵列片架空于基片的凹槽内，使得反应时的微滴溶液上下都被油相介质包裹，有利于精确控制反应的温度。

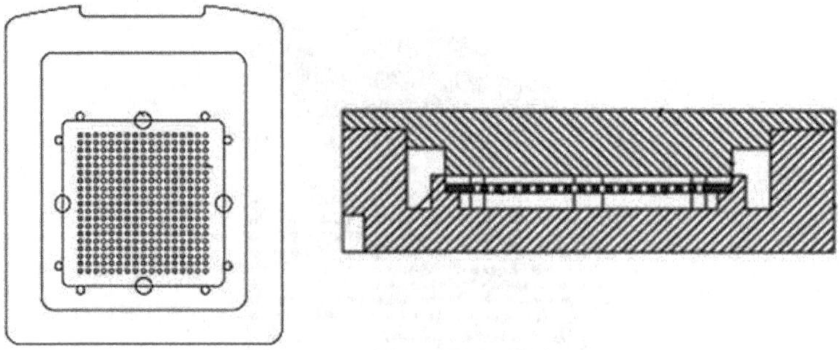

图 3.4.67 CN205501281U 技术方案

3.4.3.5 PCR 技术主要申请人分析

PCR 技术发展较早，在全球有很多相关企业，在此主要选择两家该行业的领头企业进行分析：罗氏和美国应用生物系统公司（ABI）。

1. 罗氏

（1）企业专利申请情况

在 Himmpat 中对罗氏的 PCR 相关专利进行检索，获得 2579 篇专利（同族申请计一件），经过浏览发现其中涉及很多核酸扩增方法，与装置分析并不相关，于是用与“装置”“系统”“仪器”“模块”相关的关键词进行限定，进而获得 483 篇专利（同族专利计一件）。从 2579 与 483 这两个数字的比较可知，罗氏的专利同族很多，这在一定程度上反映出罗氏的专利价值很高。

图 3.4.68 显示了罗氏专利的申请时间分布情况。由图可以看出，罗氏在 PCR 检测仪领域起步较早，近二十年专利申请呈现波浪式起伏状态，2008—2014 年专利申请基本呈现稳步上升状态，也是在此期间，罗氏的相关产品在 PCR 检测市场上占据绝对主导地位，这也与罗氏不断有新产品推出的情况相符。

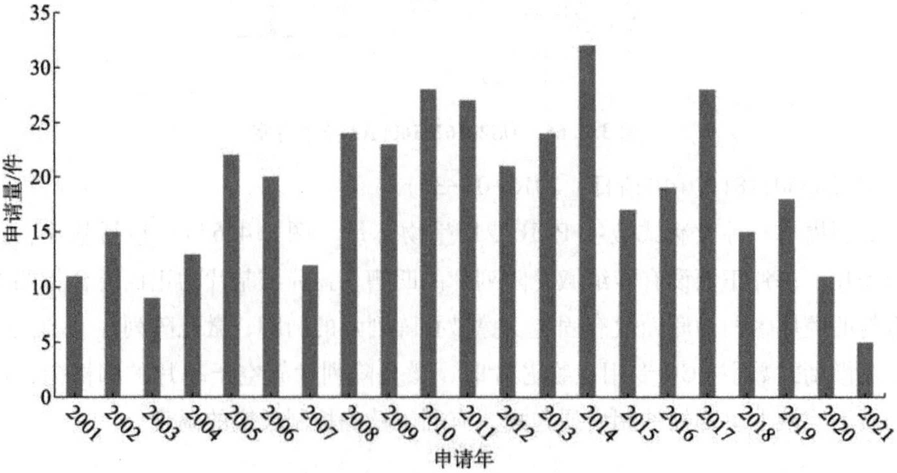

图 3.4.68 罗氏专利申请时间分布

（2）企业专利技术解析

重点专利分析：同族被引证次数较高以及同族数量较多的核心专利。

① US5333675A（同族专利 6 篇，申请日：1993-02-22）。

该专利作为罗氏的早期专利也是被引用次数较多的专利之一，给出了 PCR 仪的整体系统结构，并具体介绍了加热装置和温度控制系统（图 3.4.69）。

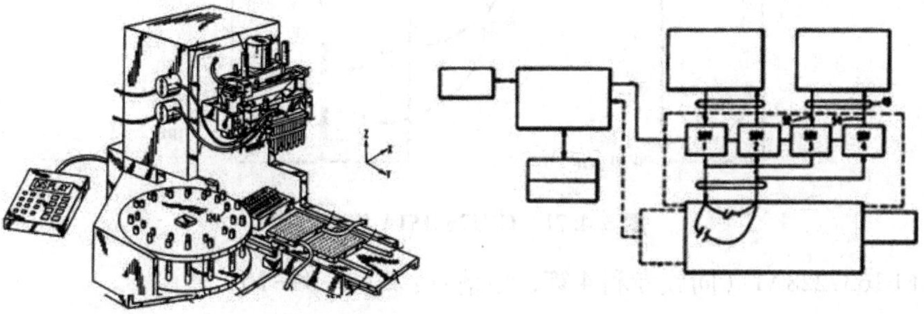

图 3.4.69　US5333675A 技术方案

② EP0807467A2（同族专利 9 篇，申请日：1994-08-31）。

该专利提出 PCR 的整体结构，并重点优化了其中的温度控制系统，技术方案如图 3.4.70 所示。

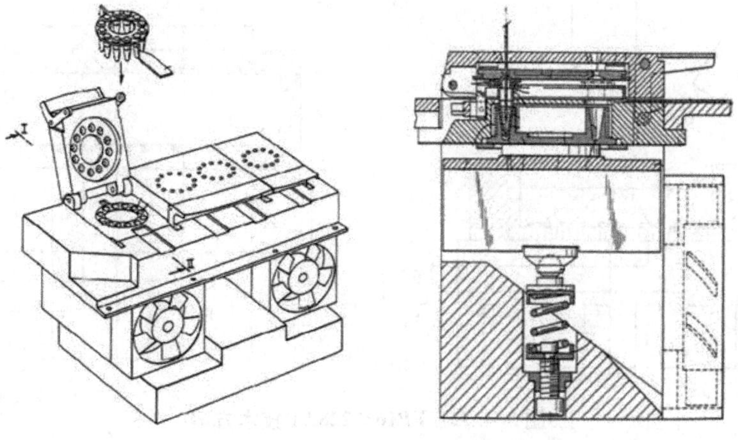

图 3.4.70　EP94112702A 技术方案

③ CN1768151A（同族专利 22 篇，申请日：2004-04-01）。

该专利进行多色实时 PCR 的组合物或反应混合物的检测，包括一个光源，5~6 个荧光检测器，每个检测器的中心检测波长不同；利用光纤实现多通道检测，技术方案如图 3.4.71 所示。

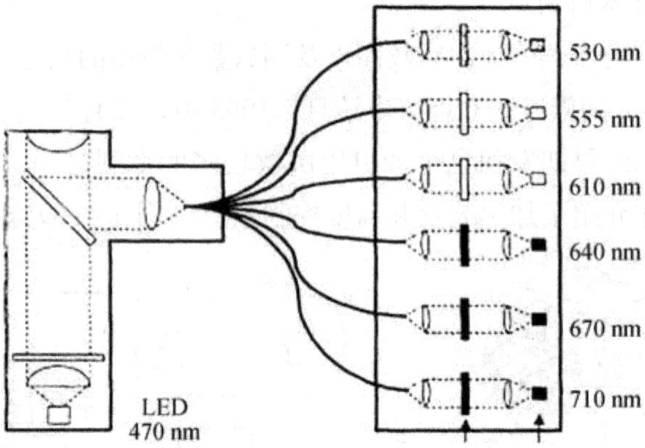

图 3.4.71 CN1768151A 技术方案

④ EP1637228A1（同族专利 4 篇，申请日：2004-09-16）。

该专利提出一种用于执行快速热循环的方法和装置，其中采用环形电极作为温度测量单元，在环形电极与盛装有待测流体的透明盒紧密接触的情况下，可以非常快速地确定流体的温度，也就实现了对流体的实际温度的更快速准确的检测，技术方案如图 3.4.72 所示。

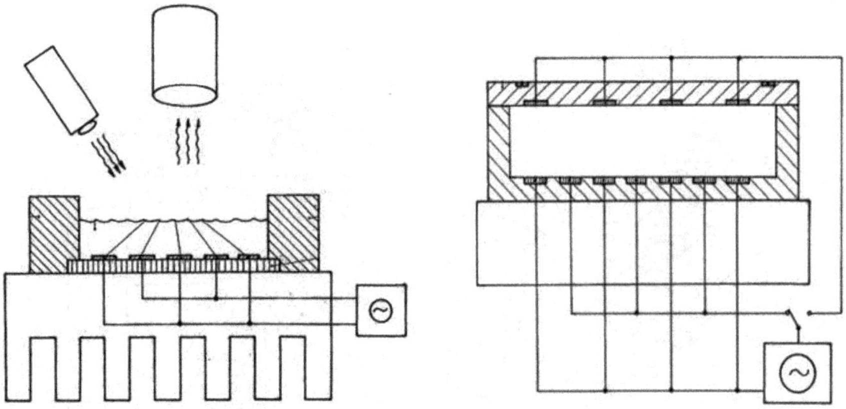

图 3.4.72 EP1637228A1 技术方案

⑤ EP1681555A1（同族专利 6 篇，申请日：2005-01-18）。

该专利选用场镜作为远心光学器件，合理地设置其孔径，通过优化朝向均匀照射和精准检测的光路同时监测来自各位点的横向分布的荧光信号，实现多位点 PCR 扩增检测，技术方案如图 3.4.73 所示。

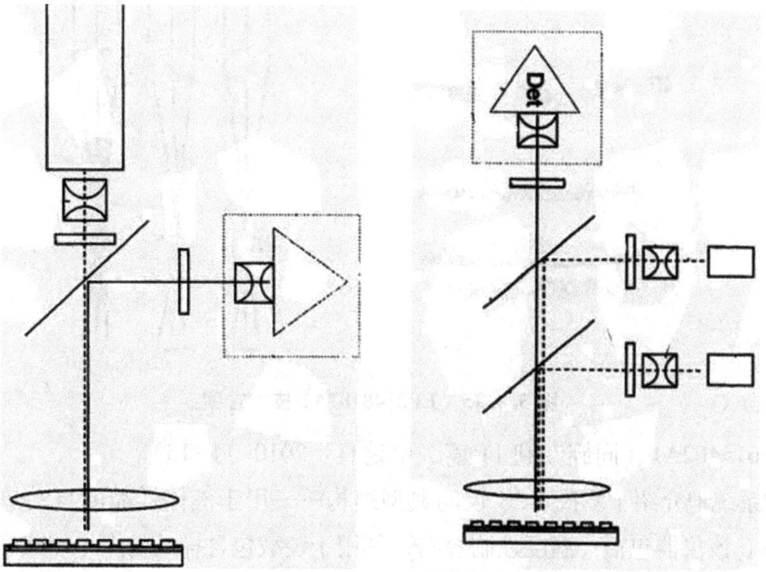

图 3.4.73　EP1681555A1 技术方案

⑥ EP1962084A1（同族专利 7 篇，申请日：2007-02-21）。

该专利利用滤光轮选择激发光和荧光检测通道，采用光纤实现光信号的传输以及多通道检测，通过发射光束和检测光束的优化允许大量样品的同时检测，进而实现检测时间缩短并具有较高灵敏度，技术方案如图 3.4.74 所示。

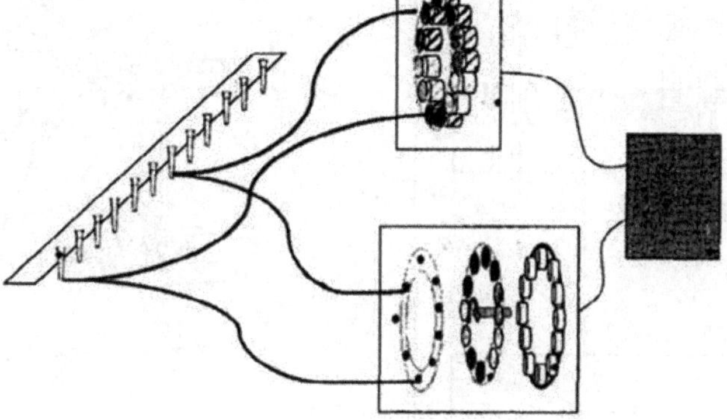

图 3.4.74　EP1962084A1 技术方案

⑦ EP2148187A1（同族专利 3 篇，申请日：2008-07-25）。

该专利在样品板上方附近设置透镜组，优化光学结构，提高光学效率进而提高检测精度，技术方案如图 3.4.75 所示。

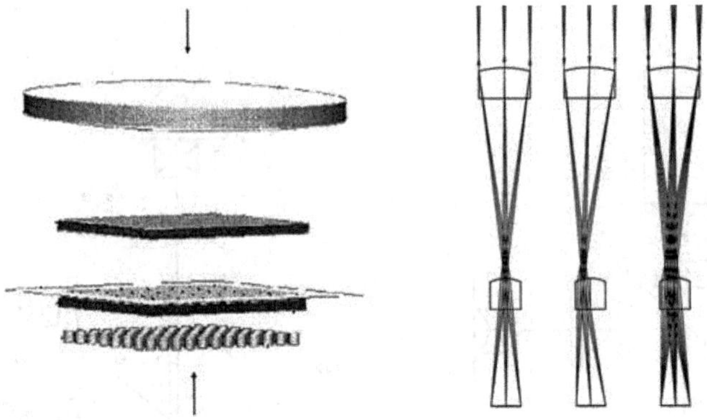

图 3.4.75　EP2148187A1 技术方案

⑧ EP2615462A1（同族专利 11 篇，申请日：2010-11-15）。

本专利系统地介绍了罗氏 PCR 仪的典型结构——用于液体样品的自动热处理的仪器（图 3.4.76）。该仪器包括：温度控制容器，其用于装载包含样品的多个器皿，容器被配置成与装载的器皿形成热连通；检测模块，其配备有检测装置和耦合装置，检测装置具有检测器以检测从样品发出的光，耦合装置具有多个光学纤维以传播发出的光到检测装置，其中光学纤维具有第一端部和第二端部，每个光学纤维的第一端部和第二端部相对于彼此固定；移动机构，其用于以改变耦合装置和容器之间的间隔距离的方式移动耦合装置或容器，从而允许器皿被加载到容器或从容器卸载，并且允许检测样品发出的光。

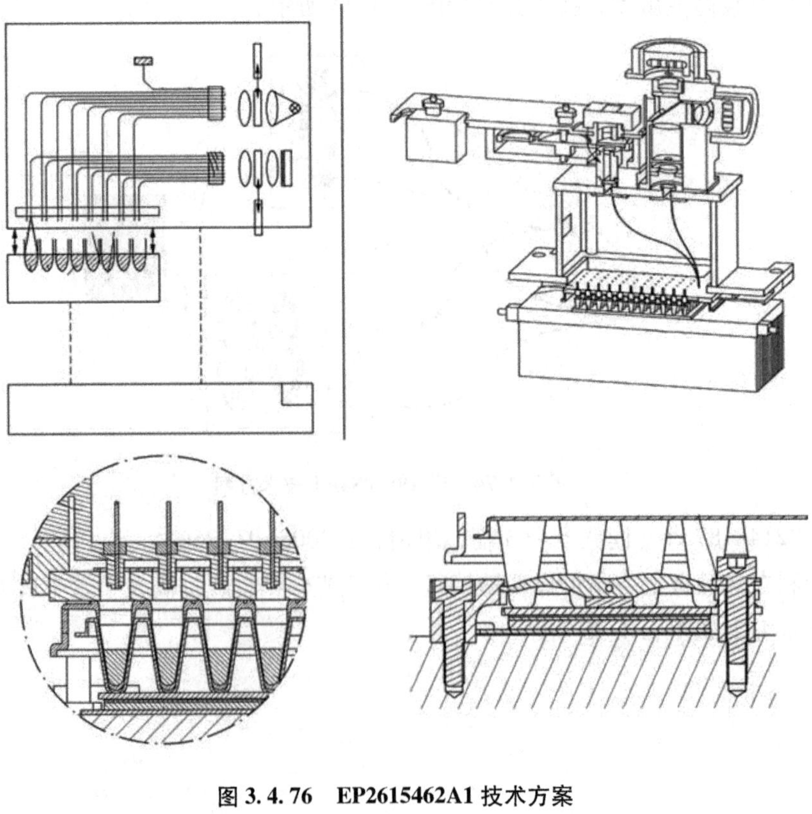

图 3.4.76　EP2615462A1 技术方案

⑨ EP2693252A1（同族专利 4 篇，申请日：2013-07-30）。

该专利提出一种具有包括物镜系统的透镜系统的仪器。该仪器包括多个空间隔开的反应区域的块、光源、具有物镜系统的透镜系统（图 3.4.77）及检测器。物镜系统包括场透镜阵列和光瞳面，光瞳面和光源位于场透镜阵列的相对侧，场透镜阵列包括多个场透镜阵列元件，对于场透镜阵列中的任意一个场透镜阵列元件，其曲率半径、曲率中心的厚度和位置是可变的，并且被布置在光源和反应区域之间的光束路径中，使得所述场透镜阵列元件中的任何一个能够将位于所述光源和所述场透镜阵列之间的光瞳光阑成像到位于所述光瞳平面上的光瞳，其中位于所述光瞳平面上的光瞳阵列由所述场透镜阵列产生，检测器接收从多个反应区域发射的发射光束，物镜系统被进一步布置在多个反应区域和检测器之间。

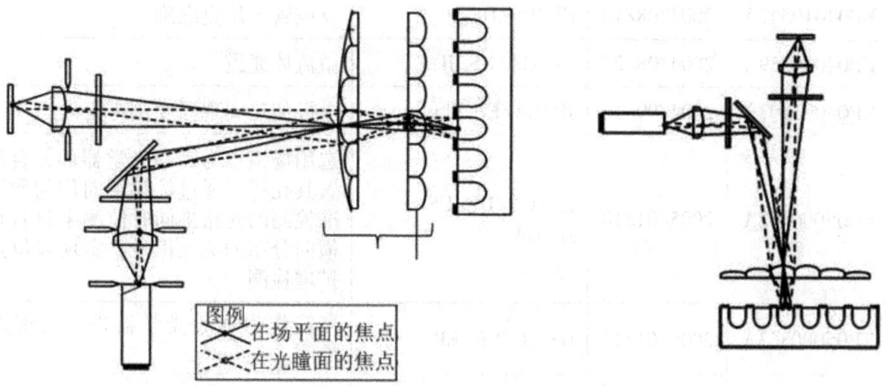

图 3.4.77 EP2693252A1 技术方案

（3）罗氏专利技术发展总结

作为该行业的领头企业之一，罗氏的专利申请数量较多，市场上罗氏的主打产品为 LightCycler；早在 1991 年就申请了 PCR 仪系统整体结构（反应管式）的相关专利，其后主要是针对该仪器进行了部件的改进；2010 年对新型的 PCR 仪器（反应管式）的整体结构进行了专利申请，并在其后对微流控芯片结构的 PCR 仪进行了专利申请。表 3.4.4 对罗氏的部分重点专利进行了总结归纳。

表 3.4.4 罗氏的部分重点专利总结

序号	申请号	申请日	同族分布	发明点
1	EP95105182A	1995/04/06	EP/US/DE/JP/US/DE	反应管的优化
2	EP98904143A	1998/01/26	US/EP/DE/US/US/WP/JP/AU	反应管的优化
3	EP98810205A	1998/03/11	JP/US/DE/US/CA/US/EP	反应管的优化

续表

序号	申请号	申请日	同族分布	发明点
4	EP98810649A	1998/07/08	JP/US/DE/EP/EP	磁结构实现微粒分离
5	DE19914377A	1999/03/30	DE	同时实现多个反应中温度的控制
6	EP01106616A	2001/03/15	DE/JP/EP/DE/NO/US	反应管上的盖板
7	EP04725021A	2004/04/01	CN/US/US/WO/EP/AU/WO/EP/JP/WO/WO/EP/CN/CA/JP/US/EP/JP/JP/US/WO	进行多色实时 PCR 的组合物或反应混合物的检测，包括一个光源、5~6 个荧光检测器，每个检测器的中心检测波长不同；利用光纤实现多通道检测
8	EP04019542A	2004/08/18	EP/US/DE	反应管定位更准确
9	EP04020359A	2004/08/27	EP/CA/US/JP	微流体通道
10	EP04021997A	2004/09/16	JP/CA/EP/US	电极加热实现温度快速变化
11	EP05000862A	2005/01/18	EP/CN/DE/US/JP/CA	选用场镜作为远心光学器件，合理地设置其孔径，通过优化朝向均匀照射和精准检测的光路来同时监测来自各位点的横向分布的荧光信号，实现多位点 PCR 扩增检测
12	EP05000863A	2005/01/18	US/JP/DE/EP	场镜作为远心光学器件，实现多位点检测
13	EP05106198A	2005/07/07	JP/US/EP/SG/JP/CA/JP/CN/HK	反应管的优化
14	EP06000787A	2006/01/14	EP/DE	二色镜作为分光元件
15	EP06828904A	2006/11/02	CA/CN/US/WO/EP/CA/WO/JP	多个激发光，利用光缆收集激发出的荧光，将光信号传输到分光光度计，使用衍射光栅将荧光分离成分量波长，在 CCD 上探测成像
16	EP07102771A	2007/02/21	AU/JP/US/EP/CN/CA/EP	滤光轮结合光纤，实现多通道同时检测
17	EP08104005A	2008/05/19	US/JP/EP/CA/HK/CN	改进热循环仪，用于加热和冷却的元件面向热块体的表面覆盖有固体膜润滑剂
18	EP08009225A	2008/05/20	EP	微流体通道
19	EP08013392A	2008/07/25	US/JP/EP	在样品板上方附近设置光学透镜组，实现光学机构的优化
20	EP09703240A	2009/01/21	WO/US/EP/WO/WO	机械结构优化，实现大批量样品检测
21	EP13162185A	2010/11/15	EP/JP/EP/US/EP/CA/US/EP/CN/US/HK	移动机构优化实现检测容器的快速装配，容器盖上设置加热装置，防止盖上形成冷凝物

续表

序号	申请号	申请日	同族分布	发明点
22	EP11166215A	2011/05/16	EP/US	滤光轮的优化
23	EP12182651A	2012/08/31	EP/EP	微流控芯片
24	EP13178455A	2013/07/30	EP/US/CN/JP	光学结构的优化，并能够同时实现多位点检测

2. 美国应用生物系统公司（ABI）

（1）企业专利申请情况

在 Himmpat 中对 ABI 的 PCR 相关专利进行检索，获得 273 篇专利（同族申请计一件），经过浏览发现其中涉及很多核酸扩增方法，与装置分析并不相关，于是用与“装置”“系统”“仪器”“模块”相关的关键词进行限定，进而获得 89 篇专利（同族专利计一件）。ABI 在专利布局方面，最注重的是欧美市场，其次是日本市场，原因可能是欧美和日本的竞争企业较多，这也与核酸扩增技术在欧美和日本的发展较为前沿有关。在中国的专利申请数量并不多。

（2）企业专利技术解析

重点专利分析：同族被引证次数较高以及同族数量较多的核心专利。

① CA2056743A1（同族专利 38 篇，申请日：1991-11-29）。

该专利作为 ABI 最早的专利之一，涉及的是普通 PCR 仪，并不能实现聚合酶链式反应的实时定量检测。该专利提出一种用于自动执行聚合酶链式反应的热循环仪，能够实现 96 孔板式样品的加热，利用 peltier 半导体加热元件，结合制冷控制系统、热交换控制系统实现精确的温度控制，利用珀耳帖效应的小热泵，并且可造成热量根据经过元件的电流方向而在任一方向上流动，通过使液体制冷剂流经在导热块内加工的流动通道来进行冷却，该冷却通道介于加热元件和样品之间，能够在整个检测区域实现 3 个不同区域的温度控制，如图 3.4.78 所示。

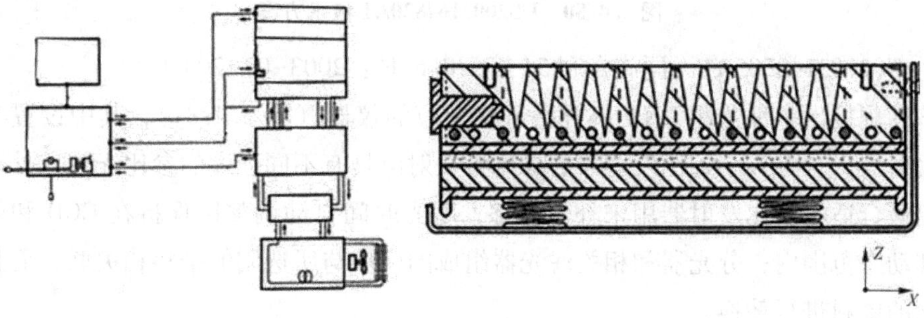

图 3.4.78　CA2056743A1 技术方案

② US7133726B1（同族专利 43 篇，申请日：1998-05-08）。

该专利通过优化加热模块结构，优化翼板和散热器来克服各个反应管之间温度的不均匀性。技术方案如图 3.4.79 所示。

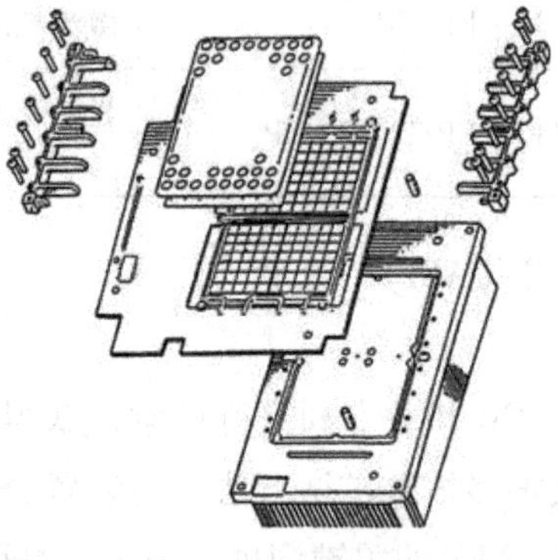

图 3.4.79　US7133726B1 技术方案

③ US2002164820A1（同族专利 35 篇，申请日：2002-04-25）。

通过在板上设置微井结构实现微量样品的检测，检测下限可达到 10 nL 甚至更小，并通过结构优化实现各个微井样品之间的隔离。技术方案如图 3.4.80 所示。

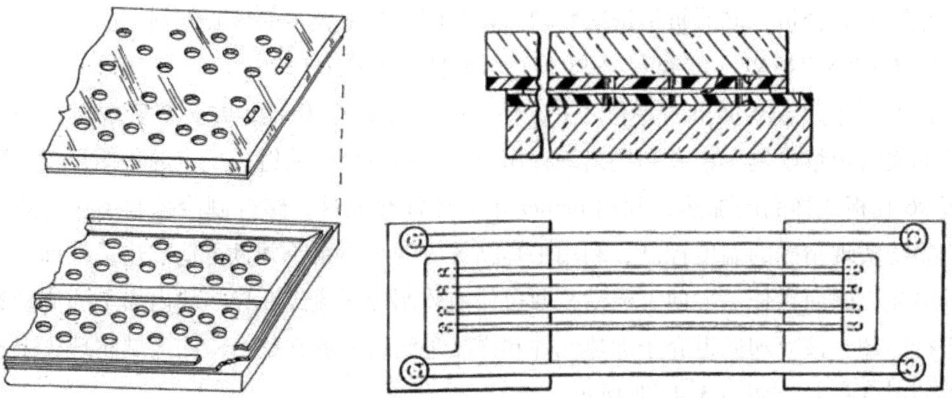

图 3.4.80　US2002164820A1 技术方案

④ US2003148505A1（同族专利 54 篇，申请日：2003-02-20）。

该专利提出一种监测 DNA 聚合酶链式反应的仪器（图 3.4.81），其中设置有多个参比发射器，含有多个参比发射器的参比带发射出具有不同强度的参比光束，处理器从中选出最合适的参比发射器用来补偿漂移；曝光时间自动调整以保持在 CCD 和处理器的最佳动态范围内；分光器和相关滤光器组成的模块与所选用的染料相关联，而且可根据不同的染料进行替换。

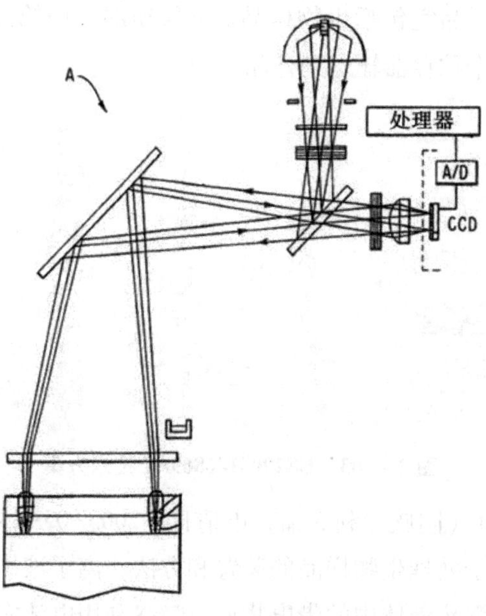

图 3.4.81　US2003148505A1 技术方案

⑤ US2004023371A1（同族专利 11 篇，申请日：2002-07-30）。

该专利利用通道形成真空结构，由此实现样品板在加热装置上的准确定位，提高单次检测数量，降低检测成本，技术方案如图 3.4.82 所示。

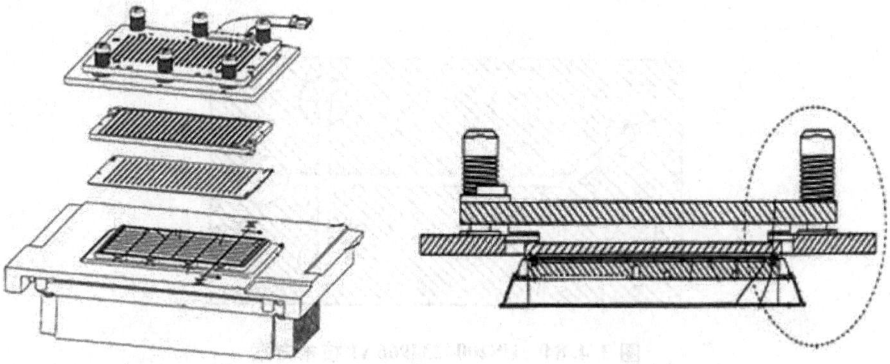

图 3.4.82　US2004023371A1 技术方案

⑥ US2004146869A1（同族专利 15 篇，申请日：2003-01-24）。

该专利提出一种样品室阵列。样品室阵列包括与至少一个样品室流体连通的至少一个贮存器，以及限定样品室的可移动部分，技术方案如图 3.4.83 所示。贮存器可填充有液体生物样品。可移动部分可以相对于样品室的其余部分从第一位置移动到第二位置。在第一位置，可移动部分是凹形的，并且样品室没有生物样品。在第二位置，可移动部分是凸形的，并且样品室包括生物样品。可移动部分向第二位置的移动形成压降，以将生物样品从至少一个贮存器输送到样品室中。

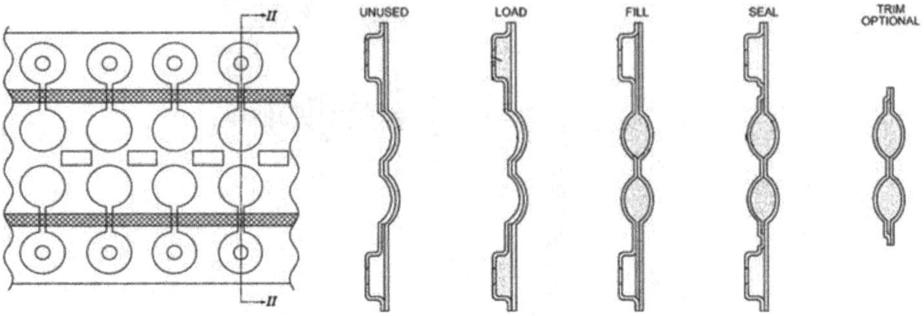

图 3.4.83　US2004146869A1 技术方案

⑦ US2004234966A1（同族专利 5 篇，申请日：2003-05-23）。

该专利提出一种用于处理生物样品的装置和方法，离子液体段可以提供跨不混溶液体段的电压，以浓缩不混溶液体中的带电物质，最终利用电泳实现待测样品在样品板上的流动，技术方案如图 3.4.84 所示。

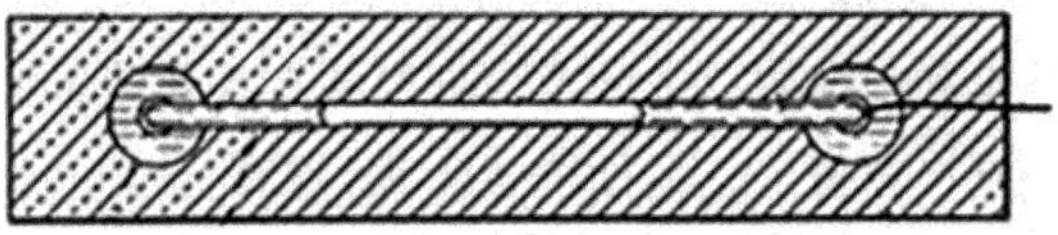

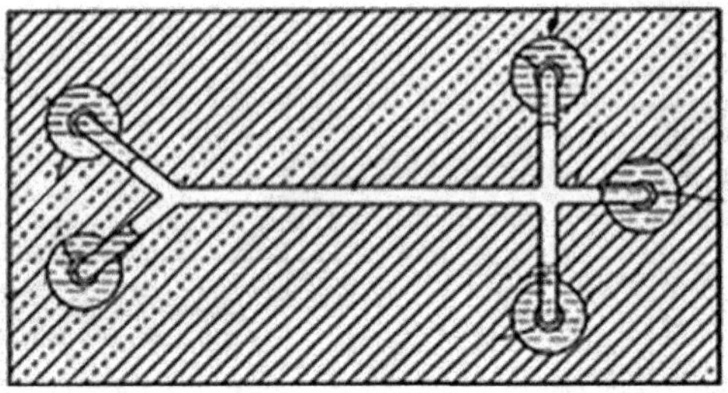

图 3.4.84　US2004234966A1 技术方案

⑧ US2005233363A1（同族专利 33 篇，申请日：2005-03-31）。

通过滤光轮实现多通道同时检测，同时实现可见光、不可见光检测；改进热循环仪结构，通过结构优化防止检测过程中样品的飞溅，同时能够完成样品的离心。技术方案如图 3.4.85 所示。

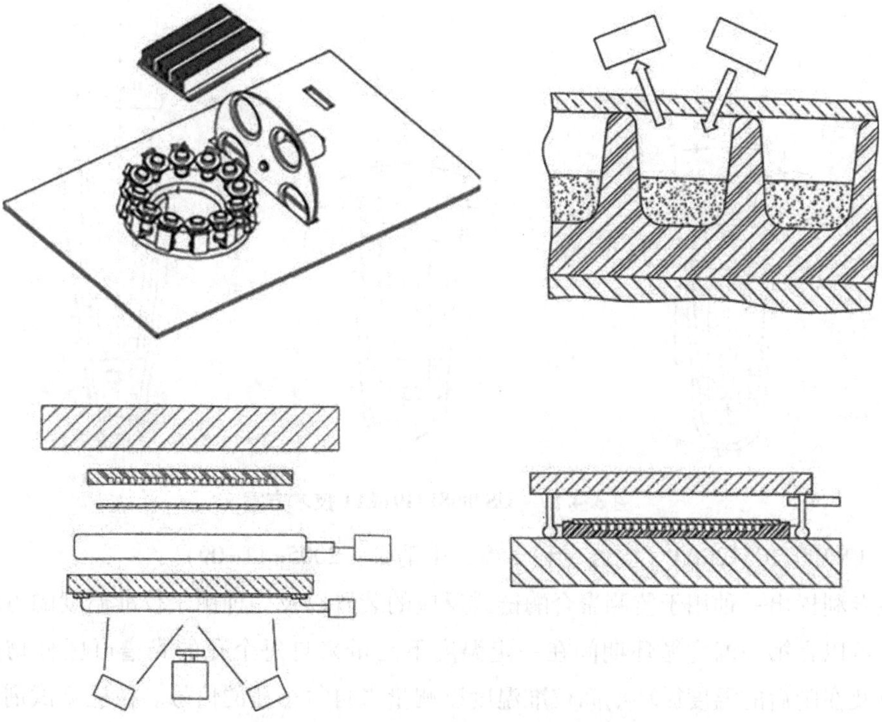

图 3.4.85　US2005233363A1 技术方案

⑨ US2005214947A1（同族专利 5 篇，申请日：2004-03-24）。

该专利提出一种生物芯片微流控式 PCR 结构，将扩展时所需的三个温区设置于一个芯片上，采用外部阀控制压力以驱动和操作流体，能实现小剂量样品的检测。技术方案如图 3.4.86 所示。

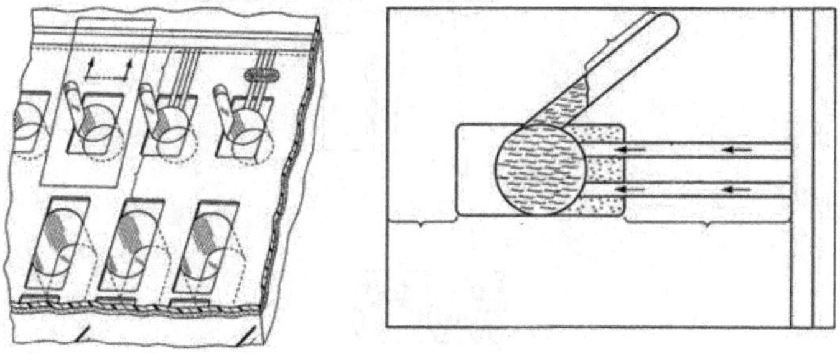

图 3.4.86　US2005214947A1 技术方案

⑩ US2008194014A1（同族专利 6 篇，申请日：2008-04-08）。

该专利提出一种用于生物样品孔托盘的盖，包括用于密封样品孔的盖。一方面，盖包括用于将光聚焦到样品孔中并从样品中收集光的孔透镜；另一个方面，盖包括细长部分，细长部分构造成允许入射光聚焦在样品阱中的样品的期望部分中。入射光可以通过盖的顶表面进入盖，然后通过细长部分的底表面离开盖，直接进入液体样品。通过与样品孔中的液体样品直接接触，防止了盖的底表面上的冷凝。技术方案如图 3.4.87 所示。

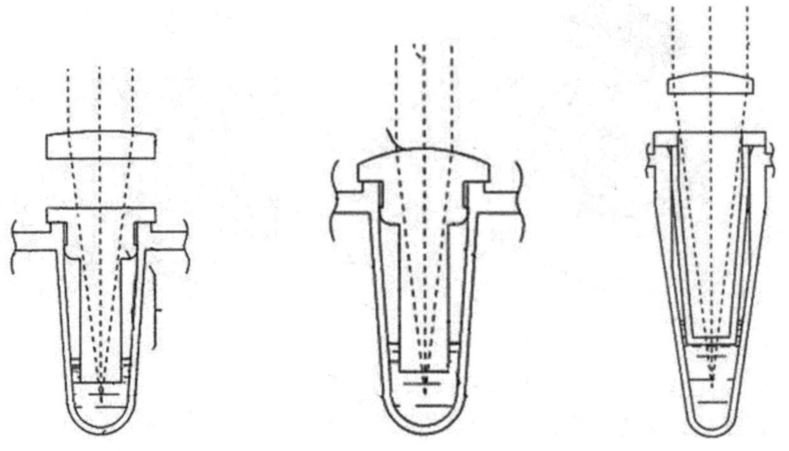

图 3.4.87　US2008194014A1 技术方案

⑪ US2007105126A1（同族专利 2 篇，申请日：2005-11-09）。

该专利提出一种用于监测聚合酶链式反应的装置以及一种用于校准温度的方法。该方法还可以在第一温度循环期间在一定温度下测量来自每个孔的光谱可区分物质的信号，以及在随后的温度循环期间校准温度以测量来自每个孔的信号。在检测试剂中加入内参 ROX 来校正孔间差异，可以很好地解决温度均一性的问题。技术方案如图 3.4.88 所示。

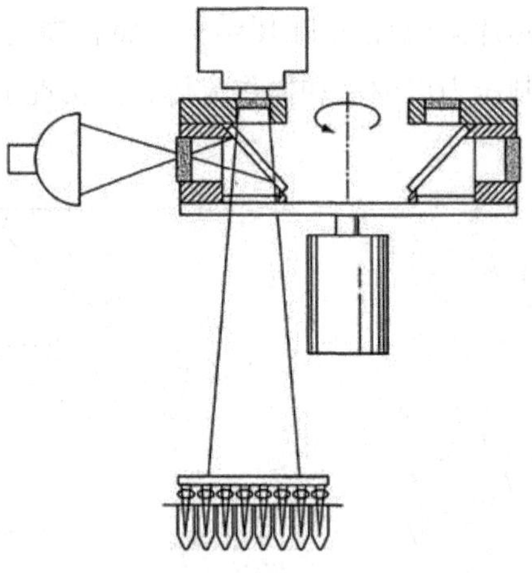

图 3.4.88　US2007105126A1 技术方案

（3）ABI 专利技术发展总结

ABI 公司在 PCR 领域的研究主要从热循环结构、样品板结构、光路结构等几个部分展开。除了上面已经介绍的专利，该企业在相关技术分支中还进行了大量布局，其发展路线如图 3.4.89 所示。

① 热循环结构

1991 年专利 CA2056743A1 首次提出 peltier 型热循环仪，1998—2011 年对热循环仪

进行了不同方面的改进，使得在 PCR 检测中的温度控制变得更加优秀，检测结果更为准确。其中，1998 年专利 US7133726B1 提出在热循环仪中使用板翼和散热器，使得加热更加均匀。2002 年专利 US200401860A1 在热循环仪中设置透光滑盖，不仅可以减少热量损失，还可以起到防尘作用。2003—2004 年又分别改进优化了热循环仪，专利 US2004241048A1 提出通过改进热循环仪的结构来优化热循环性能；专利 US2006046304A1 提出通过设置不同的金属板来优化热循环仪。此外，2005 年专利 US6555792B1 提出利用弹簧实现样品板与加热装置的分离，使得加热更加均匀；2006 年专利 US2007184548A1 通过精确的温度控制，采用分区加热方式，避免相互间的影响。2011 年，专利 US2012021424A1 提出利用金属媒介，通过机械手实现温度快速改变。

② 样品板结构

2011—2017 年，主要从微结构方面进行相应的改进，如 US2003008383A1、US2002164820A1、US2008003145A1 、US2005214947A1 等专利均公开了微结构的样品板，如微井结构、微缩板、微流控芯片等。除此之外，2003 年专利 US2004146869A1 提出设置储液槽，利用储液槽带动待测样品的流动。同年，专利 US2004234966A1 提出向溶液中的生物样品提供电泳，通过电泳运动使样品流动。

③ 光路结构方面

2003 年，专利 US2002192808A1 提出一种利用参比光束补偿漂移，自动调节照明时间并根据染料替换分光器的方式，优化照明光源。2004 年，专利 US2005151972A1 在光路结构中加入二色片，实现了光路分光，从而得到激发光和发射光，实现准确检测。2008 年，专利 US2008194014A1 提出在反应管上设置透镜，可以使光更好的汇聚到样品上。2015 年，专利 US2016033323A1 采用消色差透镜，将其配置为调节激光光和发射光，并引导至相应的目标和检测器。

④ 其他

2002 年，专利 US2004023371A1 利用通道形成真空，实现了样品的准确定位。2005 年，专利 US2006216207A1 提出一种利用机械结构快速分配样品的方式，大大提高了检测效率。2007 年，专利 US2007222983A1 通过滤光轮和热循环仪的相互配合，最终实现了样品的防飞溅。

综上所述，作为该行业的龙头企业，ABI 的申请量很大，在各个技术分支都有专利申请，且比较注重专利的质量和专利布局。2010 年以后，ABI 在该领域，尤其是实时定量 PCR 领域专利申请量明显下降，这可能与数字 PCR 仪器的出现有关，也可能与 ABI 的产业布局出现调整有关。

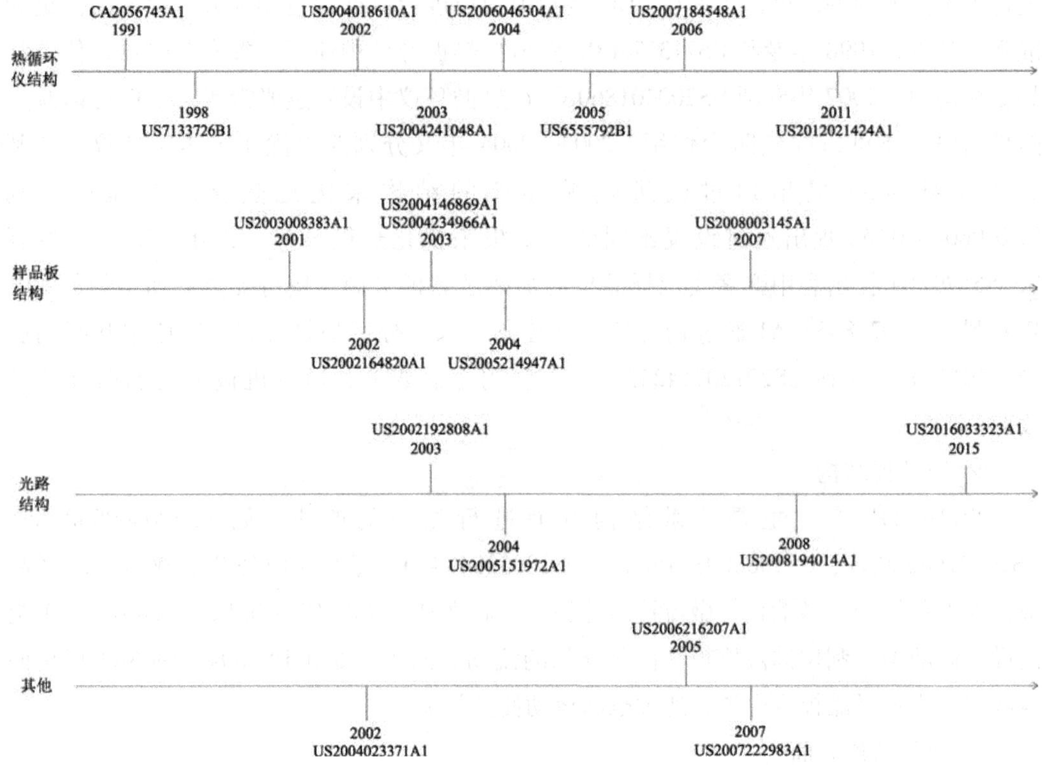

图 3.4.89 ABI 专利技术发展路线

3. 中国市场竞争者在全球和中国专利布局分析

国内企业在 PCR 领域的起步较晚，2000 年以后才有了较大的发展，主要企业有杭州博日科技有限公司（以下简称“杭州博日”）、西安天隆科技有限公司（以下简称“西安天隆”）、重庆京因生物科技有限责任公司、广州达安基因检测股份有限公司（以下简称“广州达安基因”）和上海枫岭生物技术有限公司（以下简称“上海枫岭”）等，其中广州达安基因和上海枫岭等主要着重于 PCR 的应用，利用 PCR 实现对不同物质的检测；西安天隆的专利申请量较大，有 10 篇左右是关于检测仪器的优化，其他的大部分专利同样偏重于应用，改进点在于检测时检测试剂和检测条件的优化。另外，在中国的 PCR 仪器领域，高校也是重点专利申请单位，不管是在数量上还是在质量上都处于领先地位。

（1）北京工业大学

北京工业大学有关 PCR 仪器的专利申请开始于 2007 年初，最初申请了关于微流控芯片温度控制装置的专利，但是没有获得授权；其后申请了将近 20 篇专利，授权率接近 80%，总体来说专利的质量较高，并且从 2007 年至今一直有新的专利申请。

① CN101201323A（申请日：2007-12-21）。

该专利提出一种荧光 PCR 微流控芯片微流体荧光测速控速装置，对微通道中的微流动液体的实际工作流进行实时反馈和控制，实现荧光测速控速。如图 3.4.90 所示，生物 PCR 荧光微流控芯片的每个微通道的同一位置设置有检测点。激发光光纤传导系统和发射光光纤传导系统均固定在丝杠上，计算机通过步进电机控制丝杠移动，流速调控执行元件的输入端与计算机相连接，输出端与生物 PCR 荧光微流控芯片的微通道相连接。计算机根据实际流速与理论流速的差值，能够通过流速调控执行元件调控下一个微通道的流速。

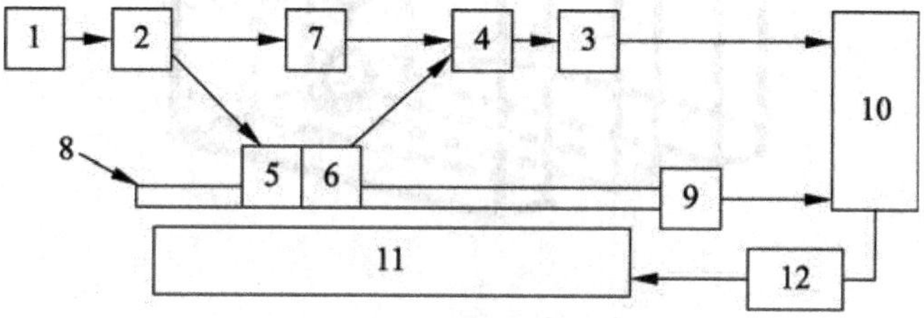

图 3.4.90　CN101201323A 技术方案

② CN102604824A（申请日：2012-02-29）。

该专利提出一种面向空间的微型微流控实时荧光 PCR 工作系统，微型荧光检测装置直接嵌入微通道，集成了多种非电要素，如激发光源、光的聚集和传输、光匀束、光采集、光检测等；整个结构缩小到毫米数量级，在微通道每个反应循环的同一位置设置检测点，可以根据荧光 PCR 试剂的前端是否流到正在检测的荧光检测点，对待测液体的流速进行实时调整。技术方案如图 3.4.91 所示。

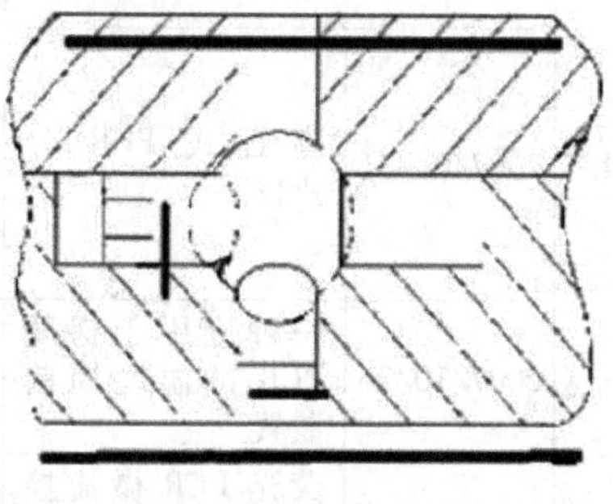

图 3.4.91　CN102604824A 技术方案

③ CN106399088A（申请日：2016-11-08）。

该专利提出一种用于单通道往复式循环荧光 PCR 研究的方法，选用三块规格和材质均相同的金属块，三个金属块上分别贴有加热膜，以实现对每个金属块的温度控制；三个金属块中心开孔，每个金属块至少开三个孔；进行 PCR 反应的微通道从三个金属块的开孔穿过，激发光模块和检测光模块能够通过位移臂上下移动，完成对多个不同微通道 PCR 检测。技术方案如图 3.4.92 所示。

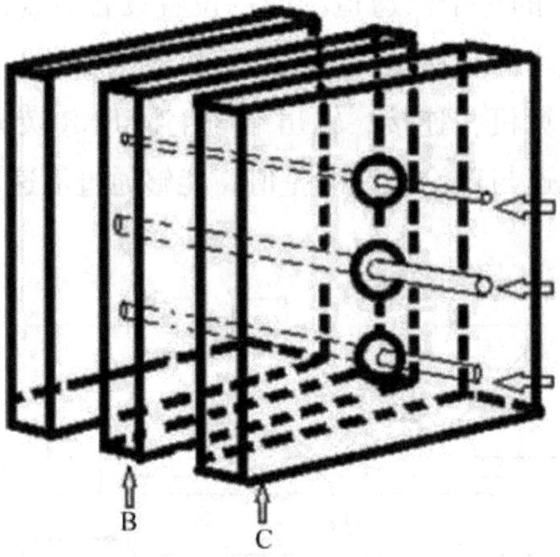

图 3.4.92　CN106399088A 技术方案

北京工业大学比较典型的专利见表 3.4.5。

表 3.4.5　北京工业大学典型专利

序号	状态	申请号	申请日	发明名称	概述、发明点
1	未授权	CN200710062646.2	2007/01/12	面向聚合酶链式反应微流控芯片的多通道智能温控装置	针对微流控芯片的多通道温度控制装置，温控装置体积减小，能够实现对三个温区进行独立设置，具有很好的隔热效果，可以实现温度梯度的要求
2	未授权	CN200710121184.7	2007/08/31	离心式 PCR 分析仪	离心式热循环模块，在变温金属体上设置均匀分布的插孔，插孔中放试管；设置在离心式热循环模块上的固定的光学检测模块
3	授权	CN200720173823.X	2007/10/26	一种应用于梯度 PCR 的温度控制装置	曲面形状的反应槽，独立的加热片、制冷片
4	授权	CN200710303937.6	2007/12/21	荧光 PCR 微流控芯片微流体荧光测速控速装置及方法	对微通道中的微流动液体的实际工作流速进行实时反馈和控制，实现荧光测速控速
5	授权	CN201020272810.X	2010/07/23	激光侧面激发实时荧光 PCR 仪	光源在侧面激发，在上表面探测，光学结构紧凑
6	授权	CN201110133178.X	2011/05/23	双路温控聚合酶链式反应器与实时检测装置	利用半导体加热制冷器代替现有的微加热器；三个恒温区，实现温度精确控制且缩短反应时间
7	授权	CN201110133183.0	2011/05/23	聚合酶链式反应器及实时微光学检测装置	利用三个半导体加热制冷器实现三个恒温区的温度控制；螺旋形微流道，使得样品在流道内更容易流动

续表

序号	状态	申请号	申请日	发明名称	概述、发明点
8	授权	CN201120165958.8	2011/05/23	聚合酶链式反应器及实时微光学检测装置	采用柱面镜与球面透镜组合将所有通道的 PCR 荧光信号汇聚到高性能光电倍增管上
9	未授权	CN201210050339.3	2012/02/29	面向空间的微型微流控实时荧光 PCR 工作系统	微型荧光检测装置直接嵌入微通道，集成多种非电要素，如激发光源、光的聚集和传输、光匀束、光采集、光检测等；整个结构缩小到毫米数量级，在微通道每个反应循环的同一位置设置检测点，可以根据荧光 PCR 试剂的前端是否流到正在检测的荧光检测点，对待测液体的流速进行实时调整
10	授权	CN201210050461.0	2012/02/29	一种面向空间的微体积单位的实时荧光 PCR 工作系统	在硬质透明塑料卷上集成荧光 PCR 的全部非电要素，光激光和荧光检测与待检测物零距离接触，不受重力影响，检测稳定，适应空间工作要求
11	未授权	CN201210229194.3	2012/07/03	一种面向空间的微型圆柱式微流控 PCR 实时荧光检测系统	采用空心圆柱式基底作为生物芯片的载体，分析重力作用对微流体流动的影响，对失重条件下的计算分析修正研究；微通道采用聚四氟乙烯毛细管，直接排布在贴有加热薄膜的基底上
12	授权	CN201310562390.7	2013/11/12	一种基于 CCD 图像传感器的微流控 PCR 芯片荧光流体检测装置	同时检测荧光信号强度和测量试剂流速，采用空间立体式微通道，空间立体式微通道由传统平面结构改为双层立体结构，上下两层微通道管之间用 PMMA 基板连接，PMMA 基板内部刻有微通道，采用硅油分离各段 PCR 试剂
13	授权	CN201310606738.8	2013/11/25	一种基于气体热胀冷缩的微流道 PCR 扩增系统	基于气体热胀冷缩的微流道 PCR 扩增系统，运用单片机对半导体加热制冷片的合理控制，实现 PCR 试剂在三个温区中准确移动
14	授权	CN201410084321.4	2014/03/09	基于旋转式微流控芯片的实时荧光 PCR 检测系统	三个温区完全分离，减少了微通道内 PCR 试剂滞留时间，减少了变温时间；避免挂壁现象；整体密封封装，不受重力影响

续表

序号	状态	申请号	申请日	发明名称	概述、发明点
15	未授权	CN201410101667.0	2014/03/18	一种螺旋三棱柱式PCR微流控装置	三块预加热温度不同的加热薄膜紧贴在绝热塑料的宽面上，微通道螺旋地呈三棱柱式缠绕在加热膜外，能够实现结构的微型化，减小PCR装置的体积
16	授权	CN201410811875.X	2014/12/22	旋转扫描的实时荧光定量PCR检测系统	提出完整的PCR检测仪，光源端采用滤光片选择波段，热循环系统中采用半导体加热元件加热、制冷，光纤传输信号；能够实现小型化
17	授权	CN201610980366.9	2016/11/08	一种用于单通道往复式循环荧光PCR研究的方法	选用三块规格和材质均相同的金属块，三个金属块上分别贴有加热膜，以实现对每个金属块的温度控制；三个金属块中心开孔，每个金属块至少开三个孔；进行PCR反应的微通道从三个金属块的开孔穿过，激发光模块和检测光模块能够通过位移臂上下移动，完成对多个不同微通道PCR扩增情况的检测

（2）杭州博日

杭州博日以清华大学为依托，在PCR仪器研究领域也占据一席之地，且专利的申请开始较早，最早一篇专利出现在2001年，该专利公开了PCR检测的整个系统，且获得了授权，奠定了企业研发PCR仪器的基础；随后也不断有专利的申请，且质量都很高。

① CN101705280A（申请日：2009-11-16）。

该专利提出一种定量PCR的多波长荧光检测装置，采用底部检测，利用分叉光纤一端输入激发光，另一端输出荧光信号，且分叉光纤结合多面体反光镜能够实现多通道检测，检测效率大大提高。荧光波长检测通道相互间隔一个模块标准孔位，检测时不产生激发光串扰。同时，由多面体反光镜将 n 个荧光波长检测通道的荧光汇聚到光学传感器的光电面上，实现多波长荧光实时同步检测。技术方案如图3.4.93所示。

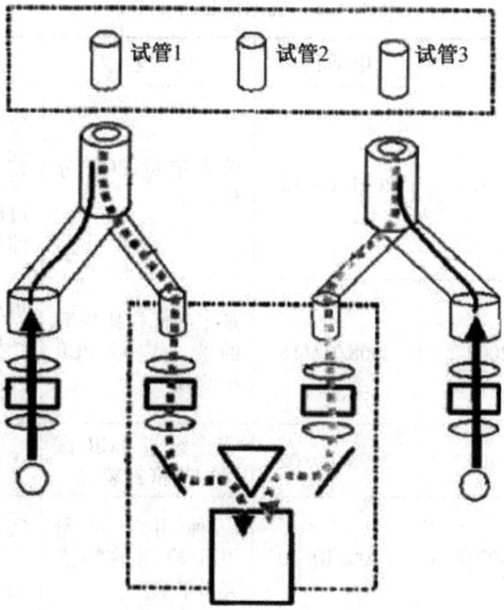

图 3.4.93　CN101705280A 技术方案

② CN104673667A（申请日：2015-03-13）。

该专利提出一种 PCR 荧光定量分析仪热盖，通过一个动力源来实现两个方向的不同运动，并能对试管施加固定压力；热盖压紧试管后，电机对连接杆不再产生锁紧力，从而大大提高电机的使用寿命。本发明可根据不同高度的试管给予热盖不同的压力，断电情况下可手动打开热盖。技术方案如图 3.4.94 所示。

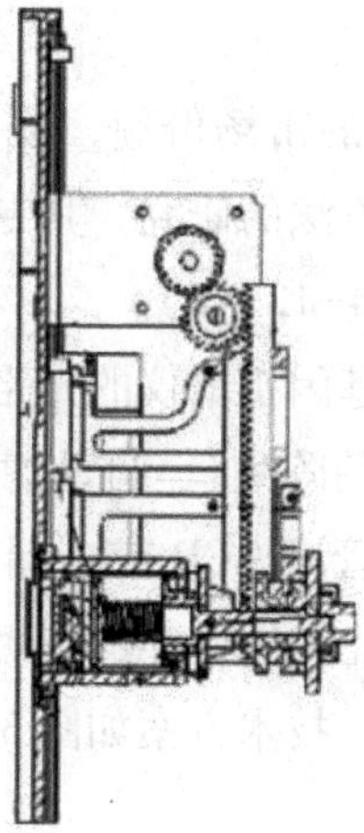

图 3.4.94　CN104673667A 技术方案

杭州博日比较典型的专利见表 3.4.6。

表 3.4.6　杭州博日典型专利

序号	状态	申请号	申请日	发明名称	概述、发明点
1	授权	CN01116421.2	2001/04/12	荧光定量 PCR 分析系统	公开了 PCR 检测的整个系统，光源处滤光片选择波长；荧光接收处采用滤光片过滤成特定波长的单色光，即机械结构实现波长的选择
2	授权	CN200810120084.7	2008/07/18	基于底部扫描检测的荧光定量 PCR 检测仪	重点在底部扫描，热管具有优良的热传导性能，采用风冷散热，具有防冷凝水的功能
3	授权	CN200820164042.9	2008/09/02	荧光定量 PCR 试管加热密封装置	优化反应管，防止污染
4	授权	CN200920199724.8	2009/10/30	一种用于定量 PCR 检测的特殊光纤装置	底部检测，分叉光纤一端输入激发光，另一端输出荧光信号
5	授权	CN200910153874.X	2009/11/16	定量 PCR 的多波长荧光检测方法及其装置	分叉光纤结合多面体反光镜实现多通道检测
6	授权	CN201520019336.2	2015/01/12	模块化聚合酶链式反应分析仪	通过机械结构实现扫描，完成多孔同时检测
7	授权	CN201510094330.6	2015/03/03	一种 PCR 荧光定量分析仪热盖	根据不同高度的试管给予热盖不同的压力

（3）西安天隆

西安天隆在 PCR 领域占有一定的市场份额，该企业不仅在检测仪器上有一定的研究，更重要的是对检测试剂和检测方法的研究，其专利的质量也比较高。

① CN1632533A（申请日：2004-12-10）。

该专利提出一种实时荧光定量基因扩增仪的光路检测系统，由于采用由两组光开关阵列（入射光开关阵列、出射光开关阵列）、自动滤光装置、光电转换装置、电控装置组成的有机整体，与采用光电倍增管或 CCD 或电耦合器作为检测器相比，无须复杂的图像处理，即可实现滤光控测一体化，因此能够在短时间内完成标本载台中的多个标本的多波长宽线性实时定量基因检测。技术方案如图 3.4.95 所示。

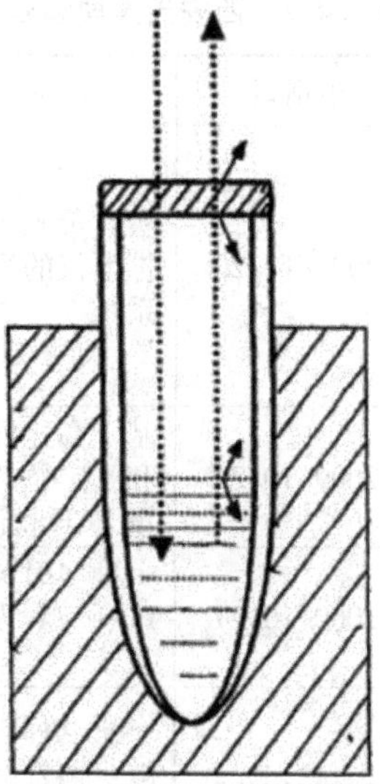

图 3.4.95　CN1632533A 技术方案

② CN106434317A（申请日：2016-08-24）。

该专利提出一种用于生物化学反应的流体样品处理装置，依靠压力和重力作用实现驱动流体流动，较易实现流体的顺利进入和通过各反应腔和检测腔。同时装置采用液泡预封装的方式储存试剂，可避免装置额外设置试剂储存结构，减小装置的总体积。技术方案如图 3.4.96 所示。

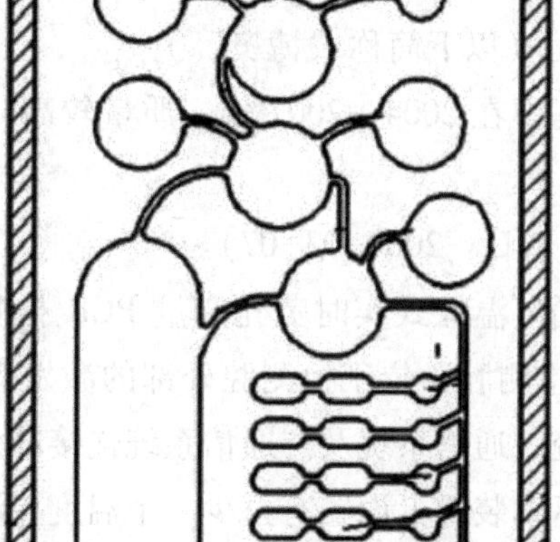

图 3.4.96　CN106434317A 技术方案

西安天隆比较典型的专利见表 3.4.7。

表 3.4.7　西安天隆典型专利

序号	状态	申请号	申请日	发明名称	概述、发明点
1	授权	CN200410073432.1	2004/12/20	实时荧光定量基因扩增仪的光路检测系统	采用光纤传输激发光和荧光，利用两组光开关陈列，在短时间内完成标本载台中的多个标本的多波长宽线性实时定量基因检测
2	授权	CN200910218508.8	2009/10/23	基于高速伺服电机和光定位的荧光定量PCR检测系统	通过机械结构实现顶部扫描检测；温度控制结构
3	未授权	CN200910218601.9	2009/10/27	一种实时荧光定量PCR激发检测系统	采用可谐调滤光片实现激发光和荧光波长的选择
4	授权	CN200910218602.3	2009/10/27	一种PCR扩增中减少蒸发与非特异性反应的方法和装置	通过机械结构优化反应管的热盖，减少反应时的蒸发与非特异性反应
5	授权	CN201310746419.7	2013/12/30	一种用于生物化学反应的热学模块	在基座内设置有均温腔结构，实现快速传热和均匀传热
6	未审查	CN201610718096.4	2016/08/24	一种用于生物化学反应的流体样品处理装置	反应腔的优化，依靠重力和压力实现驱动流体流通，较易实现流体的顺利进入和通过各反应腔和检测腔，采用液泡预封装的方式储存试剂

（4）博奥生物有限公司（以下简称“博奥”）

博奥的专利申请主要集中在2004—2007年，质量较高，方向主要为热循环仪以及反应管的优化。

① CN101021477A（申请日：2007-03-07）。

该专利提出一种热风循环温控式实时荧光定量PCR检测仪，包括风浴装置、位于风浴装置下部的PCR反应检测腔、位于检测腔外部的激发光路及与激发光路垂直的检测光路、信号采集处理系统、通信系统及与通信系统连接的外置计算机、位于检测腔下部的旋转运动装置。旋转运动装置上设置有至少一个温度探测传感器和一个实时荧光校正装置，并通过旋转连接器实现下部固定、上部旋转状态下的上、下部之间的电路连通。本发明由于温度探测传感器与样品管在同一圆盘上做旋转运动，因此可达到PCR检测过程中样品控温准确的目的。本发明检测聚合酶链式反应，可提高检测结果的准确性。技术方案如图3.4.97所示。

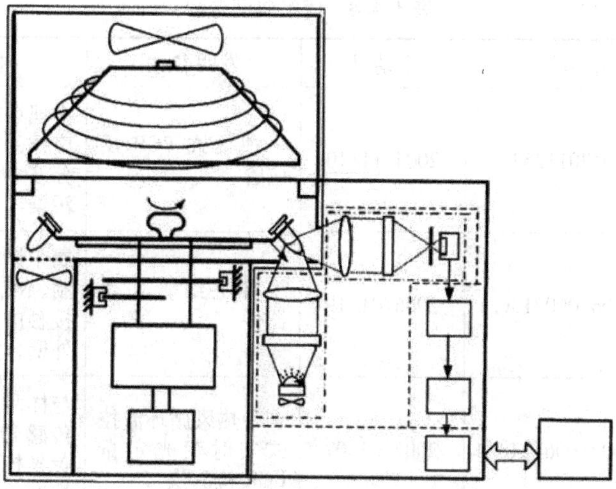

图 3.4.97　CN101021477A 技术方案

② CN101126715A（申请日：2017-09-21）。

该专利提出一种微纳升体系流体芯片的检测系统，包括循环流动立体温控载物台，采用电机驱动微流体芯片承载平台旋转扰动传热介质与加热器相对旋转运动的循环流动方式，来减少加热器局部供热不均匀，实现了对微流体芯片的均匀立体加热与温控。温控载物台采用矿物油作为传热介质以保证内部温度的均一性；采用微流控芯片，且其结构简单，样品与试剂用量少。技术方案如图 3.4.98 所示。

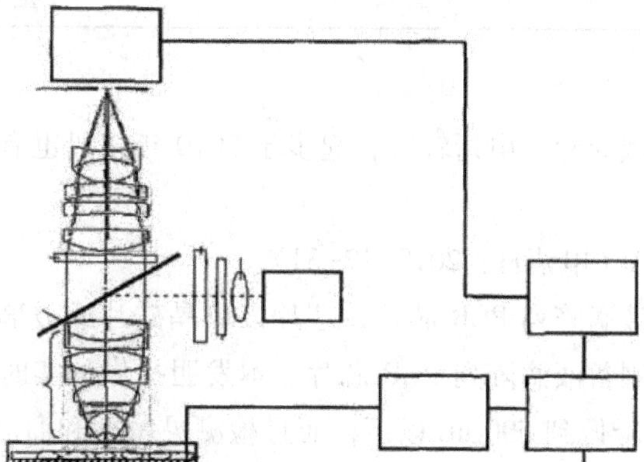

图 3.4.98　CN101126715A 技术方案

博奥比较典型的专利见表 3.4.8。

表 3.4.8　博奥典型专利

序号	状态	申请号	申请日	发明名称	概述、发明点
1	授权	CN200420112525.6	2004/11/10	一种巢式 PCR 反应管	实现巢式 PCR 两轮扩增反应体系的物理隔离，避免分步操作对 PCR 体系的污染
2	授权	CN200610002136.1	2006/01/19	一种毛细管加热器件	属于微流体加热和温度控制领域，电阻式加热器以接触的方式包裹在毛细管外壁，实现迅速升降温
3	授权	CN200710064248.4	2007/03/07	一种热风循环温控式实时荧光定量 PCR 检测仪	与样品盘一同选装的温度传感器可消除边缘效应，荧光校正装置可提高检测精度
4	授权	CN200720103761.5	2007/03/07	一种旋转式实时温控探测装置	与样品盘一同选装的温度传感器可消除边缘效应
5	授权	CN200710122151.4	2007/09/21	一种微纳升体系流体芯片的检测系统及检测方法	循环流动立体温控，均匀立体加热；双焦面成像光学检测系统；温控载物台采用矿物油作为传热介质以保证内部温度的均一性；采用微流控芯片，且其结构简单，样品与试剂用量少

（5）浙江大学

浙江大学在该领域的专利申请较晚，起步于 2010 年，但也有不少专利申请，且专利的质量较高。

① CN102168011A（申请日：2010-12-31）。

该专利提出一种液滴阵列 PCR 芯片，芯片以单晶硅片或玻璃片为基材，采用标准光刻和湿法刻蚀技术制备液滴阵列 PCR 芯片。本发明提供的实时定量聚合酶链式反应检测系统将反应体积降低到 500 nL 以下，而且检测灵敏度和商品化定量 PCR 仪相当，从而减少了试剂消耗和样品用量，节约了成本。技术方案如图 3.4.99 所示。

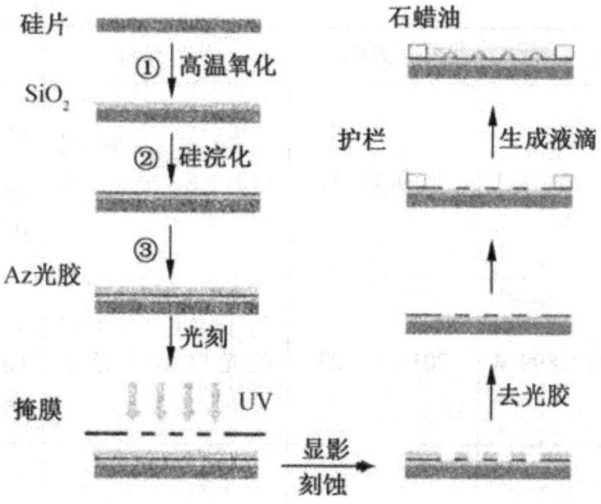

图 3.4.99　CN102168011A 技术方案

② CN102277294A（申请日：2011-08-03）。

该专利提出一种用于数字核酸扩增的高密度阵列芯片装置，芯片只需要一个配套的真空泵，抽真空进行负压进样，或者使用注射器正压进样，经矿物油冲洗覆盖，便可将微量液体分配至成百上千个独立的小室中，从而提高实验速度，有效防止污染。与基于 PDMS 弹性微阀的数字 PCR 芯片相比，其应用成本大大减少，为数字 PCR 技术的推广与应用提供了一个良好的平台。技术方案如图 3.4.100 所示。

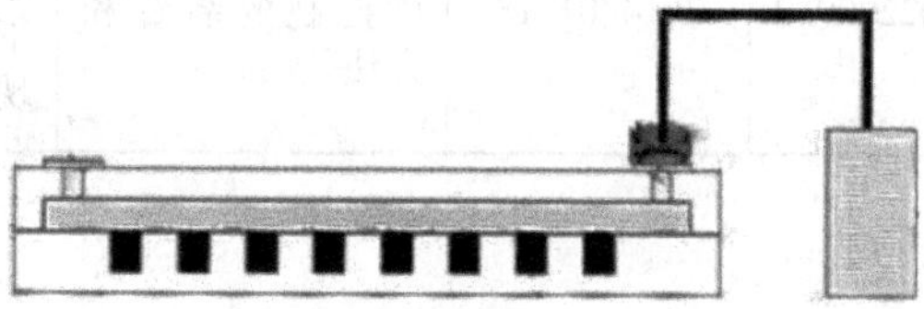

图 3.4.100　CN102277294A 技术方案

浙江大学比较典型的专利见表 3.4.9。

表 3.4.9　浙江大学典型专利

序号	状态	申请号	申请日	发明名称	概述、发明点
1	授权	CN201010253832.6	2010/08/13	一种无透镜荧光成像检测装置及应用	激发光位于左右平行两侧，微芯片与滤光片紧贴，上方设置 CCD 芯片，无须透镜实现检测
2	授权	CN201010269480.3	2010/08/27	实时荧光定量 PCR 仪荧光信号检测装置	利用滑块带动光路模块移动，实现逐个检测；激发光和荧光共用一个透镜，结构简单

续表

序号	状态	申请号	申请日	发明名称	概述、发明点
3	授权	CN201010620364.1	2010/12/31	一种液滴阵列PCR芯片及其应用	以单晶硅片或玻璃片为基材，采用标准光刻和湿法刻蚀技术制备液滴阵列PCR芯片
4	授权	CN201120121899.4	2011/04/23	用于定量PCR仪荧光检测的光学系统	Y型光纤传导简化结构、提高集光能力，同时实现远距离荧光检测
5	授权	CN201110220222.0	2011/08/03	一种用于数字核酸扩增的高密度阵列芯片装置及应用	微流控芯片结构，只需抽真空进行负压进样，经矿物油冲洗覆盖，便可将微量液体分配至成百上千个独立的小室中，从而提高实验速度，有效防止污染
6	授权	CN201310212756.7	2013/06/01	掌上型通用微流控芯片即时检测装置及应用	公开了整个检测系统，利用智能移动设置实现荧光图像信号的采集
7	授权	CN201410022009.2	2014/01/18	一种应用于梯度温度控制的装置和方法	优化热循环仪中的温控模块，提高升温降温速率，不存在热惯性导致的超调现象

3.4.4 基因测序仪

基因测序技术是测定DNA序列的技术，在分子生物学研究中，DNA的序列分析是进一步研究和改造目的基因的基础。简单来说，基因测序技术是针对DNA片段进行测序和分析，使得DNA序列得以清晰。从原理上来说，基因测序就是将DNA化学信号转变为计算机可处理的数字信号。

基因测序从1977年的第一代Sanger测序技术发展至今，已经有40多年的发展历程，基因测序技术也已经发展到了第四代，测序读长从长到短，再从短到长。基因测序技术的发展历程如图3.4.101所示。

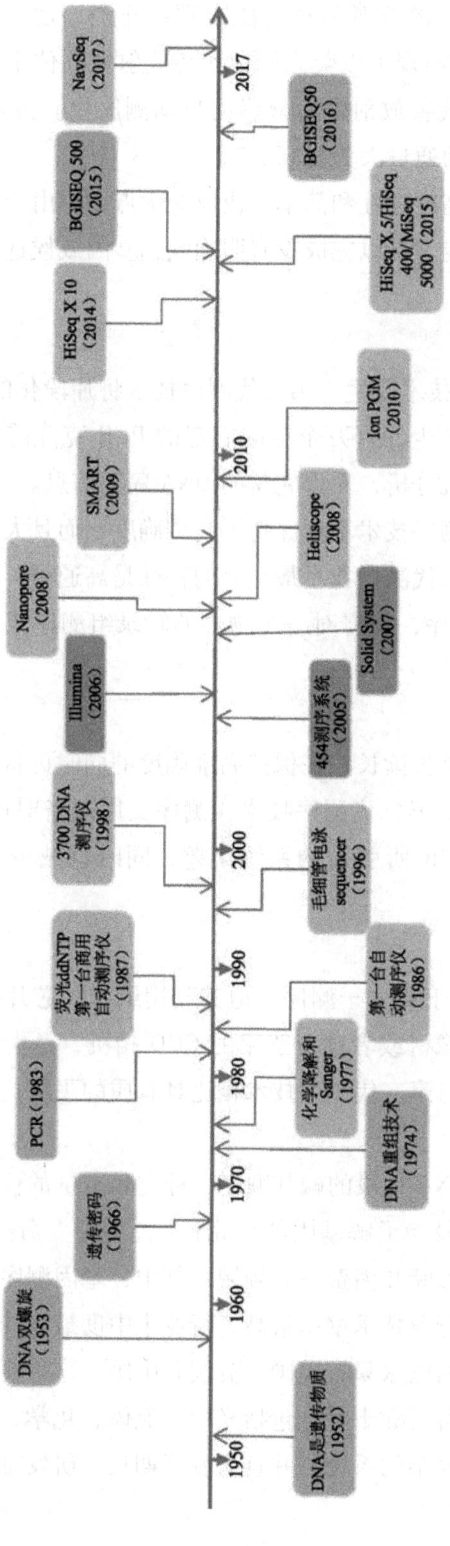

图 3. 4. 101　基因测序技术的发展历程

（1）第一代 DNA 测序技术

1977 年，Sanger 等提出了经典的双脱氧核苷酸末端终止测序法。此后，在 Sanger 法的基础上，20 世纪 80 年代中期出现了以荧光标记代替放射性同位素标记、以荧光信号接收器和计算机信号分析系统代替放射性自显影的自动测序仪。另外，90 年代中期出现的毛细管电泳技术使得测序的通量大为提高。

传统的第一代测序技术具有高准确性和简单、快捷等优点，但由于测序通量低，仅适用于小样本遗传疾病基因的鉴定，难以完成没有明确候选基因或候选基因数量较多的大样本病例筛查。

（2）第二代 DNA 测序技术

进入 21 世纪后，第二代测序技术诞生。第二代测序技术将片段化的基因组 DNA 两侧连上接头，随后用不同的方法产生几百万个空间固定的 PCR 克隆阵列，然后进行引物杂交和酶延伸反应。经过计算机分析，获得完整的 DNA 序列信息。

与第一代技术相比，第二代测序技术不仅保持了高准确度，而且大大降低了测序成本并极大地提高了测序速度。第二代测序技术最显著的特征是高通量，一次能对几十万到几百万条 DNA 分子进行序列测序，使得对一个物种的转录组测序或基因组深度测序变得方便易行。

（3）第三代 DNA 测序技术

第三代测序技术的显著特征是长读长，在保持高准确度的同时可将测序读长再提高 10~50 倍。第三代测序技术增加了第二代测序技术在测序文库制备时所必需的 PCR 放大过程，在一定程度上消除了 PCR 所引入的系统误差，同时也减少了整体实验运行时间。

（4）第四代 DNA 测序技术

第四代 DNA 测序技术同样属于单分子测序，但其利用纳米孔芯片检测单分子测序信号的技术原理不再依赖高速摄像机或者高分辨率的 CCD 相机，最大程度上降低了检测设备的成本。由于该测序技术与第三代测序技术相比具有质的飞跃，因此通常称之为第四代测序技术。

基因测序仪是检测 DNA 或 RNA 片段的碱基顺序、种类和定量的仪器。基因测序仪的作用就是解读 DNA 和 RNA 片段，了解基因的“密码”，窥探生命遗传差异的本质。目前基因检测主要应用于科研、诊断和消费三大领域。其中，基因测序仪是测序产业的最关键环节，也是整个基因测序行业技术壁垒最高、行业集中度最高的部分。从全球范围来看，能够将基因测序仪量产的国家只有美国、英国和中国，这主要是因为基因测序仪的高精尖程度极高，涉及的学科有数十种，包括光学、流体、化学、生物、材料、工程、生物信息学等，是一种极为复杂的系统，并且研发周期长，研发难度大。

3.4.4.1 基因测序仪全球专利申请状况分析

全球范围内针对基因测序仪的专利申请共计56875件，其中同族申请计为一件。本小节将从申请量、申请人、申请国别以及技术分支等多个维度对基因测序仪的专利申请进行分析。

1. 全球专利申请趋势分析

图3.4.102显示了近二十年基因测序仪的全球专利申请趋势。从图中可以看出，近二十年基因测序仪的专利申请一直比较活跃，每年均能保持上千件的专利申请量。其中，2001—2013年专利申请量比较平稳；从2014年开始，专利申请量的增长趋势比较明显，呈现直线上升趋势，基本每年保持500~600件的增长量，并有望在2022年突破4000件。结合基因测序技术的发展趋势可知，2014年以后专利申请量的增长可能与第三代和第四代基因测序技术的发展有关，这在一定程度上说明，基因测序目前以及今后很长一段时间内仍然是分子诊断领域研发的重点和热点。

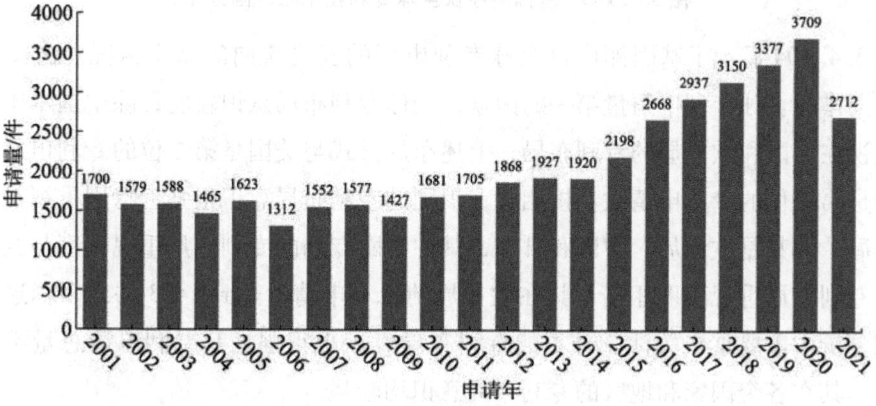

图3.4.102 近二十年基因测序仪全球专利申请趋势

2. 全球专利申请地域分析

图3.4.103显示了基因测序仪全球专利技术来源国的分布情况。从图中可以看出，排名第一的是中国，以23327件的专利申请量占据全球基因测序仪专利申请总量的40.80%；排名第二的是美国，以17010件的专利申请量占据全球基因测序仪专利申请总量的29.75%；日本排名第三，占比6.14%。值得注意的是，基于前述市场调研，英国是目前能够实现基因测序仪量产的三个国家之一，但是其专利申请量并不是很多，总量为1826件，这在一定程度上反映出其专利的质量较高，在后续的重点申请人分析中应被重点关注。

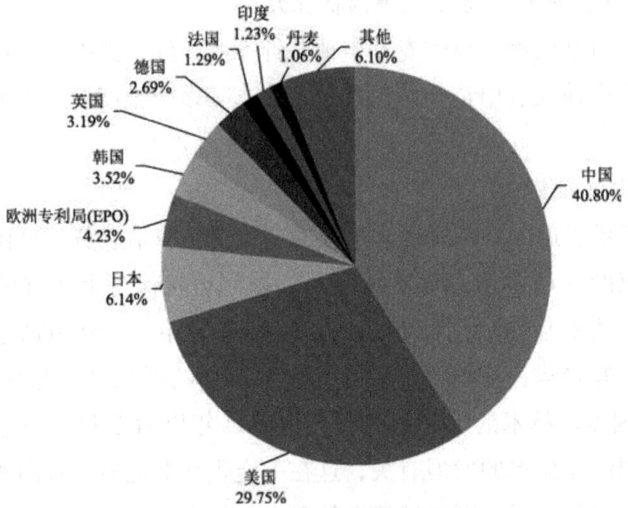

图 3.4.103　基因测序仪全球专利技术来源国分布

图 3.4.104 显示了基因测序仪全球专利申请的五局流向的基本情况。由图可以看出，中国作为全球专利申请量第一的国家，全球专利布局意识较弱，除中国本土外，其主要重视在美国和欧专局的专利布局，上述布局方式与美国是第二位的专利申请人以及欧专局是第三位的专利申请人直接相关；美国的专利布局意识很强，特别重视在全球的专利布局，尤其是欧专局、中国和日本，其中对欧专局的专利布局重视程度与其对美国本土的专利布局重视程度相当，其在欧专局的专利申请量达到 1493 件之多，这在后续的专利分析中需要重点关注。日本的专利布局意识也很强，其专利申请总量不在前三位，但是其在各个国家和地区的专利布局意识均较强。

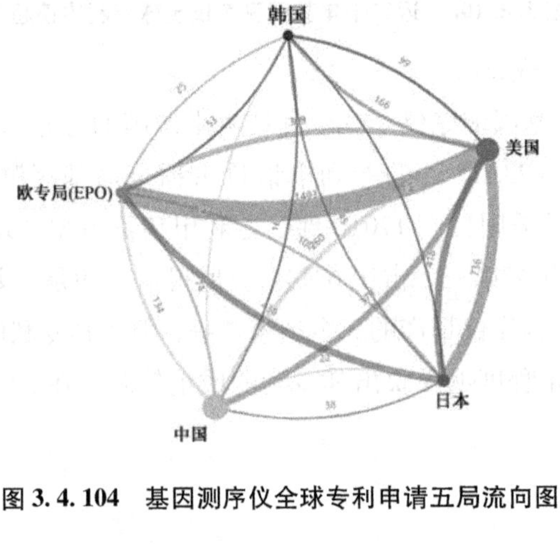

图 3.4.104　基因测序仪全球专利申请五局流向图

3.4.4.2　基因测序仪中国专利申请状况分析

1. 中国专利申请量趋势分析

图 3.4.105 显示了近二十年基因测序仪领域中国专利的申请量情况。由图可以看

出，中国的专利申请量呈现逐年增长趋势，从 2001 年的 286 件稳步增长到 2020 年的 2761 件，尤其是 2014 年以后，专利申请量增长趋势更为明显，基本每年增长 200～300 件，这可能与第三代和第四代基因测序技术的发展有关，这在一定程度上说明，基因测序目前以及今后很长一段时间内仍然是分子诊断领域研发的重点和热点。同时，与前述分析一致的是，基因测序领域的中国专利申请中，几乎全部是发明专利申请，实用新型占比很少。我国基因测序专利技术发展较晚，2000 年以前中国基因测序专利技术基本处于孕育期，随着国际第二代基因测序技术的兴起，2001 年中国基因测序专利技术也实现了一定突破，之后由于基因测序技术发展遇到障碍，中国相关专利申请呈现微量下降，一直持续到 2007 年。2008 年后，随着国际第三代基因测序技术的出现，中国基因测序专利技术呈现快速发展趋势，技术生命周期进入成长期。

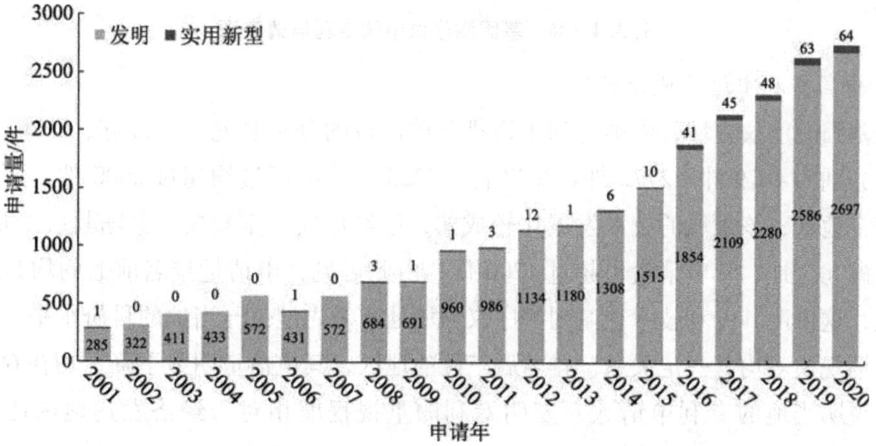

图 3.4.105　近二十年基因测序仪领域中国专利的申请量趋势

2. 中国专利申请来源分析

图 3.4.106 显示了基因测序仪中国专利申请的来源情况。由图可以看出，绝大多数专利申请来自中国本土，并且占比越来越大。2020 年，中国专利申请的 2762 件专利中有 2653 件来自中国本土，占比超过 95%；其次是来自美国的专利申请，从 2002 年开始，二十年中占比一直位于第二，这说明美国一直很重视在中国的专利布局和中国的市场，这得益于加利福尼亚大学董事会和孟山都技术公司在中国的专利布局；占比排在第三位的是英国，其在中国的专利布局较为稳定，一直保持着几十件的专利申请，这说明英国的技术研发和专利申请一直比较稳定，研发实力不容小觑。

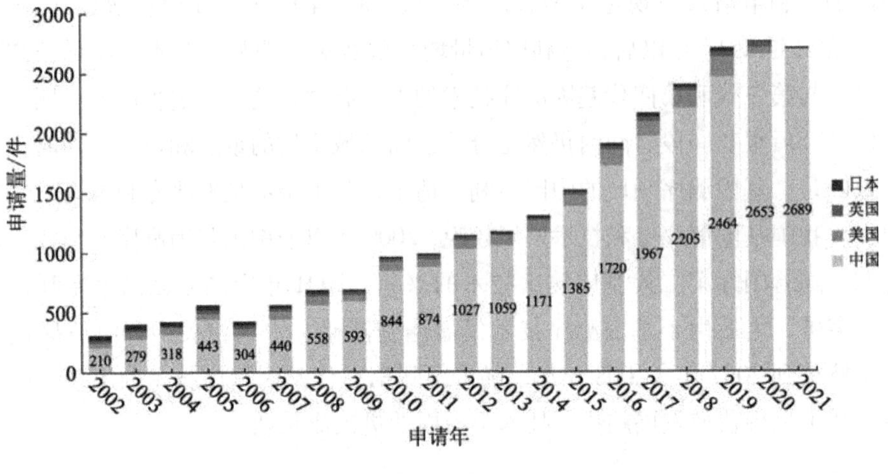

图 3.4.106 基因测序仪中国专利申请来源

3. 中国专利申请地域分析

在基因测序仪领域，中国专利申请排名前四位的分别是北京、江苏、广东、上海，申请量分别为 4079 件、2772 件、2627 件、2225 件，申请量均超过 2000 件，这说明在上述四个地区，该领域的技术发展比较成熟，已经形成一定规模；紧随其后的是浙江、山东、湖北三地，其申请量也超过 1200 件。由此可见，申请量排名前七的均是经济发达地区，这说明其专利技术在基因测序仪领域处于领先地位与当地的科研水平、政策支持、市场规模等均有一定关系。排名后三位的地区，其申请量明显下降，均在 600 件左右，这说明当地的专利申请人对发明专利的重视程度相对于经济发达地区还有一定差距。

3.4.4.3 重点申请人专利概况分析

1. 全球专利重点申请人分析

图 3.4.107 显示了基因测序仪领域全球专利申请量排名前十的重点申请人以及各个申请人的各类型专利占比情况。从图中可以看出，排名第一的是日立，其拥有 48 件发明专利以及 4 件 PCT 专利。排名第二的是加利福尼亚大学董事会，其拥有 33 件发明专利以及 11 件 PCT 专利，上述专利申请量以及专利类型能够在一定程度上反映出其专利质量以及对于在全球进行专利布局的重视程度；申请量排名第三位的是深圳华大智造科技股份有限公司，其申请量为 36 件，并且其专利申请主要以发明专利为主，这在一定程度上能够反映专利的质量。需要特别指出的是，与体外诊断仪器的其他技术分支相比，基因测序仪的专利分布情况有一个显著特点：无论哪个申请人，其专利类型中实用新型的占比特别少，这在一定程度上反映出基因测序仪的专利质量整体较高，也体现了基因测序技术的研发门槛较高。

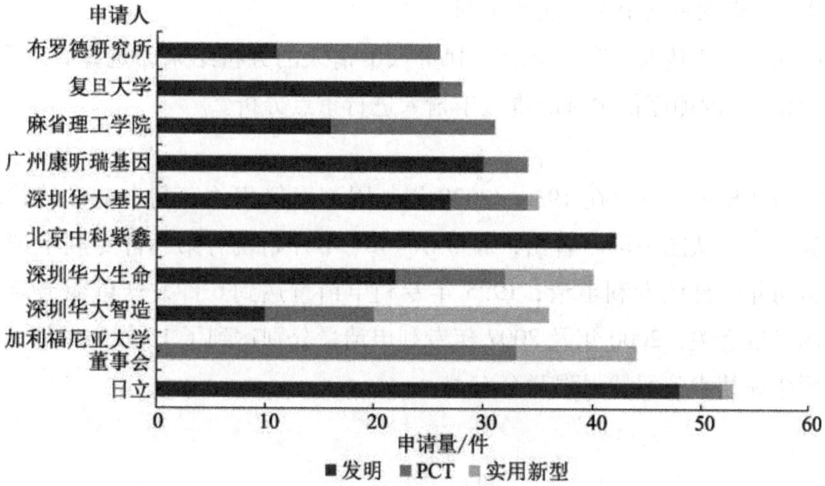

图 3.4.107　基因测序仪全球专利重点申请人

2. 中国专利重点申请人分析

图 3.4.108 显示了基因测序仪领域中国专利申请量排名前十位的申请人。由图可以看出，排名前十位的申请人均为大专院校、研究所。申请量较多说明在基因测序技术领域中国的研发实力较强；排名前十位的申请人均为大专院校、研究所说明该技术的研究门槛较高，属于高精尖科技。在后续的分析中，可以重点关注技术到市场的转化程度，科研院所的技术研究、专利申请是否能够有效转化为产品并有力地占据市场。

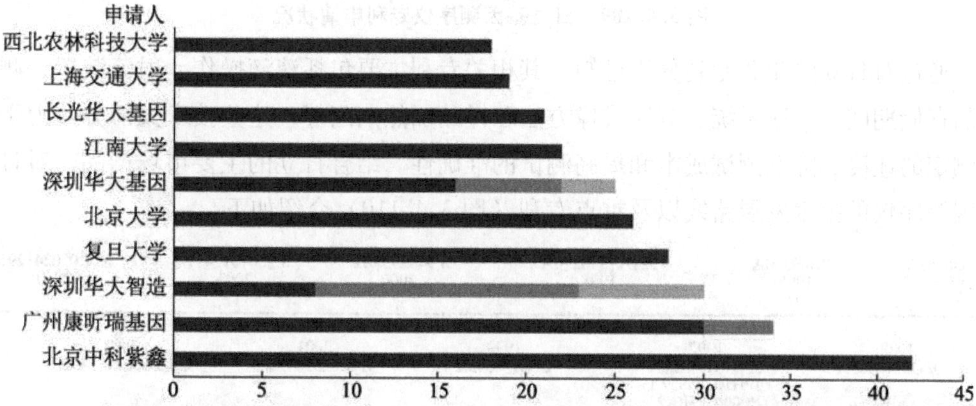

	北京中科紫鑫	广州康昕瑞基因	深圳华大智造	复旦大学	北京大学	深圳华大基因	江南大学	长光华大基因	上海交通大学	西北农林科技大学
■发明	42	30	8	28	26	16	22	21	19	18
■实用新型	0	4	15	0	0	6	0	0	0	0
■PCT	0	0	7	0	0	3	0	0	0	0

申请量/件

■发明 ■实用新型 ■PCT

图 3.4.108　基因测序仪中国专利重点申请人

3.4.4.4 全球重点申请人技术分析

根据图 3.4.107 基因测序仪全球专利重点申请人的分析结果，选择日立和 Illumina（因美那）作为基因测序仪领域的重点申请人进行重点分析。

1. 日立

图 3.4.109 显示了日立在 1980—2020 年基因测序仪相关专利申请量的状况，其中同族专利算一件。从图中可以看出，日立从 1987 年开始就有第一件专利申请，此后一段时间保持每年一件的专利申请；1995 年专利申请量达到 6 件，这可能与第二代基因测序技术的发展有关；2000 年及 2007 年专利申请量分别达到了 10 件和 4 件，这可能与日立同美国生命技术公司的强强联合有关。

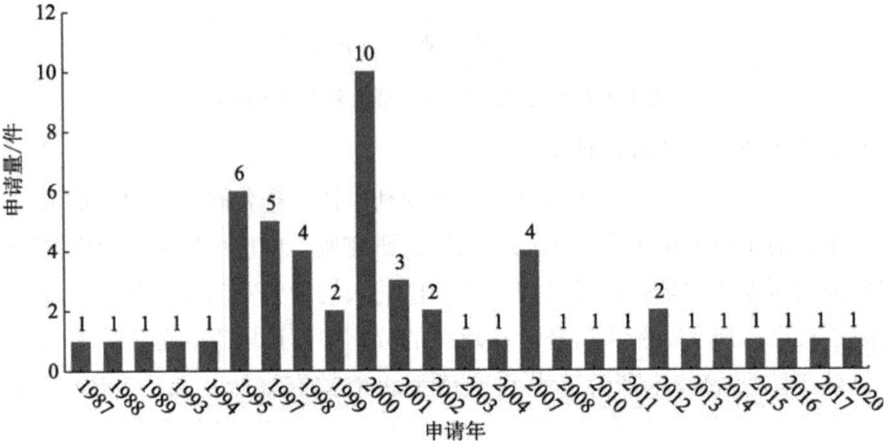

图 3.4.109 日立基因测序仪专利申请状况

通过对日立的相关专利分析可知，其相关专利主要包括液滴操作、射流装置、测试样品存储期间、测序系统、测序成像方法和样品加热期间等，这些技术大部分致力于提高测定的速度、降低测试成本和提高测试的准确性。结合日立的主要市场产品，对日立基因测序仪的技术发展路线以及重点专利（图 3.4.110）介绍如下。

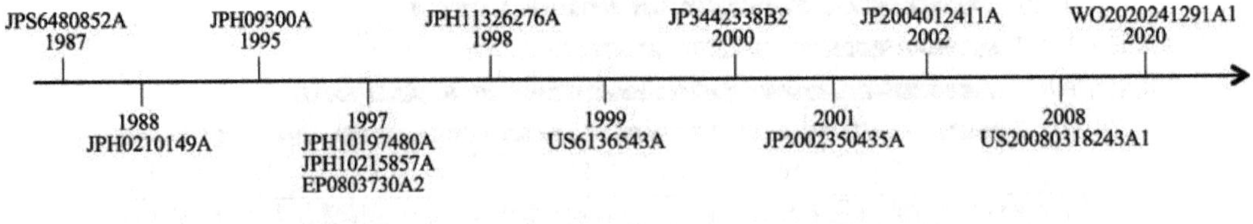

图 3.4.110 日立基因测序仪技术发展路线和重点专利

1987 年，日立申请了第一件基因测序仪相关专利，专利 JPS6480852A 提出一种用于校正 DNA 序列读取的方法和装置，将参考材料倒入凝胶的所有泳道中，并在读取 DNA 序列之前进行电泳；然后，在运算部分中计算电泳速度的差（延迟系数），并将其存储在存储器中；调出存储器中存储的延迟系数，并将各个碱基的电泳速度乘以延迟系数，在运算部分中对其进行校正，从而有效地防止 DNA 序列的错误读取并且提高检测的准确性。

1990 年，专利 JPH0210149A 提出一种 DNA 测序仪检测器的结构，旨在实现快速检测，提高单位时间内的检测量。采用的具体手段是，将凝胶中的核酸碱基片段组（DNA 带）固定在玻璃板之间，并根据电场进行电泳。这些基团被放射性同位素标记并释放 β 射线，当 DNA 带通过检测器时，β 射线穿过狭缝并进入闪烁体，β 射线被转换成荧光，并进入光电倍增器，在那里将其转换成电信号。

针对较长的 DNA 序列，1995 年专利 JPH09300A 提出一种 DNA 碱基测序方法及其装置，该方法使用相对少量预先准备的引物测定长 DNA 的碱基序列，采用单链模板 DNA，通过互补链合成从其 3′端到恒定长度的双链，双链部分发酵成为单条，将单条 DNA 用碘裂解，通过确定顺序以行的方式采用碱基序列制备引物结合部分。通过简单的操作能够高效地进行常规的长 DNA 的碱基序列测定。

1997 年，专利 JPH10197480A 提出一种电泳装置及方法，可减小测序反应步骤所需的 DNA 基础样品体积和试剂体积，从而降低运行成本。在此基础上，专利 JPH10215857A 提出一种用于确定碱基的装置（核苷酸测序仪），用于具体实现核苷酸序列的检测。专利 EP0803730A2 提出一种 DNA 分析仪，在凝胶的两侧设置一对温度控制单元，并在其中一个元件上设置透光狭缝，通过透光狭缝在凝胶上照射激发光束并进行信号检测。通过将干燥空气引入狭缝部分，防止检测部分发霉。检测施加到凝胶上的功率水平，并基于检测到的功率水平计算温度控制单元的温度。

1998 年，专利 JPH11326276A 提出一种电泳分析仪及分析方法，并详细介绍了日立在 1997 年申请的各个专利部件的具体结构。该专利具有 26 个同族，具有很大的市场价值和市场影响力，是日立基因测序仪电泳系列的成熟产品。

1999 年，专利 US6136543A 提出一种测定核酸碱基序列的方法及其装置，将模板 DNA 单分子（样品）保持在荧光显微镜的视野中，在控制延伸率的同时将互补链每次延伸一个碱基，并在其中掺入一个荧光团标记的碱基，其测量对象为单个分子。在进行 DNA 测序时，需要逐个监测通过使用聚合酶互补链的延伸反应掺入的核苷酸碱基的种类，进而有效确定 DNA 和 RNA 的碱基序列或分析限制性片段和特异性片段。

2000 年，专利 JP3442338B2 提出一种结合毛细管技术快速、准确、方便地实现大量 DNA 序列检测的方法和设备。

2001 年，专利 JP2002350435A 提出一种基因序列读取装置，采用碳纳米管，利用具有强结合方案和力的纳米结分剂，将有机序能团连接到金属探针末端部分处的碱基上，准确读取 RNA 的碱基序列。

2002 年，专利 JP2004012411A 提出一种能够以高灵敏度同时检测多个样品的小型、简单的 DNA 测序及修饰检测装置——发光探测器，用于进行 DNA 延伸反应和生物发光反应的多个反应单元和用于检测来自反应单元的发射的光检测器被黏附地布置或在垂直方向上一对一地对应，多个反应单元和用于注入化学液体的毛细管被布置成在垂直方向上一对一地对应，化学液体从上部垂直方向共同且同时地注入反应单元，并且从下部垂直方向检测来自反应单元的发射。

2008 年，专利 US20080318243A1 提出一种 DNA 测量系统和方法，通过采用 FET 传感器检测与目标 DNA 和探针 DNA 杂化的 DNA 分子的延伸反应有关的界面电势变化。将探针 DNA 或靶 DNA 固定在球形微粒上，而不是直接固定在传感器表面上，仅通过在测序后去除微粒即可使 FET 传感器重新使用，以此来实现 DNA 序列的检测。

2020 年，专利 WO2020241291A1 提出一种流通池和纳米孔阵列传感系统。这种用于设计和形成用于固体纳米孔阵列的多通道流通池能够在空间有限的阵列芯片中布置通道，并能够解决由于纳米孔数量有限以及气泡形成和水溶液泄漏而导致的电导率误差的问题。

2. Illumina（因美那）

在基因测序仪器领域，尤其是第二代基因测序技术中，Illumina 占据着绝对的市场优势，如图 3.4.111 所示。公司主打产品有 MiSeq 测序仪、HiSeq X Ten 测序仪、Miseq FGx 测序仪、NextSeq 500/550 桌上型测序仪、MiniSeq 台式测序仪。

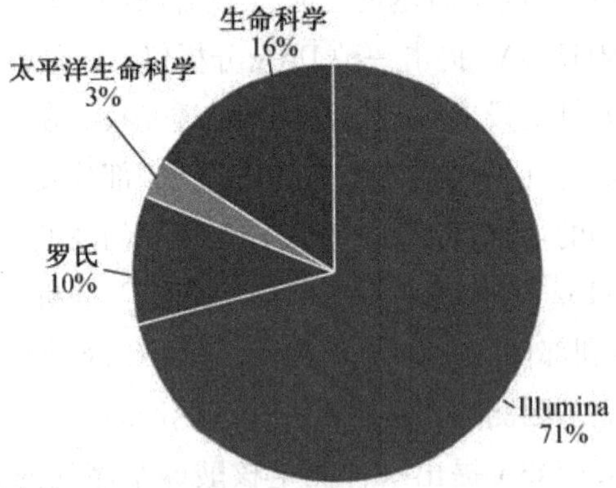

图 3.4.111　第二代基因测序技术中 Illumina 市场份额

Illumina 自 1998 年成立便开始申请专利。1998—2021 年，公司的专利申请量保持快速增长。其中，一半的专利申请来源于 Illumina 自身，另外一半则来源于 Illumina 近几年频繁的收购活动（这些公司在被收购的同时，相关的专利技术也都归于 Illumina 名下），从而为其积累了大量的专利技术财富。Illumina 善用专利运营，通过收购可以整合软件资源，使企业快速发展壮大，从而提高企业的竞争力。2014 年上半年，Illumina 推出世界首个基因组学孵化器，该孵化器用于为基因组学产业营造一个创新的生态系统。图 3.4.112 示出了 Illumina 的基因测序技术发展路线。

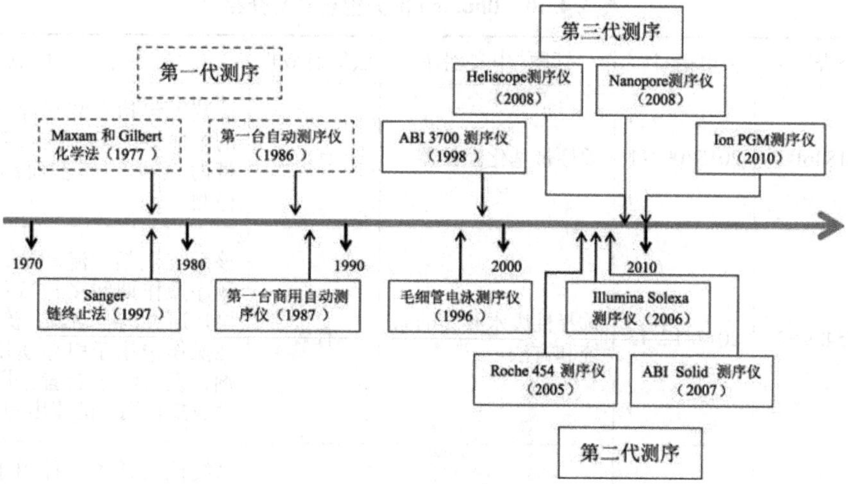

图 3.4.112　Illumina 基因测序技术发展路线

截至 2021 年 12 月 31 日，在 Himmpat 数据库进行检索，以 Illumina 为申请人的基因测序仪器共有专利 74 件，技术范围主要包括液滴操作、射流装置、测试样品存储器件、测序系统、测试成像方法、样品加热器件、数据分析方法以及核苷酸的合成等，这些技术大部分致力于提高测试的速度、降低测试成本和提高测试的准确性。其技术路线分布情况如图 3.4.113 所示。其重点专利及其主要情况见表 3.4.10。

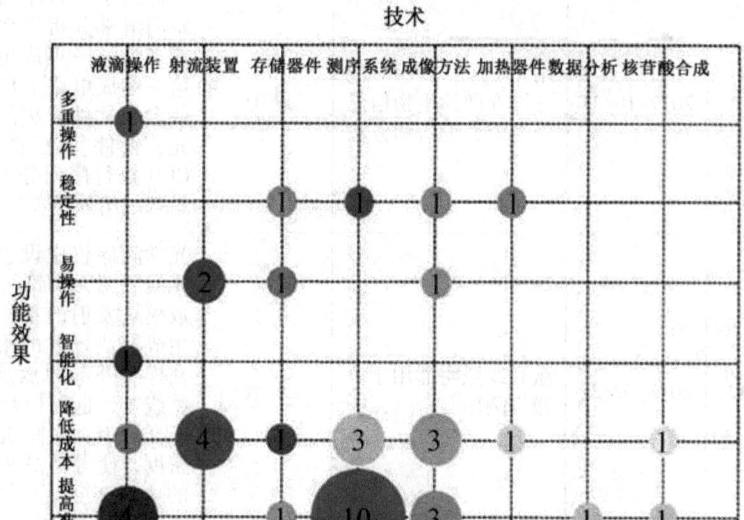

图 3.4.113　Illumina 技术路线分布

表 3.4.10　Illumina 部分重点专利介绍

公开（公告）号	申请日	标题-中文翻译	法律有效性	概述、发明点
US10351846B2	2015/09/11	柔性带基化学仪器	有效	该装置包括安装在导辊装置上的柔性带，DNA 模板簇与柔性带的至少一个表面结合实现检测
US10975429B2	2017/12/13	选择性废水收集的系统和方法	有效	该系统包括：流动池，在基因测序操作期间多种试剂可以被泵送通过该流动池；流出管线，在操作中用于引导使用过的试剂；废水收集装置，用于选择性收集检测后的流出物
EP3722409A1	2007/03/30	综合分析的系统和装置	审中	系统性公开了一种用于对一个或多个多核苷酸进行测序的系统和装置，可用于使平面衬底成像以及核苷酸测序
US10718786B2	2016/11/23	流通池组件固定系统和方法	有效	在基因测序中，可以将流动池和盒组件装载到处理系统中，设置有系统定位组件，能够将待测对象致动以在 X 方向和 Y 方向上将组件移动到期望的参考位置
CN110121747A	2017/10/27	用于执行二级和/或三级处理的生物信息学系统、设备和方法	审中	一种用于执行序列分析管线的基因组学分析平台，包含一个或多个第一集成电路，每一个第一集成电路形成响应于一个或多个软件算法的中央处理单元，软件算法被配置成指示 CPU 执行序列分析管线的第一组基因组处理步骤
JP2018151624A	2018/02/27	激光线照明器用于高通量测序	有效	光学测序仪中设置有物镜和激光线照明，物镜可以将由线生成模块发射的第一光束和由线生成模块发射的第二光束聚焦在样品外部的焦点处，以便调整线宽，也可以增加线宽以降低样品表面上的光束的总功率密度，使得样品表面上的光束的功率密度低于样品上染料的光饱和阈值。
WO2012058096A1	2011/10/20	用于生物或化学分析的微设备和生物传感器类及其系统和方法	PCT 指定期满	检测系统包括流动池，流动地包括通过在其间延伸的流动通道彼此流体连通的入口端口和出口端口，流动通道包括扩散器区域和位于扩散器区域下游的场区域，流动通道的场区域沿着发生所需反应的反应位点引导流体

3.4.4.5　中国重点申请人技术分析

根据图 3.4.108 基因测序仪中国专利重点申请人的分析结果，并结合申请人之间的关系，选择华大基因系（包括深圳华大生命科学研究院、深圳华大智造科技股份有限公司、深圳华大基因科技有限公司）作为基因测序仪领域的重点申请人进行重点分析。

图 3.4.114 显示了华大基因系之间的申请人合作关系，并且在基因测序仪的分析和标引中可以看出，深圳华大生命科学研究院、深圳华大智造科技股份有限公司、深圳华大基因科技有限公司总是互为第一申请人、第二申请人和专利权利要求人。因此，在专利分析中，将上述三个申请人综合起来作为华大基因系进行分析。

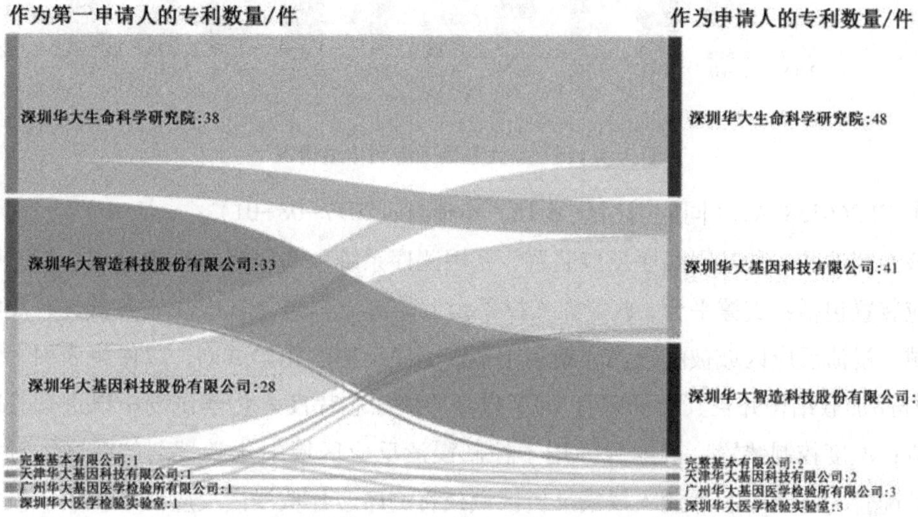

图 3.4.114　华大基因系之间的申请人合作关系

图 3.4.115 显示了华大基因系专利申请情况。由图可以看出，从 2008 年开始，华大基因系就申请了第一件专利；2014 年，专利申请量达到 10 件，已经初具规模；2016—2018 年，专利申请量分别为 12 件、14 件和 27 件，这应该与华大基因系的合作以及技术研发有关。在 2019 年以及 2020 年，专利申请量分别为 6 件和 5 件，申请量的下降可能与第三代基因测序技术的逐渐成熟有关。

华大基因目前拥有多个成熟产品，例如 Complete Genomics、Illumina HiSeq、ABI SOLiD System、Roche GS FLX Platform、Ion Torrent 及 Ion Proton 等新一代测序平台。华大基因系作为高端技术企业，特别重视专利保护以及专利布局，上述成熟产品的背后主要涉及以下多个重点专利。

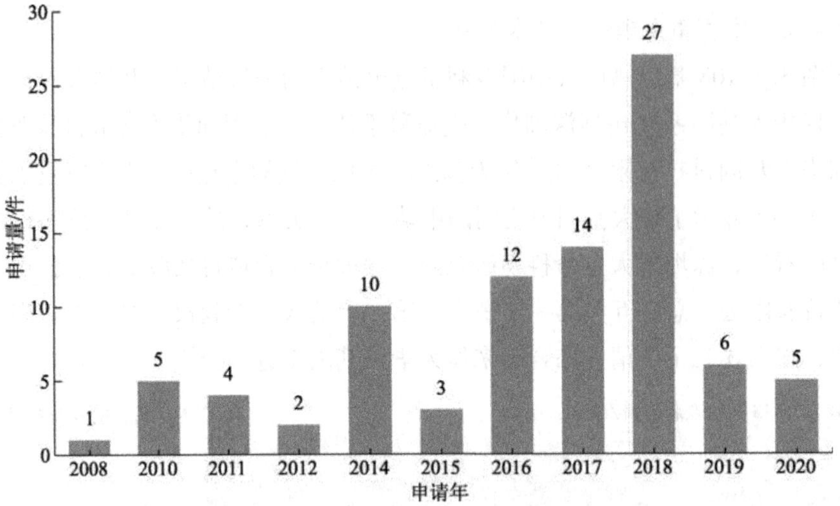

图 3.4.115　华大基因系专利申请情况

① EP3663389A1（同族引用数量 16，申请日：2017-08-01）。

该专利涉及一种基因测序反应装置、基因测序系统和基因测序反应方法。该基因测序反应装置包括：支撑平台；放置在支撑平台上的浸流容器，其中浸流容器具有浸渍反应区域，浸渍反应区域被配置为容纳用于基因测序反应的化学试剂，以便将表面上具有 DNA 样品加载结构并且其上加载有 DAN 样品的测序芯片浸入化学试剂中以进行基因测序反应；温度控制装置，被配置为用于控制浸渍反应区域中化学试剂的温度；转移装置，被配置为将测序芯片插入浸渍反应区域或将测序芯片从浸渍反应区域拉出。技术方案如图 3.4.116 所示。

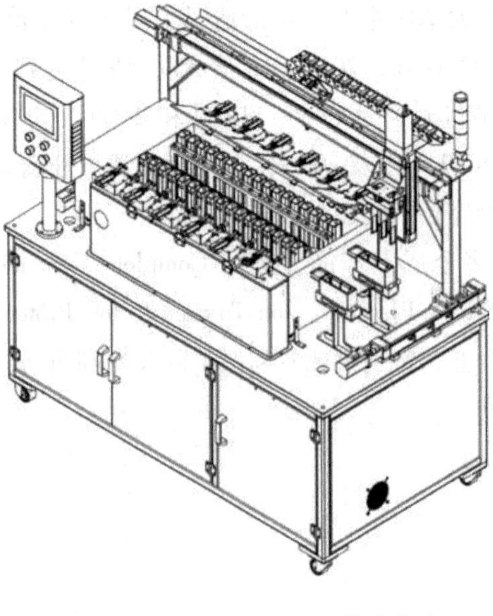

图 3.4.116　EP3663389A1 技术方案

② CN105629780A（同族引用数量 13，申请日：2014-12-01）。

该专利提出一种基因测序仪的控制装置、方法以及基因测序仪。其中，基因测序仪的控制装置能够大大缩短基因测序过程的时间，提高基因测序仪的通量。该控制装置包括：第一控制器，第一控制器用于发送初始化指令；随机存储器，随机存储器用于存储测序流程控制信息；第二控制器，第二控制器与第一控制器和随机存储器分别相连，第二控制器用于接收初始化指令，并根据初始化指令对基因测序仪中的各个器件进行初始化配置，以及从随机存储器读取测序流程控制信息，并根据测序流程控制信息控制基因测序仪中的各个器件工作。技术方案如图 3.4.117 所示。

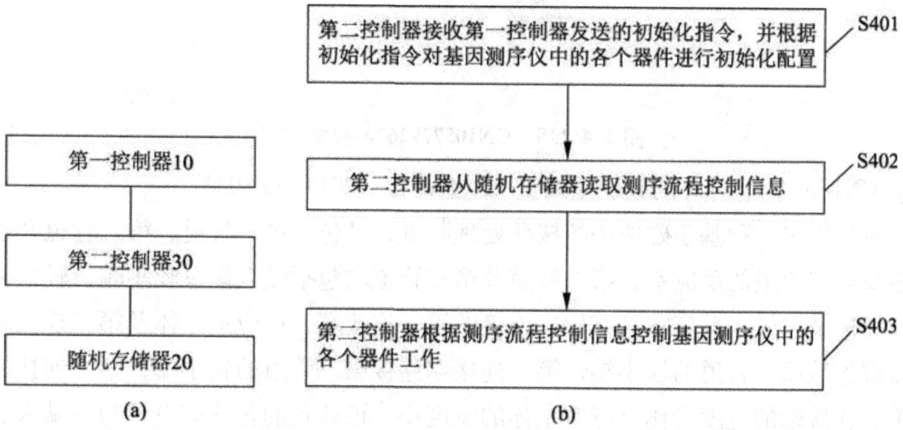

图 3.4.117　CN105629780A 技术方案

③ CN105779267A（同族引用数量 11，申请日：2014-12-16）。

该专利提出一种用于基因测序仪的光学系统，其包括承载台、位于承载台上的分色镜、第一相机、反射镜组件及第二相机。反射镜组件包括反射镜及镜片调整结构，第一相机设置在分色镜的反射光路上，反射镜组件设置在分色镜的透射光路上，第二相机设置在反射镜的反射光路上，镜片调整结构包括支架、安装板及调整部，安装板及调整部位于支架上，反射镜固定在安装板上，调整部包括第一调整件、第二调整件及第三调整件，第一调整件、第二调整件及第三调整件呈三角形状分布连接在安装板上。该光学系统通过三个调整件作为三个调整点以调整反射镜的反射光路，实现了高精度的相机成像位置对准，并提高了调试的方便性及缩短了系统的调试时间。技术方案如图 3.4.118 所示。

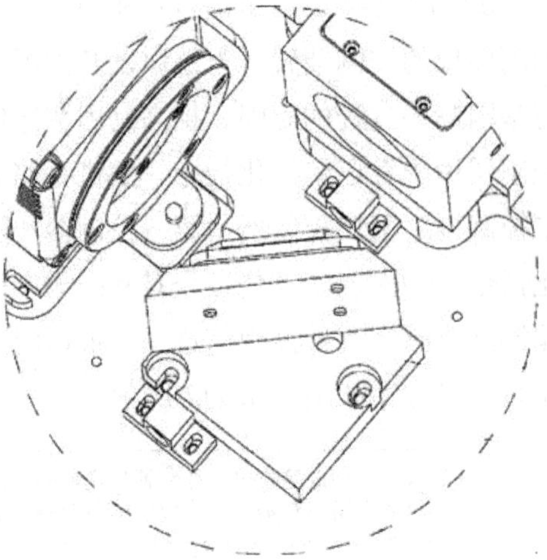

图 3.4.118　CN105779267A 技术方案

④ CN105647797A（同族引用数量 6，申请日：2014-12-03）。

该专利提出一种基于磁珠法的核酸处理装置，其包括第一管道、第二管道及连接第一管道及第二管道的反应室，第一管道及第二管道均包括较大端及较小端，较大端用于供外界加样及取样，反应室具有依次连接的第一连接端、反应室主体及第二连接端，第一连接端连接第一管道的较小端，第二连接端连接第二管道的较小端，第一连接端的宽度及第二连接端的宽度均比反应室主体的宽度小。该装置的各管道设置为一端大、一端小，较大端用于供取样及加样，在取样及加样时气体不易溢进反应室，提升反应效率。采用两端小中间大设计的反应室，能够减少两个相邻管道的液相直接接触的面积，延长了混溶时间。技术方案如图 3.4.119 所示。

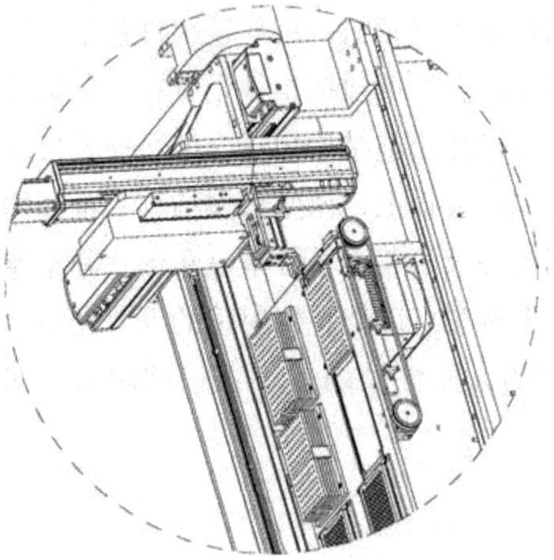

图 3.4.119　CN105647797A 技术方案

3.5　主要结论和措施建议

前文对体外诊断及其重点分支相关重点专利进行了详细的分析，通过对体外诊断当前的产业发展现状和市场情况进行梳理，重点关注体外诊断仪器，针对体外诊断仪器，从中选取分子诊断仪器和免疫诊断仪器作为重点技术进行进一步分析。本节对前文分析内容进行总结，在此基础上对中国体外诊断仪器产业发展时遇到的问题及可能存在的机遇提出建议，并进一步提出应对措施。

3.5.1　专利分析总体结论

3.5.1.1　产业发展概况结论

全球体外诊断市场稳定增长，2021 年 3 月召开的第八届中国体外诊断产业发展大会报告：2019 年体外诊断全球市场为 640 亿美元，且年均复合增长率稳步提高。国内体外诊断市场增长更是迅速，2019 年中国体外诊断市场规模超过 1150 亿美元，同比增长 15%；同时，2020 年上半年 83 家上市公司总营收 450.2 亿元，同比增长 30.79%。2019 年共向 185 个国家和地区出口，其中体外诊断设备出口金额达到 7.2 亿美元；2020 年，全国出口新冠检测试剂 10.8 亿人份，全国出口新冠试剂收入预计为 50 亿美元。

在体外诊断仪器研究方面，全球的目光主要聚焦在免疫诊断、分子诊断和生化诊断相关仪器的研发上，在本书选取的重点分支免疫诊断和分子诊断上，免疫诊断仪器共有专利 15371 件，分子诊断共有专利 120406 件。随着技术融合趋势的演变，免疫诊断、分子诊断乃至生化诊断与其他新兴诊断技术的融合将成为体外诊断器械研发的新趋势。

国内体外诊断市场需求很大，体外诊断仪器的研发处于高速发展期，随着检测方法和技术的不断迭代更新以及诊断需求的持续扩张，创新类体外诊断产品将持续增加。具体来看，免疫诊断是目前最主流的检测方式，也是我国体外诊断行业中占比最大的细分领域；国内的分子诊断技术，尤其是分子诊断仪器相关技术起步较晚，但是增速迅猛，未来有赶超之势。

从体外诊断仪器的专利申请国家和地区分布上看，无论是免疫诊断还是分子诊断，美国、欧洲、中国、日本均是最热门的专利布局和市场竞争地。其中，在免疫诊断仪器和分子诊断仪器领域，国内市场主要被国外的医疗器械公司所垄断。从我国体外诊断仪器的主要省份分布来看，在免疫诊断、分子诊断甚至于生化诊断领域，经济发达的广东省、江苏省、上海市、北京市均是最热门的专利申请地区。

经过多年的企业并购整合等，全球体外诊断仪器领域市场呈现出被四大巨头垄断的格局，罗氏、雅培、西门子、丹纳赫占据超 50%的市场份额。从我国体外诊断仪器领域的申请情况看，企业与科研院所各占据半壁江山。

3.5.1.2　免疫诊断仪器总体结论

通过对免疫诊断仪器的全球专利进行检索统计，截至 2020 年 5 月 31 日，全球范围内针对免疫诊断仪器的专利申请共计 13371 件，其中同族申请计为一件进行统计。通过对申请量趋势的分析可知，在 2013 年后随着化学发光免疫市场的大力发展，免疫诊断仪器的相关专利迎来了再次发展期，2018 年申请的专利中截至目前已经公开的已经达到了793件，而2019年申请的专利已公开的也达到了835件，2020年申请的专利已经公开的也达到了591件。

专利技术主要来自日本、美国、中国以及欧专局和韩国，其中以来自日本的专利申请量最多，来自中国的专利申请虽然在数量上排在第三位，然而近10年申请量大幅提高，增长速度远高于日本和美国。而从专利目标国来看，中国同样是增长速度最快的国家，中国市场对该领域的市场主体具有巨大吸引力。值得注意的是，相对日本、美国等申请人注重全球布局的特点，中国申请人目前绝大部分还是仅考虑在国内进行专利申请，对于在全球其他市场进行专利布局的意识和能力均有待加强。

免疫诊断仪器全球专利申请的重点申请人中，日本企业的优势较大，其中日立公司作为全球自动化巨头，对于免疫诊断仪器占据了绝对的领先地位，专利申请量将近千件，是申请量排名第二的希森美康的近两倍。此外，罗氏、奥林巴斯、雅培也是该领域重要的竞争者。并且可以看出，这些公司中，在进行专利布局时均不仅仅在其所在国家进行本土布局，而且具备在全球多个市场布局的意识，其中对于中国市场、欧洲市场、日本市场均比较看重，专利申请保持了比较高的比例。

免疫诊断仪器中国专利申请的申请人中来自本土的申请人占据四席，以深圳迈瑞的专利申请量最多，苏州高新区的长光华医位居第二，其他还有郑州安图绿科生物工程有限公司以及深圳市新产业生物医学工程有限公司。其中，中国本土申请中，中国科学院的专利申请量也较多，这是专利申请量排名前列的申请人中唯一的非企业主体，可见科研单位对免疫诊断仪器的研发也是相当重视。

对于中国专利，从申请地域分布来看，广东省和江苏省是该领域的全球领先省份，专利申请量分别占比23%、18%。可见，广东省和江苏省在自动免疫诊断分析仪的专利技术上，在专利数量上已经占据了先发优势，具备较强的技术优势和竞争力。

从技术分支来看，免疫诊断仪器的三个技术分支，即化学发光、酶联免疫以及荧光免疫自动分析仪中，化学发光免疫分析仪的专利数量最多；而根据产业分支，化学发光免疫诊断仪器也是当前免疫分析的产业热点，因此该技术分支属于免疫诊断仪器的重点技术分支，发展前景广阔，值得重点布局。免疫层析的检测相对于其他检测的主要优势在于结构简单、无须大型设备、检测快速等，同样是体外诊断的主要形式。随着中国市场及中国企业对于专利布局和研发的重视，中国专利申请量激增，并整体呈上升趋势，随着全球对于体外诊断需求的日益增加以及中国市场的影响力日益增强，该领域越来越具有市场前景，技术研发和专利布局价值巨大。

目前，化学发光已基本取代酶联免疫成为我国主流的免疫诊断方法，市场规模已达免疫诊断市场总规模的70%以上。国内化学发光市场仍然被海外巨头垄断，但随着国内本土企业对化学发光技术的不断突破以及医保政策和产业政策的助力，有望提高化学发光免疫技术的国产替代。

免疫层析以其检测方便快捷同样具有很大的市场占有率，该领域的专利来源主要是中国、美国和日本，全球的专利技术呈集中态势，同时上述国家的龙头企业市场占有率也很高，并且中国企业的免疫层析检测方法、技术研发和专利布局意识在不断提高，技术在不断进步。新产品和技术在不断推进，市场占有率也在稳定增长。

1. 化学发光免疫诊断仪器专利技术分析结论

（1）通过对化学发光免疫诊断仪器的6963件专利文献分析可知，与免疫诊断仪器的整体发展趋势类似，得益于中国市场的影响力以及中国企业对该领域的集中发力，自2000年后，化学发光免疫诊断仪器的专利申请量呈现稳步增长，该领域专利布局的竞争呈现出火热化的态势。其中，来自美国的专利申请量最多，其次为中国。对于中国而言，无论是来自中国的专利申请量还是进入中国的公布专利量，近年均有大幅增加，增速遥遥领先美国、日本等国。然而与免疫诊断仪器的专利申请情况类似，中国的专利申请人基本集中在中国本土进行申请，对于其他经济体基本没有专利布局。值得注意的是，中国专利申请中有近半是实用新型专利，相对于美国、日本等几乎没有实用新型专利的情况，说明中国专利申请的质量还有待提高。

化学发光免疫分析仪的全球重点申请人相对于免疫诊断仪器略有差异，前三位重点申请人分别是日立、罗氏以及雅培，而中国本土的前三位重点申请人分别是为苏州长光华医、深圳市新产业、郑州安图生物，其中苏州长光华医作为重点申请人具有72件专利申请。

（2）通过对国内外重点申请人在化学发光免疫分析仪领域的技术发展脉络的梳理和分析可知，国外重点申请人针对化学发光免疫分析仪领域的专利布局重点集中在反应处理系统和检测系统分支，在进样系统分支也有部分布局，而国内申请人针对化学发光领域的专利布局集中在进样系统分支。

反应处理系统分支的专利技术发展主要涉及反应容器、清洗分离、搅拌机构和温浴控制子分支。其中，针对反应容器的改进主要体现在减小尺寸、提高反应效率、提高精度和提高通量方面；针对清洗分离主要体现在清洗分离方式的改进方面；针对搅拌机构主要体现在搅拌方式的改进，以实现充分的搅拌；针对温浴控制主要体现在控制方法，以实现恒温效果。

检测系统分支的专利技术发展主要涉及光检测器模块、分析模块和校准模块。其中，针对光检测器模块的改进主要体现在提高灵敏度、提高精度和仪器小型化方面；针对分析模块和校准模块的改进主要目的是提高精度。

进样系统分支的专利技术发展主要涉及流程控制、输送机构、注样探针、样品容器和试剂容器。其中，针对流程控制和输送机构的改进主要集中在提高进样的自动化程度以及实现仪器的小型化方面；针对注样探针的改进主要集中在精确控制注样量以及防止污染方面；针对样品容器和试剂容器的改进主要体现在提高准确度和提高自动化程度方面。

对于重点申请人的专利技术，日立、罗氏以及雅培是体外诊断行业的巨头，同样也是体外诊断行业中化学发光仪器领域的领头者，其中日立和罗氏二者强强联合，提供了体外诊断的整体解决方案。因此，二者在化学发光仪器领域的专利发展水平和脉络代表了该领域专利技术发展的整体水平和大致路线。

（3）通过对日立和罗氏在化学发光仪器领域专利技术脉络的梳理结果可知，该领域的研发重点主要集中在反应处理系统和检测系统。其中，针对反应处理系统的研发重点又集中在反应容器和清洗分离的相关设计和改进；针对检测系统的研发重点又集中在光检测器和分析控制方面的相关设计和改进。由此可知，反应处理系统和检测系统分支，以及反应容器、清洗分离、光检测器和分析控制子分支，是化学发光仪器领域的研发重点和研发方向，其技术成熟度比较高，产品更新换代比较快。

化学发光仪器领域的专利技术主题还涉及进样系统以及其他分支，例如流程控制系统、安装、维护等；而反应处理系统方面还涉及温浴控制和搅拌机构等子分支，检测系统方面还涉及校准模块、磁传感器、对准结构和触发波形等子分支。日立和罗氏针对上述分支、子分支的专利申请量都比较少，即这些分支和子分支是化学发光仪器领域中比较冷门的研发方向。

雅培则更加侧重于进样系统，并且其中流程控制的专利最多，对于检测系统和反应处理系统也有部分专利申请。

相对日立、罗氏以及雅培这三位全球重点申请人，苏州长光华医的专利主要涉及反应处理系统，此外还有部分针对进样系统，对于检测系统并没有相关的布局。相对于全球巨头的专利质量，苏州长光华医的专利申请有超过一半是实用新型，且发明专利的技术方案也较为简短，技术发展程度与国外巨头还有一定差距。而深圳市新产业、郑州安图生物的相关专利也存在类似的特点，专利技术方案均较为简短，技术分支也均是主要针对进样系统和反应处理系统进行专利申请，其中深圳市新产业虽然对于检测系统申请相关专利，也仅为 2 件。

2. 免疫层析分析仪专利技术分析结论

通过对免疫层析分析仪的 876 件专利文献分析可知，从 2000 年开始，由于胶体金免疫层析的提出，免疫层析分析仪的专利申请整体呈现稳定增长趋势，并在 2015 年以后出现了相对发展高峰期，这主要得益于中国市场和中国企业对于专利布局和专利研发的重视，中国专利申请量大幅增加，该领域的技术发展和专利布局出现了火热的态势。

从专利地域分析来看，中国、美国、日本的专利申请量较大，分别占比 42%、25% 和 17%，总计高达 84%，全球的专利技术呈集中态势；中国的专利申请量最大，占比约 42%，这与中国市场的强大影响力以及中国企业对该领域的重视程度有一定的关系。在中国专利申请中，从 2011 年开始，专利申请量有了较大增长，尤以 2017 年最多，增长到 61 件。可以看出，中国免疫层析分析仪的发展明显影响到该领域全球范围专利的发展。

从全球重点申请人上分析，免疫层析检测仪器的相关专利文献量并不是很大，排名前几的申请人为美国生命医疗有限公司（15篇）、泰国臣越那集团（13篇）、东芝株式会社（9篇）、浜松光电株式会社（5篇）等，即使是排名前几的申请人，其专利数量也不是很大，并没有出现行业巨头形势。其中，美国生命医疗有限公司、泰国臣越那集团的专利技术主要集中在免疫层析分析仪中样品的进样方式的改进；东芝株式会社的研发重点在于如何提高检测效率和准确度，实现方便快捷、自动化的分析；浜松光电株式会社致力于实现免疫层析仪器的高通量检测，同时实现多个样本的检测。

聚焦中国专利申请，在免疫层析分析仪上，中国专利申请量从2013年开始稳步增长，最近几年申请量稳定在60件左右；中国专利申请中，97%的专利申请来自中国本土，这对于国内企业而言是一个很好的时机，应该抓紧机会做好中国市场的相关专利布局；从省份分布来看，江苏省、上海市和广东省的专利申请量位居全国前三，可以看出，江苏省在免疫层析分析仪上具有一定优势，这与当地的经济发展水平和科研创新能力有一定的关系。

在中国专利重点申请人方面，从数量上看，前十名申请人的申请量都不是很多，这说明在技术上存在更多的进步空间；排名前三的企业中，第一、第三为常州和深圳的企业，这与当地经济发展水平、市场化程度、创新能力存在一定的关系。从专利类型上看，结合发明专利与实用新型专利的分布，中国科学院、福州大学、上海交通大学更加注重对于发明专利的申请，这与其作为科研院所具备强大的技术研发能力分不开。企业为了快速市场化，多倾向申请实用新型。

3.5.1.3　分子诊断仪器总体结论

对分子诊断仪器的120406件专利进行分析，从专利申请趋势上看，在全球范围内，自1980年开始，分子诊断技术进入技术萌芽期，此后的十多年间分子诊断技术的发展比较缓慢，每年仅有几十件的专利申请增长量；1995—2003年，分子诊断技术迎来了快速发展，专利申请量快速增长到年申请量将近2000件；此后的十年间，分子诊断技术在波动中缓慢发展，2014年以后分子诊断技术进入了快速发展期，专利申请量逐年增长，尤其是在2015—2018年出现了专利申请的小高峰。在中国本土，1999年以前在分子诊断仪器领域中国鲜有专利申请；2000年以后中国专利申请进入了缓慢增长阶段，专利申请量逐年增加；2014年以后中国专利申请进入快速发展阶段，尤其是在2016年，专利申请出现了小高峰。

从专利的申请区域来看，排名第一的是美国，其以47685件专利申请占据全球申请量的49.75%。稳居第一梯队；其次是中国，以14022件专利申请排名第二位，排名第三的是日本，其专利申请量为11144件，中国和日本均位于第二梯队，可以看出，中国和日本的专利申请数量均较美国有很大差距；排名第四位至第六位的分别是德国、欧专局和韩国，其申请量为几千件，位于第三梯队。美国特别重视其在全球的专利布局，尤其重视在欧专局和日本的专利布局，这可能与上述两个地域的分子诊断技术比较发达有关，美国同样特别重视在中国的专利布局，这可能与近些年中国分子诊断技术的崛起以及中国有较大的市场需求有关。日本同样特别重视在美国的专利布局，这可能与日本企业与美国企业之间的强强联合有关。中国的专利布局意识较差，除在中国本土外，在海外市场的专利布局意识均不强。在中国本土，排名前五位的是北京 1917 件，占比 14.9%；广东 1784 件，占比 13.87%；江苏 1612 件，占比 12.53%；浙江 1357 件，占比 10.55%；上海 1348 件，占比 10.48%。可以看出，在分子诊断仪器领域，中国本土申请呈现出多地开花、均衡发展的情况，在经济发达地区，分子诊断仪器的发展较迅猛。

1. PCR 仪整体结论

（1）市场方面

目前，在中国的 PCR 市场上，相关企业和产品都较多，其中国外的企业占据主导地位，主要以 ABI、罗氏等为代表，本土的企业在近几年有了较大的发展，主要以博奥、西安天隆、杭州博日等为主。相关专利涵盖 PCR 仪器的各个方面，其中热循环仪占据很大的部分，这也与扩增反应中温度控制是最主要的条件之一有关。

发展至今，PCR 经历了普通 PCR、实时定量 PCR 以及数字 PCR 三代的发展，现在市场上三代 PCR 共存，其中以实时定量 PCR 为主，占据最多的市场份额。ABI 起步较早，相关的产品也较多，目前主要定位于实时定量 PCR 以及数字 PCR；罗氏主打 Light Cycler 系列产品，该系列产品性能较好，在市场上口碑也很好；国内相关企业在三代 PCR 的研发和专利申请上都比较活跃，市场成熟产品的占比却较小，但是随着 DNA 扩增及生物检测需求的不断增长，国内市场的 PCR 的需求会越来越大，中国企业应该加快技术到产品的研发进程。

（2）技术方面

自 1985 年 Mullis 发明了第一代 PCR 技术以来，PCR 技术在第一代 PCR 技术的基础上先后经历了两代的发展，目前处于第二代荧光定量 PCR 技术完善、应用和第三代数字 PCR 技术的快速发展时期。具体来说，基于第二代 PCR 技术开发的荧光定量 PCR 仪，其核心技术在于荧光检测系统、温度循环控制和 PCR 反应器。

荧光检测技术包括特定波长范围激发光源的选择，简单、高信噪比光路系统的设计，以及相应性能探测器件的选择。其中，简单、便携光路系统的设计又以激发光和发射荧光的分离大通量检测的实现为主要设计点；波长的分离及选择所采用的主要器件有滤光片和分束镜等；在大通量检测的设计上采用的主要手段有分光片结合滤光片、光纤滤结合波片等，由于光纤的特点，其在小型化光路系统以及大通量检测的设计上有一定的优势，并且在仪器的小型化大通量检测上可以在一定程度上选用多重 PCR 技术。

对于温度控制，即热循环仪，其技术的改进主要集中在加热模块和温度反馈精准控制方面。其中，加热方式主要有接触式加热和非接触式加热，接触式加热仍然是主流，可再细分为半导体逐步加热方式和金属作为预热媒介直接加热方式，如 TE 片式、恒温金属浴式等；非接触式加热主要为空气加热型，通过热浴的方式实现加热，如风浴、激光加热等。温度反馈精准控制方面，一是通过传感器的改进，包括安放位置的改进以及传感器的选择提高温度检测精度；二是通过改进控制系统提高温度反馈响应速度来提高温度控制的精度。

另外，在便携 PCR 仪的设计上，PCR 仪主要有传统的 PCR 仪、微流控 PCR 仪和静态腔式 PCR 仪。其中，传统的 PCR 仪主要以 PCR 管为反应器，而该技术在小型化的改进上是有限的。目前，静态腔式和微流控芯片可以实现 PCR 反应器的结构便携小型化。

对于第三代数字 PCR 技术，商业化的 dPCR 技术可以分为 ddPCR 技术和 cdPCR 技术，属于当下的研究热点。对于 ddPCR 技术，其技术创新主要集中在微滴的产生和操控上，针对此产生了多种类型的微滴产生技术，主要有“T”型、流动聚焦型（如“十”字形）、共轴流结构等。对于 cdPCR 技术，其核心技术在于微流控技术的研发，以进一步提高反应液通过微流控等技术被均匀导入芯片上的反应仓或通孔中进行 PCR 反应。

（3）国内外专利申请动向

自 20 世纪 80 年代第一代 PCR 技术诞生至今，PCR 技术经历了 30 年的历史，目前处于新一代数字 PCR 技术发展和第二代荧光定量 PCR 技术的完善推广应用期，每年都有大量的专利技术产生，且专利申请量保持了较高的增长速度。从全球范围来看，PCR 的核心技术主要掌握在欧洲、美国、日本的手中，而中国则在这三者的研发鼎盛时期开始涉足该领域，相比其他区域研究起步较晚，但中国在该领域的申请量进入了快车道，一路高升，且自 2010 开始，年申请量超过美国。但是国内相关专利的申请较为分散，高校以北京工业大学、浙江大学为代表，企业以博奥、杭州博日为代表，专利申请主要集中在实时定量 PCR 上，在新一代数字 PCR 的申请上也比较活跃。

2. 基因测序仪整体结论

通过对基因测序仪 56875 件专利申请分析，得到以下结论。从申请趋势上看，在全球范围内，基因测序仪一直比较活跃，每年均能保持千件以上的专利申请；2014 年后专利申请量增长加快，这可能与第三代、第四代基因测序技术的发展有关，并在一定程度上说明基因测序目前以及今后很长一段时间内仍然是分子诊断领域研发的重点和热点。在中国本土，我国基因测序专利技术发展较晚，2000 年以前中国基因测序专利技术基本处于孕育期，随着国际第二代基因测序技术的兴起，2001 年中国基因测序专利技术也实现了一定突破，之后由于基因测序技术发展遇到障碍，中国相关专利申请呈现微量下降，一直持续到 2007 年。2008 年后，随着国际第三代基因测序技术的出现，中国基因测序专利技术呈现快速发展趋势，技术生命周期进入成长期。

从地域分布上看，专利申请量排名第一的是中国，占比 40.80%；排名第二的是美国，占比 29.75%；日本排名第三，占比 6.14%。聚焦中国专利申请，绝大部分的申请来自中国本土，并且占比越来越高，2020 年中国专利申请的 2762 件专利中有 2653 件来自中国本土，占比超过 95%；其次是来自美国的专利申请，从 2002 年开始，二十年中一直位于第二位。中国专利申请排名前四位的分别是北京、江苏、广东、上海，申请量均超过2000件，可见在上述四个地区，该领域的技术发展比较成熟，已经形成一定规模；紧随其后的是浙江、山东、湖北三地，其申请量也超过1200件。

从重点申请人上看，排名前三位的分别是株式会社日立制作所、加利福尼亚大学董事会和深圳华大智造科技股份有限公司；无论哪个申请人，其专利类型中实用新型的占比特别少，这在一定程度上反映出基因测序仪的专利质量整体较高，并且也在一定程度上体现了基因测序技术的研发门槛较高。这也与重要申请人主要是大公司以及高校科研院所这一情况相吻合，说明该技术的研究门槛较高，属于高精尖科技；并且在后续的分析中，可以重点关注技术到市场的转化程度，科研院所的技术研究、专利申请是否能够有效转化为产品并有力地占据市场。

3.5.2 体外诊断仪器发展建议

经过前文的分析可以发现，国内体外诊断产业市场潜力巨大，前景可观。由于体外诊断技术和产品的多样性、市场的广泛性，国内的企业不仅要加强自主科技研发，还要积极探索各种联合发展之路，联合科研院所、多企业之间合作生产、共同进行市场推广、加快产业之间的整合等。

通过对全球及国内体外诊断仪器相关产品的市场占有情况进行分析，国内多数市场均有海外巨头，尤其是四大巨头垄断；国内相关企业暂时居于第二梯队，正处于高速发展阶段，但是经营规模和产品种类以及各个产品之间的技术关联性等各个方面均逊于海外巨头。

从专利布局情况上看，相较于国外特别重视各个产品的专利保护，国内企业在专利保护和专利布局方面还有很大的提升空间，究其原因：一方面，国内体外诊断仪器领域专利排名靠前的申请人主要以高校和科研院所为主，例如浙江大学、北京大学、北京工业大学等，其在各个细分领域的专利申请量均较大；另一方面，在某些细分领域，例如免疫层析分析仪，即使有相关企业已经做了专利产品的一定布局，但是专利质量有待商榷，有效专利数量以及发明专利数量较少。

综上所述，国内企业的体外诊断发展之路可以从以下方面进行改进：

（1）体外诊断仪器研发周期相对较短、技术更新迭代较快，这也就为创新型企业的发展留下了较大空间，具有一定研发和经济实力的企业可以在某一具体技术分支上打造特色产品，提升自身的行业分工能力，建立起科研优势和技术壁垒。

（2）全球的体外诊断仪器的产品同质化比较严重，因此国内企业可以跟进技术潮流，与时俱进，对于成熟产品突破技术瓶颈，积极向头部企业靠拢。例如，化学发光分析仪以及PCR仪，可以进行新技术的跟踪，在检测精度、成本、检测速度和自动化程度上进行重点攻关。

（3）通过企业间强强联合实现企业的飞跃，其中强强联合可以在国内企业之间进行，也可以在国内与国外企业之间进行。通过对国外巨头的重点专利和产品进行分析可知，罗氏在化学发光分析仪上实现技术突破、因美那在基因测序仪上实现技术突破，很大一部分原因在于企业之间的合作与并购，从而实现从无到有、从弱到强。

（4）国内企业应重点加快体外诊断仪器的多学科交叉融合开发及临床应用。通过对各技术分支进行分析可知，中国重点申请人中很大一部分是高校和科研院所，其已经完成了相关产品的技术攻关，奠定了良好的研发基础。但是高校和科研院所的临床对接不够，缺少临床需求导向和大样本、多中心的临床应用评价研究。例如，化学发光分析仪，其作为公认的最先进的免疫诊断技术，对其他诊断技术具有很强的替代性，科研院所的研发实力均较强，可以加强与企业的合作，实现全面的技术突破。在分子诊断领域的 PCR 仪中，荧光材料、结构设计以及数字技术的集成是目前的短板。在基因测序领域，第三代基因测序仪的技术研发和专利布局存在很大短板，需要集成各方面的力量联合攻关。

3.5.2.1　研发路径建议

体外诊断产业涉及的产品多种多样，而任一产品的研发生产都需要投入大量的资金、人才和物力等，从前文对体外诊断技术的产业和专利技术的分析可知，分子诊断和免疫诊断属于体外诊断重点技术领域中的当前竞争热点，其市场前景广阔。

在免疫诊断领域，国内企业可选择化学发光免疫分析仪中最具基础、最有条件的重点领域进行重点布局，如输送机构、反应容器、清洗分离、检测分析等。经前期的专利分析发现，苏州长光华医拥有居于国内领先水平的管式全自动化学发光免疫分析系统和试剂，该公司在化学发光免疫分析仪领域拥有多项专利，在化学发光免疫分析仪领域具有一定的专利布局，已经占有了一定的先发优势，应当抓住这一良好的条件，进一步增强自身优势，构建专利壁垒。在此基础上，可以继续保持优势技术和优势产业分支，并有计划地、逐步地扩展到其他分支，在原有对于进样系统和反应处理系统的研发的基础上，增加技术的深度和广度，同时可尝试对于检测系统进行相关技术的攻关，以兼顾全面的专利布局模式。由于化学发光免疫分析仪的技术门槛和生产工艺要求都比较高，因此需要政府给予有效的政策支持，必要时帮助引进国内优秀的研发团队，在此基础上，研发主体能够加强与国内优势企业的合作，为技术攻关提供强有力的技术支撑。

在分子诊断领域的 PCR 仪方面，目前在实时荧光定量 PCR 中，国内 PCR 仪器方面采用的主要技术为温度模块选择 TE 片式、激发获取方式为滤光片式、多通道选择实现方式为分光镜分光、光源选择为 LED、检测器件为 CCD 成像。其技术仍属于普通技术，可以尝试在其他技术分支方面进行科技攻关和研发，并且制订中长期研发计划，实现企业可持续发展。目前，国内市场的市售 PCR 仪仍以第二代 PCR 技术为主，且已有大量的相关专利技术，基于此，为利于维持或进一步扩大市场份额，应进一步重视荧光定量 PCR 仪性能的提升、生产成本的降低，力争为市场提供质优价廉的商品。具体来说，可以主要在 PCR 扩增效率、信噪比、小型化、人性化设计以及自动化智能化等方面着力；另外，可以预期，在不远的将来，随着第三代 PCR 技术的进步，相应的检测仪必将逐渐占据一定的市场份额。因此，为了实现多元化发展，提升可持续发展能力，应加大研发投入，对数字 PCR 技术做相关技术的预研，以储备技术资本。

在基因测序仪领域，相关技术正经历从第二代测序技术到第三代测序技术的迭代，在第三代测序仪的专利布局竞争中，我国仍然存在较大短板，需要集中多面力量联合攻关，例如可以与高校、科研院所等合作。

3.5.2.2　专利申请和布局建议

为了保护核心技术或者核心产品，应对该技术或产品所在领域的专利进行充分研究，并结合核心技术进行挖掘，把所有可能的方案进行提炼，包括各种替代技术、变劣技术、前沿技术等；为了破除市场壁垒，应围绕现有的专利技术进行充分研究，找到布局的空白点，比如替代、变劣以及技术将来的走向等；为了打击竞争对手而进行专利布局，则有必要对竞争对手的专利和产品同时进行研究，从专利的角度看是否有保护漏洞，从产品的角度看该产品可能的发展方向并提前进行专利布局。

在化学发光免疫分析仪领域，本土企业技术实力较强，例如苏州长光华医作为国内本土的重要申请人，在专利申请数量上已经处于领先地位。然而需要指出的是，其专利中包括了大量的实用新型专利的申请，实用新型专利无论是在技术深度方面，还是在专利稳定性以及保护期限方面，与发明专利均存在较大的差距，企业若想构建技术专利池，建立知识产权竞争壁垒，需要更多地重视发明专利的申请。对于化学发光免疫分析仪的具体技术分支，相对于国外重点企业日立、罗氏以及雅培，本土企业在技术深度上还存在较大的差距，企业在进行专利申请时，可以对这些国际巨头的专利进行分析，包括技术方面以及专利撰写方面，例如灵活运用优先权、同族专利等制度，结合自身现状，明确专利布局目的，进而有针对性地进行专利布局。同时，根据企业的市场发展情况，有针对性地进行全球其他经济体的相关专利布局，避免在计划出口海外时受到专利壁垒的掣肘。

通过与中国科学院等研究机构进行合作研发，共同申请专利，或者通过许可、转让的方式获取企业所需要的专利技术，也是一条可以考虑的增加企业知识产权实力的途径。同时，各个兄弟企业各司其职，在各自熟悉和擅长的领域加强布局的深度和广度，不会相互干扰形成恶性竞争。关键在于，在形成各自体系之后，要加强合作，相互许可，以形成坚强的保护网络。此外，还需要加强海外市场的专利布局，不能将眼界集中在国内市场，特别是实现新的突破的情况下，要抢先占据申请日，抢占美欧日等发达国家和地区的市场。

3.5.2.3　专利风险规避建议

体外诊断产业由于市场竞争激烈、技术垄断性强，企业在参与该领域的竞争时存在较高的知识产权风险，稍有不慎就可能陷入专利侵权的诉讼漩涡中，这对于企业的发展无疑是一大障碍。企业在确定好重点发展的产品后，应当对该产品进行全面的专利分析，全面了解该产品专利状况，例如涉及哪些专利，这些专利的保护范围是什么，是否还在保护期内，其稳定性如何，从而评估是否存在专利风险，以制定相应的应对策略。

涉及体外诊断的相关企业，在进行产品研发时，需要注重对于现有技术的检索，尤其是日立、罗氏、雅培等该领域的重点申请人的专利技术，对知识产权风险进行评估，重点关注涉及核心技术、核心零部件的专利，初步判断该产品研发的可行性。在初步判断认为可涉足该产品并立项后，应当对该产品的专利保护进行全面的分析，对涉及该产品的所有专利进行全面的分析比对，全方位掌握目标产品的专利保护现状，在研发过程中及时指导研发方向，提前规避产品上市后可能存在的法律风险。

参考文献

[1] 孙冠群，孟庆海. 可再生能源发电 [M]. 北京：机械工业出版社，2015.

[2] 刘明君. 含潮汐流能和储能的发电系统概率建模及其可靠性评估 [D]. 重庆：重庆大学，2016.

[3] 刘堃. 中国海洋战略性新兴产业培育机制研究 [D]. 青岛：中国海洋大学，2013.

[4] 赵雪华. 我国潮汐能资源开发利用现状和前景预测 [J]. 能源工程，1987 (1)：17-27.

[5] ALTINTAS Z, ULUDAG Y, GURBUZ Y, et al. Surface plasmon resonance based immunosensor for the detection of the cancer biomarker carcinoembryonic antigen [J]. Talanta, 2011 (86): 377-383.

[6] HAYES D F, BAST R C, DESCH C E, et al. Tumor marker utility grading system: a framework to evaluate clinical utility of tumormarkers [J]. Journal of National Cancer Institute, 1996, 88 (20): 1456-1466.

[7] CARPELAN-HOLMSTROM M, LOUHIMO J, STENMAN U H, et al. CEA, CA 19-9 and CA 72-4 improve the diagnostic accuracy in gastrointestinal cancers [J]. Anticancer Res, 2002, 22 (4): 2311-2316.

[8] HAYAKAWA T, NARUSE S, KITAGAWA M, et al. A prospective multicenter trial evaluating diagnostic validity of multivariate analysis and individual serum marker in differential diagnosis of pancreatic cancer from benign pancreatic diseases [J]. International Journal of Pancreatol, 1999, 25 (1): 23-29.

[9] THEVENOT D R, TOTH K, DURST R A, et al. Electrochemical biosensors: recommended definitions and classification [J]. Biosens Bioelectronics, 2001, 16 (1-2): 121-131.

[10] CHIKKAVEERAIAH B V, BHIRDE A A, MORGAN N Y, et al. Electrochemical immunosensors for detection of cancer protein biomarkers [J]. ACS Nano, 2012, 6 (8): 6546-6561.

[11] FAN X D, WHITE I M, SHOPOVA S I, et al. Sensitive optical biosensors for unlabeled targets: a review [J]. Analytica Chimica Acta, 2008, 620 (1-2): 8-26.

[12] SULEIMAN A A, GUILBAULT G G. Recent developments in piezoelectric immunosensors. A review [J]. Analyst, 1994, 119 (11): 2279-2282.

[13] ZHANG X Q, GUO Q, CUI D X. Recent advances in nanotechnology applied to biosensors [J]. Sensors (Basel), 2009, 9 (2): 1033-1053.

[14] CSAKI A, SCHNEIDER T, WIRTH J, et al. Molecular plasmonics: light meets molecules at the nanoscale [J]. Philos Trans A Math Phys Eng Sci, 2011, 369 (1950): 3483-3496.

[15] DING L, BOND A M, ZHAI J, et al. Utilization of nanoparticle labels for signal amplification in ultrasensitive electrochemical affinity biosensors: a review [J]. Analytica Chimica Acta, 2013 (797): 1-12.

[16] LI J, ZHU J J. Quantum dots for fluorescent biosensing and bio-imaging applications [J]. Analyst, 2013, 138 (9): 2506-2515.

[17] TIAN J, ZHOU L, ZHAO Y, et al. Multiplexed detection of tumor markers with multicolor quantum dots based on fluorescence polarization immunoassay [J]. Talanta, 2012 (92): 72-77.

[18] SALIMI A, KAVOSI B, FATHI F, et al. Highly sensitive immunosensing of prostate-specific antigen based on ionic liquid-carbon nanotubes modified electrode: application as cancer biomarker for prostate biopsies [J]. Biosens Bioelectron, 2013 (42): 439-446.

